21世纪高等学校规划教材 | 计算机科学与技术

C语言程序设计与实践

于　延 主编

范雪琴 李红宇 李志聪 副主编

清华大学出版社

北京

内容简介

本书是“计算机系统能力课程群”重点建设教材，从培养应用型人才的角度出发，采用“章-节-知识单元”结构，详细介绍C语言编程的基本知识和程序设计的基本方法。全书共16章，内容包括认识C语言、数据、运算、算法、顺序结构、选择结构、循环结构、数组、函数、预处理、指针、结构体与共用体、链表、枚举、文件、数制和编码、位运算、综合案例。本书注重可读性、可操作性和实用性，所有知识点都结合案例程序介绍，各章配有大量例题、练习和课后习题。

本书可作为高等学校计算机类专业高级语言程序设计课程以及非计算机专业计算机程序设计基础课程的教材，也可供程序员和参加计算机等级考试的人员自学参考。

图书在版编目(CIP)数据

C语言程序设计与实践/于延主编. —北京：清华大学出版社，2018 (2021.9 重印)
(21世纪高等学校规划教材·计算机科学与技术)
ISBN 978-7-302-50650-8

Ⅰ. ①C… Ⅱ. ①于… Ⅲ. ①C语言－程序设计－高等学校－教材 Ⅳ. ①TP312.8

中国版本图书馆CIP数据核字(2018)第156487号

责任编辑：张瑞庆 战晓雷
封面设计：傅瑞学
责任校对：时翠兰
责任印制：朱雨萌

出版发行：清华大学出版社
网 址：http://www.tup.com.cn，http://www.wqbook.com
地 址：北京清华大学学研大厦A座 **邮 编**：100084
社 总 机：010-62770175 **邮 购**：010-83470235
投稿与读者服务：010-62776969，c-service@tup.tsinghua.edu.cn
质量反馈：010-62772015，zhiliang@tup.tsinghua.edu.cn
课件下载：http://www.tup.com.cn，010-83470236
印 装 者：三河市龙大印装有限公司
经 销：全国新华书店
开 本：185mm×260mm **印 张**：34.75 **字 数**：846千字
版 次：2018年12月第1版 **印 次**：2021年9月第3次印刷
定 价：69.99元

产品编号：079629-02

前　言

“C语言程序设计”课程是高等学校计算机类专业的专业基础课，也是很多非计算机专业理科学生的必修课，基本上是本科生接触计算机程序设计的第一门语言。C语言的应用非常广泛，既可以用于编写系统程序，也可以作为编写应用程序的设计语言，还可以应用于嵌入式系统和物联网应用的开发。同时，C语言又是进一步学习Java程序设计和C++程序设计的基础，因而对大多数学习者来说，用C语言作为入门语言是最佳的选择。

本书作为“计算机系统能力课程群”重点建设项目教材之一，是根据作者多年从事程序设计课程教学和应用软件开发的经验编写而成的。

本书主要依据ANSI C标准编写，适当增加C99标准的内容，并参考教育部和一些高校计算机类专业的C语言程序设计教学大纲，对内容进行了精心的选择和组织，以满足不同学校、不同专业和不同层次学习者的要求。

本书努力体现以下特色：

(1) 本书是针对大学计算机程序设计第一门教学语言编写的教材，同时兼顾广大计算机用户和自学爱好者，适合教学和自学。

(2) 既介绍C语言的使用，又介绍程序设计的基本方法和技巧。

(3) 重视良好的编程风格和习惯的养成。

(4) 力求做到科学性、实用性、通俗性的统一，叙述方式便于阅读理解。

(5) 采用“章-节-知识单元”的结构编写，充分地考虑到初学者的水平，入门容易，循序渐进，由浅入深，难点分散。

使用本教材进行教学，可以更好地实现培养应用型人才的目标。不仅有利于学生学习程序设计的基本概念和方法，掌握编程的技术，更重要的是有利于培养学生针对生产实际分析问题和解决问题的能力以及创新能力。

本书每一章都通过大量程序案例，让学生在编程实践中理解知识点，实现“做中学”的教学理念。同时，又给出一定数量的练习和习题，以培养学生的程序设计能力。

本书不但适合高等院校应用型本科层次和高职高专层次作为教材使用，还可作为计算机岗位培训的教学用书，或者作为程序设计爱好者的学习参考书。

全书共分为16章，主要内容如下：

第1章带领读者认识最简单的C语言程序，简单介绍C语言程序的结构和运行过程，介绍C语言编译环境Dev-C++的使用、程序调试基本方法等。

第2章介绍C语言的数据类型、标识符、常量和变量等内容。

第3章介绍C语言中的各种运算符以及基本运算的规则。

第4章介绍算法和结构化程序设计的知识、C程序的3种基本结构及其流程图表示形式。

第5章介绍顺序结构程序设计的应用，包括数据的基本输入和输出。

第6章介绍选择结构程序设计，包括if语句、if-else语句、switch语句以及选择语句的嵌套。

第 7 章介绍 while 循环、do-while 循环、for 循环等循环结构语句以及 break 和 continue 语句在循环结构中的应用。

第 8 章介绍如何在 C 语言中定义和使用数组，包括一维数组、二维数组和多维数组以及字符数组的定义、初始化及使用。

第 9 章介绍 C 语言中函数的应用，包括函数的定义、调用和如何在函数间传递参数，变量的作用域，变量的存储类别等内容。

第 10 章介绍 C 语言中的预处理命令，包括宏、文件包含和条件编译。

第 11 章介绍指针的概念、指针变量的定义及初始化方法、指针运算、字符指针、函数指针以及动态内存管理等内容。

第 12 章介绍结构体与共用体等构造类型数据的定义、声明和使用，还介绍了链表和枚举的构造与基本操作。

第 13 章介绍文件的应用，包括文件的打开与关闭、文件的几个常用的读写函数、文件的定位及随机读写。

第 14 章介绍数制和编码，包括数制的概念、计算机中常用的几种数制（二进制、八进制和十六进制）的原理、不同数制间的换算、数据的存储、英文字符编码、汉字编码、整数编码、浮点数编码等内容，深入了解计算机内部数据表示和计算原理。

第 15 章介绍位运算，包括 C 语言对二进制位的操作，即位逻辑运算和移位运算，并介绍了每种运算的应用。

第 16 章给出两个综合案例，可供课程设计参考。

本科教学建议讲授前 13 章，其中小标题和程序清单前标 * 的内容可选讲。第 14～16 章作为扩展，供学有余力的学生自学和提高。

本书由于延主编，范雪琴、李红宇、李志聪副主编。其中，第 1～9 章由于延编写，第 10～12 章由范雪琴、李红宇编写，第 13、14 章由李志聪、于延编写，第 15、16 章由所有作者共同编写。全书由于延统稿，由周国辉教授主审。

本书为黑龙江省高等学校教改工程项目“面向成果导向教育的混合式立体‘金课’建设研究”的研究成果。与本书配套的《C 语言程序实验与课程设计教程》由清华大学出版社出版。

由于作者水平有限，书中不妥之处在所难免，敬请广大读者批评指正。

为了方便教学和读者上机操作练习，本书配有教学大纲、教案、电子课件、各章案例和习题的所有参考代码（800 个）等内容，可在清华大学出版社网站（http://www.tup.com.cn）的本书页面中下载，也可联系作者（邮箱 yuyan9999@vip.qq.com 或 915596151@qq.com）索取。

作　者

2018 年 10 月于哈尔滨

目　录

第 1 章　结识 C 语言

亲爱的读者朋友和同学们，欢迎走进 C 语言的世界！

C 语言是一门通用的计算机编程语言，应用广泛，是所有学习程序设计人员的入门基础。现在就让我们走进 C 语言的世界，和 C 语言相遇、相识、相知。

随着计算机的不断普及和计算机应用的不断扩展，软件开发在当今已成为非常热门的专业。在目前以及未来，软件人才将是世界上缺口最大也是最抢手的人才。毋庸置疑，现在计算机技术已经渗透到各个行业、各个角落，计算机软件将在每个行业、每个领域、每个部门中都发挥重要的作用，所以，任何一个单位和部门中计算机软件人才都将占据一定比例。而目前在我国，计算机软件的应用还仅仅局限在“使用软件”的层面，在很长一个时期内对计算机软件产品的需求和计算机软件人才的需求仍是非常大的。特别需要指出的是，在计算机软件人才中，复合型、交叉型的软件人才奇缺。任何一个专业的人才群体中都应该而且也需要有一定比例的掌握计算机软件设计技术的复合型人才，这样才能更好地利用计算机技术为本专业的研究服务。所以，对于非计算机专业的人才来说，学好程序设计极为重要。

本章主要介绍 C 语言编译环境，认识几个最简单的 C 语言程序，了解 C 语言程序的基本语法和 C 语言程序的简单调试。

下面我们将开始和 C 语言进行一次美丽的邂逅。

本章重点

- C 程序的基本结构和语法。
- 最简单的 C 程序的编写。
- C 语言编译器的使用。

本章难点

- C 语言编译器的使用。
- C 程序的简单调试。

1.1　初遇 C 语言

1. 美丽的邂逅

在某年某月某日的某一个特别的时刻，也就是现在，你或在教室，或在图书馆，或在书店，或在校园中一个幽静角落，或在家中的台灯下……不管何时，不论何地，此刻的你手捧书本，正与 C 语言进行一场早已注定的心灵之约、美丽的邂逅。

从此刻开始，你将与 C 语言结下不解之缘。它就像荷花盛开的荷塘边微风下亭亭玉立的少女，它就像世外仙山上一位须发皆白神通广大的神仙，它就像暗夜里为你手提明灯的引路人，它就像上帝派来开启你智慧之门的天使……亲爱的读者，让我们在天使的陪伴下，携手美丽的少女，跟随着引路人，向着那世外仙山，一步一步共同前进，共同经历得失成败，共同感悟酸甜苦辣，共同修习美妙的程序人生。

C 语言是世界上最流行、使用最广泛的高级程序设计语言之一。在操作系统和许多系统级程序以及需要对硬件进行操作的场合，用 C 语言明显优于其他高级语言，许多大型应用软件都是用 C 语言编写的。

TIOBE 编程语言社区排行榜是编程语言流行趋势的一个指标。该排行榜每月更新数据，其排名基于互联网上有经验的程序员、课程和第三方厂商的数量，使用著名的搜索引擎和社交网站（如 Google、MSN、Yahoo!、Wikipedia、YouTube 以及 Baidu 等）进行计算。这个排行榜在一定程度上反映了某个编程语言的热门程度，可以用来考查你的编程技能是否与时俱进，也可以在开发新系统时作为一个语言选择依据。

TIOBE 编程语言社区 2017 年 12 月发布的排行榜如表 1-1 所示（网址 https://www.tiobe.com/tiobe-index），Java、C、C++ 这 3 门编程语言和 2016 年一样，依然占据前三名。C 语言是世界上最老的编程语言之一，由于小型软件设备的蓬勃发展以及低端软件在汽车行业应用的增长，C 语言在 2017 年收获了不错的流行度。

表 1-1　TIOBE 编程语言社区排行榜（2017 年 12 月）

Dec-17	Dec-16	Change	Programming Language	Ratings/%	Change/%
1	1		Java	13.27	−4.59
2	2		C	10.16	1.43
3	3		C++	4.72	−0.62
4	4		Python	3.78	−0.46
5	6	↑	C#	2.82	−0.35
6	8	↑	JavaScript	2.47	−0.39
7	5	↓	Visual Basic .NET	2.47	−0.83
8	17	↑↑	R	1.91	0.08
9	7	↓	PHP	1.59	−1.33
10	18	↑↑	MATLAB	1.57	−0.25
11	13	↑	Swift	1.57	−0.57
12	11	↓	Objective-C	1.50	−0.83
13	9	↓↓	Assembly language	1.47	−1.07
14	10	↓↓	Perl	1.44	−0.90
15	12	↓	Ruby	1.42	−0.72
16	15	↓	Delphi/Object Pascal	1.40	−0.55
17	16	↓	Go	1.39	−0.55
18	25	↑↑	Scratch	1.37	0.19
19	20	↑	PL/SQL	1.37	−0.13
20	14	↓↓	Visual Basic	1.35	−0.62

说明：表中 Dec-17 和 Dec-16 栏分别为 2017 年和 2016 年的排名。

2. 永远的经典——Hello World!

程序清单 01-01-01.c

```
#include<stdio.h>
int main(){
    printf("Hello World!");
    return 0;
}
```

程序分析：

这是我们认识的第一个C语言程序，文件名为01-01-01.c。文件内容为从字符'#'到字符'}'的文本。

3. 源文件

上例程序代码文件被称为C语言程序的源文件，文件类型为普通的文本文件，可以用任何文本编辑软件(例如记事本、Notepad++、UltraEdit、EditPlus、Vim等)编辑，文件扩展名必须为.c。

4. 目标文件和可执行文件

C语言的源程序(例如上例的01-01-01.c)要想得到执行，必须先经过编译，生成目标文件(01-01-01.o)，再将目标文件连接成可执行文件(01-01-01.exe)。

目标文件的扩展名为.o，可执行文件的扩展名为.exe。我们执行的是经过编译、连接之后形成的可执行文件。

如何把C语言的源程序(*.c)编译、连接成可执行文件(*.exe)呢？我们需要C语言编译器软件，通过在命令行输入编译命令或在集成环境中实现。

5. C语言编译器

下面介绍几种常用的C语言编译器：

(1) Turbo C：是美国Borland公司的产品。Borland公司是一家专门从事软件开发、研制的大公司。该公司推出了Turbo系列软件，如Turbo BASIC、Turbo Pascal、Turbo Prolog，这些软件在DOS操作系统时期很受用户欢迎。

(2) Microsoft Visual C++(简称Visual C++、MSVC、VC++或VC)：是微软公司的C++开发工具，具有集成开发环境，可编译C、C++等编程语言程序。

(3) gcc(GNU编译器套件)：包括C、C++、Objective-C、Fortran、Java、Ada和Go语言的前端，也包括这些语言的库。

(4) Dev-C++(Dev-Cpp)：是Windows环境下C/C++的集成开发环境(IDE)。它是一款自由软件，集合了gcc、MinGW等众多自由软件，并且可以从支持网站上获得最新版本的各种工具支持，而这一切都是来自全球的狂热者所做的工作，并且用户拥有对这一切工具自由使用的权利，包括取得源代码等，Dev-C++已被全国青少年信息学奥林匹克联赛设为C/C++语言指定编译器。目前比较成熟的Dev-C++最新版本为5.11(还在不断推出新版本),其界面类似 Visual Studio,但体积要小得多。它难以胜任规模较大的软件项目,但对于初学者是一个不错的选择。目前,Dev-C++ 完美支持 Windows 7 和 Windows 10 操作系统。

6. Dev-C++ 5.11 集成开发环境

本书使用的编译器是 Dev-C++ 5.11,请读者到网上下载安装文件,例如 Dev-C++ 5.11 TDM-GCC 4.9.2 Setup.exe,然后双击运行安装文件,过程如下:

(1) 安装语言选择 English,单击 OK 按钮,如图 1-1 所示。

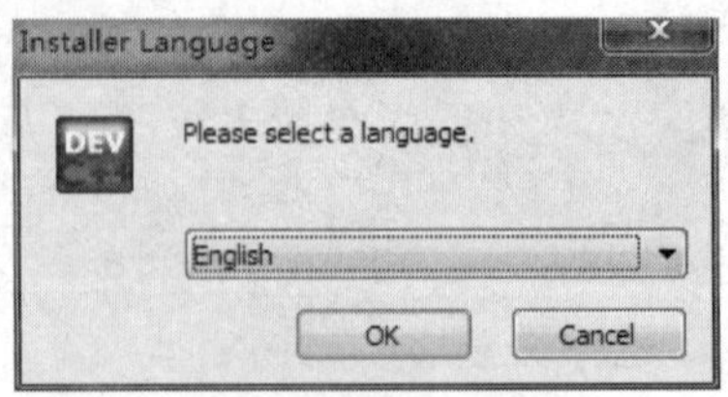

图 1-1 选择安装语言

(2) 单击 I Agree 按钮,同意安装协议,如图 1-2 所示。

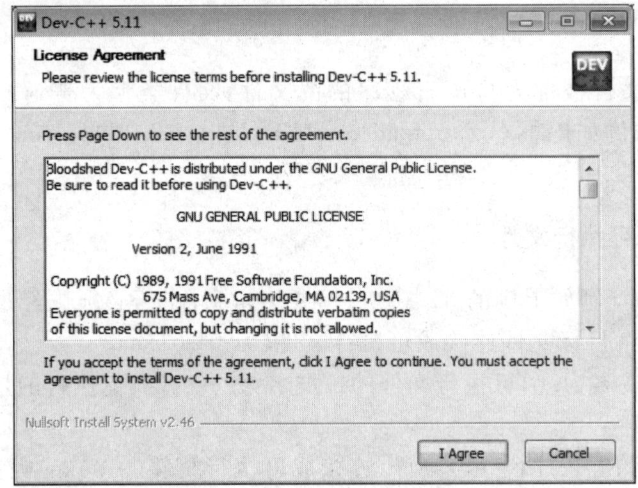

图 1-2 安装协议

(3) 单击 Next 按钮,选择默认的安装组件,如图 1-3 所示。

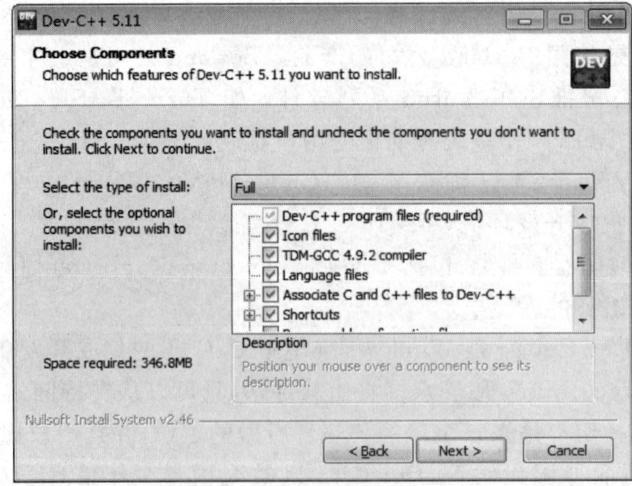

图 1-3 选择安装组件

(4) 选择安装路径后,单击 Install 按钮,开始安装,如图 1-4 所示。

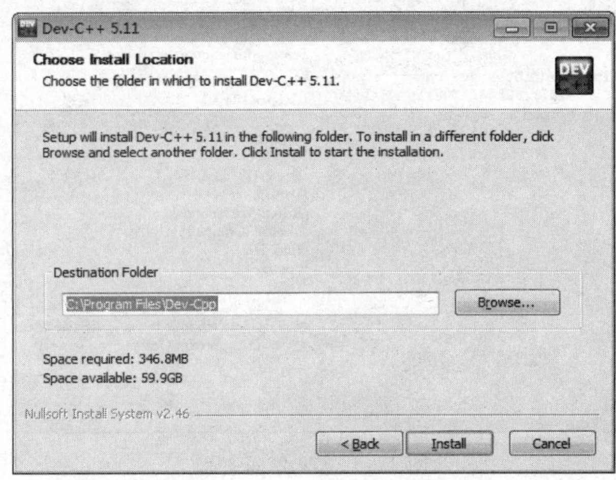

图 1-4 选择安装路径

(5) 安装结束,单击 Finish 按钮完成安装,如图 1-5 所示。

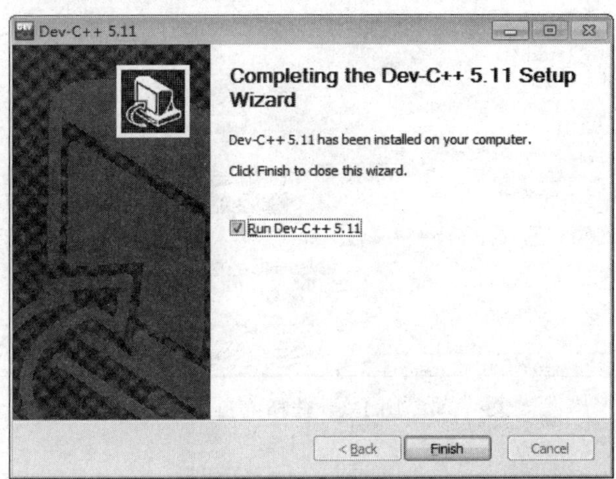

图 1-5 完成安装

(6) 第一次运行,选择界面语言"简体中文/Chinese"后,单击 Next 按钮,如图 1-6 所示。

(7) 选择主题选项,单击 Next 按钮,如图 1-7 所示。

(8) 选择"缓存这些头文件"选项,单击 Next 按钮,出现如图 1-8 所示的 Dev-C++ 已设置成功提示信息。

(9) 单击 OK 按钮,完成设置,选择 Run Dev-C++ 5.11 复选框,如图 1-9 所示,进入 Dev-C++,如图 1-10 所示。

7. 新建源程序文件

在 Dev-C++ 编译器主界面中选择"文件"菜单下的"新建"→"源文件"命令,或者单击工具栏上的新建文件按钮,或者按下 Ctrl+N 组合键,都可以新建一个程序源文件。输入程序 01-01-01.c 的内容,如图 1-11 所示。

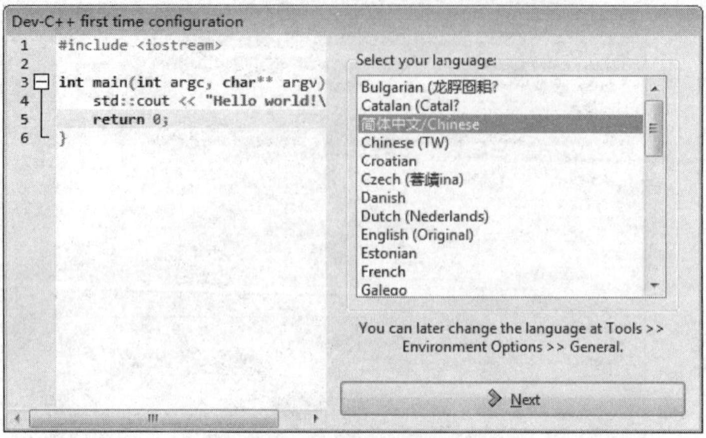

图 1-6　选择界面语言

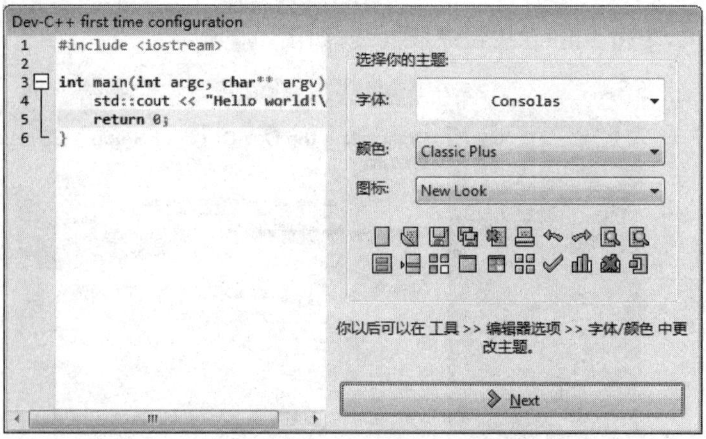

图 1-7　选择主题

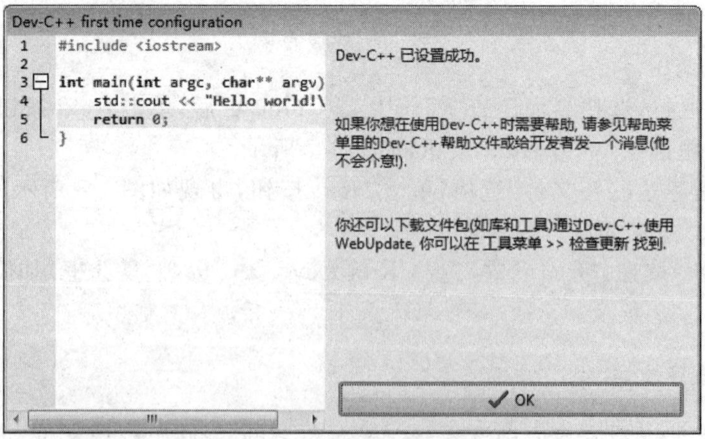

图 1-8　选择缓存头文件

图 1-9　设置完成

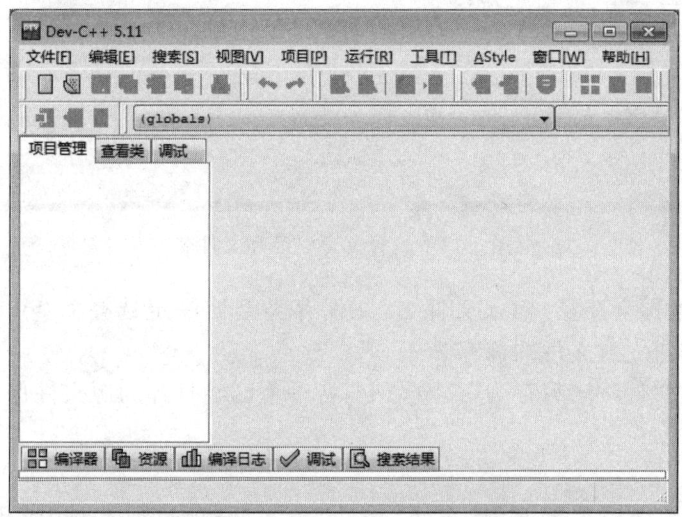

图 1-10　Dev-C++ 5.11 主界面

图 1-11　新建源文件

8. 保存文件

在 Dev-C++ 编译器主界面中选择"文件"→"保存"菜单命令，或者单击"保存"按钮，或者按下 Ctrl+S 组合键，系统保存文件到存储器(硬盘或其他存储设备)中，如果是第一次保存，将进入如图 1-12 所示的界面。

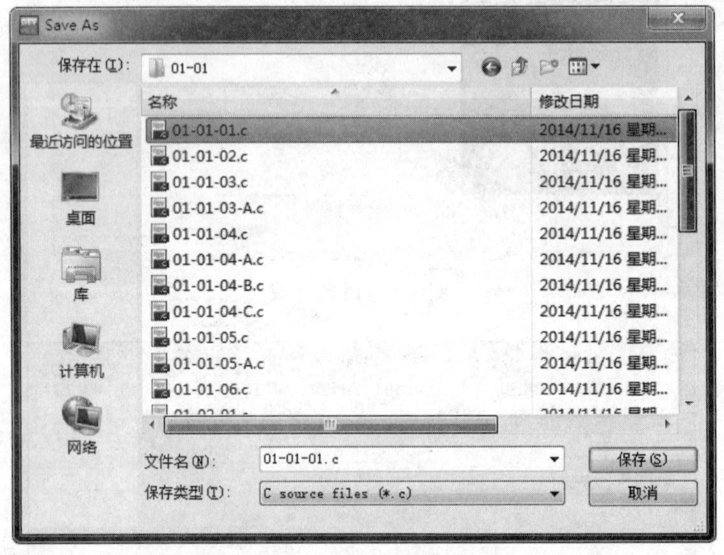

图 1-12　设置保存路径和文件名

在此可以设置保存路径，输入文件名，在保存类型处一定选择 C source files(*.c)类型，单击"保存"按钮完成文件的保存。

也可以选择"文件"→"另存为"菜单命令，将一个已经打开的源文件保存为另一个文件。

9. 打开文件

在 Dev-C++ 编译器主界面中，选择"文件"→"打开项目或文件"菜单命令，或者按下 Ctrl+O 组合键，都可以进入项目或文件打开窗口，选择一个文件打开。

在操作系统的文件浏览器中双击源文件，也可以打开它。

10. C 语言源文件的编译、运行

在 Dev-C++ 编译器主界面中，选中需要编译和运行的源文件(01-01-01.c)，也就是正在编辑的那个源文件。

选择"运行"→"编译"菜单命令，或者按下 F9 功能键，可对源文件进行编译(包括连接)。编译成功后生成可执行文件(01-01-01.exe)。

选择"运行"→"运行"菜单命令，或者按下 F10 功能键，可执行上次编译生成的可执行文件。

选择"运行"→"编译运行"菜单命令，或者按下 F11 功能键，可同时连续执行编译和运行。

"运行"菜单如图 1-13 所示。

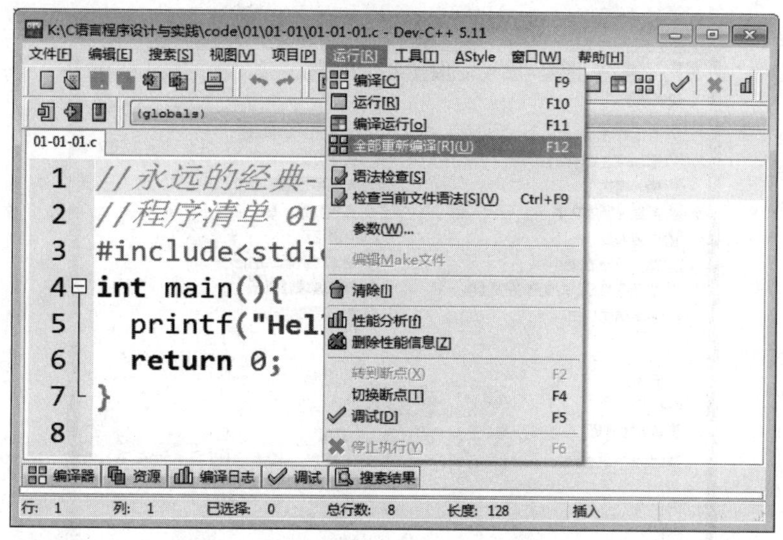

图 1-13 “运行”菜单

在“运行”菜单中选择“编译运行”命令(或按下 F11 键),先编译后自动执行。执行程序输出界面如下:

```
Hello World!
--------------------------------
Process exited after 3.273 seconds with return value 0
请按任意键继续. . .
```

“Hello World!”为程序的输出,横线及其下面的内容是 Dev-C++ 附加的输出信息,给出了程序执行的时间和主函数的返回值。按任意键后执行窗口关闭。

执行编译命令后,会生成可执行文件 01-01-01.exe,双击它也可以执行,但输出窗口一闪即消失,用户看不到结果,其实已经在瞬间执行完毕了。

“Hello World!”是一个最著名的程序。对程序员来说,这个程序几乎是每一门编程语言中的第一个示例程序。实际上,这个程序的功能只是告知计算机显示“Hello World!”这句话。传统意义上,程序员一般用这个程序测试一种新的系统或编程语言。对程序员来说,看到这两个单词显示在屏幕上,表示他们的代码已经能够编译、装载以及正常运行了,这个输出结果就是为了证明这一点。

11. 设置高亮匹配括号

Dev-C++ 的代码编辑器中可以高亮显示匹配的括号,用户可以关闭这一功能,方法是选择“工具”→“编辑器选项”菜单命令,在图 1-14 所示的“编辑器属性”对话框的“基本”选项卡中,可以设置或取消这一功能。

在此选项卡中还可以设置光标形状、自动缩进等功能。

12. 设置编辑器字体、字号

Dev-C++ 的代码编辑器中可以设置字体、字号,方法是选择“工具”→“编辑器选项”菜单命令,在图 1-15 所示的“编辑器属性”对话框的“显示”选项卡中设置。

图 1-14　设置高亮匹配括号功能

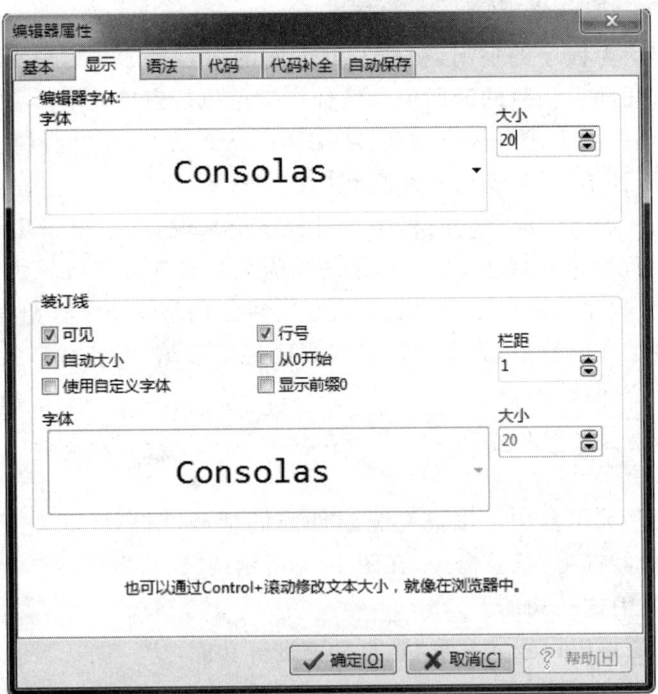

图 1-15　设置编辑器字体、字号

在此选项卡中还可以设置装订线、行号等。

13. 设置代码补全和自动完成符号

Dev-C++ 的代码编辑器中有代码补全和自动完成符号的功能，比如用户输入左括号，系统自动插入右括号。用户可以打开或关闭这些功能，方法是选择“工具”→“编辑器选项”菜单命令，在图 1-16 和图 1-17 所示的“编辑器属性”对话框的“代码补全”和“完成符号”选项卡中设置。

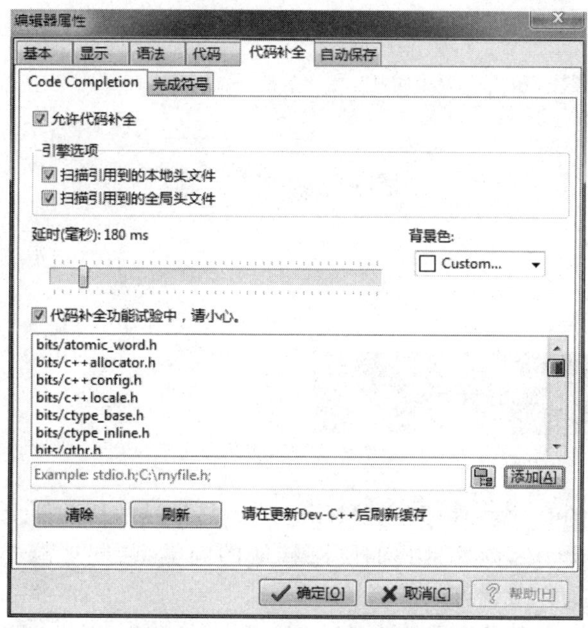

图 1-16　设置代码补全

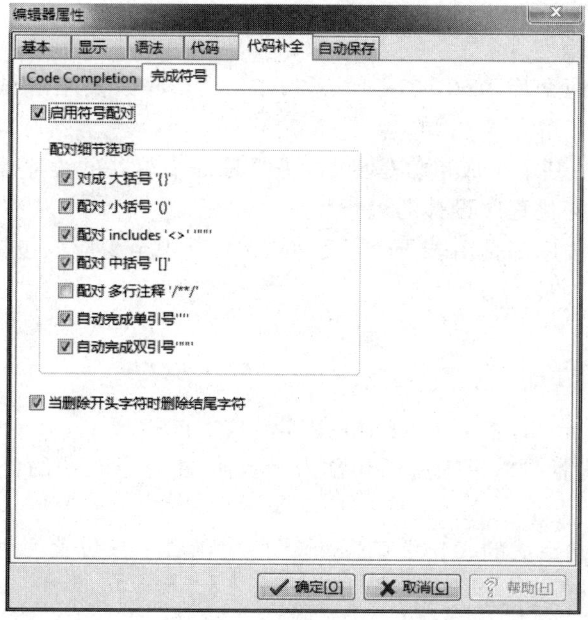

图 1-17　设置完成符号

1.2 第一次约会

1. 甜蜜的约会

我们刚刚和C语言有过一次美丽的邂逅，有机会一睹C语言程序的芳容，并且熟悉了C语言编译环境 Dev-C++ 的使用方法。下面我们来练习"Hello World!"程序的另一个版本。

程序清单 01-02-01.c

```
//一个最简单的C程序，输出一个字符串
#include<stdio.h>
int main(){
    printf("This is a C program.");
    return 0;
}
```

执行程序，结果为

```
This is a C program.
--------------------------------
Process exited after 2.688 seconds with return value 0
请按任意键继续. . .
```

程序分析：

这是一个最简单的C语言程序，与"Hello World!"一样，从功能上看它只是将程序中双引号内的部分原样输出。因为这是我们刚刚接触的同类型、同功能的第二个C语言程序，读者对这个程序理解这么多就可以了。

练习 01-02-01 编写程序在屏幕上输出"Hello C,I Love You!"。

练习 01-02-02 编写程序在屏幕上输出你想要的文本。

2. 初步的相识

通过刚刚接触的两个程序(01-01-01.c 和 01-02-01.c)以及刚刚做过的练习，我们对C语言程序有了如下的了解：

(1) C语言程序的基本组成单位是函数，函数是一个单独的程序模块，完成相对独立的功能。这正体现了结构化程序设计的思想。

(2) 每个C语言程序都是由若干个函数组成的，其中至少应该包括一个主函数：

```
int main(){


}
```

主函数的名称是 main，在C语言中是固定的，不能被改变。main 后面跟一对圆括号"()"，再后面的一对大括号"{}"内的语句称为函数体，由一条一条的语句组成。函数中所有的语句都写在{}之内。

(3) 函数是由语句组成的，01-02-01.c 程序的主函数中只包含两个语句：

```
printf("This is a C program.");
return 0;
```

printf 是一个函数名称，它的功能是将括号中的参数(用双引号括起来的一串字符)原样输出到计算机的屏幕上。在 C 语言中 printf 被称为格式化输出函数。

return 0;语句的执行使主函数结束，同时返回一个值 0。

(4) 每个语句后面要加上分号。

(5) 主函数中也可以不包含任何语句，这就是空主函数。

程序清单 01-02-02.c

```
#include<stdio.h>
int main(){
    return 0;               //此行也可以没有
}
```

程序分析：

此例程序是一个主函数为空的 C 语言程序，该程序无任何输出结果，但从语法上没有错误，也可以编译和执行。

3. 进一步了解

程序清单 01-02-03.c

```
#include<stdio.h>
int main(){
    printf("This is string1.");
    printf("This is string2.");
    return 0;
}
```

执行程序，结果为

```
This is string1.This is string2.
--------------------------------
Process exited after 1.85 seconds with return value 0
请按任意键继续. . .
```

程序分析：

C 程序的函数中可以包含多个语句，按自上向下的顺序依次执行，每个语句后都要加分号。

printf 函数语句的功能是将双引号里的字符串内容(字符流)依次送到屏幕输出。如果有多个 printf 函数语句，那么输出结果依次连续输出。

程序清单 01-02-03-A.c

```
#include<stdio.h>
int main(){
    printf("This is string1.This is string2.");
    return 0;
}
```

程序分析：

此程序执行结果同上一程序，通过一个语句输出了相同的内容。

程序清单 01-02-04. c

```
#include<stdio.h>
int main(){
    printf("This is string1.\nThis is string2.");
    return 0;
}
```

执行程序,结果为

```
This is string1.
This is string2.
--------------------------------
Process exited after 1.563 seconds with return value 0
请按任意键继续. . .
```

程序分析:

要想使程序的输出结果换行,必须在输出字符串中加上换行符'\n'。在 C 程序中'\n'被当作一个字符,解释为换行。

下面的 3 个程序与此程序的功能和输出结果都相同。

程序清单 01-02-04-A. c

```
#include<stdio.h>
int main(){
    printf("This is string1.\n");
    printf("This is string2.");
    return 0;
}
```

程序清单 01-02-04-B. c

```
#include<stdio.h>
int main(){
    printf("This is str");
    printf("ing1.\nThis is string2.");
    return 0;
}
```

程序清单 01-02-04-C. c

```
#include<stdio.h>
int main(){
    printf("This is string1.");
    printf("\n");
    printf("This is string2.");
    return 0;
}
```

程序分析:

以上 4 个程序从根本上来说都是通过 printf 函数向屏幕输送字符流用于显示输出,无论使用几个 printf 函数,最终送出去的字符流都是相同的,所以会有相同的输出结果。

练习 01-02-03 请编程输出多行你想输出的任何字符和句子，包括中文字符。

4. 输出字符图形

利用 printf 函数可以向屏幕输送字符流，通过字符内容和格式（这里主要是回车符和空格符）的控制，可以输出一些特别的图形和图案。

程序清单 01-02-05.c

```
#include<stdio.h>
int main(){
    printf("  *\n");
    printf(" ***\n");
    printf("*****\n");
    printf(" ***\n");
    printf("  *");
    return 0;
}
```

执行程序，结果为

```
  *
 ***
*****
 ***
  *
--------------------------------
Process exited after 1.796 seconds with return value 0
请按任意键继续. . .
```

此程序也可以改写为下面的形式，输出结果不变。

程序清单 01-02-05-A.c

```
#include<stdio.h>
int main(){
    printf("  *\n ***\n*****\n ***\n  *");
    return 0;
}
```

程序分析：

从以上两个程序可以看出，printf 函数确实是向屏幕输送字符流用于显示输出，只要字符流的内容和顺序相同，可以单次输出，也可以多次输出，结果是一样的。

练习 01-02-04 请编程输出你想输出的任何字符图形。

5. 输出汉字点阵

编程输出由星号“ * ”组成的汉字“春”。图 1-18 为“春”字的 24×24 点阵样例。

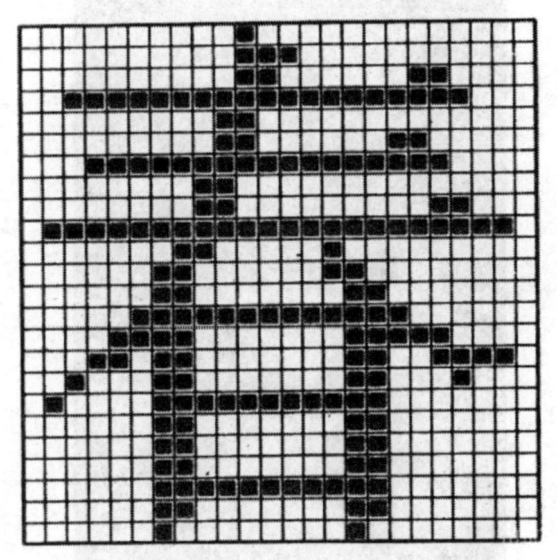

图 1-18 “春”字的 24×24 点阵

程序清单 01-02-06.c

```c
#include<stdio.h>
int main(){
    printf("--123456789012345678901234\n");
    printf("01          *             \n");
    printf("02          ***           \n");
    printf("03          **    **      \n");
    printf("04  *****************     \n");
    printf("05        **              \n");
    printf("06        **      **      \n");
    printf("07  *****************     \n");
    printf("08       **               \n");
    printf("09       **         **    \n");
    printf("10 ********************** \n");
    printf("11       **     *         \n");
    printf("12      **      **        \n");
    printf("13      **       **       \n");
    printf("14     *************      \n");
    printf("15    ****       *****    \n");
    printf("16   ** **       **  **** \n");
    printf("17  *   **       **   *   \n");
    printf("18 *    ***********       \n");
    printf("19      **       **       \n");
    printf("20      **       **       \n");
    printf("21      **       **       \n");
    printf("22      ***********       \n");
    printf("23      **       **       \n");
    printf("24      *         *       \n");
    return 0;
}
```

执行程序，结果为

```
--123456789012345678901234
01          *
02          ***
03          **    **
04  *****************
05        **
06        **      **
07  *****************
08       **
09       **         **
10 **********************
11       **     *
12      **      **
13      **       **
14     *************
15    ****       *****
16   ** **       **  ****
17  *   **       **   *
18 *    ***********
19      **       **
20      **       **
21      **       **
22      ***********
23      **       **
24      *         *
```

练习 01-02-05 请编程输出以下汉字"汉"的点阵图形。

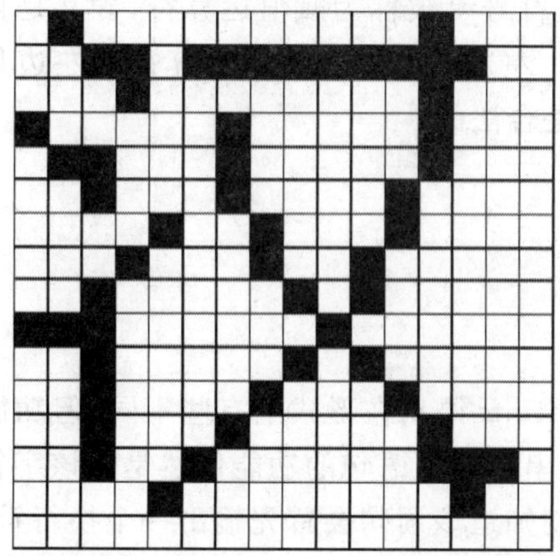

练习 01-02-06 请编程试着输出你想输出的汉字点阵图形或其他由字符组成的图形。

1.3 又见C程序

1. 加深了解

亲爱的读者朋友们，刚才与C程序甜蜜的约会很幸福吧，恭喜你已经走进C语言的百花园。有了初步的相识，下面通过程序示例来进一步了解C程序。

程序清单 01-03-01.c

```
//输出两个整数 5 和 6 的和
#include<stdio.h>
int main(){
    int a,b,c;
    a=5;  b=6;
    c=a+b;
    printf("a+b=%d",c);
    return 0;
}
```

执行程序，结果为

```
a+b=11
--------------------------------
Process exited after 2.256 seconds with return value 0
请按任意键继续. . .
```

程序分析：

(1) 在本例的主函数中，函数体共由6个语句(以分号结束)构成。

(2) 语句 int a,b,c;的功能为定义整型变量 a、b 和 c，int 代表整型。变量被用来在程序中存放数据并参加运算。定义变量的语句中，各变量之间用逗号分隔。

很显然，定义整型变量 m、n、p、q 的语句应该是

```
int m,n,p,q;
```

(3) 语句 a=5;、b=6;和 c=a+b;的功能分别是将整型常量 5 赋给变量 a、将整型常量 6 赋给变量 b、将表达式 a+b 的值赋给变量 c。这里符号=被称为赋值运算符，含义是自右向左赋值，即将=右边表达式的值计算出来后赋给=左边的变量。赋值运算符的左边只能是变量名，而不能是表达式。例如下面的赋值语句是合法的：

```
a=1+2+3;  b=a-5;  c=a+b-4;
```

而下面的赋值语句是非法的：

```
1=2;  3=a;  (a+b)=7;
```

(4) 语句 printf("\na+b=%d",c);与前面的 printf 语句在形式上有些不同，但功能是相同的。在它的参数中有一个双引号括起来的字符串。这个语句的功能依然是将该字符串中的字符(字符流)依次输出。根据前面的介绍，我们知道该语句会首先输出一个换行符，然后依次输出字符 a+b=。对于%d，C 语言有着特殊的解释，它是一个格式说明符(占位符)，说明在这个位置上要输出一个整型值。这个整型值是什么呢？就是字符串后的参数表达式 c 的值。要输出的格式字符串中有多少个%d，在字符串后就应该有多少个表达式(以逗号分隔)。所以，该语句的输出结果为

```
a+b=11
```

程序清单 01-03-02.c

```
//输出两个整数 5 和 6 的和
#include<stdio.h>
int main(){
    int a,b;
    a=5; b=6;
    printf("%d+%d=%d",a,b,a+b);
    return 0;
}
```

执行程序，结果为

```
5+6=11
--------------------------------
Process exited after 3.537 seconds with return value 0
请按任意键继续. . .
```

程序分析：

(1) 本程序的 printf("%d+%d=%d",a,b,a+b);语句中的输出字符串中一共有 3 个%d，表明有 3 个数据，所以后边跟 3 个参数(表达式)。

(2) 本程序的输出结果为一个整数(a 的值)，接着是+，接着是一个整数(b 的值)，接着是=，再接着是一个整数(a+b 的值)。

练习 01-03-01 仿照程序清单 01-03-01.c 和程序清单 01-03-02.c 编程输出两个整数 5 和 6 的差。

练习 01-03-02 变量 a 的值为 5，变量 b 的值为 6，请写出下列语句的输出结果。

(1) printf("\na+b");

(2) printf("\na+b=%d",a+b);

(3) printf("\na+b=%d,a-b=%d",a+b,a-b);

(4) printf("\na+b=%d\na-b=%d",a+b,a-b);

(5) printf("\n%d+%d=%d\n%d-%d=%d",a,b,a+b,a,b,a-b);

练习 01-03-03 编程输出多个整数的和(+)、差(-)、积(*)、除(/)等运算结果。

程序清单 01-03-03.c

```
//多整数变量四则混合运算程序
#include<stdio.h>
int main(){
    int a,b,c,d;
    a=5; b=6; c=7;
    d=a+b*c+(a+b)*(a*b/c);
    printf("d=%d",d);
    return 0;
}
```

执行程序,结果为

```
d=91
--------------------------------
Process exited after 1.964 seconds with return value 0
请按任意键继续. . .
```

程序分析:

语句 d=a+b*c+(a+b)*(a*b/c);的功能是将表达式 a+b*c+(a+b)*(a*b/c)的值赋给变量 d。求解表达式值时,C 语言运算规则是:括号最优先,先乘除后加减。

C 语言规定,整数除以整数,结果还是整数(取整)。所以表达式 a*b/c 就是 5*6/7,相当于 30/7,结果是 4。

2. 数据输入

前面练习的程序,其输出结果都是固定的。那是因为我们和程序之间没有交互,下面的程序弥补了这个缺失,在程序的执行过程中可以输入数据。

程序清单 01-03-04.c

```
//编程从键盘输入两个整数,输出它们的和
#include<stdio.h>
int main(){
    int a,b,c;
    scanf("%d%d",&a,&b);
    c=a+b;
    printf("%d+%d=%d",a,b,c);
    return 0;
}
```

执行程序,光标闪烁(等待用户输入数据):

```
G:\2014-11-16-C语言学习历程-2014-11-27\01-相识\01-03\01-03-04.exe
```

从键盘输入：

5□→□8↙（注：□表示空格，→表示Tab键，↙表示回车键，下同）

按回车键后，程序输出

```
5+8=13
--------------------------------
Process exited after 157.3 seconds with return value 6
请按任意键继续. . .
```

程序分析：

（1）本例中的第1个语句int a,b,c;的功能是定义整型变量a、b和c。

（2）scanf是标准输入函数，它的功能是按照第一个参数（输入格式控制串）的格式规定，从键盘获取数据，并将用户从键盘输入的数据依次赋值给后边参数所指定的变量。变量的前面一定加上取地址运算符&（后面会详细介绍&运算符）。语句scanf("%d%d",&a,&b);中的格式说明字符串是"%d%d"，由前面的介绍我们知道%d在C语言的输入输出函数中代表的是一个整型数据，所以这一格式说明字符串的含义是从键盘输入两个整型数据（以若干个空格、回车键或Tab键分隔）。当用户输入两个整数并按回车键后，系统将这两个整数分别送给变量a和变量b。

（3）语句scanf("%d%d",&a,&b);中的两个%d要求用户从键盘上输入两个整数，也可以理解为它要从键盘上获取两个整数，此时，在输入这两个整数的时候，只能以空格、回车键或者Tab键来作为分隔符，分隔符的数量不限。例如，再次执行程序，输入

-8□↙
□5↙

输出

-8+5=-3

（4）语句scanf("%d%d",&a,&b);要求用户从键盘上输入两个整数，如果输入的数据多于两个，程序也只接收前两个数据。例如，再次执行程序，输入

123□□456□789↙

输出

123+456=579

练习01-03-04 请编程定义3个整型变量a、b、c，从键盘输入它们的值，并输出它们的和。

练习01-03-05 编程从键盘输入若干整数，请自行设计运算并输出运算结果。

3. 智能判断

判断是一切智能活动的基础。在下面的程序中，增加了判断的功能。程序会根据某一

条件的不同状态来决定执行哪一部分语句。

程序清单 01-03-05. c

```
//编程输入两个整数,输出其中较大者的值
#include<stdio.h>
int main(){
    int a,b;
    scanf("%d%d",&a,&b);
    printf("a=%d,b=%d\n",a,b);
    if(a>b) printf("The max is:%d",a);
    else    printf("The max is:%d",b);
    return 0;
}
```

执行程序,输入

```
5 8
```

输出

```
a=5,b=8
The max is:8
```

再次执行程序,输入

```
35    28
```

输出

```
a=35,b=28
The max is:35
```

程序分析:

程序中前两个语句我们已经熟悉了,接下来的 if-else 结构在整体上是一个语句(称为条件语句或 if 语句)。这是一个双分支的选择结构,if 后边是一个括号,括号里边是一个条件。if 的括号后及 else 后各跟一个子语句。其功能为:如果条件成立则执行 if 分支的语句,否则执行 else 分支的语句。两个分支的语句只执行其中一个,另一个不执行。

程序清单 01-03-06. c

```
//编程输入两个整数,输出其中较大者的值
#include<stdio.h>
int main(){
    int a,b;
    scanf("%d%d",&a,&b);
    printf("a=%d,b=%d\n",a,b);
    printf("The max is:%d",a>=b? a:b);
    return 0;
}
```

执行程序,此程序功能与输出结果同上。

程序分析：

此程序中有一个神奇的表达式 a>=b?a:b，它的一般形式是"表达式 1?表达式 2:表达式 3"，被称为条件表达式。它的运算规则为：当表达式 1 成立时，整个条件表达式的值为表达式 2 的值；否则，整个条件表达式的值为表达式 3 的值。

条件表达式实现了在两个值中选择一个值的操作。

练习 01-03-06　编程输入两个整数，输出较小者(用 if 语句实现)。

练习 01-03-07　编程输入两个整数，输出较小者(用条件表达式实现)。

*4. 自定义函数

下面的程序中包含两个函数，除了主函数以外，还有用户自己定义的函数。

程序清单 01-03-07. c

```
//编程输入两个整数,输出其中较大者的值(用自定义函数实现)
#include<stdio.h>
int max(int x,int y){
    int t;
    if(x>y) t=x;
    else    t=y;
    return (t);
}
int main(){
    int a,b,m;
    scanf("%d%d",&a,&b);
    printf("a=%d,b=%d\n",a,b);
    m=max(a,b);
    printf("The max is:%d\n",m);
    return 0;
}
```

执行程序，输入

```
5 8
```

输出

```
a=5,b=8
The max is:8
```

程序分析：

(1) 本程序功能和执行结果与上例完全相同。

(2) 本例包括了两个相互独立的函数，除了主函数之外，还包括一个用户自定义的函数 max。

(3) C 语言程序总是从主函数开始执行，当执行到语句 m=max(a,b);时，会将表达式 max(a,b)的值赋给变量 m，这个表达式是对函数 max 的调用。在求解 max(a,b)时会调用函数 max，将实在参数 a、b 的值传递(赋值)给函数 max 中的形式参数 x、y，然后转到函数

max的开始处执行。当在函数max中执行到return语句时会将return后面表达式t的值作为这个函数的值，也就是max(a,b)的值，返回到主函数中。在主函数中将这个值赋给变量m，主函数继续向下执行。

(4) 用户自定义函数max是由函数首部(第1行)和函数体({ }内的语句)两部分组成。函数首部由下列信息构成：

函数返回值类型　函数名(形式参数列表)

本例中的用户自定义函数名称为max，函数返回值的类型为整型(int)，函数参数有两个，分别是整型变量x和整型变量y，多个参数之间用逗号分隔。

(5) 从逻辑上分析，函数max的功能为接收两个整数参数，返回其中较大者的值(整型)。

此例可能不是特别容易理解，这没关系，先“不求甚解”吧。在这里只是大概了解C程序的结构，关于具体知识点的详细内容会在后续的章节中专门讲述。请读者仿照程序清单01-03-07.c程序的结构，完成以下几个练习。

练习01-03-08　修改程序清单01-03-07.c程序的主函数，输入3个整数，输出最大者。

练习01-03-09　修改程序清单01-03-07.c程序的主函数，输入4个整数，输出最大者。

练习01-03-10　编写自定义函数，实现你想实现的其他功能(不超出本节知识范围)。

5. 程序注释

一个好的程序会有相应的注释信息来说明程序的基本信息、功能、语句的作用等。一个好的程序员也会养成一个良好的编程习惯，那就是给程序添加适当的注释信息。

程序清单01-03-08.c

```
//C程序的注释举例
//编程输入两个整数,输出其中较大者的值(用自定义函数实现)
#include<stdio.h>
int max(int x,int y){
    int t;
    if(x>y) t=x;
    else    t=y;
    return (t);
}
/*
    以下为主函数,第4条语句实现对自定义函数的调用
*/
int main(){
    int a,b,m;                              //定义变量
    scanf("%d%d",&a,&b);                    //输入数据
    printf("a=%d,b=%d\n",a,b);
    m=max(a,b);                             //函数调用
    printf("The max is:%d\n",m);            //输出结果
    return 0;                               //让主函数返回0
}
```

程序分析：

(1) 在编写C语言程序时，可以对程序进行注释，以方便日后自己或其他人对该程序进行阅读和修改。注释的内容不参与程序的编译和执行，但可以增强程序的可读性。

(2) C语言的注释内容可以放在符号/＊与＊/之间。注释的内容可以是多行文本，但需要注意的是，符号/＊与＊/不能嵌套。例如下面的注释内容不是合法的：

```
scanf("%d%d",&a,&b);     /*从键盘输入/*两个整数*/分别赋值给变量 a 和 b*/
```

(3) C语言还有一种单行注释的方法，就是双斜杠开始直到行末的字符被当作注释。

练习 01-03-11 给自己编写的程序添加适当的注释。

6. 关键字

关键字就是已经被C语言本身使用，其含义已经被固定，不能作其他用途使用的单词。关键字也称为保留字。

ISO/ANSI 标准定义的关键字共有 32 个：

auto	double	int	struct	break	else
long	switch	case	enum	register	typedef
char	extern	return	union	const	float
short	unsigned	continue	for	signed	void
default	goto	sizeof	do	volatile	if
while	static				

ISO/ANSI C99 标准新增的关键字有 5 个：

inline	restrict	_Bool	_Complex	_Imaginary

以上所列的关键字中我们所熟悉的有 int、if、else、return 等。

7. 标识符

在C语言程序中，我们经常要给一些对象命名，像前面遇到的变量名、函数名等。这些对常量、变量、函数、标号和其他用户定义的对象所命的名称统称为标识符。简单地说标识符就是一个名字。标识符通常要我们自己指定，标识符的命名是有一定规则的。

标识符命名的规则如下：

(1) 以字母或下画线开头，由字母、下画线或数字组合而成的字符序列。

(2) 用户定义的标识符不能与关键字同名，但可以和C语言的库函数(如 printf 和 scanf)同名，但最好不要这样做。

(3) 标识符的长度无统一的限制，一般规定最多可识别 31 个字符。但标识符不应过长，以免难于识别和记忆。

(4) C语言是大小写敏感的语言，A 和 a 被认为是不同的字符。例如 AB、Ab、aB、ab 会被认为是 4 个不同的标识符。

下面列举一些正确的和不正确的标识符，请大家注意区别。

正确	不正确
smart	5smart(不能以数字开头)
_decision	bomb?(不能有字符“?”)

key_board	key. board(不能有字符“.”)
FLOAT	float(与关键字重名)
USA	U. S. A.(不能有字符“.”)
LIMEI	LI MEI(不能有空格)

8. 保留标识符

C 语言已经使用了的标识符以及使用权被 C 语言保留的标识符称为保留标识符。

保留标识符包括以下画线“_”开始的标识符(如__LINE__)和标准库里定义的函数名(如 printf、scanf、getchar 等)。不应该使用保留标识符来作为自定义的变量或者函数等的名称。

使用保留标识符来作自定义变量或者函数等的名称不是语法错误,有时可以通过编译,因为保留标识符是合法的标识符,符合标识符命名法则。但是,因为这些标识符已经被 C 语言使用或者保留了,所以使用保留标识符来作自定义变量或者函数等的名称可能会引起意想不到的问题。

1.4 程序调试

1. 编译错误

到现在为止,你已经自己动手编写了很多个 C 语言程序了,在编译和运行的过程中一定会遇到编译通不过的情况,此时程序一定是产生了编译错误。

程序出现编译错误而不能执行,通常是因为程序中有拼写错误,包括关键字和标识符拼写错误、运算符和标点拼写错误、数字和符号拼写错误等。

2. 缺少分号

程序清单 01-04-01. c

```
#include<stdio.h>
int main(){
    int a,b,c;
    a=b+c
    printf("%d+%d=%d",a,b,c);
    return 0;
}
```

编译运行程序(按 F11 键),系统出现如图 1-19 所示的编译错误。

程序分析:

(1) 编译器窗口中会显示错误信息及发生错误的程序代码行号和列号(5 行 3 列),双击该错误,程序会高亮显示发生错误的语句,错误可能发生在这条语句或其前后的语句中。

(2) 编译器窗口的出错信息及翻译如下:

```
[Error] expected ';' before 'printf'
```

[错误] printf 之前需要分号';'(说明前一个语句没有用';'结束)

(3) 在第 4 行语句后加一个';',再次编译则通过。

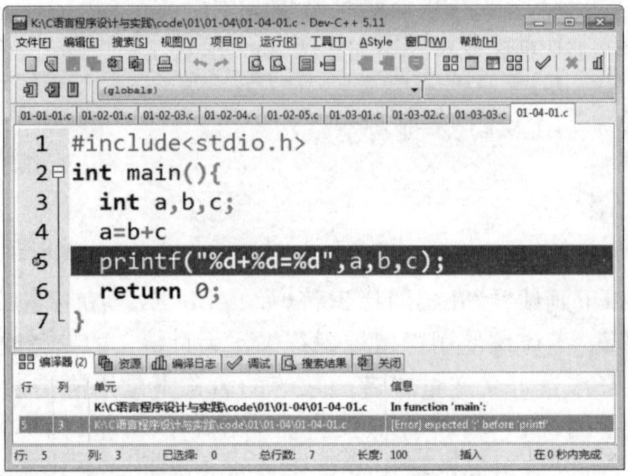

图 1-19　程序 01-04-01. c 的编译错误

3. 变量未定义先使用

程序清单 01-04-02. c

```
#include<stdio.h>
int main(){
    int a,b;
    a=b+c;
    printf("%d+%d=%d",a,b,c);
    return 0;
}
```

编译运行程序(按 F11 键),系统出现如图 1-20 所示的编译错误。

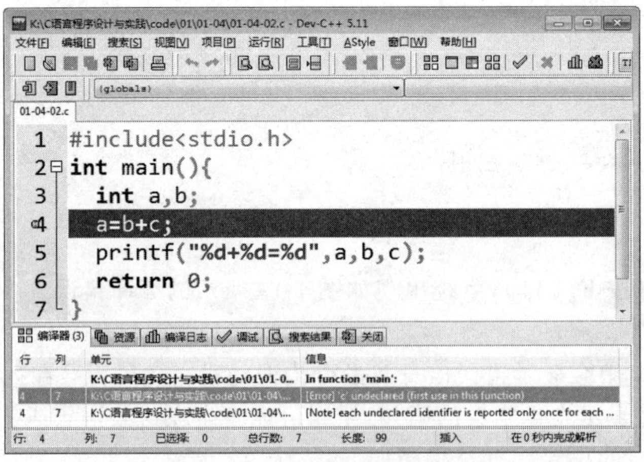

图 1-20　程序 01-04-02. c 的编译错误

程序分析:

(1) 双击编译器窗口中的错误信息,程序高亮显示发现错误的语句行。

(2) 编译器窗口的出错信息及翻译如下：

[Error] 'c' undeclared (first use in this function)

[错误]标识符(变量)c 未声明(函数中第一次使用)

(3) 将第 3 行语句改为 int a,b,c;,再次编译则通过。

4. 头文件名或路径错误

程序清单 01-04-03.c

```
#include<stdlo.h>
int main(){
    int a,b;
    a=b+c;
    printf("%d+%d=%d",a,b,c);
    return 0;
}
```

编译运行程序(按 F11 键),系统出现如图 1-21 所示的编译错误。

图 1-21　程序 01-04-03.c 的编译错误

程序分析：

编译器窗口的出错信息及翻译如下：

[Error] stdlo.h：No such file or directory

[错误] stdlo.h：没找到该文件或目录

解决的办法是将错误的 stdlo 换成正确的 stdio 就可以了。

5. 变量定义不合法

程序清单 01-04-04.c

```
//变量定义错误,变量名 3c 不符合标识符命名语法规则
#include<stdio.h>
int main(){
    int a,b,3c;
    a=b+c;
    printf("%d+%d=%d",a,b,c);
    return 0;
}
```

编译运行程序(按 F11 键),系统出现如图 1-22 所示的编译错误。

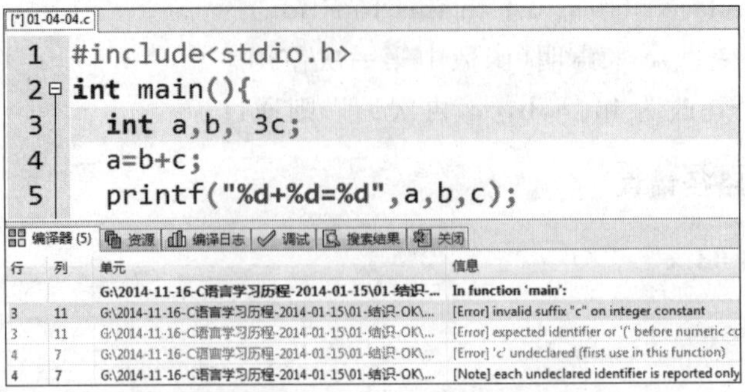

```
[*] 01-04-04.c
#include<stdio.h>
int main(){
    int a,b, 3c;
    a=b+c;
    printf("%d+%d=%d",a,b,c);
```

编译器 (5) | 资源 | 编译日志 | 调试 | 搜索结果 | 关闭

行	列	单元	信息
		G:\2014-11-16-C语言学习历程-2014-01-15\01-结识-...	In function 'main':
3	11	G:\2014-11-16-C语言学习历程-2014-01-15\01-结识-OK\...	[Error] invalid suffix "c" on integer constant
3	11	G:\2014-11-16-C语言学习历程-2014-01-15\01-结识-OK\...	[Error] expected identifier or '(' before numeric c
4	7	G:\2014-11-16-C语言学习历程-2014-01-15\01-结识-OK\...	[Error] 'c' undeclared (first use in this function)
4	7	G:\2014-11-16-C语言学习历程-2014-01-15\01-结识-OK\...	[Note] each undeclared identifier is reported only

图 1-22 程序 01-04-04.c 的编译错误

程序分析:

编译器窗口的出错信息及翻译如下:

[Error] invalid suffix "c" on integer constant

[错误]无效的后缀 c 在整型常量后

程序清单 01-04-05.c

```
//变量定义错误,for 为关键字,不能被定义为变量名
#include<stdio.h>
int main(){
    int a,b,for;
    a=b+c;
    printf("%d+%d=%d",a,b,c);
    return 0;
}
```

编译运行程序(按 F11 键),系统出现如图 1-23 所示的编译错误。

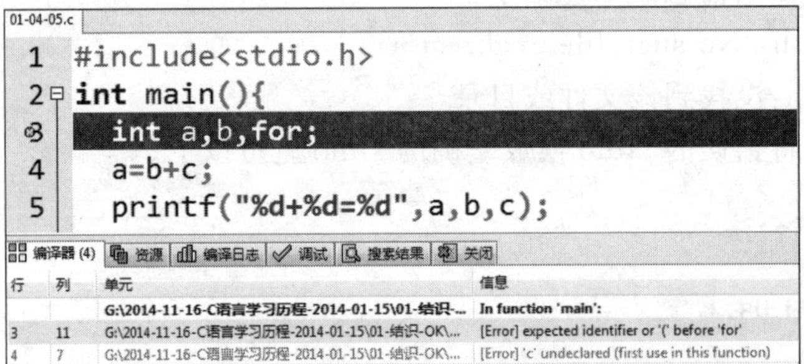

```
01-04-05.c
#include<stdio.h>
int main(){
    int a,b,for;
    a=b+c;
    printf("%d+%d=%d",a,b,c);
```

编译器 (4) | 资源 | 编译日志 | 调试 | 搜索结果 | 关闭

行	列	单元	信息
		G:\2014-11-16-C语言学习历程-2014-01-15\01-结识-...	In function 'main':
3	11	G:\2014-11-16-C语言学习历程-2014-01-15\01-结识-OK\...	[Error] expected identifier or '(' before 'for'
4	7	G:\2014-11-16-C语言学习历程-2014-01-15\01-结识-OK\...	[Error] 'c' undeclared (first use in this function)
4	7	G:\2014-11-16-C语言学习历程-2014-01-15\01-结识-OK\...	[Note] each undeclared identifier is reported only o

图 1-23 程序 01-04-05.c 的编译错误

程序分析:

编译器窗口的出错信息及翻译如下:

[Error] expected identifier or '(' before 'for'

[错误]预期标识符或'('在 for 之前

6. 成对符号不匹配

程序清单 01-04-06.c

```
//成对出现的符号缺失一个(双引号不匹配)
#include<stdio.h>
int main(){
    int a,b,c;
    a=5; b=8; c=a+b;
    printf("%d+%d=%d,a,b,c);
    return 0;
}
```

编译运行程序(按 F11 键),系统出现如图 1-24 所示的编译错误。

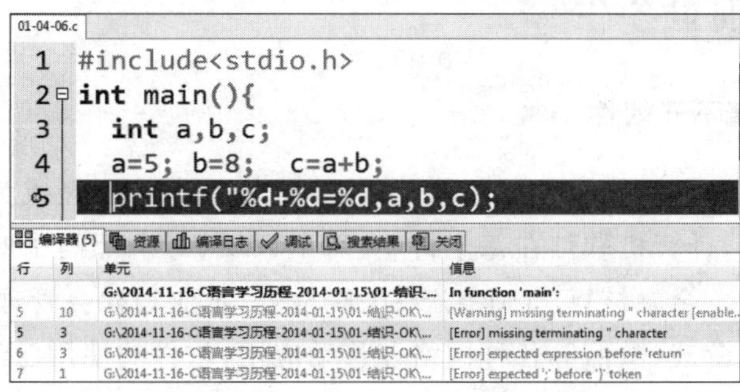

图 1-24 程序 01-04-06.c 的编译错误

程序分析:

编译器窗口的出错信息及翻译如下:

[Warning] missing terminating " character [enabled by default]

[警告] "字符右端缺失(默认启用)

[Error] missing terminating " character

[错误] " 字符右端缺失

7. 书写失误

程序清单 01-04-07.c

```
#include<stdio.h>
int main(){
    printf("%d",2l3)
}
```

编译运行程序(按 F11 键),系统出现如图 1-25 所示的编译错误。

程序分析:

编译器窗口的出错信息及翻译如下:

[Error] invalid suffix "l3" on integer constant

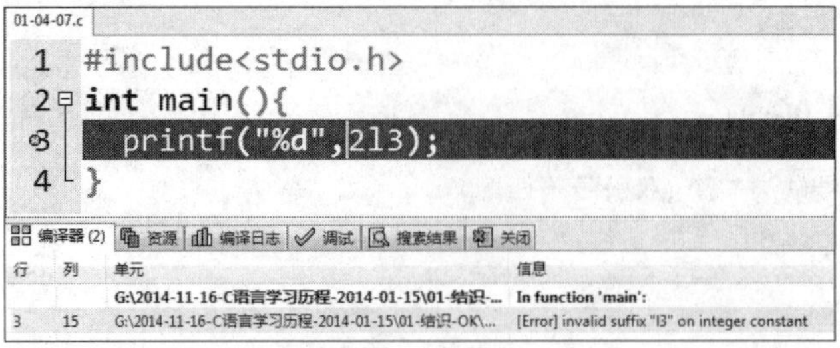

01-04-07.c

```c
#include<stdio.h>
int main(){
  printf("%d",2l3);
}
```

编译器 (2) | 资源 | 编译日志 | 调试 | 搜索结果 | 关闭

行	列	单元	信息
		G:\2014-11-16-C语言学习历程-2014-01-15\01-结识-...	In function 'main':
3	15	G:\2014-11-16-C语言学习历程-2014-01-15\01-结识-OK\...	[Error] invalid suffix "l3" on integer constant

图 1-25 程序 01-04-07.c 的编译错误

[错误] 整数常量无效后缀“l3”

用户将数字 1 错误地输入成字母 l(L)。

1.5 C语言的前世今生

1. 我们的生活离不开软件

随着计算机技术和网络技术的不断普及,计算机软件产品已经成为人们生活中一个重要的不可或缺的部分,计算机软件在每个行业、每个领域、每个部门中时刻都发挥着重要的作用,无论是政府办公、金融核算、工业生产、医院检查、企业和社会管理应用系统,还是个人生活中的购物、支付、游戏、微信等各种网络和移动应用,软件的使用已经彻底走进人们的生活。软件开发不论是现在还是未来都是一个非常热门的行业。

2. 计算机程序设计语言

计算机程序设计语言(programming language)也称编程语言,是用来编写计算机程序的形式语言。它是一种标准化的交流技巧,用来向计算机发出指令。一种程序设计语言让程序员能够准确地定义计算机所需要使用的数据,并精确地定义在不同情况下所应当采取的行动。

在软件开发的过程中,程序设计语言的选择是很关键的。程序设计语言的优良特性加上良好的编程风格,将极大地影响软件开发的进程,对确保软件的可靠性、可读性、可测试性、可维护性以及可重用性等将起着重大的作用。

程序设计语言的发展大致经历了机器语言、汇编语言、高级语言(面向过程的程序设计语言)以及面向对象的程序设计语言 4 个阶段。

1) 机器语言

机器语言是最底层的程序设计语言,其指令和数据都是由二进制代码(由 0 和 1 组成的代码)直接组合而成的。用机器语言编写的程序可以直接识别计算机硬件。对于不同的计算机硬件(主要是微处理器),其机器语言是不同的。因此,针对一种计算机所编写的机器语言程序不能在另一种计算机上运行。由于机器语言程序是直接针对计算机硬件的,因此它的执行效率比较高,能充分发挥计算机的速度性能。但是,用机器语言编写程序的难度比较大,容易出错,而且程序的直观性比较差,也不容易移植。

2）汇编语言

为了便于理解与记忆，人们采用能帮助记忆的英文缩写符号（称为指令助记符）来代替机器语言指令代码中的操作码，用地址符号来代替地址码。用指令助记符及地址符号书写的指令称为汇编指令（也称符号指令），而用汇编指令编写的程序称为汇编语言源程序。汇编语言又称符号语言。

汇编语言、机器语言与机器（计算机硬件系统）一般是一一对应的。因此，汇编语言也是与具体使用的计算机有关的。由于汇编语言采用了助记符，因此它比机器语言直观，容易理解和记忆。用汇编语言编写的程序也比机器语言程序易读、易检查、易修改。但是，计算机不能直接识别用汇编语言编写的程序，必须由一种专门的翻译程序将汇编语言源程序翻译成机器语言程序后，计算机才能识别并执行。这种翻译的过程称为汇编，负责翻译的程序称为汇编程序。

3）高级语言

机器语言和汇编语言都是面向机器的语言，一般称为低级语言。低级语言对机器的依赖性大，用它们开发的程序通用性很差，普通的计算机用户也很难胜任编程工作。

随着计算机技术的发展以及计算机应用领域的不断扩大，计算机用户的队伍也在不断壮大。为了使广大计算机用户也能胜任程序的开发工作，从20世纪50年代中期开始逐步发展了面向问题的程序设计语言，称为高级语言。高级语言与具体的计算机硬件无关，其表达方式接近于被描述的问题，易于被人们接受和掌握。用高级语言编写程序要比低级语言容易得多，并大大简化了程序的编制和调试过程，使编程效率得到大幅度的提高。高级语言的显著特点是不依赖于计算机硬件，通用性和可移植性好。

目前，计算机高级语言已有上百种之多，得到广泛应用的有十几种，例如BASIC、FORTRAN、Pascal、C、COBOL、dBASE、FoxBASE等。这些高级语言也可以称为面向过程的程序设计语言，它的主要特征是程序由过程定义和过程调用组成，即：程序=过程+调用。

BASIC（Beginner's All-purpose Symbolic Instruction Code，初学者通用符号指令代码）语言是国际上广泛使用的一种计算机高级语言，BASIC语言简单易学，目前仍是计算机入门的主要学习语言之一，它是一种解释执行的交互式会话语言。

FORTRAN（FORmula TRANslation，公式翻译）语言是目前国际上广泛流行的一种高级语言，适用于科学计算，是专门为科学、工程问题中的能够用数学公式表达的问题而设计的语言。这种语言简单易学，因为可以像抄写数学教科书里的公式一样书写数学公式，比英文书写的自然语言更接近数学语言。

COBOL（COmmon Business Oriented Language，面向商业的通用语言）是商业数据处理中广泛使用的语言。

Pascal语言是20世纪70年代初发展起来的一种结构化程序设计语言，它具有丰富的数据结构类型和优良的结构化特性，最初是作为一种教学语言推出的，后来得到广泛应用。

C语言最初是UNIX操作系统所使用的主要语言，它具有很强的功能以及高度的灵活性，和其他结构化语言一样，能够提供多种数据类型以及功能丰富而强大的运算符。

dBASE和FoxBASE语言是用C语言编写的专门用来处理数据库的编程语言。

4）面向对象的程序设计语言

面向对象的程序设计语言是一种新的程序设计范型，其主要特征是：程序=对象+消息。

面向对象程序的基本元素是对象，其主要特点是：程序一般由类的定义和类的使用两部分组成；在主程序中定义各对象并规定它们之间传递消息的规律，程序中的一切操作都是通过向对象发送消息来实现的；对象收到消息后，启动有关方法来完成相应的操作。面向对象的程序设计语言也有很多，例如C++、C#、Visual Basic、Delphi、LISP、PROLOG、Java等。

面向对象的程序设计语言不在本书的讨论范围中，建议读者在学完本书的内容以后，再继续学习C++语言或Java语言。

3. C语言的诞生和发展

1) 早期发展

早期的系统软件几乎都是由汇编语言编写的。汇编语言过于依赖硬件，可移植性很差。在一台计算机上编写的软件移植到另一台计算机上很可能无法运行。一般高级语言又难于实现汇编语言的某些功能，不能很方便地对底层硬件进行灵活的控制和操作。所以，人们急于寻找一种既有高级语言特点又有低级语言功能的中间语言。

在1960年出现了ALGOL(ALGOrithmic Language ,算法语言)，它是所有结构化语言的先驱，它有丰富的过程和数据结构，语法严谨。由于ALGOL语言本身及历史的原因，虽然它在欧洲被广泛使用，但在整个国际上并未被广泛采用。它是面向问题的语言，不宜用来编写系统软件。

1963年，剑桥大学推出了CPL语言，比其他高级语言稍接近硬件，但规模较大，不易实现；1967年，剑桥大学对CPL语言作适当简化后又推出了BCPL语言；1970年，美国贝尔实验室的K. Thompson以BCPL为基础作了进一步简化，设计了B语言。这种语言更加简单，更加接近硬件。开发者用B语言编写了最初的UNIX操作系统，尽管它过于简单，功能不全。

1972—1973年，美国贝尔实验室的D. M. Ritchie在B语言基础上设计出了C语言。1973年，K. Thompson和D. M. Ritchie合作将UNIX 90%以上的代码用C语言进行了改写。

图1-26　C语言之父D. M. Ritchie

2) K&R C

1978年，由美国电话电报公司(AT&T)贝尔实验室正式发表了C语言。同时，由著名的计算机科学家Brian W. Kernighan和C语言之父的D. M. Ritchie(图1-26)合著出版著名的*The C Programming Language*一书，它是一本必读的程序设计语言方面的参考书。它在C语言的发展和普及过程中起到了非常重要的作用，被视为是C语言的业界标准(K&R C标准)，而且至今仍然广泛使用。书中用"hello world"为实例开始讲解程序设计，也已经成为程序设计语言图书的传统。

3) ANSI C

1989年，C语言被美国国家标准协会(ANSI)标准化，编号为ANSI X3.159—1989。这个版本又称为C89。标准化的一个目的是扩展K&R C，增加了一些新特性。

1990年，国际标准化组织(ISO)成立工作组，来制定C语言的国际标准，通过对ANSI标准的少量修改，最终制定了ISO 9899:1990，又称为C90。随后，ANSI也接受了国际标准，并不再发展新的C标准。此标准在1994年又进行少量修改。

4）C99

在ANSI的标准确立后，C语言的标准在一段时间内没有大的变动；而C++语言在自己的标准化创建过程中发展壮大，在1994年为C语言创建了一个新标准。它只修正了一些C89标准中的细节和增加了更多更广的国际字符集支持。不过，这个标准引出了1999年ISO 9899:1999的发表，它通常被称为C99。C99于2000年3月被ANSI采用。

早期的编程语言大多用于UNIX系统。由于C语言的强大功能和各方面的优点逐渐为人们所认识，到了20世纪80年代，C语言开始进入其他操作系统，并很快在各类大、中、小和微型计算机上得到了广泛的使用，成为当代最优秀的程序设计语言之一。C语言的产生震撼了整个计算机界。它的影响不容低估，因为它从根本上改变了编程的方法和思路。C语言的产生是人们追求结构化、高效率、高级语言的直接结果，可用它替代汇编语言开发系统程序。

4. C语言的特点

C语言发展如此迅速，而且成为最受欢迎的语言之一，主要因为它具有强大的功能。早期许多著名的系统软件，如dBASE Ⅲ Plus、dBASE Ⅳ都是由C语言编写的。用C语言加上一些汇编语言子程序，就更能显示C语言的优势了，像PC-DOS、WORDSTAR等就是用这种方法编写的。归纳起来，C语言具有下列特点：

(1) C语言是中级语言。中级语言并没有贬义，不意味着它功能差、难以使用或者比BASIC、Pascal那样的高级语言更原始，也不意味着它与汇编语言相似，会给使用者带来类似的麻烦。C语言之所以被称为中级语言，是因为它把高级语言的成分同汇编语言的功能结合起来了。它把高级语言的基本结构和语句与低级语言的实用性结合起来。C语言可以像汇编语言一样对位、字节和地址进行操作，而这三者是计算机最基本的工作单元。

(2) C语言是结构化语言。结构化语言的显著特征是代码和数据的分离。这种语言能够把执行某个特殊任务的指令和数据从程序的其余部分分离出去、隐藏起来。这种结构化方式可使程序层次清晰，便于使用、维护以及调试。C语言是以函数形式提供给用户的，这些函数可方便地调用，并具有多种循环、条件语句控制程序流向，从而使程序完全结构化。

(3) C语言功能齐全。C语言具有各种各样的数据类型，并引入指针概念，可使程序效率更高。另外，C语言也具有强大的图形功能，支持多种显示器和驱动器；而且计算功能、逻辑判断功能也比较强大，可以实现决策目的。

(4) C语言应用范围广。C语言还有一个突出的优点就是适合多种操作系统，如DOS、UNIX、Linux、Windows等，也适用于多种机型。在21世纪的网络和人工智能时代，C语言更多地应用于嵌入式行业、智能电器等领域。

5. 怎样学好用好本书

面对种类繁多的编程语言，初学者往往会在究竟选择学习哪门计算机语言作为突破口而犹豫不定。有的人认为，语言越新越好，有些语言恐怕已经过时了，还是新出现的计算机语言更流行。笔者认为，虽然“跑”比“走”要快很多，但是不学会“走”是不可能“跑”好的。对于一个计算机程序设计的初学者，不用说“跑”，甚至连想马上“走”好都是很困难的，所以他们往往必须先从“爬”开始。只有认识到了这一点，我们才能不被那些目前流行的、看似高深的、新奇的、应用很广泛的语言所迷惑。我们还应该明白，不管一种计算机语言的功能有多强大，应用有多广泛，其基本的编程思想和看似“过时了的”语言都是一样的，正所谓“万变不离其宗”。所以笔者认为，要想学习计算机程序设计，还是应该先从这些“过时了的”语言学起，因为它们比起那些时下流行的语言不知道要简单、简洁多少倍。

笔者还认为，大学低年级是很重要的打基础阶段，其所选的计算机语言应能充分体现适宜大学低年级加强基础、培养与训练计算机语言编程及应用能力、拓宽知识面的特色。C语言可以说能最好地满足这些要求。这是由C语言自身的众多良好特性所决定的。学好C语言并不是目的，掌握计算机程序设计的思想，为以后更好地应用计算机技术，为学习后续编程语言打下良好的基础才是真正目的。本书是专为大学生入学后以C语言作为计算机第一教学语言而编写的，本书通过介绍和剖析大量的程序示例，系统地论述了C语言的各种数据类型和语句特性，以及用C语言进行程序设计的基本方法、技巧和应用，努力使读者既能熟悉一种优良的语言工具，又能掌握发挥这一工具效能的方法与技巧，并着力于良好的编程风格与习惯的养成，以便为读者今后进一步的程序设计实践打下良好的基础。

读者怎样才能利用本书更好地学习C语言程序设计这门课程呢？建议如下：

(1) 阅读是学习最好的方法之一，希望读者朋友认真阅读本书的每一个章节，必要时反复阅读多次。在阅读的过程中深入理解更多的内容。

很多读者只关心书中的例题而忽略其他章节或文字，以为只要把例子程序看会并上机调试正确，就已经学会了，问题就清楚了。其实不然，任何一个例子程序都不可能反映一个知识的全貌，建议大家不要遗漏书中任何一个章节以及任何一句话。

(2) 实践是学习程序设计的必经之路，请读者一定利用本书的例题和习题反复上机练习，达到深刻理解、熟练掌握的目标。对于学有余力的读者，要逐步学会自己设计程序，你会体会到这其中的乐趣。

笔者遇到过很多这样的学生：他们对学习程序设计很感兴趣，学习也很刻苦，但就是对问题的理解只停留在纸上和脑子里。我们可以断言，这样不可能学好程序设计。以目前的形势来看，学生拥有一台计算机已不再是难事。所以，强烈建议大家在学习程序设计时要多多上机练习程序，只有通过上机这一关，才可以说自己学会了程序设计。一个学生如果只会做题而不会编程，无异于只会“吃饭”而不会“做饭”，怎么能体会到“美食”真正的味道呢？况且，社会需要的又是哪类人才呢？相信大家都知道答案。

(3) 笨鸟先飞，学会自学。很多学生在学习过程中常常会感到力不从心：一个问题还没有解决，老师又讲到了新问题；一个程序还没看懂，老师又讲了下一个程序。出现这样问题的原因在哪里呢？很简单，你没有预习，没有自学，或者说没有有效地通过预习来自学，所以才会感觉到吃力。所以，强烈建议学生在老师正式教之前，有计划、有步骤、系统地对本书进行自学，并做好自学笔记。在自学中，哪些问题自己已经弄懂了，哪些还不懂，均记录下来。这样在老师教的过程中，你才能真正做到游刃有余。

(4) 独立思考，不求甚解。对于书中提到的知识点及某些一时难以理解的问题，应首先独立思考，对问题构建自己的认识。在不经过老师教的情况下，如果能正确地理解问题的实质，那说明自己非常具有程序设计的潜质，并已经渐入佳境；如果你对所思考问题的理解不正确，那么等到老师教过以后，你会明白真正的答案，并可以清楚地看到自己错在哪里，自己的思路有什么问题;如果你对所思考的问题还不能给出合理的解释,请先接受它并尽量学会“不求甚解”地应用,千万不要在一个问题上钻牛角尖。

(5) 百转千回,峰回路转。“重复是学习的母亲。”笔者强烈建议读者在学习本书时,要不断地、适当地重复学习已经学习过的章节或知识点,这样不仅能加深你对学过的知识点的理解,更可以使你在曾经“不求甚解”的知识点面前“柳暗花明”“豁然开朗”。关于这一点,相信你在试过之后有更深的体会。

(6) 开拓创新,举一反三。初学者在刚刚开始学习程序设计的时候应该学会模仿,待深入学习后,则应该积极主动地编写独立风格和思路的程序。向大家推荐的具体做法是

阅读例子程序→上机调试→修改例子程序→上机调试→编写自己的程序→上机调试

总而言之,要多读、多想、多练、多用。希望广大读者,特别是大学生,在学习和使用本书的过程中,认真阅读,积极思考,勤于实践,举一反三。

(7) 稳中求胜,持之以恒。这是在学习程序设计的过程中最重要的一个问题。C语言是一门基础程序设计语言,初学者切忌操之过急。有很多学生在遇到一些困难之后,就盲目地认为自己不适合学习程序设计,从而退缩了;也有一些学生在取得了一点成绩之后就自满了,以为自己学的知识已经够了,从而半途而废;还有的学生会被当下流行的一些语言所诱惑,认为学了C语言什么也做不了,从而产生厌学情绪。这些做法是十分错误的,是学习程序设计者的大忌。

以上是笔者在学习C语言程序设计的过程中以及多年从事C语言程序设计教学工作中总结出来的一些经验,希望对广大读者有所帮助。

习题1

一、选择题

1. C语言规定,必须用(　　)作为主函数名。

   A. function　　B. include　　C. main　　D. stdio

2. 一个C程序可以包含多个不同名的函数,但有且仅有一个(　　),一个C程序总是从这个函数开始执行。

   A. 过程　　B. 主函数　　C. 函数　　D. include

3. (　　)是C程序的基本构成单位。

   A. 函数　　B. 函数和过程　　C. 超文本过程　　D. 子程序

4. 在C语言中,每个语句用(　　)结束。

   A. 句号　　B. 逗号　　C. 分号　　D. 括号

5. 下列字符串中(　　)是合法标识符。

   A. _HJ　　B. 9_student　　C. long　　D. LINE 1

6. (　　)不是C语言提供的合法关键字。

   A. switch　　B. print　　C. case　　D. default

7. 下列选项中(　　)是C语言提供的关键字。

   A. break　　B. print　　C. function　　D. end

8. 下列选项中(　　)是C语言提供的关键字。

A. continue　　B. procedure　　C. begin　　D. append

9. 一个C语言程序(　　)。

A. 由一个主程序和若干个子程序组成

B. 由函数组成,并且每一个C程序必须有且只能有一个主函数

C. 由若干过程组成

D. 由若干子程序组成

10. 下列选项中可以作为标识符的是(　　)。

A. INT　　B. 5_student　　C. 2ong　　D. !DF

11. 下列选项中可以作为标识符的是(　　)。

A. _WL　　B. 3_3333　　C. int　　D. LINE 3

12. 下列选项中不能作为标识符的是(　　)。

A. sum　　B. average　　C. day_night　　D. M.D.JOHN

13. 下列选项中不能作为标识符的是(　　)。

A. total　　B. lutos_1_2_3　　C. _night　　D. $ 123

14. 下列选项中不能作为标识符的是(　　)。

A. _above　　B. all　　C. _end　　D. # dfg

15. C语言规定标识符由(　　)等字符组成。

A. 字母、数字、下画线　　B. 中画线、字母、数字

C. 字母、数字、逗号　　D. 字母、下画线、中画线

16. 以下选项中(　　)不是正确的C语言标识符。

A. ABC　　B. abc　　C. a_bc　　D. ab.c

17. 要把高级语言编写的源程序转换为目标程序,需要使用(　　)。

A. 编辑程序　　B. 驱动程序　　C. 诊断程序　　D. 编译程序

18. 下列选项中(　　)是合法的用户标识符。

A. long　　B. _2Test　　C. 3Dmax　　D. A.dat

19. C语言程序的执行总是起始于(　　)。

A. 程序中的第一条可执行语句　　B. 程序中的第一个函数

C. main函数　　D. 包含文件中的第一个函数

20. 下列说法中正确的是(　　)。

A. C程序书写时不区分大小写字母

B. C程序书写时一行只能写一个语句

C. C程序书写时一个语句可分成几行书写

D. C程序书写时每行必须有行号

21. 下列选项中(　　)是合法的标识符。

A. －abc1　　B. 1abc　　C. _abc1　　D. for

22. 以下叙述中正确的是(　　)。(参考代码:XT_01_01_22.c)

A. 可以把define和if定义为用户标识符

B. 可以把define定义为用户标识符,但不能把if定义为用户标识符

C. 可以把 if 定义为用户标识符，但不能把 define 定义为用户标识符

D. define 和 if 都不能定义为用户标识符

二、填空题

1. 一个 C 程序至少包含一个________函数。

2. 在 C 语言中，用来标识变量名、符号常量名、函数名、数组名、类型名、文件名的有效字符序列称为________。

3. 在 C 语言中，标识符只能由________、________和________ 3 种字符组成，且第一个字符必须是________或________。

三、编程题

1. 模仿例题编写程序并调试执行，在屏幕上显示以下信息。（参考代码：XT_01_03_01.c）

```
hello harbin!
```

2. 模仿例题编写程序并调试执行，在屏幕上输出以下图形。（参考代码：XT_01_03_02.c）

```
*
***
*****
*******
*********
```

3. 1982 年 9 月，美国卡内基·梅隆大学的斯科特·法尔曼教授发明了表情符号“:-)”，以表示在电子布告栏发表话题时开玩笑的话。以下是互联网中常用的表情符号：

:-) 微笑　　:-(不悦　　;-) 使眼色　　:-D 开心

:-O 惊讶　　o_O 讶异　　^_^高兴　　:-P 开玩笑

8-) 戴眼镜者的微笑　　@_@ 疑惑、晕头转向

请编程输出一些表情符号，以表达你此刻的心情。（参考代码：XT_01_03_03.c）

四、综合应用题

1. 请通过互联网查找资料，自学如何在命令行下使用命令编译、连接并执行 C 语言程序。

2. 请简述计算机程序设计语言的发展历程，可上网查找资料。

3. 通过图书馆、互联网等途径查找有关计算机和编程语言领域的名人事迹。

4. 请在本章知识范围内，自行设计程序并使用 Dev-C++ 编译器调试和运行。

第2章　数　　据

从本章开始,我们来系统地学习C语言程序设计。在第1章中,我们已经学习了一些C语言的例子程序,并且可以用"照葫芦画瓢"的方法练习自己编写一些C程序。在这些程序中我们使用了数据,接触了数据类型、常量、变量等概念。本章将详细地讨论这些知识,请读者一定认真研读本章内容,因为它是C语言程序设计的基础。

本章重点

- C语言的数据类型。
- 各类型数据的表示方法和范围。
- 常量的表示和使用。
- 变量的定义和使用。

本章难点

- 符号常量的使用。
- 字符型数据和整型数据的关系。

2.1　数据类型

1. 程序和数据

从某种程度来说程序其实是有穷指令的有序集合。程序就是由指令组成的,而程序所处理的对象是数据,所以数据是指令操作的对象。在C语言中,任何一个数据都必须属于一种类型。数据与操作构成程序的两个基本要素,数据类型是对数据的抽象。

2. 数据类型

C语言为我们提供了丰富的数据类型,如图2-1所示。

C语言的数据类型总体上可以分为基本类型、构造类型、指针类型和空类型4类。本章只讨论基本类型中的整型、实型和字符型,其他的数据类型会在以后的章节中作详细介绍。

每种数据类型都用一个关键字或标识符来表示。例如,我们已经知道关键字int用来表示整型。每种数据类型的数据都占据固定大小的存储空间,所以它们都有自己的取值范围。各种数据类型的名称、占据的存储空间及取值范围如表2-1所示。

表2-1　C数据类型、大小与取值范围

类型	类型关键字	字节数	位数	取值范围
字符型	char	1	8	−128～+127
短整型	short [int]	2	16	−32 768～+32 767
整型	int	4	32	−2 147 483 648～+2 147 483 647

续表

类型	类型关键字	字节数	位数	取值范围
长整型	long [int]	4	32	−2 147 483 648～+2 147 483 647
单精度实型	float	4	32	3.4E−38～3.4E+38
双精度实型	double	8	64	1.7E−308～1.7E+308
长双精度实型	long double	12	96	3.4E−4932～1.1E+4932
无符号字符型	unsigned char	1	8	0～255
无符号短整型	unsigned short [int]	2	16	0～65 535
无符号整型	unsigned [int]	4	32	0～4 294 967 295
无符号长整型	unsigned long [int]	4	32	0～4 294 967 295
超长整型	long long [int]	8	64	−9 223 372 036 854 775 808～ +9 223 372 036 854 775 807
无符号超长整型	unsigned long long [int]	8	64	0～18 446 744 073 709 551 615

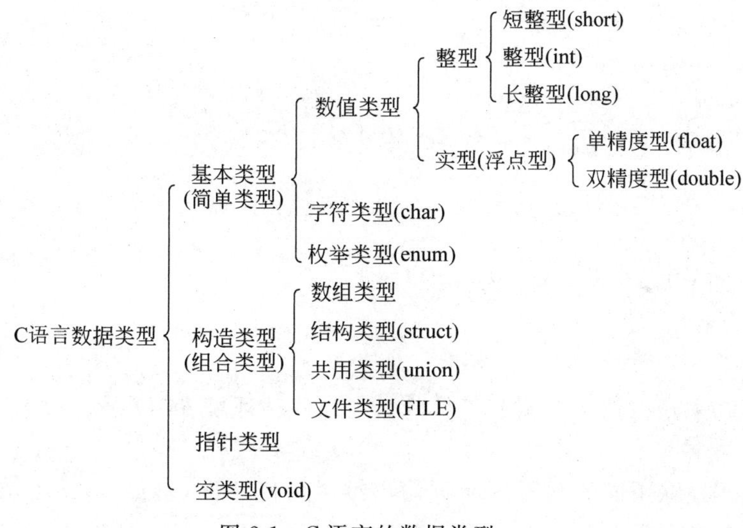

图 2-1　C 语言的数据类型

3. sizeof 运算符

C 语言提供了一个形似函数的运算符 sizeof，基本使用方法是 sizeof(参数)。其中参数可以是类型名称、表达式等，其运算结果为参数所代表的类型的数据在内存中所占的字节数。

程序清单 02-01-01.c

```
#include<stdio.h>
int main(){
    printf("sizeof(char)                :%d\n",sizeof(char)             );
    printf("sizeof(unsigned char)       :%d\n",sizeof(unsigned char)    );
```

```
    printf("sizeof(short int)          :%d\n",sizeof(short int)          );
    printf("sizeof(unsigned short int) :%d\n",sizeof(unsigned short int) );
    printf("sizeof(int)                :%d\n",sizeof(int)                );
    printf("sizeof(unsigned int)       :%d\n",sizeof(unsigned int)       );
    printf("sizeof(long)               :%d\n",sizeof(long)               );
    printf("sizeof(unsigned long)      :%d\n",sizeof(unsigned long)      );
    printf("sizeof(long long)          :%d\n",sizeof(long long)          );
    printf("sizeof(unsigned long long) :%d\n",sizeof(unsigned long long) );
    printf("sizeof(float)              :%d\n",sizeof(float)              );
    printf("sizeof(double)             :%d\n",sizeof(double)             );
    printf("sizeof(long double)        :%d\n",sizeof(long double)        );
}
```

执行程序，输出

```
sizeof(char)               :1
sizeof(unsigned char)      :1
sizeof(short int)          :2
sizeof(unsigned short int) :2
sizeof(int)                :4
sizeof(unsigned int)       :4
sizeof(long)               :4
sizeof(unsigned long)      :4
sizeof(long long)          :8
sizeof(unsigned long long) :8
sizeof(float)              :4
sizeof(double)             :8
sizeof(long double)        :12
```

程序分析：

(1) 以上结果是在软件环境 Dev-C++ 5.11、硬件环境 64 位 Windows 7 操作系统下得到的。

(2) 以上程序在不同的编译环境下输出结果可能不同，例如 sizeof(int)在低版本或其他编译器中运行结果可能为 2。

2.2 常量

1. 常量和变量

在程序运行的过程中，有些数据的值是不变的。在程序中值不能被改变的量称为常量。

常量可分为字面常量和符号常量。字面常量就是直接写出来的一个数据。符号常量是指用一个标识符来代表一个常量。字面常量在程序中可以不必进行任何说明而直接使用。

在程序运行的过程中，值可以改变的量称为变量。

每个常量和变量都归属一个数据类型，不同类型的常量和变量占据不同大小的存储空间，具有不同的表示范围。

程序清单 02-02-01.c

```
#include<stdio.h>
int main(){
    int a=8;
    printf("%d",a+13);
}
```

执行程序,输出

```
21
```

程序分析:

程序中 a 是 int 型的变量,8 和 13 是 int 型的常量(字面常量)。

程序清单 02-02-02.c

```
#include<stdio.h>
int main(){
    int a,b;
    a=5; b=8;
    a=a+b;
    b=a-b;
    a=a-b;
    printf("a=%d,b=%d",a,b);
}
```

执行程序,输出

```
a=8,b=5
```

程序分析:

程序中 a、b 是 int 型的变量,5 和 8 是 int 型的常量(字面常量)。

程序中通过 3 个语句实现了两个变量值的交换。

2. 整型常量

整型常量就是直接书写出来的整数,它在 C 语言程序中有若干种表示方法,具体如下:

(1) 十进制整数:由 0~9 表示的整数,例如 521、-9、0、123 等。整数前不能加前导 0。

(2) 八进制整数:以数字 0 开头,由 0~7 表示的整数,例如 0521、-04、+0123 等。

(3) 十六进制整数:以 0x 开头,由 0~9 和 A~F 表示的整数,例如 0x521、-0x9、0x1A2B3C 等。字符 X 和数字 A~F 可以大写也可以小写。

程序清单 02-02-03.c

```
//不同进制整型常量的表示及输出
#include<stdio.h>
int main(){
    //格式说明符%o、%x 分别代表八进制和十六进制无符号整型数据
    printf("%d,%d,%d\n",1234,02322,0x4d2);
```

```
    printf("%o,%o,%o\n",0123,83,0x53);
    printf("%x,%x,%x\n",165,0245,0xA5);
}
```

执行程序，输出

```
1234,1234,1234
123,123,123
a5,a5,a5
```

3. 整型常量的类型

(1) C 语言对于所有没有后缀且在 int 型取值范围内的整型常量都规定为 int 型，对于超过此范围的整数，根据其大小范围依次认定为 unsigned int、long、unsigned long、long long 或 unsigned long long 型。

(2) 可以在整型常量的末尾加上字符 l 或 L，来表示这是一个 long 型的整型常量，例如 1l、034L、0xaL 等。

(3) 可以在整型常量的末尾加上字符 ll 或 LL，来表示这是一个 long long 型的整型常量，例如 0LL、075LL、0xFFLL 等。

(4) 可以在一个整型常量的末尾加上字符 u 或 U 来表示一个无符号整型常量。L、LL 和 U 的位置可以互换。例如 12U、12LU、12ULL 都是合法的表示方法。

4. 不同类型整型常量的区别

int 型常量、long 型常量以及 long long 型常量的区别在于所占据的存储空间不同。例如，12 与 12LL 的值相同，区别在于 12 占 4 字节，而 12LL 占 8 字节。

综上，同一个整型常量值可以有不同的表示方法。例如，同样是十进制的 1234 可以有以下多种不同的表示方法：1234、02322、0x4d2、1234L、1234LL、02322L、0x4d2L、1234U、1234UL、1234LLU。

程序清单 02-02-04.c

```
//整型常量的类型
#include<stdio.h>
int main(){
    printf("sizeof(1234)          :%d\n",sizeof(1234)          );//int
    printf("sizeof(02322)         :%d\n",sizeof(02322)         );//int
    printf("sizeof(0X4D2)         :%d\n",sizeof(0X4D2)         );//int
    printf("sizeof(2147483647)    :%d\n",sizeof(2147483647)    );//int
    printf("sizeof(4294967295)    :%d\n",sizeof(4294967295)    );//unsigned int
    printf("sizeof(4294967296)    :%d\n",sizeof(4294967296)    );//long long
    printf("sizeof(1234L)         :%d\n",sizeof(1234L)         );//long
    printf("sizeof(1234LL)        :%d\n",sizeof(1234LL)        );//long long
}
```

执行程序，输出

```
sizeof(1234)        :4
sizeof(02322)       :4
sizeof(0X4D2)       :4
sizeof(2147483647) :4
sizeof(4294967295) :4
sizeof(4294967296) :8
sizeof(1234L)       :4
sizeof(1234LL)      :8
```

程序分析：

从本程序输出可以看出，当前编译环境下基本整型数据占 4 字节，长整型数据占 8 字节。

5. 实型常量

实型常量就是直接书写出来的实数，只用十进制表示。

实型常量有如下两种表示方法：

(1) 小数形式：如 3.14159265、−0.618 等。其中，若小数点前或后只有一位数字且为 0 则可以将这个 0 省略，但不能全省略，例如 100.、.618、−.618、.0、0. 等都是合法的表示方法。

(2) 指数形式：当一个实数很小或很大时，用小数形式表示起来就十分困难，而用指数形式表示则很方便，其格式为

±尾数部分 E±指数部分 （E 也可小写）

例如，−1.2e+2 表示 -1.2×10^{2}、1.32E−2 表示 1.32×10^{-2} 等，e 或 E 前后必须都有数字，且 E 后必须为整数。

程序清单 02-02-05.c

```
//不同形式的实型常量的输出
#include<stdio.h>
int main(){
    int a=9;
    /* 格式说明符%f 和%lf 在 printf()中代表实型数据格式符,默认小数位数为 6 位 */
    printf("%f,%f,%f\n"    , 12.34    , 1234.0e-2, 0.1234e+2);
    printf("%lf,%lf,%lf\n", 1234.e-2,.1234e2    , 12.       );
}
```

执行程序，输出

```
12.340000,12.340000,12.340000
12.340000,12.340000,12.000000
```

6. 实型常量的类型

C 语言规定不加后缀说明的所有实型常量都被解释成 double 型；也可在常量后加上字符 f 或 F 后缀，从而将其强制说明为 float 型；还可在常量后加上字符 l 或 L 后缀，从而将其

强制说明为 long double 型。

例如，常量 3.1415 是 double 型，常量 3.14159F 就是 float 型，常量 3.14159L 就是 long double 型。

程序清单 02-02-06.c

```
//实型数据类型测试
#include<stdio.h>
int main(){
    //sizeof()运算符输出其参数所占内存单元数(字节)
    printf("float        :%d\n",sizeof(float));
    printf("double       :%d\n",sizeof(double));
    printf("long double  :%d\n",sizeof(long double));
    printf("3.1415926    :%d\n",sizeof(3.1415926));
    printf("3.1415926F   :%d\n",sizeof(3.1415926F));
    printf("3.1415926L   :%d\n",sizeof(3.1415926L));
}
```

执行程序，输出

```
float       :4
double      :8
long double :12
3.1415926   :8
3.1415926F  :4
3.1415926L  :12
```

程序分析：

从本程序输出可以看出，当前编译环境下单精度实型数据占 4 字节，双精度实型数据占 8 字节，长双精度实型数据占 12 字节，不加后缀说明的实型常量默认为双精度实型。

7. 字符型常量

一对单引号中的一个字符称为字符常量。

字符常量的表示方法有两种：普通字符和转义字符。

8. 普通字符

普通字符是用单引号将一个单字符括起来的一种表示方式。例如：'A'、'6'、'$'、';'、'>'、'G'、'?'等。

需要说明的是：单引号只是一对定界符，在普通字符表示当中只能包括一个字符。单引号内不能再包括单引号本身及反斜杠字符"\"，这两个字符可以通过转义字符的形式表示。

9. 转义字符

转义字符是指在一对单引号内包括以\开头的多个字符，用这种形式来表示一个特殊的字符。常用的转义字符及其含义如表 2-2 所示。

表 2-2 常用的转义字符及其含义

转义字符	含 义
'\a'	报警(ANSI C)
'\n'	换行
'\t'	横向(水平)跳格,跳到下一个 Tab 位置
'\v'	竖向跳格
'\b'	退格
'\r'	回车
'\f'	走纸换页
'\\'	反斜杠(\)
'\''	单引号(')
'\"'	双引号(")
'\?'	问号(?)
'\ddd'	1～3 位八进制数(ASCII 码)所代表的字符
'\xhh'	1～2 位十六进制数(ASCII 码)所代表的字符
'\0'	空字符(ASCII 码为 0),通常作为字符串结束标记

由于字符'A'的 ASCII 码为十进制数 65,用八进制表示是 0101,用十六进制表示是 0x41,所以字符'\101'和'\X41'都表示字符'A'。用这种方法可以表示任何字符,例如'\0'、'\000'和'\x00'都代表的是 ASCII 码为 0 的控制字符,即空字符。空字符被用来作为字符串结束的标记。

程序清单 02-02-07.c

```
//字符型常量的表示
#include<stdio.h>
int main(){
    char c1,c2,c3;
    c1='A'; c2='\101'; c3='\x41';
    printf("%c,%c,%c",c1,c2,c3);
}
```

执行程序,输出

```
A,A,A
```

程序清单 02-02-08.c

```
//包含转义字符的字符串
#include<stdio.h>
int main(){
    printf("\nab\tcd\tef");
    printf("\nabcd\te\\fg");
    printf("\n\'A\' is a character,\"A\" is a string.");
    printf("\nabcd\befghij\tkl\nmn");
```

```
    printf("\nABCD\rEF");
    printf("\nABCD\0EFG");
}
```

执行程序，输出

```
ab       cd    ef
abcd     e\fg
'A' is a character,"A" is a string.
abcefghij    kl
mn
EFCD
ABCD
```

10. ASCII 码

ASCII(American Standard Code for Information Interchange，美国标准信息交换码)是基于拉丁字母的一套计算机编码系统，主要用于显示现代英语和其他西欧语言。它是现今最通用的单字节编码系统，并等同于国际标准 ISO/IEC 646。

ASCII 码使用指定的 7 位或 8 位二进制数组合来表示 128 或 256 种可能的字符。标准 ASCII 码使用 7 位二进制数来表示所有的大写和小写字母、数字 0～9、标点符号以及在美式英语中使用的特殊控制字符。

256 个 ASCII 码中后 128 个称为扩展 ASCII 码。许多基于 x86 的系统都支持使用扩展 ASCII 码。扩展 ASCII 码是从 128～255(0x80～0xff)的字符。扩展 ASCII 码一般用来表示特殊符号字符、非拉丁语字母和图形符号。

每个 ASCII 码(即 1 个字符)在内存占 1 字节(8 个二进制位)，基本 ASCII 码的最高位为 0，扩展 ASCII 码的最高位为 1。

基本 ASCII 码表请见附录 A。

11. 字符型数据在内存中的表示

字符型数据在内存中是以整型数据形式存储的。例如，字符'A'在内存中占 1 字节，这个字节中存储的是整型数据 65(字符'A'的 ASCII 码，见本书附录 A)。

字符型数据和整型数据是可以通用、可以混合运算的，即字符型数据可以当作整型数据来使用，整型数据也可以当作字符型数据来使用。

程序清单 02-02-09.c

```
//分析下面程序的运算结果
#include<stdio.h>
int main(){
    int a,b;
    a='A';
    b='A'+32;
    printf("%c,%c\n",a,b);
    printf("%d,%d\n",a,b);
```

```
}
```

执行程序，输出

```
A,a
65,97
```

程序分析：

请注意同一字母大小写两个字符的 ASCII 码值相差 32，请查看本书附录 A，牢记几个常用字符的 ASCII 码的值（十进制）：响铃（7）、退格符（8）、换行（10）、回车（13）、空格（32）、字符 0（48）、字符 A（65）、字符 a（97）。

程序清单 02-02-10.c

```
//分析下面程序的运算结果
#include<stdio.h>
int main(){
    int ch1,ch2;          //也可以替换成：char ch1,ch2;
    ch1='a'; ch2='B';
    printf("ch1=%c(%d),ch1-32=%c(%d)\n",ch1,ch1,ch1-32,ch1-32);
    printf("ch2=%c(%d),ch2+32=%c(%d)\n",ch2,ch2,ch2+32,ch2+32);
}
```

执行程序，输出

```
ch1=a(97),ch1-32=A(65)
ch2=B(66),ch2+32=b(98)
```

12. 字符串常量

字符串常量是以双引号括起来的一串字符序列，例如"This is a c program."、"ABC"、"I LOVE C"或""（空串）等。其中双引号为字符串的定界符，不属于字符串的内容。

13. 字符串常量在内存中的表示

字符串常量在存储时，从内存中的某个存储单元开始依次存储各个字符的 ASCII 码（一个整数），并在最后一个字符的下一个位置自动额外存储一个空字符'\0'，表示字符串结束。

字符串数据在内存中存储在一块连续的地址空间中，字符串数据所占内存空间（称为字符串的长度，即字节数）为其实际字符个数加 1。

例如，字符串"CHINA"在内存中所占用的存储空间不是 5 字节，而是 6 字节。

程序清单 02-02-11.c

```
//字符串常量数据的表示
#include<stdio.h>
int main(){
    printf("This is a string.\n");
    printf("The length of \"HRBNU\" is:%d",sizeof("HRBNU"));
```

```
}
```

执行程序,输出

```
This is a string.
The length of "HRBNU" is:6
```

程序分析:

字符串在内存中存放在一片连续的存储空间中,所占的存储单元数量为其所拥有的字符个数加1,在最后一个字符的下一个位置存储'\0',作为字符串结束符。

14. 符号常量

有的时候在程序中会频繁地使用某一固定的常量,例如某商品的价格或税率,可以在程序中定义一个标识符(符号)来固定地表示这个常量,这就是符号常量。

定义符号常量的格式为

#define 符号常量标识符 值

例如,可以使用

```
#define  PI  3.1415926
```

来定义PI为一个符号常量,这等于告诉C语言的编译系统,在程序中所有的PI(字符串内部除外)都用3.1415926代替。

程序清单02-02-12.c

```
//借助编译预处理,使用符号常量的程序
#include<stdio.h>
#define PI 3.14159265
int main(){
    double r;
    r=2.0;                                      //半径
    printf("\nPI=%f",PI);                       //输出圆周率的值
    printf("\nL=%f",2*PI*r);                    //输出圆的周长
    printf("\nS=%f",PI*r*r);                    //输出圆的面积
    printf("\nV=%f",(4.0/3)*PI*r*r*r);          //输出球的体积
}
```

执行程序,输出

```
PI=3.141593
L=12.566371
S=12.566371
V=33.510322
```

程序分析:

注意,符号常量被替换成相应的量(按字符原样替换),不包括双引号内部的符号,也就是说字符串常量内部不会发生任何替换。

15. 编译预处理指令

符号常量的定义属于C语言程序的编译预处理指令,不用分号结尾,一般放在程序最开始处。

编译预处理的含义是指在程序正式编译之前所做的预先处理。上例程序中的符号常量定义指令的处理就是在编译之前进行的。在正式编译之前,先将程序中的所有PI都替换成3.1415926,然后再编译、执行。所以,最终执行的是经过替换以后的程序,这一点须注意。另外,对于字符串内部的PI,系统不能替换。

习惯上,符号常量通常用全大写的单词表示,以和其他的变量相区别,但在C语言中这不是强制的。

如果不使用符号常量,而直接使用字面常量编程,那么程序应该如下。

程序清单 02-02-13.c

```
//02-02-12.c经过预处理后得到的程序
#include<stdio.h>
int main(){
    double r;
    r=2.0;
    printf("\nPI=%lf",3.1415926);
    printf("\nL=%lf",2*3.1415926*r);
    printf("\nS=%lf",3.1415926*r*r);
    printf("\nV=%lf",(4.0/3)* 3.1415926*r*r*r);
}
```

程序分析:

也可以不使用符号常量,而是像上面直接使用常量的值本身编写程序。但是程序中重复代码增加且易出错,如果我们想把PI值修改成3.14159265,此程序要修改多处,增加了代码维护的难度。

16. #define指令的另一个用法

编译预处理指令#define的处理过程是:在程序编译之前用一串字符去替换程序中的标识符,然后再编译执行。请分析以下程序的预处理过程和执行结果。

程序清单 02-02-14.c

```
//原程序
#include<stdio.h>
#define SF scanf
#define PF printf
int main(){
    int a,b;
    SF("%d%d",&a,&b);
    PF("%d+%d=%d\n",a,b,a+b);
    PF("%d-%d=%d\n",a,b,a-b);
}
```

程序清单 02-02-15.c

```
//02-02-14.c经过编译预处理后形成的程序
#include<stdio.h>
int main(){
    int a,b;
    scanf("%d%d",&a,&b);
    printf("%d+%d=%d\n",a,b,a+b);
    printf("%d-%d=%d\n",a,b,a-b);
}
```

执行程序,输入

```
5 8
```

输出

```
5+8=13
5-8=-3
```

程序分析:

可以看出使用#define指令可以实现符号常量的定义,也可以实现在编译前将程序中某些字符序列进行替换,这通常被称为简单的宏替换。关于宏替换,会在后面的章节中讨论。

2.3 变量

1. 认识变量

在程序运行的过程中,值可以改变的量称为变量。变量也有不同的数据类型,不同类型的变量占据不同大小的存储空间,具有不同的表示范围。

2. 变量的基本属性

变量的基本属性包括变量名称、变量类型和变量值。

每一个变量都有一个变量名,都从属于某一个数据类型,在其生存期内的每一时刻都有值。变量一经定义,其类型不再改变。

3. 变量在内存中的存储

每一个变量都在内存中占据一定的存储单元,其值就存储在这些单元中。内存中的每个单元都有一个唯一的编号,也称为内存的地址。对变量的读写操作就是按其所在的内存地址进行的。

4. 变量的定义

变量定义语句的一般格式为

数据类型标识符　变量名表;

变量名表中如果有多个变量,各变量之间要用逗号分隔开来。变量定义语句以分号结尾。

例如:

```
int a,b,s;
short f;
long p,q,r;
unsigned long k;
char c1,c2;
```

```
float x,y;
double d1,d2;
```

程序清单 02-03-01.c

```
//整型变量的定义
int main(){
    int a,b,c,d;
    unsigned u;
    a=56;b=-34;u=30;
    c=a+u; d=b+u;
    printf("a+u=%d,b+u=%d\n",c,d);
}
```

执行程序，输出

```
a+u=86,b+u=-4
```

程序分析：

本程序定义了 4 个 int 型变量 a、b、c、d 和 1 个 unsigned 型变量 u，并对这几个变量进行了赋值、运算、输出等操作。

程序清单 02-03-02.c

```
//字符型变量的定义
#include<stdio.h>
int main(){
    char c1,c2;
    c1='A'; c2=97;
    printf("%d,%d\n",c1,c2);
    printf("%c,%c\n",c1,c2);
    printf("%d,%c\n",c1+1,c1+1);
}
```

执行程序，输出

```
65,97
A,a
66,B
```

程序分析：

本程序定义了两个 char 型变量 c1、c2，并对这两个变量进行赋值、简单运算和输出操作。

程序清单 02-03-03.c

```
//实型变量的定义
#include<stdio.h>
int main(){
    float f1,f2;
    double d1,d2;
```

```
    f1=12.34; f2=56.78;
    d1=f1+f2; d2=f1 * f2;
    printf("\n%f,%f",f1,f2);
    printf("\n%lf,%lf",d1,d2);
}
```

执行程序，输出

```
12.340000,56.779999
69.119999,700.665194
```

程序分析：

本程序定义了两个 float 型变量 f1、f2 和两个 double 型变量 d1、d2，并对这 4 个变量进行赋值、简单运算和输出操作。

程序清单 02-03-03-A.c

```
#include<stdio.h>
int main(){
    double f1,f2;
    double d1,d2;
    f1=12.34; f2=56.78;
    d1=f1+f2; d2=f1 * f2;
    printf("\n%f,%f",f1,f2);
    printf("\n%lf,%lf",d1,d2);
}
```

执行程序，输出

```
12.340000,56.780000
69.120000,700.665200
```

程序分析：

这个程序和上一个程序为什么结果不同？02-03-03.c 程序中有一条语句：f2＝56.78;，由于 56.78 是 double 型，在内存中占 8 字节，f2 是 float 型，占 4 字节，高精度向低精度赋值，会损失精度。

5. C 语言中没有字符串变量

值得注意的是，C 语言中没有专门的字符串类型，也就没有字符串变量。字符串数据是用字符数组来存放的，关于这部分的知识在以后的章节中再进行介绍。

6. 变量使用规则

变量一经定义，其名称和类型就被固定下来，不允许改变。但是，变量的值可以在程序运行过程中随时被改变。

在 C 语言中变量一定要先定义后使用，并且在同一个作用域内变量不可重复定义。

程序清单 02-03-04.c

```
#include<stdio.h>
int main(){
    int i,j,k;
    i=2014; k=5;
    printf("\n%d,%d",i,k);
    int p,q,k;
    i=2015; k=7;
    printf("\n%d,%d",i,k);
}
```

执行程序，发生如图 2-2 所示的编译错误。

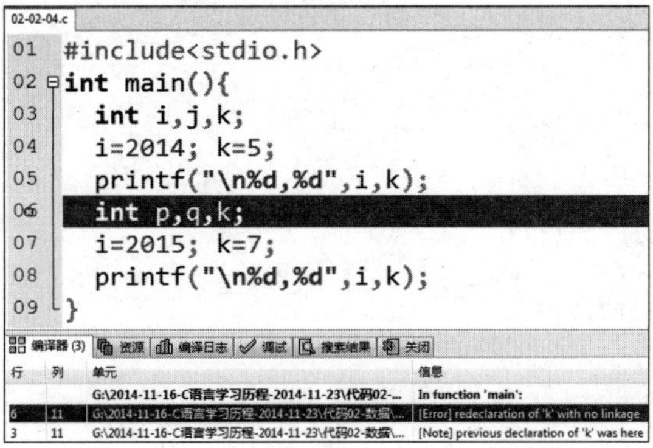

图 2-2　程序清单 02-03-04.c 的编译错误

注：错误原因是变量 k 被重复定义。

程序清单 02-03-05.c

```
#include<stdio.h>
int main(){
    int i,j;
    i=2014; k=5;
    printf("\n%d,%d",i,k);
    int p,q,k;
    i=2015; k=7;
    printf("\n%d,%d",i,k);
}
```

执行程序，发生如图 2-3 所示的编译错误。

注：错误原因是变量 k 未定义先使用。

7. 未赋值的变量

程序执行到变量定义语句时，系统会为变量分配内存单元。变量在第一次被赋值之前，它的值是一个未知的、不可估计的值，因为系统为其分配的存储单元里可能(或者说一定)已经有了数据。

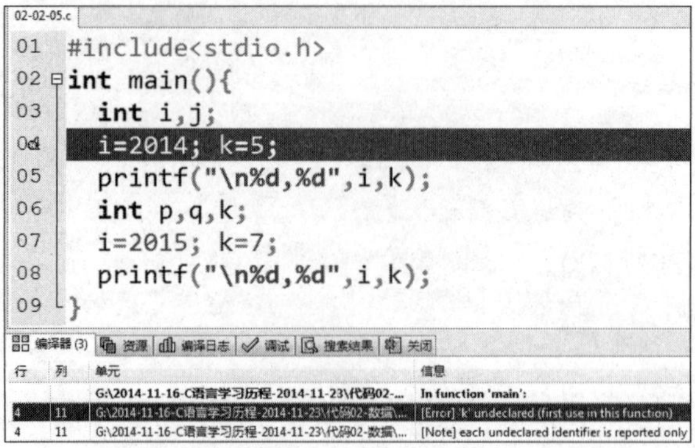

02-02-05.c

```
#include<stdio.h>
int main(){
    int i,j;
    i=2014; k=5;
    printf("\n%d,%d",i,k);
    int p,q,k;
    i=2015; k=7;
    printf("\n%d,%d",i,k);
}
```

编译器 (3) | 资源 | 编译日志 | 调试 | 搜索结果 | 关闭

行	列	单元	信息
		G:\2014-11-16-C语言学习历程-2014-11-23\代码02-...	In function 'main':
4	11	G:\2014-11-16-C语言学习历程-2014-11-23\代码02-数据\...	[Error] 'k' undeclared (first use in this function)
4	11	G:\2014-11-16-C语言学习历程-2014-11-23\代码02-数据\...	[Note] each undeclared identifier is reported only

图 2-3　程序清单 02-03-05.c 的编译错误

程序清单 02-03-06.c

```
#include<stdio.h>
int main(){
    int i; float f;
    printf("\n%d,%lf",i,f);
    i=2105; f=20.15;
    printf("\n%d,%lf",i,f);
}
```

执行程序，输出

```
64,0.000000
2105,20.150000
```

程序分析：

变量定义后，在未赋值之前，其值是不明确的(具体地说就是系统分配给它的内存中原来存在着数据)。

8. 变量定义后要及时赋值

C 语言在执行变量定义语句的时候，首先在内存中申请一块区域来存储这个变量的值。当内存申请成功以后，并不对该内存中原有的数据做任何处理。这时如果没有对该变量赋值而直接使用它，那么它的值就是所申请内存中的原有数据，而这个原有数据是我们所无法预料的。基于这个原因，应该尽量避免这种情况的发生，变量定义后要及时赋值。

程序清单 02-03-07.c

```
#include<stdio.h>
int main(){
    int i; float f;
    i=2014; f=20.14;                //及时赋值
    printf("%d,%lf\n",i,f);
    i=2105; f=20.15;
    printf("%d,%lf\n",i,f);
}
```

执行程序，输出

```
2014,20.139999
2105,20.150000
```

程序分析：

程序中有赋值语句 f=20.14;，但输出结果却是 20.139999，这是为什么呢？原因是低精度的 float 型变量被赋值为高精度的 double 型常量 20.14，数据精度会有损失。

9. 变量赋初值

第一次给变量赋值也称为给变量赋初值。给变量赋初值可以通过一个单独的赋值语句来完成。例如：int a; a=8;。

C 语言规定，给变量赋初值也可以在定义变量的时候一次完成。例如：

```
int a=8;              /* 定义变量 a 为整型,同时赋初值 8 */
float f=3.14;         /* 定义变量 f 为单精度实型,同时赋初值 3.14 */
double d=0.5;         /* 定义变量 d 为双精度实型,同时赋初值 0.5 */
```

也可以在定义变量时只给部分变量赋初值，例如：

```
int a=3,b,c;          /* 定义 a、b、c 3 个整型变量,只给 a 赋初值 3 */
```

定义变量，必须一个一个进行。例如，想给多个变量 a、b、c、d 赋相同的初值 6，则必须写成 int a=6,b=6,c=6,d=6;，不允许写成 int a=b=c=d=6;。

程序清单 02-03-08.c

```
#include<stdio.h>
int main(){
    int i=1,j,k=2;
    double d1,d2=3.14;
    char c1='A',c2='A',c3='A';
    char c1=c2=c3='A';          //此语句有语法错误
    …
}
```

程序分析：

程序中定义了 3 个 int 型变量，给两个变量赋初值，变量 j 的值是不确定的。

在一个语句中定义多个变量时赋初值必须一个一个单独进行，并用逗号隔开。

习题 2

一、选择题

1. 下列选项中合法的字符常量是(　　)。

   A. '\t'　　　B. "A"　　　C. a　　　D. "\x32"

2. 下列选项中合法的字符常量是(　　)。

A. '\084'　　B. '\84'　　C. 'ab'　　D. '\x43'

3. (　　)不是C语言提供的合法的数据类型关键字。

A. float　　B. signed　　C. integer　　D. char

4. 下列选项中不是合法整型常量的是(　　)。

A. 160　　B. －0xcdg　　C. －01　　D. －0x48a

5. 在C语言程序中,数字029是一个(　　)。

A. 八进制数　　B. 十六进制数　　C. 十进制数　　D. 非法数

6. 对于char cx='\039';语句,以下说法中正确的是(　　)。

A. 该语句不合法　　B. cx的ASCII码值是39

C. cx的值为4个字符　　D. cx的值为3个字符

7. 以下所列的C语言常量中,错误的是(　　)。

A. 0xFF　　B. 1.2e0.5　　C. 2L　　D. '\72'

8. 下列选项中不属于C语言合法数据类型的是(　　)。

A. signed short int　　B. unsigned long int

C. unsigned int　　D. long short

9. 下列选项中属于C语言数据类型的是(　　)。

A. 复数型　　B. 数值型　　C. 双精度型　　D. 集合型

10. 在C语言中,不正确的int型常数是(　　)。

A. 0A8　　B. 0　　C. 0037　　D. 0xAF

11. 设有说明语句char a= '\72';,则变量a(　　)。

A. 包含1个字符　　B. 包含2个字符

C. 包含3个字符　　D. 说明语句不合法

12. 下列选项中合法的字符常量是(　　)。

A. "B"　　B. '\010'　　C. －268　　D. F

二、填空题

1. 十进制数175的八进制数和十六进制数分别是________和________。

2. 十进制数－134的八进制数和十六进制数分别是________和________。

3. 字符'5'和'h'的ASCII码值分别为________和________。

4. 字符常量使用一对________界定单个字符,而字符串常量使用一对________界定若干个字符的序列。

5. 将下列各十进制数转换成相应进制,请填空。(参考代码:XT_02_02_05.c)

10 二进制________　八进制________　十六进制________

32 二进制________　八进制________　十六进制________

255 二进制________　八进制________　十六进制________

610 二进制________　八进制________　十六进制________

6. 以下程序的输出结果是________。(参考代码:XT_02_02_06.c)

```
int main(){
    int a=170;
    printf("%o",a);
}
```

第3章 运　　算

我们知道，算法是程序的灵魂，程序是指令的集合，数据是指令操作的对象。程序中的一切操作其实就是各种不同的运算及其组合。

任何程序都离不开运算，既可以是简单的算术运算，如加、减、乘、除，也可以是关系运算、逻辑运算等。

本章重点

- C语言的运算符。
- 运算符的优先级和结合性。
- 各个运算符的运算规则。
- 关系运算和逻辑运算。

本章难点

- ++、--运算符的运算规则。
- &&、||运算符的运算规则。
- 条件运算符的运算规则。
- 表达式中的类型转换。

3.1 运算符和表达式

1. 运算符

运算符是指表达几个操作数之间的一种运算规则的符号。

C语言的运算符十分丰富和灵活，主要包括算术运算符、关系运算符、逻辑运算符、位运算符、赋值运算符、条件运算符、逗号运算符、指针运算符、取长度运算符、强制类型转换运算符、下标运算符等类型。

2. 单目运算符、双目运算符和三目运算符

在C语言中，通常把只需要一个操作对象的运算符（如!、++、--等）称为单目运算符，把需要两个操作对象的运算符（如加号“+”、减号“-”）称为双目运算符，把需要3个操作对象的运算符（如?:）称为三目运算符。

3. 表达式

表达式是指用运算符将运算对象连接起来构成的式子。运算对象包括常量、变量、函数等。例如，下面都是合法的C语言表达式：a+b、a*b+c、3.1415926*r*r、(a+b)*c-10/d、a>=b、m+3<n-2、x>y&&y>z、a*b+6/c-1.2+'a'。

特别要说明的是，15、3.1415926、x、(n)等也是表达式。

4. 优先级和结合性

各种运算符有不同的优先级，当在一个表达式中有多种运算混合时，运算次序要严格按优先级进行，所有的运算符中，括号的优先级最高。

在求解表达式值的时候，根据运算符的优先级和结合性，对运算次序具体规定如下：

(1) 在求解某个表达式时，如果某个操作对象的左右都出现运算符，则首先要按运算符优先级高低的次序执行运算。

例如在表达式 a+b*c 中，操作对象 b 的左侧为加法运算符，右侧为乘法运算符，而乘法运算符的优先级高于加法运算符，所以 b 优先和其右侧的乘法运算符结合，即先运算 b*c，表达式相当于 a+(b*c)。

(2) 在表达式求值时，如果某个操作对象的左右都出现运算符且优先级相同时，则要按运算符的结合性来决定运算次序。

例如在表达式 a+b−c 中，操作对象 b 的左侧为加法运算符，右侧为减法运算符，而减法运算符与加法运算符优先级相同。那么这个表达式的运算次序是什么呢？这时要看运算符的结合性，由于它们的结合性是“自左至右”，所以运算对象 b 优先和其左侧的减号结合，即先运算 a+b，表达式相当于(a+b)−c。

C 语言的运算符及优先级和结合性如表 3-1 所示。

表 3-1　C 语言的运算符及优先级和结合性

优先级	运算符	名　称	运算对象个数	结合方向
1	() [] -> .	圆括号 下标运算符 指向结构体成员运算符 结构体成员运算符		自左至右
2	! ~ ++ -- - (类型说明符) * & sizeof()	逻辑非运算符 按位取反运算符 自增 1 运算符 自减 1 运算符 负号 强制类型转换运算符 指针运算符 取地址运算符 取长度运算符	1(单目运算符)	自右至左
3	* / %	乘法运算符 除法运算符 取余运算符	2(双目运算符)	自左至右
4	+ -	加法运算符 减法运算符	2(双目运算符)	自左至右
5	<< >>	左移运算符 右移运算符	2(双目运算符)	自左至右
6	<　<=　>　>=	关系运算符	2(双目运算符)	自左至右

续表

优先级	运算符	名 称	运算对象个数	结合方向
7	== !=	等于运算符 不等于运算符	2(双目运算符)	自左至右
8	&	按位与运算符	2(双目运算符)	自左至右
9	^	按位异或运算	2(双目运算符)	自左至右
10			按位或运算符	2(双目运算符)	自左至右
11	&&	逻辑与运算符(并且)	2(双目运算符)	自左至右
12	||	逻辑或运算符(或者)	2(双目运算符)	自左至右
13	?:	条件运算符	3(三目运算符)	自右至左
14	= += -= *= /= %= >>= <<= &= ^= |=	赋值运算符及各种复合赋值运算符	2(双目运算符)	自右至左
15	,	逗号运算符		自左至右

程序清单 03-01-01.c

```
//运算符的优先级和结合性
#include "stdio.h"
int main(){
    int a,b,c;
    a=100; b=20; c=3;
    printf("a+b*c=%d\n",a+b*c);
    printf("a+b-c=%d\n",a+b-c);
}
```

执行程序,输出

```
a+b*c=160
a+b-c=117
```

再如,在表达式 x=y+=z 中,操作对象 y 的左侧为赋值运算符=,右侧为复合赋值运算符+=,它们的优先级相同。因为各种赋值运算符的结合性都是"自右至左",所以运算对象 y 先和其右侧的运算符+=结合,即先运算 y+=z,表达式相当于 x=(y+=z)。

结合性的概念是C语言所独有的,希望读者能将这个概念弄清楚。如果此时还不是很清楚,请在学完本章后再回来重新阅读这一部分,那时就会明白了。

5. 不同类型的数据混合运算

C语言还规定,只有类型相同的两个操作数才能出现在一个运算符的两侧。

如果运算符两侧的操作数类型不同但相容(如 char 和 double),系统会按一定的规则自动转换某一方,使得双方的类型一致。系统进行自动类型转换的规则如图 3-1 所示。

图中纵向的转换是无条件的。也就是说,只要是字符型或短整型,都无条件地先转换成

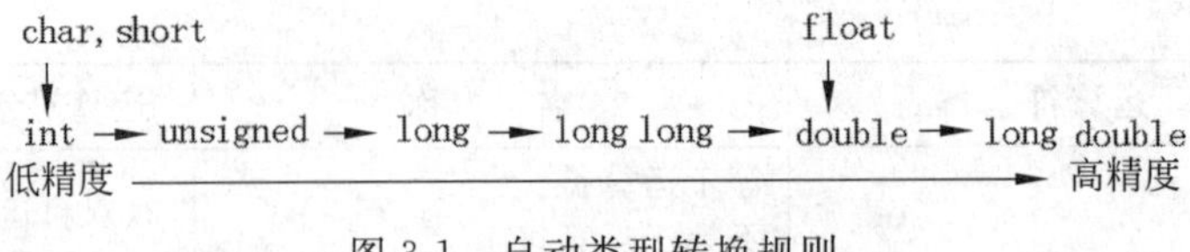

图 3-1　自动类型转换规则

基本整型再参加运算，只要是单精度实型，都无条件地转换成双精度实型再参加运算。图中横向的转换是在运算符两边操作对象类型不一致时进行的，精度低的类型自动转换成精度高的类型。（注：Dev-C++ 和 VC++ 中的单精度实型不再自动转换成双精度类型）。

例如，表达式 100＋'A'－5.0＊8 是合法的表达式，它的运算过程如图 3-2 所示（图中箭头表示类型转换，双竖线表示运算结果）。

```
100+'A'-5.0*8
     ↓
    65=>100+65-5.0*8
             ||
            165=>165-5.0*8
                         ↓
                        8.0=>165-5.0*8.0
                                  ||
                                 40.0=>165-40.0
                                        ↓
                                       165.0=>165.0-40.0
                                                   ||
                                                  125.0
```

图 3-2　表达式 100＋'A'－5.0＊8 的运算过程

系统自左至右扫描表达式至'A'时，首先无条件地将'A'转换成基本整型数据 65，表达式变成了 100＋65－5.0＊8。继续扫描发现 65 左右的运算符分别为＋和－，而它们的优先级相同并且结合性是自左至右，所以 65 和其左侧的＋号结合，即先计算 100＋65，其结果为 165。表达式变成 165－5.0＊8，在扫描表达式至 5.0 时发现其左右两端的运算符－和＊优先级不同，那么 5.0 自然和优先级高的＊结合，先计算 5.0＊8，系统自动将精度低的整型常量 8 转换成双精度实型 8.0，运算结果为 40.0。表达式最终变成了 165－40.0，这时系统首先将 165 转换成 165.0，然后运算得到结果为 125.0。

程序清单 03-01-02.c

```
//相容类型数据的混合运算
#include "stdio.h"
int main(){
    printf("%lf\n",100+'A'-5.0*8);
}
```

执行程序，输出

```
125.000000
```

6. 强制类型转换

在 C 语言中除了系统自动进行的类型转换以外，也可以利用强制类型转换运算符将一个表达式转换成所需的类型。其一般格式为

(类型标识符)表达式

或者

(类型标识符)(表达式)

例如：

(int)(5.2＋3.3)　将表达式 5.2＋3.3 的值转换成 int 型，转换后的值为 8

(double)(5＋3)　将表达式 5＋3 的值转换成 double 型，转换后的值为 8.0

(float)(x＋y)　将表达式 x＋y 的值转换成 float 型

(float)x＋y　将表达式 x 的值转换成 float 型后再与 y 相加

请注意(float)(x＋y)与(float)x＋y 的区别。

程序清单 03-01-03.c

```
//强制类型转换程序示例
int main(){
    double x=3.5,y=4.8;
    printf("x=%lf,y=%lf\n",x,y);
    printf("(int)(x+y)=%d\n",(int)(x+y));
    printf("(int)x+y=%lf\n",(int)x+y);
    y=(int)y;
    printf("x=%lf,y=%lf\n",x,y);
}
```

程序的执行结果是

```
x=3.500000,y=4.800000
(int)(x+y)=8
(int)x+y=7.800000
x=3.500000,y=4.000000
```

程序分析：

(1) 在上例中，求解表达式(int)x＋y 后，变量 x 的值并未改变。无论一个变量的值参与了什么样的运算，只要没有被重新赋值，它的值就不会改变。

(2) 在上例中，执行 y＝(int)y；语句时，把变量 y 的值 4.8 强制转换成 int 型的值 4，在将 int 型的 4 赋值给 double 型的变量 y 时，系统会首先将 4 转换成 4.0 再赋值，所以变量 y 得到的值为 4.0。

7. 运算结果类型测试

在前面的章节中使用运算符 sizeof 来测试不同类型标识符和数据所占用的内存大小。sizeof 运算符的操作数也可以是表达式，它的运算结果为表达式的值所占的内存单元个数，根据这个运算结果可以推算出表达式的值的类型。

程序清单 03-01-04.c

```
//表达式运算结果类型测试
int main(){
    printf("\n'A'                  :%d",sizeof( 'A'                ));
    printf("\n'A'+100              :%d",sizeof( 'A'+100            ));
```

```
    printf("\n'A'+100/5.0         :%d",sizeof( 'A'+100/5.0         ));
    printf("\n'A'+100/(int)5.0 :%d",sizeof( 'A'+100/(int)5.0 ));
    printf("\n'A'+100LL           :%d",sizeof( 'A'+100LL           ));
    double x=4.8,y=8.5;
    printf("\nx+y                 :%d",sizeof( x+y                 ));
    printf("\n(int)x+y            :%d",sizeof( (int)x+y            ));
    printf("\n(int)x+(int)y       :%d",sizeof( (int)x+(int)y       ));
    printf("\n(int)(x+y)          :%d",sizeof( (int)(x+y)          ));
    printf("\n(int)(x+y)/1.0      :%d",sizeof( (int)(x+y)/1.0      ));
    printf("\n(int)(x+y)/1.0F     :%d",sizeof( (int)(x+y)/1.0F     ));
    printf("\n(int)(x+y)/1.0L     :%d",sizeof( (int)(x+y)/1.0L     ));
}
```

执行程序,输出

```
'A'                 :4
'A'+100             :4
'A'+100/5.0         :8
'A'+100/(int)5.0    :4
'A'+100LL           :8
x+y                 :8
(int)x+y            :8
(int)x+(int)y       :4
(int)(x+y)          :4
(int)(x+y)/1.0      :8
(int)(x+y)/1.0F     :4
(int)(x+y)/1.0L     :12
```

程序分析:

从以上程序的执行结果可以看出表达式值的数据类型及运算过程中的转换过程。

3.2 算术运算

1. 算术运算符和算术表达式

算术运算符有+、-、*、/、%、++、--共 7 个,是用来进行算术运算的。用算术运算符连接起来的式子就是算术表达式,算术表达式的值是一个数值。

2. 基本算术运算符

C 语言中基本的算术运算符有以下 5 个:

+(加法运算符或正值运算符,如 5+6、a+c、+3、+b)

-(减法运算符或负值运算符,如 5-6、a-c、-3、-b)

*(乘法运算符,如 5*6)

/ (除法运算符,如 5/3)

%(求余运算符,或称为取模运算符,如 15%6)

对基本算术运算符说明如下：

(1) 基本算术运算符都是双目运算符(除表示取正的＋和取负的－以外)，其结合性都为自左至右。

(2) 对于除法运算，要注意C语言规定两个整型数相除的结果仍然是整型数。例如5/2的结果为2，小数部分舍弃。但若被除数和除数中有一个为负数，则结果中小数的舍入方向是不定的(随机器而定)。若被除数或除数中有一个为实型，则结果为double型。例如，5.0/2的结果为2.5。

(3) 模运算符 % 的意义是求两个操作数相除后的余数。例如，7%3的结果为1，15%6的结果为3。另外，余数的符号与被除数一致，例如，－15%6的结果为－3，－15%－6的结果也为－3。

C语言规定模运算符的两侧必须均为整型数据，因为只有整型数据才能取余数。如果一方为实型数据，则编译程序时出错。

(4) 当不同的运算出现在同一个表达式中时，各种运算是有先后次序的，依据是各个运算符的优先级及结合性。

(5) 在表达式中遇到不同类型数据间的混合运算时按3.1节中介绍的规则进行数据类型转换。

(6) 任何时候都可以使用括号来改变运算次序，而且恰当地使用括号会增加表达式的可读性。

程序清单 03-02-01.c

```
//四则运算程序,分析下面程序的运行结果
#include<stdio.h>
int main(){
    int a,b;
    a=27; b=11;
    printf("\na=%d,b=%d",a,b);
    printf("\na+b=%d",a+b);
    printf("\na-b=%d",a-b);
    printf("\na*b=%d",a*b);
    printf("\na/b=%d",a/b);
    printf("\na%%b=%d",a%b);     //printf()函数的参数中,%%代表一个%
    printf("\na/5+b*3=%d",a/5+b*3);
}
```

执行程序，输出

```
a=27,b=11
a+b=38
a-b=16
a*b=297
a/b=2
a%b=5
a/5+b*3=38
```

程序清单 03-02-02.c

```
//分析下面程序的运行结果
#include<stdio.h>
int main(){
    int a,b;
    a=27; b=11;
    printf("\na=%d,b      =%d",a,b);
    printf("\n-a+b        =%d",-a++b);
    printf("\n-a--b       =%d",-a--b);
    printf("\na*-b        =%d",a*-b);
    printf("\na/-b        =%d",a/-b);
    printf("\n-a%%b       =%d",-a%b);
    printf("\na%%-b       =%d",a%-b);
    printf("\n-a%%-b      =%d",-a%-b);
    printf("\na/5+-b*3 =%d",a/5+-b*3);
}
```

执行程序，输出

```
a=27,b    =11
-a+b      =-16
-a--b     =-16
a*-b      =-297
a/-b      =-2
-a%b      =-5
a%-b      =5
-a%-b     =-5
a/5+-b*3 =-28
```

程序分析：

（1）正号“＋”、负号“－”优先级高于其他运算符。

（2）取余运算结果的符号与被除数一致。

*程序清单 **03-02-03.c**

```
//分析下面程序的运行结果
#include<stdio.h>
int main(){
    int a,b;
    a=27; b=11;
    printf("01: %d\n", a+-b);
    printf("02: %d\n", a+  +b);
    printf("03: %d\n", a+  +  +  +  +b);
    printf("04: %d\n", +  +  +a+  +  +b);
    printf("05: %d\n", +  -  +a+  +  +b);
    printf("06: %d\n", +  +a*+  +b);
    printf("07: %d\n", a+  +  +3  *-  +b);
```

```
    printf("08: %d\n", -a%  +(-  +4+b)   *-  +b);
}
```

执行程序，输出

```
01: 16
02: 38
03: 38
04: 38
05: -16
06: 297
07: -6
08: 66
```

程序分析：

结合表3-2，分析C语言对各个表达式的解析。

表3-2 程序清单03-02-03.c中各表达式的解析

表 达 式	解 析	等价表达式
a+-b	a+(-b)	a-b
a+ +b	a+(+b)	a+b
a+ + + + + +b	a+(+(+(+(+(+b)))))	a+b
+ + +a+ + +b	+(+(+a))+(+(+b))	a+b
+ - +a+ + +b	+(-(+a))+(+(+b))	-a+b
+ +a*+ +b	(+(+a))*(+(+b))	a*b
a+ + +3 *- +b	a+(+(+3))*(-(+b))	a+3*(-b)
-a% +(- +4+b) *- +b	(-a)%+((-(+4))+b)*(-(+b))	-a%(-4+b)*(-b)

程序清单03-02-04.c

```
//有多个错误的程序
#include<stdio.h>
int main(){
    int a,b;
    a=27; b=11;
    printf("01: %d", a%2.5);              //编译错误：取余运算(%)两侧要求都是整型
    printf("02: %d\n", a++b);             //编译错误：语法错误,无法解析此表达式
    printf("03: %d\n", +a*+/+b);          //编译错误：语法错误,无法解析此表达式
    printf("04: %d\n", a/(b-11) );        //运行时错误：除数为0
}
```

编译会出现如图3-3所示的错误信息。

3. 特殊的算术运算符(++、--)

C语言还提供了两个功能特殊的算术运算符：

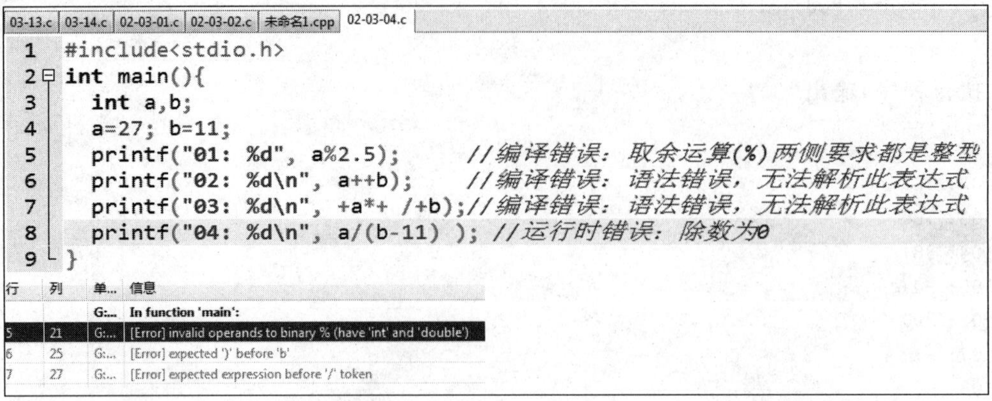

03-13.c | 03-14.c | 02-03-01.c | 02-03-02.c | 未命名1.cpp | 02-03-04.c

```c
#include<stdio.h>
int main(){
    int a,b;
    a=27; b=11;
    printf("01: %d", a%2.5);        //编译错误：取余运算(%)两侧要求都是整型
    printf("02: %d\n", a++b);       //编译错误：语法错误，无法解析此表达式
    printf("03: %d\n", +a*+ /+b);//编译错误：语法错误，无法解析此表达式
    printf("04: %d\n", a/(b-11) ); //运行时错误：除数为0
}
```

行	列	单...	信息
		G:...	In function 'main':
5	21	G:...	[Error] invalid operands to binary % (have 'int' and 'double')
6	25	G:...	[Error] expected ')' before 'b'
7	27	G:...	[Error] expected expression before '/' token

图 3-3　程序清单 03-02-04.c 的编译错误

＋＋（自增 1 运算符）

－－（自减 1 运算符）

关于这两个算术运算符，特别说明如下：

(1) ＋＋和－－两个运算符都是单目运算符，其结合性是自右至左。

(2) 这两个运算符的操作数只能是一个变量，而不可以是其他任何形式的表达式。它们既可以作为前缀运算符放在变量的左侧，也可以作为后缀运算符放在变量的右侧。

例如，下面的用法是正确的：

a＋＋　＋＋a　b－－　－－b　a＋＋　＋6　a＋b＋＋　a＋b－－　(int)(x＋＋)

而下面的用法是错误的：

4＋＋　＋＋5　(x＋y)＋＋　＋＋(6＋a)　＋＋(int)(x)　(x)＋＋

(3) 它们的运算规则是使其目的操作数(变量)的值自动加 1 或自动减 1。它们在作为前缀运算符和作为后缀运算符时的运算规则是不同的。

4. ＋＋、－－的运算规则

设 n 为一个整型变量，则有下面的规则。

(1) 作为后缀运算符：

n＋＋　先使用 n 的值，当使用完成后再让 n 的值自加 1。

n－－　先使用 n 的值，当使用完成后再让 n 的值自减 1。

(2) 作为前缀运算符：

＋＋n　先让 n 的值自加 1，然后再使用 n 的值。

－－n　先让 n 的值自减 1，然后再使用 n 的值。

例如，假设变量 i 的值为 3，那么：

- 执行 j＝i＋＋；后 j 的值为 3，i 的值为 4。
- 执行 j＝i－－；后 j 的值为 3，i 的值为 2。
- 执行 j＝＋＋i；后 j 的值为 4，i 的值为 4。
- 执行 j＝－－i；后 j 的值为 2，i 的值为 2。

也可以这样来理解：

- j=i++;相当于 j=i;i=i+1;或 j=i; i++;。
- j=++i;相当于 i=i+1;j=i;或 i++; j=i;。

可以知道,当 i++或++i 单独作为独立的表达式时,其作用都是使 i 加 1;当 i--或--i 单独作为独立的表达式时,i--和--i 的作用都是使 i 的值减 1。二者在功能上没有区别。

程序清单 03-02-05.c

```
//自加运算符++程序举例
int main(){
    int a,b,c;
    a=7;b=2; c=++a+b;          printf("1.c=%d,a=%d,b=%d\n", c,a,b);
    a=7;b=2; c=a++  +b;        printf("2.c=%d,a=%d,b=%d\n", c,a,b);
    a=7;b=2; c=a++  +  ++b;    printf("3.c=%d,a=%d,b=%d\n", c,a,b);
    a=7;b=2; c=++a  +  ++b;    printf("4.c=%d,a=%d,b=%d\n", c,a,b);
    a=7;b=2; c=++a  +  ++b;    printf("5.c=%d,a=%d,b=%d\n", c,++a,b++);
    a=7;b=2; c=++a  +  b++;    printf("6.c=%d,a=%d,b=%d\n", c,++a,b++);
}
```

执行程序,输出

```
1.c=10,a=8,b=2
2.c=9,a=8,b=2
3.c=10,a=8,b=3
4.c=11,a=8,b=3
5.c=11,a=9,b=3
6.c=10,a=9,b=3
```

程序分析:

程序中++、--运算符优先级高于其他算术运算符。

程序中运算符之间加入了空格,有助于对程序的理解和表达式的解析。

练习 03-02-01 请自行设计带++、--运算符的程序,上机调试运行并分析结果。

程序清单 03-02-05-A.c

```
//自行分析得出下面程序的运行结果,然后上机验证
#include<stdio.h>
    int main(){
    int x,y,z;
    x=6;y=5; z=4;           printf("\n01.x=%d,y=%d,z=%d",x,y,z);
    x=6;y=5; z=-x--;        printf("\n02.x=%d,y=%d,z=%d",x,y,z);
    x=6;y=5; z=x+++y;       printf("\n03.x=%d,y=%d,z=%d",x,y,z);
    x=6;y=5; z=++x+--y;     printf("\n04.x=%d,y=%d,z=%d",x,y,z);
    x=6;y=5; z=++x-y++;     printf("\n05.x=%d,y=%d,z=%d",x,y,z);
    x=6;y=5; z=--x-++y;     printf("\n06.x=%d,y=%d,z=%d",x,y,z);
    x=6;y=5; z=x++-++y;     printf("\n07.x=%d,y=%d,z=%d",x,y,z);
    x=6;y=5; z=x--+--y;     printf("\n08.x=%d,y=%d,z=%d",x,y,z);
    x=6;y=5; z=x--+y++;     printf("\n09.x=%d,y=%d,z=%d",x,y,z);
```

```
}
```

程序分析：

(1) 由于＋＋运算符、－－运算符、－(负号)运算符、!(非)运算符的优先级相同，结合性都是自右至左，所以表达式－n－－会被理解成－(n－－)，表达式!n＋＋会被理解成!(n＋＋)。

语句 z＝－x－－；被理解成 z＝－(x－－)，此后输出“02. x＝5，y＝5，z＝－6”。

(2) C 语言规定，在理解有多个连续运算符的表达式时，尽可能自左至右地将更多的字符组成一个运算符，所以表达式 m＋＋＋n 会被理解成(m＋＋)＋n。

语句 z＝x＋＋＋y；被理解成 z＝(x＋＋)＋y；，此后输出“03. x＝7，y＝5，z＝11”。

(3) 当自左至右扫描表达式时，如果读入下一个字符而不能构成运算符，则将当前符号和下一个符号断开，理解成两个运算。例如表达式 m－＋＋n 会被理解成 m－ ＋＋n，也就是 m－(＋＋n)。

语句 z＝＋＋x＋－－y；被理解成 z＝＋＋x＋(－－y)；，此后输出“04. x＝7，y＝4，z＝11”。

练习 03-02-02 根据以上 C 语言表达式解析规则，请大家自行分析上例程序的运算结果。

5. 书写明晰的表达式

程序清单 03-02-05-A.c 虽然能够正确运行，但其表达式书写风格不好。代码的可读性非常差，也非常容易出现运算错误(非语法错误)。应该在表达式中适当增加空格或括号来增加程序的可读性。

程序清单 03-02-05-B.c

```
//自行分析得出下面程序的运行结果，然后上机验证
#include<stdio.h>
    int main(){
    int x,y,z;
    x=6;y=5; z=4;               printf("\n01.x=%d,y=%d,z=%d",x,y,z);
    x=6;y=5; z=-(x--);          printf("\n02.x=%d,y=%d,z=%d",x,y,z);
    x=6;y=5; z=x+(++y);         printf("\n03.x=%d,y=%d,z=%d",x,y,z);
    x=6;y=5; z=(++x)+(--y);     printf("\n04.x=%d,y=%d,z=%d",x,y,z);
    x=6;y=5; z=(++x)-(y++);     printf("\n05.x=%d,y=%d,z=%d",x,y,z);
    x=6;y=5; z=(--x)-(++y);     printf("\n06.x=%d,y=%d,z=%d",x,y,z);
    x=6;y=5; z=(x++)-(++y);     printf("\n07.x=%d,y=%d,z=%d",x,y,z);
    x=6;y=5; z=(x--)+(--y);     printf("\n08.x=%d,y=%d,z=%d",x,y,z);
    x=6;y=5; z=(x--)+(y++);     printf("\n09.x=%d,y=%d,z=%d",x,y,z);
}
```

程序分析：

此程序与程序清单 03-02-05.c 的功能完全相同，因为加入括号使其中的表达式更容易理解。

*6. 无法理解的表达式

在编写程序代码时，很可能会遇到多种运算符混合运算的情况，容易由于书写错误等原因造成表达式无法编译。

程序清单 03-02-06.c

```
//非法的表达式
#include<stdio.h>
int main(){
    int a,b,c;
    5++; (a)--; ++(a+b);      //此行 3 个表达式全非法
    a=7; b=2; c=a+++++b;      //非法
    a=7; b=2; c=++a++;        //非法
    a=7; b=2; c=++a+++b;      //非法
}
```

程序分析：

(1) C 语言规定，在理解多个字符的运算符时，总是尽可能自左至右地将更多的字符组成一个运算符。

(2) ＋＋、－－运算符的运算对象只能是变量，不能是表达式。表 3-3 给出了几个多字符运算符的解析。

表 3-3 多字符运算符的解析实例

表达式	被理解成	是否合法
a＋＋＋b	a＋＋ ＋b	合法
a＋＋＋＋＋b	a＋＋ ＋＋ ＋b	非法
＋＋a＋＋	＋＋(a＋＋)	非法
＋＋a＋＋＋b	＋＋(a＋＋) ＋b	非法

(3) 适当添加空白字符(空格、回车键或 Tab 键)或括号，可增强程序的可读性，并减少发生语法错误的可能。

程序清单 03-02-06-A.c

```
//合法的表达式
#include<stdio.h>
#define PFABC printf("a=%d,b=%d,c=%d\n",a,b,c)
int main(){
    int a,b,c;
    a=7; b=2; c=a++   +   ++b; PFABC;
    a=7; b=2; c=++a   +   ++b; PFABC;
    a=7; b=2; c=(a++) + (++b); PFABC;
    a=7; b=2; c=(++a) + (++b); PFABC;
}
```

执行程序，输出

```
a=8,b=3,c=10
a=8,b=3,c=11
a=8,b=3,c=10
a=8,b=3,c=11
```

3.3 赋值运算

1. 赋值运算符

在前面的程序中已经接触了很多关于赋值的操作，C语言中的赋值也是一种运算，运算符为单个的等号“＝”。

赋值运算的一般格式是

变量名称=表达式

它的功能是将赋值运算符右侧表达式的值赋给其左侧的变量。赋值运算符的左侧只能是一个变量。

例如，下面的赋值运算是合法的：

a＝3　b＝a＋6/2.0

而下面的赋值运算是非法的：

6＝7＋5　a＋b＝y－8

程序清单 03-03-01.c

```
//最简单的赋值运算
#include<stdio.h>
int main(){
    int a,b=9;          a=8;
    float f1,f2=5.7;    f1=3.14;
    double d1,d2;       d1=5.0; d2=d1/3;
    char c;             c='A'; c=c+32;
}
```

练习 03-03-01　读者可以给程序清单 03-03-01.c 加上输出语句来测试变量的值。

2. 不同类型间赋值

当赋值运算符两侧的数据类型不一致但相容时（如均为数值），系统会通过类型自动转换规则将表达式值的类型转换成左侧变量的类型后完成赋值。

如果是低精度向高精度赋值，其精度将自动提高；如果是高精度向低精度赋值，那么可能会发生溢出或损失精度（通常是小数）。

程序清单 03-03-02.c

```
//分析程序的执行结果
#include<stdio.h>
```

```
#define PF_A printf("a=%d\n",a);
#define PF_F printf("f=%lf\n",f);
#define PF_D printf("d=%lf\n",d);
int main(){
    int a;
    float f;
    double d;
    a='A';     PF_A
    a=65;      PF_A
    a=65LL;    PF_A
    a=42949672951234; PF_A
    a=65.65;   PF_A
    f='A';     PF_F
    f=65.0;    PF_F
    f=65.0F;   PF_F
    f=65.0L;   PF_F
    d='A';     PF_D
    d=65.0F;   PF_D
}
```

执行程序，输出

```
a=65
a=65
a=65
a=-8766
a=65
f=65.000000
f=65.000000
f=65.000000
f=65.000000
d=65.000000
d=65.000000
```

程序分析：

（1）低精度数据赋给高精度变量时，数值无损失，转换成高精度类型。

（2）高精度整型数据赋给低精度整型变量时，在低精度可表示范围内无精度损失，否则溢出，被赋值的变量得不到被赋的值。

（3）实型数据赋给整型变量时损失小数部分；高精度数据赋给低精度实型变量时，可能发生精度损失或溢出。

3. 赋值表达式

赋值是一种运算，由赋值运算符连接组成的式子称为赋值表达式。赋值表达式是有值的，它的值就是最终赋给变量的值。赋值表达式的值还可以参加运算。例如：

a＝3　　　　　　　　　　a 的值为 3，整个表达式的值为 3

b＝5＋(a＝3)　　　　a 的值为 3，b 的值为 8，整个表达式的值为 8
a＝b＝c＝8　　　　　相当于 a＝(b＝(c＝8))，a、b、c 的值为 8，整个表达式的值为 8
a＝(b＝10)/(c＝2)　　b 的值为 10，c 的值为 2，a 的值为 5，整个表达式的值为 5
b＝(a＝5)＋(c＝＋＋a)　a 与 c 的值为 6，b 的值为 11，整个表达式的值为 11

程序清单 03-03-03.c

```
//赋值运算应用举例
#include<stdio.h>
int main(){
    int a,b,c;
    a=5; b=(a=8)+9;          printf("01.a=%d,b=%d\n",a,b);
    a=(c=6)-1; b=a+(c=3);    printf("02.a=%d,b=%d\n",a,b);
    a=(b=5+(b=5))+(c=3);     printf("03.a=%d,b=%d\n",a,b);
    a=++b; b=(c=6)+ ++c;     printf("04.a=%d,b=%d\n",a,b);
}
```

执行程序，输出

```
01.a=8,b=17
02.a=5,b=8
03.a=13,b=10
04.a=11,b=14
```

练习 03-03-02　请自行分析以上程序的运行结果。

***4. 奇怪的输出**

请读者自行分析以下程序，并模拟计算机运算，给出程序的输出。

程序清单 03-03-04.c

```
//赋值运算符应用举例
int main(){
    int a,b;
    printf("%d,%d\n",a=5,b=6);
    printf("%d,%d\n",a=(b=2)+3,b+3);
    printf("%d,%d\n",(a=5)+(b=3),a=5+(b=2));
    printf("%d,%d\n",a,b);
}
```

程序的执行结果是什么呢？有人也许会写出如下的运行结果：

```
5,6
5,5
8,7
7,2
```

而实际上，程序的执行结果是

```
5,6
```

```
5,9
8,5
5,3
```

程序分析：

C语言规定，printf函数中的参数求解次序是自右至左的，对于语句 printf("\n%d,%d",a=(b=2)+3,b+3);，首先求解表达式 b+3 的值，然后再求解表达式 a=(b=2)+3 的值。关于 printf 函数的这一特性，在 5.3 节关于 printf 的内容中会有专题论述。

在编程时应尽量避免在 printf 函数的参数中使用++、--或赋值运算符。

*5. 让人崩溃的输出结果

程序清单 03-03-05.c

```
//让人崩溃的输出结果
#include<stdio.h>
int main(){
    int a;
    a=5; printf("01.%d,%d,%d\n",++a,a+6,a=3);
    a=5; printf("02.%d,%d,%d\n",++a,a=a+6,a=3);
    a=5; printf("03.%d,%d,%d\n",++a,a+6,(a=3)+7);
    a=5; printf("04.%d,%d,%d\n",a++,(a=10)+6,a+=3);
    a=5; printf("05.%d,%d,%d\n",a++,++a,a++);
}
```

执行程序，输出

```
01.4,9,4
02.10,10,10
03.4,9,10
04.10,16,11
05.7,8,5
```

程序分析：

这个输出结果让人崩溃，但仔细推敲，也可以找出其中的规律。

(1) printf 函数参数的求解顺序是自右向左的。

(2) 在自右向左扫描的过程中，如果遇到非赋值表达式或者形如 a++、a--的表达式，则立即求解此表达式的值，并作为最终输出依据(终值)。

(3) 在自右向左扫描的过程中，如果遇到赋值型表达式或形如++a、--a 的表达式(如 a=3、a=a+6、++a、a+=6 等)，则只执行赋值，留下被赋值的变量引用等待实际输出时再求值。

(4) 所有表达式自右向左求解完毕后，再从左至右依次输出，遇到已经计算出的终值则直接输出，遇到变量引用则输出变量的值。

例如，a=5; printf("01.%d,%d,%d\n",++a,a+6,a=3);的求解过程如表 3-4 所示。

表 3-4　程序中第 4 行代码的求解过程

步骤	求　　解	变量 a 的值	求解后语句相当于
1	求解 a=3,留下 a	3	printf("01. %d,%d,%d\n",++a,a+6,a);
2	求解 a+6,得终值 9	3	printf("01. %d,%d,%d\n",++a,9,a);
3	求解++a, 留下 a	4	printf("01. %d,%d,%d\n",a,9,a);

最后输出

```
01.4,9,4
```

a=5; printf("04. %d,%d,%d\n",a++,(a=10)+6,a+=3);的求解过程如表 3-5 所示。

表 3-5　程序中第 7 行代码的求解过程

步骤	求　　解	变量 a 的值	求解后语句相当于
1	求解 a+=3,留下 a	8	printf("04. %d,%d,%d\n",a++,(a=10)+6,a);
2	求解(a=10)+6,得终值 16	10	printf("04. %d,%d,%d\n",a++,16,a);
3	求解 a++,得终值 16	11	printf("04. %d,%d,%d\n",a,16,a);

最后输出

```
04.10,16,11
```

a=5; printf("05. %d,%d,%d\n",a++,++a,a++);的求解过程如表 3-6 所示。

表 3-6　程序中第 8 行代码的求解过程

步骤	求　　解	变量 a 的值	求解后语句相当于
1	求解 a++,得终值 5	6	printf("05. %d,%d,%d\n",a++,++a,5);
2	求解++a,留下 a	7	printf("05. %d,%d,%d\n",a++,a,5);
3	求解 a++,得终值 7	8	printf("05. %d,%d,%d\n",7,a,5);

最后输出

```
05.7,8,5
```

(5) 特别提示 1：以上程序以及本书其他程序都是笔者在 64 位操作系统 Windows 7 及 Dev-C++ 5.11 环境下运行得到的。对于本例程序,不同的编译系统可能会有不同的解释及结果。

(6) 特别提示 2：在编程时,尽量避免一个表达式里对同一个变量执行两次以上赋值,或者完全避免在复杂表达式中包含赋值操作,因为不同的编译系统得到结果是不一样的。

6. 复合赋值运算符

C 语言提供了多个复合赋值运算符。在赋值运算符之前加上其他运算符,就构成了复合赋值运算符。常见的复合赋值运算符有+=、-=、*=、/=、%=、<<=、>>=、&=、^=、|=等。这里只讨论前 5 种,后 5 种关于位操作的复合赋值运算符本书不作讨论,想学习位操作的读者可自行学习。

复合赋值运算是某种赋值运算的简写，即，如果把某变量与另一表达式的某种运算结果还赋值给这个变量本身，例如 a＝a＋3，那么这一赋值表达式就可以用复合赋值运算符简写为 a＋＝3。请看以下的几种复合情形：

x＊＝8　　　　等价于 x＝x＊8

x＊＝y＋8　　等价于 x＝x＊(y＋8)，注意不是等价于 x＝x＊y＋8

x％＝3　　　　等价于 x＝x％3

程序清单 03-03-06.c

```
//复合赋值运算符举例
#include<stdio.h>
#define PF printf("a=%d,b=%d\n",a,b);
int main(){
    int a=0,b=4;
    a=5;a+=b;          PF
    a*=3+4; b/=2;      PF
    a%=10; b-=a+=5;    PF
    a+=a+=a+=4;        PF
}
```

执行程序，输出

```
a=9,b=4
a=63,b=2
a=8,b=-6
a=48,b=-6
```

程序分析：

因为复合赋值运算符都是右结合性的，所以对语句 b－＝a＋＝5；首先求解 a＋＝5，接下来求解的是 b－＝a。

执行语句 a＋＝a＋＝a＋＝4；之前 a 的值为 8。首先求解 a＋＝4，a 的值为 12；然后求解 a＋＝a，a 的值为 24；最后求解 a＋＝a，a 的值为 48。

3.4 关系运算

1. 关系运算符

在 C 程序设计中，除了算术运算和赋值运算以外，我们还常常需要比较两个值之间的大小关系或判断某一个条件是否成立，这时就需要用到关系运算（比较运算）。

C 语言提供的关系运算符有以下 6 种：

＞　　　（大于）

＞＝　　（大于或等于）

＜　　　（小于）

＜＝　　（小于或等于）

＝＝　　（等于）

!=　　　(不等于)

关系运算符的优先级高于赋值运算符,低于算术运算符。在关系运算符中前4个运算符(>、>=、<、<=)的优先级高于后两个(==、!=)。例如:

x<y+z　　　　相当于 x<(y+z)

x+5==y<z　　相当于(x+5)==(y<z)

x=y>z　　　　相当于 x=(y>z)

2. 关系表达式

用关系运算符将两个表达式连接起来,就称为关系表达式。

关系运算符两侧的表达式可以是算术表达式、关系表达式、逻辑表达式(后面介绍)、赋值表达式等。例如下面的表达式都是合法的关系表达式:

```
6>5  a+b<=c+d  a>b!=c  4<100-a  a>=b>=c  'A'>'B'
```

3. 关系表达式的值

任何合法的表达式都应该有一个确定的值,关系表达式也不例外。关系表达式的值是一个逻辑值。若表达式是成立的,则其值为真,用1表示;否则值为假,用0表示。也就是说,关系表达式的值为一个整型数,或者是1,或者是0。

关系表达式的值也可参加其他的运算。例如,若有语句 int x=2,y=3,z=5;,则 x>=2 的值为1,x>y 的值为0,x==y 的值为0,x!=y 的值为1,z>=x<=y 的值为1。

程序清单 03-04-01.c

```
//关系运算符应用举例
#include<stdio.h>
#define PF printf("a=%d,b=%d\n",a,b);
int main(){
    int a,b,c=3,d=4;
    a=c>3;             b=2+8<d;         PF
    a=3-2>c+3<d-1;     b=2<(d==8);      PF
    a=c+2==3+2;        b=d!=4+3<c;      PF
    a=5>=d<=1;         b=0<=(d!=8);     PF
}
```

执行程序,输出

```
a=0,b=0
a=1,b=0
a=1,b=1
a=1,b=1
```

程序分析:

(1) 关系运算符中==和!=的级别低于其他关系运算符,算术运算符级别高于所有关系运算符。真值为1,假值为0。

(2) 表达式 5＞＝d＜＝1 被理解为(5＞＝d)＜＝1,先求解 5＞＝d,成立,其值为 1,再求解 1＜＝1,成立,最终值为 1。

3.5 逻辑运算

1. 逻辑运算符

有的时候需要用多个关系才能表示所需的条件,例如在数学中关系式 0≤x≤10 的含义是条件 x≥0 与 x≤10 同时成立;3 条线段能构成三角形的条件是 3 个边长 a、b、c 要同时满足 a＋b＞c、b＋c＞a、a＋c＞b 这 3 个条件。这时,就要用到逻辑运算符。

C 语言提供的逻辑运算符有以下 3 个:

&& 逻辑与(并且)

|| 逻辑或(或者)

! 逻辑非(取反、否定)

运算符!是单目运算符,它的优先级最高,高于算术运算符;运算符 && 和||是双目运算符。运算符!的优先级最高,其次是 &&,再次是||。关于逻辑运算符和其他运算符之间的优先关系见 3.1 节。

2. 逻辑表达式

用逻辑运算符将两个关系表达式或逻辑量连接起来的式子就是逻辑表达式。

例如,下面的表达式就是合法的逻辑表达式:

a＞b&&c＜d 相当于(a＞b)&&(c＜d)

!a&&b＞4 相当于(!a)&&(b＞4)

a＞5||b＜6&&c＞9 相当于(a＞5)||(b＜6)&&(c＞9)

a＝!b&&c＋6 相当于 a＝(!b)&&(c＋6)

3. 逻辑表达式的值

逻辑表达式的值和关系表达式的值一样,都是逻辑量。如果表达式成立,则值为真,用 1 表示;否则值为假,用 0 表示。也就是说,在表示真假值时,用 1 表示真,用 0 表示假。

在判断真假时,C 语言规定非 0 为真,0 为假。例如:

!5 5 是非 0 值,为真(1);所以!5 的值为假(0)

!(5＞6) 5＞6 不成立,值为 0;0 为假,!0 为真;所以表达式的值为 1

5＞6＞7 5＞6 不成立,值为 0;0＞7 不成立,所以表达式 5＞6＞7 的值为 0

4. 逻辑运算符运算规则

逻辑与运算符"&&"的运算规则是:只有当两个操作数都为真时,表达式的值才为真。

逻辑或运算符"||"的运算规则是:只有当两个操作数都为假时,表达式的值才为假。

非运算符"!"的运算规则是非真的值为假,非假的值为真。3 种逻辑运算符的运算规则(真值表)如表 3-7 所示。

表 3-7　逻辑运算的真值表

a	b	!a	!b	a&&b	a||b
真(非 0)	真(非 0)	假(0)	假(0)	真(1)	真(1)
真(非 0)	假(0)	假(0)	真(1)	假(0)	真(1)
假(0)	真(非 0)	真(1)	假(0)	假(0)	真(1)
假(0)	假(0)	真(1)	真(1)	假(0)	假(0)

C99 标准以前的 C 语言中没有专门的逻辑型数据，逻辑值就是整型数据，可参与各种运算。例如：

a=(5>3)&&(3<2)　　a 的值为 0

b=(5<=6)+3　　b 的值为 4

程序清单 03-05-01.c

```
//逻辑运算符应用举例
#include<stdio.h>
#define PF printf("c=%d,d=%d\n",c,d);
int main(){
    int a=1,b=2,c=3,d=4;
    c=a>2&&c<=3; d=b==2||a==5;        PF
    c=a&&b; d=a||b;                    PF
    c=!a&&b; d=!a||!b;                 PF
    c=!a<3&&d>!9; d=!(a<3)&&4;         PF
    c=a+4>!b+a&&a+b<!(b-2);
    d=a>b||a+3<b+4&&a-b>3;             PF
}
```

执行程序，输出

```
c=0,d=1
c=1,d=1
c=0,d=0
c=1,d=0
c=0,d=0
```

5. 逻辑运算特别说明

需要特别说明的是：

(1) 在一个整体上全为与运算的表达式(全与表达式)中，若某个子表达式的值为 0，则不再求解其右侧的子表达式，整个表达式的值为 0。

(2) 在一个整体上全为或运算的表达式(全或表达式)中，若某个子表达式的值为 1，则不再求解其右侧的子表达式，整个表达式的值为 1。

程序清单 03-05-02.c

```
//逻辑运算符应用举例
```

```
#include<stdio.h>
int main(){
    int a,b,c,d;
    a=5; b=6;
    c=(a<=8)&&(b=7)>5;      printf("\nc=%d,b=%d",c,b);
    d=(a>=8)||(b=19)<90;    printf("\nd=%d,b=%d",d,b);
    a=5; b=6;
    c=(a<=4)&&(b=7)>5;      printf("\nc=%d,b=%d",c,b);
    d=(a>=4)||(b=19)<90;    printf("\nd=%d,b=%d",d,b);
}
```

执行程序，输出

```
c=1,b=7
d=1,b=19
c=0,b=6
d=1,b=6
```

程序分析：

(1) c=(a<=4)&&(b=7)>5;语句中，由于(a<=4)的值为0，将导致&&右侧的表达式被忽略求解，(b=7)不会被执行。全与表达式，遇假值则停止求解右侧表达式。

(2) d=(a>=4||(b=19)<90);语句中，由于(a>=4)的值为1，将导致||右侧的表达式被忽略求解，(b=19)不会被执行。全或表达式，遇真值则停止求解右侧表达式。

(3) 尽量不要在逻辑表达式中嵌入赋值操作，否则不能保证程序的正确执行(隐藏的缺陷)。

6. 判断闰年

用逻辑表达式可以方便地表达复杂的条件。例如，判断一个年份 year(整型变量)是否为闰年。

一个年份是闰年的条件是这样的：年份或者能被4整除但不能被100整除，或者能被400整除。这两个条件是或者的关系，第一个条件中"但"前后的两个条件是并且的关系，所以年份 year 是闰年的判断条件可以表示为

(year 能被4整除 并且 year 不能被100整除)或者(year 能被400整除)

用逻辑表达式可以表示为

```
(year%4==0&&year%100!=0)||(year%400==0)
```

对于变量 year 的一个给定的整型值，如果表达式的值为1，则表示该年是闰年；否则如果表达式的值为0，则表示该年不是闰年。

程序清单 03-05-03.c

```
//输入年份，判断该年是否为闰年，是闰年输出1，否则输出0
#include<stdio.h>
int main(){
    int year;
```

```
    scanf("%d",&year);
    printf("%d", (year%4==0&&year%100!=0)||(year%400==0) );
}
```

执行程序,输入

```
2015
```

输出

```
0
```

执行程序,输入

```
2016
```

输出

```
1
```

3.6 逗号运算和条件运算

1. 逗号运算符和逗号表达式

逗号运算符是C语言提供的比较特殊的一个运算符。用逗号运算符将两个或多个表达式连接起来,构成一个逗号表达式。

逗号表达式的一般形式为

表达式,表达式

逗号运算符在所有运算符中优先级最低。逗号表达式的运算规则为从左至右依次求解每一个表达式的值。

2. 逗号表达式的值

逗号表达式的值为构成该逗号表达式的最后一个表达式的值。例如:

```
3+5,6+9                         值为 15
a=5+6,a++                       值为 11
(a=5),a+=6,a+9                  值为 20
1+(a=2),a-=8,(a=78,a++,a-=60)   值为 19
```

程序清单 03-06-01.c

```
//逗号运算符和逗号表达式程序举例
#include<stdio.h>
int main(){
    int a,b,c=8;
    a=(b=6,b+7,b+=7);
    printf("a=%d,b=%d\n",a,b);
```

```
    b=c+6,a=b-1;
    printf("a=%d,b=%d\n",a,(a=c/2,b));
}
```

执行程序,输出

```
a=13,b=13
a=4,b=14
```

练习 03-06-01 请分析此例程序执行结果,并自行编写类似程序,分析运行结果。

3. 条件运算符

C 语言提供的另一个比较特殊的运算符为条件运算符"?:",它需要 3 个操作数,是一个三目运算符。

4. 条件表达式

条件表达式的一般形式为

表达式 1 ? 表达式 2 : 表达式 3

5. 条件表达式的求解过程及值

条件运算符的运算规则为:首先求解表达式 1,若表达式 1 的值为非 0(真),则求解表达式 2,并将表达式 2 的值作为整个表达式的值;若表达式 1 的值为 0(假),则求解表达式 3,并将表达式 3 的值作为整个表达式的值。

条件运算符的优先级仅高于赋值运算符和逗号运算符。条件表达式给出了根据某一条件从两个值中选择一个的方法,应用十分广泛,例如:

`b=6>7?1:0`	6>7 不成立,所以 b 被赋值为 0
`max=x>y?x:y`	max 的值被赋为 x 与 y 中的较大者
`x>=0?x:-x`	整个表达式的值为 x 的绝对值
`(x>y?x:y)>z?(x>y?x:y):z`	x、y、z 的最大值
`x>=0?(x>0?1:0):-1`	表达式的值为变量 x 的符号,x 是正数时表达式的值为 1,x 是负数时表达式的值为-1,x 是 0 时表达式的值为 0。也可写成如下几种形式:x>0?1:(x<0?-1:0)、x>0?1:(x==0?0:-1)、x<0?-1:(x>0?1:0)

再如:

```
(year%4==0&&year%100!=0)||(year%400==0)?"YES":"NO"
```

若 year 为闰年,则表达式的值为字符串 YES,否则值为 NO。

程序清单 03-06-02.c

```
//输入两个整数,输出较大者
#include<stdio.h>
int main(){
```

```
    int a,b;
    scanf("%d%d",&a,&b);
    printf("MAX=%d",a>b?a:b);
}
```

执行程序，输入

```
5 8
```

输出

```
MAX=8
```

练习 03-06-02 编程输入 3 个整数，输出最大者(用条件运算符实现)。

练习 03-06-03 编程输入 4 个整数，输出最大者(用条件运算符实现)。

练习 03-06-04 编程输入 3 个整数，从大到小输出(用条件运算符实现)。

程序清单 03-06-03.c

```
//输入年份，如果是闰年则输出 YES，否则输出 NO
#include<stdio.h>
int main(){
    int year;
    scanf("%d",&year);
    printf( (year%4==0&&year%100!=0)||(year%400==0) ? "YES" : "NO" );
}
```

执行程序，输入

```
2016
```

输出

```
YES
```

再次执行程序，输入

```
2017
```

输出

```
NO
```

练习 03-06-05 输入一个整数，输出其是正数、负数还是 0。

3.7 常用数学函数

在程序设计的过程中，经常要用到数学计算，对较为复杂的数学计算(例如求平方根)一般都要通过调用数学函数来完成。

1. 数学计算函数

C 语言提供了许多已定义好的数学函数，主要的数学函数如下(函数名前面的类型名称为函数返回值的类型)：

double exp(x)	返回自然对数 e 的 x 次方的值
double log(x)	返回以自然对数 e 为底的 x 的对数
double log10(x)	返回以 10 为底的 x 的对数
double sqrt(x)	返回 x 的算术平方根(参数 x 必须是非负值,否则出错)
double pow(x,y)	返回 x 的 y 次方的值
int abs(n)	返回参数 n 的绝对值,n 为整型数
double fabs(x)	返回参数 x 的绝对值,x 为实型数
long labs(ln)	返回参数 ln 的绝对值,ln 为长整型数
double sin(x)	返回弧度 x 的正弦值
double cos(x)	返回弧度 x 的余弦值
double tan(x)	返回弧度 x 的正切值
double asin(x)	返回实数 x 的反正弦值(x 的值为－1～1)
double acos(x)	返回实数 x 的反余弦值(x 的值为－1～1)
double atan(x)	返回实数 x 的反正切值

所有关于角度运算的函数中,参数 x 均被定义成弧度。

C 语言对数学标准函数的定义多位于头文件 math.h 中。在使用了数学函数的 C 程序中,必须在程序的开头加上一个这样的编译预处理命令：

```
#include <math.h>   或   #include "math.h"
```

程序清单 03-07-01.c

```
//数学函数应用举例
#include "math.h"
#define PI 3.1415926
int main(){
    double a,b;
    scanf("%lf%lf",&a,&b);              /*输入两个实数,格式说明符%lf代表double型*/
    printf("sin(%lf)=%lf\n",a,sin(a*PI/180));        /*a为角度,则a*PI/180为弧度*/
    printf("cos(%lf)=%lf\n",a,cos(a*PI/180));
    printf("exp(%lf)=%lf\n",a,exp(a));
    printf("log(%lf)=%lf\n",a,log(a));
    printf("log10(%lf)=%lf\n",a,log10(a));
    printf("pow(%lf,%lf)=%lf\n",a,b,pow(a,b));
}
```

执行程序,输入

```
3 2
```

输出

```
sin(3.000000)=0.052336
cos(3.000000)=0.998630
```

```
exp(3.000000)=20.085537
log(3.000000)=1.098612
log10(3.000000)=0.477121
pow(3.000000,2.000000)=9.000000
```

2. 随机数产生函数

C语言还提供了两个关于产生随机整数的函数：

void srand(unsigned seed)　初始化随机数发生器

int rand()　返回一个0～32 767的随机整数

C语言关于这两个函数的定义位于头文件stdlib.h中。所以，在使用了这两个函数的程序中，必须在程序的开头加上一个这样的编译预处理命令：

```
#include <stdlib.h>
```

函数srand需要一个种子(无符号整数)作为参数，同一个种子产生的随机序列是相同的，通常的用法是srand((unsigned)time(NULL));，即用time(NULL)函数的返回值作为参数，time(NULL)函数的返回值为从1970年1月1日0时整到现在所持续的秒数。使用time(NULL)函数需要在程序开始处加上下面的编译预处理命令：

```
#include <time.h>
```

程序清单03-07-02.c

```
#include <stdlib.h>
#include <time.h>
int main(){
    int i;
    srand(5);
    printf("%d ",rand()); printf("%d ",rand());
    printf("%d ",rand()); printf("%d ",rand());
    printf("%d ",rand()); printf("%d ",rand());
    printf("%d ",rand()); printf("%d ",rand());
    printf("%d ",rand()); printf("%d ",rand());
}
```

执行程序，输出

```
54 28693 12255 24449 27660 31430 23927 17649 27472 32640
```

再次执行程序，输出

```
54 28693 12255 24449 27660 31430 23927 17649 27472 32640
```

程序分析：

无论执行多少次，程序的输出结果都是一样的，因为相同的种子在每次重新执行时都产生同一个随机序列，这被称为伪随机序列。

程序清单 03-07-03.c

```
#include <stdlib.h>
#include <time.h>
int main(){
    int i;
    srand((unsigned) time(NULL));
    printf("%d ",rand()); printf("%d ",rand());
    printf("%d ",rand()); printf("%d ",rand());
    printf("%d ",rand()); printf("%d ",rand());
    printf("%d ",rand()); printf("%d ",rand());
    printf("%d ",rand()); printf("%d ",rand());
}
```

执行程序,输出

```
24857 28500 5677 9018 21687 24062 12770 19520 19322 29055
```

再次执行程序,输出

```
24939 2298 26297 20777 17408 23926 25045 11874 6128 6425
```

程序分析:

程序每次执行使用的是不同的随机初始化种子(用户事先未知),所以产生真正的随机序列。

练习 03-07-01 编程实现让计算机生成指定范围内的随机数(例如 100～200)。

程序清单 03-07-04.c

```
/*
计算机出题我来答。编程实现如下功能:让计算机随机生成两个 1~100 的整数,用户从键盘输入这
两个整数的和。若输入正确则输出"GOOD!",否则输出"SORRY!"。
*/
#include <stdlib.h>
#include <time.h>
int main(){
    int a,b,c;
    srand(time(NULL));
    a=rand()%100+1;
    b=rand()%100+1;
    printf("%d+%d=",a,b);
    scanf("%d",&c);
    printf(c==a+b?"GOOD!":"SORRY!");
}
```

执行程序,首先输出

```
65+99=
```

输入

```
165
```

输出

```
GOOD!
```

再次执行程序,首先输出

```
36+74=
```

输入

```
56
```

输出

```
SORRY!
```

练习 03-07-02 请仿照此例程序编程实现其他运算。

习题 3

一、选择题

1. 在C语言中,要求参加运算的数必须是整数的运算符是(　　)。

A. /　　B. *　　C. %　　D. =

2. 对于语句 f=(3.0,4.0,5.0),(2.0,1.0,0.0);的以下判断中,正确的是(　　)。(参考代码:XT_03_01_02.c)

A. 语法错误　　B. f为5.0　　C. f为0.0　　D. f为2.0

3. 与代数式(xy)/(uv)不等价的C语言表达式是(　　)。

A. x*y/u*v　　B. x*y/u/v

C. x*y/(u*v)　　D. x/(u*v)*y

4. 若 int k=7,x=12;,则值为3的表达式是(　　)。(参考代码:XT_03_01_04.c)

A. x%=(k%=5)　　B. x%=(k-k%5)

C. x%=k+k%5　　D. (x%=k)+(k%=5)

5. 假定x和y为double型,则逗号表达式 x=2,y=x+3/2 的值是(　　)。(参考代码:XT_03_01_05.c)

A. 3.500000　　B. 3　　C. 2.000000　　D. 3.000000

6. 设变量n为float型,m为int型,则以下能实现将n中的数值保留小数点后两位,第三位进行四舍五入运算的表达式是(　　)。(参考代码:XT_03_01_06.c)

A. n=(n*100+0.5)/100.0　　B. m=n*100+0.5,n=m/100.0

C. n=n*100+0.5/100.0　　D. n=(n/100+0.5)*100.0

7. 以下为合法的赋值语句的是(　　)。

A. x=y=100;　　B. d--　　C. x+y　　D. c=int(a+b);

8. 设以下变量均为int型,表达式(　　)的值与其他3项不同。(参考代码:XT_03_

01_08.c)

A. (x=y=6,x+y,x+1)　　B. (x=y=6,x+y,y+1)

C. (x=6,x+1,y=6,x+y)　　D. (y=6,y+1,x=y,x+1)

9. 当c的值不为0时,在下列选项中能正确将c的值赋给变量a、b的是(　　)。

A. c=b=a;　　B. (a=c)||(b=c);

C. (a=c)&&(b=c);　　D. a=c=b;

10. 能正确表示a和b同时为正或同时为负的逻辑表达式是(　　)。(参考代码:XT_03_01_10.c)

A. (a>=0||b>=0)&&(a<0||b<0)

B. (a>=0&&b>=0)&&(a<0&&b<0)

C. (a+b>0)&&(a+b<=0)

D. a*b>0

11. 以下程序的输出结果是(　　)。(参考代码:XT_03_01_11.c)

```
int main(   ){int x=10,y=10;printf("%d %d\n",x--,--y);}
```

A. 10 10　　B. 9 9　　C. 0 10　　D. 10 9

12. 如果有 int a,b;,那么语句 printf("%d",(a=2)&&(b= -2));的输出结果是(　　)。(参考代码:XT_03_01_12.c)

A. 无输出　　B. 结果不确定　　C. -1　　D. 1

13. 以下程序段执行后,x的值为(　　)。(参考代码:XT_03_01_13.c)

```
int a=14,b=15,x; char c='A';
x=(a&&b)&&(c<'B');
```

A. true　　B. false　　C. 0　　D. 1

14. 某一年x是闰年的条件是下列两个之一:①能被4整除,但不能被100整除;②能被400整除。能表示x是闰年的表达式是(　　)。(参考代码:XT_03_01_14.c)

A. (x%4==0&&x%100!=0)||x%400==0

B. (x%4==0||x%100!=0)&&x%400==0

C. (x%4==0&&x%400!=0)||x%100==0

D. (x%100==0||x%4!=0)&&x%400==0

15. 设有如下定义:char ch='Z';则执行语句 ch=('A'<=ch&&ch<='Z')?(ch+32):ch;后变量ch的值为(　　)。(参考代码:XT_03_01_15.c)

A. A　　B. a　　C. Z　　D. z

16. 设a、b和c是int型变量,且a=2,b=4,c=6,则下面表达式中值为0的是(　　)。(参考代码:XT_03_01_15.c)

A. 'a'+'b'　　B. a<=b

C. a||b+c&&b-c　　D. !((a<b) &&!c || 1)

17. 下面能正确表示变量a在区间[0,5]或(6,10)内的表达式为(　　)。

A. 0<=a||a<=5||6<a||a<10

B. 0<=a&&a<=5 || 6<a&&a<10

C. (0<=a||a<=5)&&(6<a||a<10)

D. 0<=a&&a<=5&&6<a&&a<10

18. 为了表示关系 x>=y>=z，应使用C语言表达式(　　)。

A. (x>=y)&&(y>=z)　　B. (x>=y)AND(y>=z)

C. (x>=y>=z)　　D. (x>=y)&(y>=z)

19. 以下程序的输出结果是(　　)。(参考代码：XT_03_01_19.c)

```
int main(){
    int x,y,z;
    x=y=1;
    z=x++-1;
    printf("%d %d ",x,z);
    z+=-x+++(++y||++z);
    printf("%d %d ",x,z);
}
```

A. 2 0 3 -1　　B. 2 1 3 0　　C. 2 0 2 1　　D. 2 1 0 1

20. 以下程序的输出结果是(　　)。(参考代码：XT_03_01_20.c)

```
int main(){
    int x=40,y=4,z=4;
    x=y==z;
    printf("%d ",x);
    x=x==(y-z);
    printf("%d ",x);
}
```

A. 40　　B. 41　　C. 11　　D. 10

21. 若 x=3,y=z=4，则表达式(z>=y>=x)?1:0 和 z>=y&&y>=x 的值分别为(　　)。(参考代码：XT_03_01_21.c)

A. 0 和 1　　B. 1 和 1　　C. 0 和 0　　D. 1 和 0

22. 若 x=3,y=z=4，则表达式(z>=y<=x)?1:0 和(y+=z,x*=y)的值分别为(　　)。(参考代码：XT_03_01_22.c)

A. 0 和 24　　B. 1 和 24　　C. 0 和 8　　D. 1 和 12

二、填空题

1. C语言的标识符只能由大小写字母、数字和下画线3种字符组成，而且第一个字符必须为________。

2. 若 a 是 int 型变量，则执行表达式 a=25/3%3 后，a 的值为________。

3. 设 x、i、j、k 都是 int 型变量，表达式 x=(i=4,j=16,k=32)计算后，x 的值为________。

4. 设 x=2.5,a=7,y=4.7，则 x+a%3*(int)(x+y)%2/4 的值为________。

5. 设 a=2,b=3,x=3.5,y=2.5，则(float)(a+b)/2+(int)x%(int)y 为________。

6. 已知：char a='a',b='b',c='c';int i;,则表达式 i=a+b+c 的值为________。

7. 若有定义：int a=8,b=5,c;,执行语句 c=a/b+0.4;后,c 的值为________。

8. 当 a=3,b=4,c=5 时,a<b 的值为________，a<=b 的值为________,a==c 的值为________，a!=c 的值为________,a&&b 的值为________，!a&&b 的值为________，a||c 的值为________，!a||c 的值为________,a+b>c&&b==c 的值为________。

9. 整型变量 a 的值是 5,表达式 a/=a+a 的值应为________。

10. 已知 a=3,b=4,c=5,逻辑表达式 a||b+c&&b-c 的值应为________,逻辑表达式!(a>b)&&!c||1 的值应为________。

11. 已知：int a=5;,则执行 a+=a-=a*a;语句后,a 的值为________。

三、判断题

1. 在 C 程序中对所有变量数据都必须明确指定其数据类型。
2. 任何一个变量在内存中都只占据一个存储单元,也就是 1 字节。
3. 一个实型变量的值肯定是精确无误的。
4. 对几个变量在定义时赋相同初值可以写成 int a=b=c=3;的形式。
5. 自增运算符(++)或自减运算符(--)只能用于变量,不能用于常量或表达式。
6. 在 C 程序的表达式中,为了明确表达式的运算次序,常使用括号。
7. %运算符要求参与运算的数必须是整数。
8. 若 a 是实型变量,C 程序中允许赋值 a=10,此时 a 中实际存放的是整型数。
9. 在 C 程序中,逗号运算符的优先级最低。
10. C 语言不允许不同类型的数据进行混合运算。

四、程序阅读题

1. 写出下面程序的执行结果。(参考代码:XT_03_04_01.c)

```
#include<stdio.h>
int main() {
    int k=10;
    float a=3.5,b=6.7,c;
    c=a+k%3*(int)(a+b)%2/4;
    printf("%f",c);
    return 0;
}
```

2. 写出下面程序的执行结果。(参考代码:XT_03_04_02.c)

```
#include<stdio.h>
int main(){
    float x=4.9;int y;
    y=(int)x;
    printf("x=%lf,y=%d",x,y);
    return 0;
}
```

3. 写出下面程序的执行结果。(参考代码:XT_03_04_03.c)

```
#include<stdio.h>
int main() {
    int a=5,b=4,c=6,d;
    printf("%d\n",d=a>b?(a>c?a:c):(b));
    return 0;
}
```

4. 写出下面程序的执行结果。(参考代码:XT_03_04_04.c)

```
#include<stdio.h>
int main() {
    int a=4,b=5,c=0,d;
    d=!a&&!b||!c;
    printf("%d\n",d);
    return 0;
}
```

5. 写出下面程序的执行结果。(参考代码:XT_03_04_05.c)

```
#include<stdio.h>
int main() {
    int x=1,y=1,z=1;
    y=y+z;
    x=x+y;
    printf("%d ",x<y?y:x);
    printf("%d ",x>y?x++:y++);
    printf("%d ",x);
    printf("%d ",y);
    return 0;
}
```

6. 写出下面程序的执行结果。(参考代码:XT_03_04_06.c)

```
#include<stdio.h>
int main() {
    double x;
    int y;
    x=4.9;  y=(int)x+2.3;    printf ("%d ",y);
    x=4.9;  y=(int)(x+2.3);  printf ("%d ",y);
    return 0;
}
```

7. 写出下面程序的执行结果。(参考代码:XT_03_04_07.c)

```
#include<stdio.h>
int main() {
    int i,j,m,n;
```

```
    i=8; j=10; m=++i; n=j++;
    printf("%d,%d,%d,%d\n",i,j,m,n);
    i=8; j=10; m=i++  +  ++j; n=++j;
    printf("%d,%d,%d,%d\n",i,j,m,n);
    return 0;
}
```

第4章 算　　法

算法可以理解为由基本运算及规定的运算顺序所构成的完整的解题步骤，或者看成按照要求设计好的有限的、确切的计算序列，并且这样的步骤和序列可以解决一类问题。算法代表着用系统的方法描述解决问题的策略机制。

程序是算法的某种程序设计语言的具体实现。要使用计算机解决实际工程问题、科学计算问题，一定要执行相应的程序；而程序员要编写应用程序，一定要先设计好算法。本章讨论算法和程序。

本章重点

- 算法和程序的概念。
- 算法的特性。
- 结构化程序设计的概念。
- 算法流程图的绘制。

本章难点

- 算法的设计。
- 算法流程图的绘制。

4.1 算法和程序

1. 算法

算法(algorithm)的设计与分析是一门独立的学科，这门学科的创立者 D. E. Knuth 曾经说过，算法是计算机科学的核心与灵魂，没有算法，就不可能有计算机的程序。而没有程序，任何计算机都不可能有任何作为。由此可见算法的重要。那么什么是算法呢？

算法是指解题方案的准确而完整的描述，是一系列解决问题的清晰指令，算法代表着用系统的方法描述解决问题的策略机制。简而言之，解决问题的方法和步骤就是算法。在日常生活中我们每做一件事情，都是按照一定规则一步一步进行。例如，每年的高考，要经过出题、报名、考试、批卷、录取等各个环节，如何实施这些环节就是算法；在工厂中生产一台机器，先把零件按一道道工序进行加工，然后，又把各种零件按一定顺序组装成一部完整的机器，它的工艺流程就是算法；在广大农村种田也有一整套的规则，耕地、播种、施肥、除草、中耕、收割等各个环节，这些种植栽培技术也是算法。总之，为解决某一问题所采取的方法和步骤都称为算法。

2. 计算机程序

计算机程序就是算法的某种程序设计语言的具体实现。算法设计好之后，再根据它编写出用某种高级语言表示的程序。程序设计的关键就在于设计出一个好的算法，所以算法是程序设计的核心。因此，著名的计算机科学家尼克劳斯·沃思(Niklaus Wirth)提出这样一个公式：

程序＝算法＋数据结构

4.2 算法举例

为了使读者能够理解如何设计一个算法，下面举几个算法设计的例子。

问题 04-01 设有杯子 A 和杯子 B，分别装有酒和醋，请设计算法将两个杯子中的液体互换。

对于这个问题，我们可以马上想到一种解决办法，即将 A、B 两个杯子中的液体分别倒入另外两个空杯子 C、D 中，再将杯子 C、D 中的液体分别倒入杯子 B、A 中，问题得以解决，由此得到算法 04-01。

算法 04-01

(1) 将 A 杯中的液体倒入空杯 C 中。

(2) 将 B 杯中的液体倒入空杯 D 中。

(3) 将 C 杯中的液体倒入 B 杯中。

(4) 将 D 杯中的液体倒入 A 杯中。

算法 04-01 的代价是需额外增加两个空杯子(数据)C 和 D，计算步骤为 4 步。能否对这个算法做一下改进呢？仔细分析这个算法，我们不难发现，作为中间数据的杯子 C 和 D 其实只要有一个就够了，由此得到算法 04-02。

算法 04-02

(1) 将 A 杯中的液体倒入空杯 C 中。

(2) 将 B 杯中的液体倒入 A 杯中。

(3) 将 C 杯中的液体倒入 B 杯中。

算法 04-02 只需额外增加一个杯子(数据)C，计算步骤为 3 步。很显然，算法 04-02 优于算法 04-01。

下面再来看一下算法 04-03。

算法 04-03

(1) 将 A 杯中的酒倒入空杯 C 中。

(2) 将 B 杯中的醋倒入 A 杯中。

(3) 将 C 杯中的酒倒入 B 杯中。

对于这个算法，大家不会否认它的正确性。但我们不得不承认这个算法只适用于问题 04-01。如果杯子 A 和杯子 B 中的液体不是酒和醋，这个算法就不能使用了。而算法 04-02 却是一个对于任何液体都适用的通用算法，不管问题中杯子 A 和杯子 B 里的液体是什么，算法 04-02 都无须任何修改地适用此类问题。由此可见，虽然两个算法都是正确的，但算法 04-02 的通用性要比算法 04-03 好，这一点对于算法设计非常重要。

设计算法的最终目的就是对要解决的问题得到一个计算步骤尽量少，所需额外数据(占用计算机内存)尽量少的正确的算法，在专门讨论算法的书籍中这两个指标被分别称为算法的时间复杂度和空间复杂度。更为详细的内容请阅读有关算法的书籍。

问题 04-02 已知有 10 个数 N1,N2,…,N10,请设计算法找出其中最大的值。

这个问题的一般形式(推广),即从若干个备选元素中根据某些特定条件选出一个最大(优)的元素。我们很容易就可以想到体育比赛中为了选出冠军所用的淘汰赛,每一轮都是两两比较,优胜者可以参加下一轮的比较,直至剩下最后一个优胜者即为冠军。由此得到算法 04-04。

算法 04-04

(1) 将 N1 与 N2 比较,大者放入盒子 A1 中。

(2) 将 N3 与 N4 比较,大者放入盒子 A2 中。

(3) 将 N5 与 N6 比较,大者放入盒子 A3 中。

(4) 将 N7 与 N8 比较,大者放入盒子 A4 中。

(5) 将 N9 与 N10 比较,大者放入盒子 A5 中。

(6) 将 A1 与 A2 比较,大者放入盒子 B1 中。

(7) 将 A3 与 A4 比较,大者放入盒子 B2 中。

(8) 将 A5 放入盒子 B3 中。

(9) 将 B1 与 B2 比较,大者放入盒子 C1 中。

(10) 将 B3 放入盒子 C2 中。

(11) 将 C1 与 C2 比较,大者放入盒子 D1 中。

算法结束,盒子 D1 中的数即为所求。

算法 04-04 是完全按照体育比赛的淘汰制进行的,总共进行了 4 轮比较。它需要额外增加 11 个盒子(以下称变量),计算步骤为 11 步。从算法当中我们看到,需要比较的 10 个数都分别只比较了一次就再没有被用到,中间结果使用了 11 个额外的变量,这会增加计算者(系统)的开销。能否减少中间变量的数量呢?对算法 04-04 稍加改动,可以得到算法 04-05。

算法 04-05(淘汰法)

(1) 将 N1 与 N2 比较,大者放入盒子 N1 中。

(2) 将 N3 与 N4 比较,大者放入盒子 N2 中。

(3) 将 N5 与 N6 比较,大者放入盒子 N3 中。

(4) 将 N7 与 N8 比较,大者放入盒子 N4 中。

(5) 将 N9 与 N10 比较,大者放入盒子 N5 中。

(6) 将 N1 与 N2 比较,大者放入盒子 N1 中。

(7) 将 N3 与 N4 比较,大者放入盒子 N2 中。

(8) 将 N5 放入 N3 中。

(9) 将 N1 与 N2 比较,大者放入盒子 N1 中。

(10) 将 N3 放入盒子 N2 中。

(11) 将 N1 与 N2 比较,大者放入盒子 N1 中。

算法结束,N1 即为所求。

很显然算法04-05没有使用一个额外的数据，从这点来看它优于算法04-04。但它的思想和算法04-04是相同的，所以步骤和算法04-04也相同，没有改进。

对于问题04-02中所提出的问题，还可以利用“打擂”的办法。首先任选一个元素作为擂主，其他元素顺次与擂主比较，劣者淘汰，优者留下作为新的擂主。全部元素比较完成后，最后的擂主即是所求。由此得到算法04-06。

算法04-06（打擂法）

(1) 先选N1，放到变量A中。

(2) 将N2与A中的数比较，大者放入A中。

(3) 将N3与A中的数比较，大者放入A中。

(4) 将N4与A中的数比较，大者放入A中。

(5) 将N5与A中的数比较，大者放入A中。

(6) 将N6与A中的数比较，大者放入A中。

(7) 将N7与A中的数比较，大者放入A中。

(8) 将N8与A中的数比较，大者放入A中。

(9) 将N9与A中的数比较，大者放入A中。

(10) 将N10与A中的数比较，大者放入A中。

算法结束，变量A中的数即为所求。

算法04-06需要额外增加一个数据（变量A，即擂台），增加的数据已经非常少了，计算步骤是10步。我们可以认为变量A就是擂台，它的值就是擂主。首先选第一个数无条件地作为擂主，然后把N2至N10依次与擂主比较，大的留下作为新的擂主。最后，A中的数即为最大者。

从算法04-06中可以看到，步骤(2)～(10)的指令是相同的，只是操作数不同，能否将其简化呢？可以设一个计数器I，让它从2依次变到10，则步骤(2)～(10)的算法就可以统一更改为“将第I个数与A中的数比较，大的放入A中”了。由此得到算法04-07。

算法04-07

(1) 先选第1个数，放入变量A中，设一个计数器变量I，初始值为2。

(2) 将第I个数与A中的数比较，大者放入A中。

(3) I的值增加1。

(4) 若I≤10转至步骤(2)，否则算法结束。

算法结束，变量A中的数即为所求。

算法04-07的步骤下降为4步，需要的额外数据不过是两个。仔细分析这个算法，不难看到，虽然算法的描述只用了4个步骤，但在执行算法时，并不是只执行了4个步骤，原来步骤(2)～(4)被重复执行了若干次。因为在这个算法中有一个步骤是有条件的跳转（步骤(4)），跳到步骤(2)后还会执行到步骤(4)，这种结构被称为重复结构，即循环。

以上的算法只能求10个数中的最大者。对于一般的情况，N个数中最大者将怎样求得呢？再来看一下算法04-07，只有步骤(4)中提到了10这个决定备选数的数量的数据，能否将其设为任意数N呢？答案是肯定的，由此得到算法04-08。

算法04-08

(1) 输入N的值，将N1放入变量A中，设一个计数器变量I，初始值为2。

(2) 将第I个数与A中的数比较,大者放入A中。

(3) I的值增加1。

(4) 若I≤N转至步骤(2),否则算法结束。

算法结束,变量A中的数即为所求。

算法04-08和算法04-07相比是一个通用的求最大值的算法,其意义远大于其他算法。通常在设计算法时,除了考虑它的时间复杂度和空间复杂度外,还要思考要求解的问题是否是某一类问题的特殊形式,如果是,就应该思考这一类问题的原型及其通用的一般解决办法,从而编写出具有推广价值的通用的算法。

问题04-03 已知两个自然数M和N,求这两个自然数的最大公约数。

两个(或多个)自然数的最大公约数是指这两个(或多个)自然数的所有公约数中最大的一个。一个自然数的所有约数中最小的只可能是1,最大的不会超过这个数本身。如何找到最大公约数呢?自然数M和N泛指一切自然数,不具有特殊性,所以应该设计一个具有代表性的通用算法。

可以在可能的备选答案中采用逐个考察的方法(穷举法),让计数器I从1到M(或N)变化,逐个考察每个I的值,如果它既是M的约数又是N的约数,则将其值赋给一个变量K。最后,变量K中的值就是所求。

算法04-09

(1) 给计数器I赋初值1(也可用I=1表示,意为将1赋给变量I,下同)。

(2) 如果I是M的约数并且I是N的约数,那么K=I。

(3) I=I+1。

(4) 如果I≤M且I≤N,那么转向步骤(2),否则算法结束。

算法结束,K中存放的数即为M和N的最大公约数。

算法04-09也使用了循环结构,这是程序设计中最重要的一种结构。请仔细分析讨论这个算法的原理,这个算法可适用于任何M和N的值。

以上按从1到M(或N)的顺序来寻找公约数,所以找到的最后一个公约数就是所求。反过来,能否从M(或N)开始按从大到小的顺序寻找呢?如果以这样的顺序寻找,则找到的第一个公约数就是所求。对应的算法如下。

算法04-10

(1) 取I为M和N中的较小者。

(2) 如果I是M的约数并且I是N的约数,则让K=I,算法结束。

(3) I=I−1。

(4) 转向步骤(2)。

算法结束,K中存放的数即为M和N的最大公约数。

本算法与算法04-09的基本思想相同。算法04-09在最后一步结束,而算法04-10是在算法内部结束,这是可以的。而且一个算法还可以有多个算法结束的步骤,执行到哪个就在哪里结束。

对于最大公约数的计算方法,初等数论中给出了一种被称为辗转相除法的算法,其基本理论依据是:两个自然数M和N,如果M是N的倍数,则M和N的最大公约数是N;否则M和N的最大公约数一定是N和M除以N的余数的最大公约数。据此原理得到算法

04-11。

算法 04-11(辗转相除法)

(1) 输入 M 和 N。

(2) 如果 M 是 N 的整倍数,则算法结束。

(3) T=(M 除以 N 的余数),M=N,N=T。

(4) 转至步骤(2)。

算法结束,N 的值即为所求。

例如:

M	N	M 除以 N 的余数
121	220	121
220	121	99
121	99	22
99	22	11
22	11	0

可以想象,对于上例用算法 04-09 计算,其计算量为循环 121 次;用算法 04-10 计算,其计算量为循环 110 次;而用算法 04-11 计算,其计算量仅为循环 5 次。由此可见,同样是能解决问题的正确算法,其效率差距是很大的。另外,在这个算法中加上了输入 M 和 N 这一步骤,如此这个算法对于其他的 M 和 N 值也同样适用,它具有了对任意自然数 M 和 N 的通用性。

问题 04-04 有一个正整数 N(N≥2),判断 N 是否是素数。

素数(质数)是只有 1 和它本身两个约数的自然数。从定义中可以得到判断一个数 N 是否为素数的方法,即判断 N 的约数是否为两个。

算法 04-12(穷举约数个数)

```
(1) s=0                      /*用变量 s 记录约数的个数,初值为 0*/
(2) i=1                      /*计数器 i,初值为 1*/
(3) if(n%i==0)s=s+1          /*如果 i 是 n 的约数,s 累加 1*/
(4) i=i+1                    /*计数器 i 加 1*/
(5) if(i<=n)转向步骤(3)      /*如果 i≤n 转向步骤(3),否则转下一步*/
(6) if(s==2)输出"是素数!"    /*如果 s=2,输出"是素数!"*/
    else    输出"不是素数!"  /*否则输出"不是素数!"*/
```

算法 04-12 中的步骤依次解释如下:

步骤(1):为了在算法的最后判断 n 的约数个数是否为 2,用变量 s 来记录这个值,由于 s 的值会马上被累加,所以初始值应该为 0。用 s=0 来表示将 0 赋值给变量 s。

步骤(2):自然数 n 的约数是从 1 到 n,为了把从 1 到 n 的每个值都考察一遍,使用计数器变量 i,由于要从 1 开始,所以 i 的初值为 1。

步骤(3):这是一个选择结构,括号内为选择条件,如果条件是成立的,就执行其后的指令,否则不执行。用 i=0 来表示将 0 赋值给变量 i,用 n%i 来表示 n 除以 i 的余数,用 n%i==0 来表示 n 除以 i 的余数是否等于 0。

步骤(4):计数器 i 的值在步骤(3)中使用完后应该自动加 1,i=i+1 的含义是将变量 i

的值取来并加 1 后再赋值给左边的变量 i,实际上是给变量 i 自加 1。

步骤(5):如果 i≤n 则表示还没有计算完所有可能的 i(从 1 到 n),所以需要跳转到步骤(3),继续下一次循环;否则,不执行跳转,直接执行下一步骤。

步骤(6):步骤(5)中的条件不成立时,表示所有可能的约数(从 1 到 n)都已经计算完毕,这时就可以从 s 的值中得知 n 是不是素数了。这里用 s==2 来表示变量 s 的值是否等于 2。这个步骤的含义是,如果 s 的值等于 2,那么输出"是素数!",否则输出"不是素数!"。

在算法 04-12 中,符号/*和*/之间的部分为算法的注释,它可以增加算法的可读性。另外,在算法中还用符号%表示求余数运算,用==符号表示等于关系,用=符号表示从右向左的赋值,用 if-else 结构表示选择结构,希望大家能够理解、很快接受并应用这种表示方法,这样会使算法变得简洁。

其实,任何素数 n 都有两个平凡约数 1 和 n(本身),所以可以只判断 n 在 2~n-1 的约数个数是否为 0 就可以了,由此得到算法 04-13。

算法 04-13

```
(1) s=0
(2) i=2
(3) if(n%i==0)s=s+1
(4) i=i+1
(5) if(i<=n-1)转向步骤(3)
(6) if(s==0)输出"是素数!"
    else      输出"不是素数!"
```

分析可知,算法 04-13 比算法 04-12 少循环了两次。虽然对算法 04-12 是一种改进,但这种数量级的改变对这一问题来说意义不大。能否让计算步骤有显著改变呢?其实,如果 n 可以分解为两个约数的乘积,那么一定是一个约数小于或等于$\sqrt{n}$,而另一个大于或等于$\sqrt{n}$。于是,只需判断 n 在 2~$\sqrt{n}$的约数是否为 0 个就可以了。由此又得到算法 04-14。

算法 04-14

```
(1) s=0
(2) i=2
(3) if(n%i==0)s=s+1
(4) i=i+1
(5) if(i<=√n)则转向步骤(3)
(6) if(s==0)输出"是素数!"
    else      输出"不是素数!"
```

对于 n 为 100 的情况,算法 04-12 的循环次数为 100 次,算法 04-13 的循环次数为 98 次,算法 04-14 的循环次数仅为 10 次。可见算法 04-14 远远优于前面的两个算法,循环次数有了显著的减少,大大提高了算法的效率。

以上的算法首先确定了搜索范围,然后对搜索范围内的每个数进行逐一考察,计算搜索范围内的约数总个数，最后判断约数个数是否为某个固定值。其实，判断一个数 n 是否为素数，只需判断它在 2～$\sqrt{n}$是否存在约数就可以了，而不需要知道约数的个数。所以，我们对算法 04-14 进行了改进。

算法 04-15

```
(1) f=0                        /*标志变量,表示 N 是否有约数,初值为 0*/
(2) i=2
(3) if(n%i==0)f=1              /*如果找到约数,则将标志变量的值修改为 1*/
(4) i=i+1
(5) if(i<=√n)转向步骤(3)       /*如果没找完,继续查找*/
(6) if(f==1)输出"不是素数!"
    else     输出"是素数!"
```

为了判断 n 在 2～$\sqrt{n}$是否有素数，我们设置了标志变量 f，因为只需识别有和没有两个状态，所以变量 f 也只需有两个值就可以了，这里用 f==0 表示还没有找到约数，用 f==1 表示已经找到了约数。所以，f 的初值应该为 0，在步骤(3)中，如果找到约数，则将标志变量 f 的值改变为 1。在步骤(5)中，如果没有搜索完成，则转到步骤(3)继续搜索。在步骤(6)中，通过判断标志变量 f 的值是否为 1 来判断 N 是否为素数。

大家可以思考一下，对于 n 是 100 的情况，算法 04-15 循环了多少次。在第 2 次循环(i 的值为 2)过程中，n%i==0 是成立的，则 f=1 被执行，说明已经找到了一个约数。但在步骤(5)中，由于 i⩽$\sqrt{n}$还是成立的，所以还是会转到步骤(3)继续下一次循环，直到 i⩽$\sqrt{n}$不成立。所以，我们知道循环次数仍然是 10 次，因为在找到第一个约数时没有及时停止循环，那么怎样才能及时地停止循环呢？可以在步骤(5)当中再加上一个条件：f==0(约数没找到)。由此得到算法 04-16。

算法 04-16

```
(1) 输入 n
(2) f=0
(3) i=2
(4) if(n%i==0)f=1
(5) i=i+1
(6) if(i<=√n并且 f==0)转向步骤(4)
(7) if(f==1)输出"不是素数!"
    else     输出"是素数!"
```

一个小小的改动，就可以在找到第一个约数时(f 已经被赋值为 1)及时结束循环，因为 f==0 已经不成立了。经过分析可以看到，当 n 为 100 时，循环次数仅为 2 次。另外在这个算法中加入了输入 n 这一步骤，使得这个算法具有了通用性。

下面，请结合以上例题，完成以下练习。

练习 04-02-01 设计算法求 1+2+…+100 的和。

练习 04-02-02 已知两个自然数 m 和 n，请设计算法输出它们的最小公倍数。

练习 04-02-03 已知一个自然数 n，请设计算法输出它的所有真约数的和。

4.3 算法的特性及表示

1. 算法的特性

从上面的例子中,可以概括出算法的 5 个特性:

(1) 有穷性。算法中执行的步骤总是有限次数的,不能无休止地执行下去。例如,计算圆周率 π 的值,可用如下公式:

$$\pi = 4\left(1-\frac{1}{3}+\frac{1}{5}-\frac{1}{7}+\cdots\right)$$

这个多项式的项数是无穷的。因此,它是一个计算方法,不是算法。要用算法计算 π 的值,只能取有限个项数。例如,取结果精确到小数后第 5 位,那么,这个计算就是有限次的,因而才能称得上算法。

(2) 确定性。算法中的每一个步骤操作的内容和顺序必须含义确切,不能是含糊的、模棱两可的,即不能有二义性。

(3) 有效性。算法的有效性也可以称为可行性或能行性,它是指算法中的每一步操作都必须是可以有效执行,并且是能够得到确定的结果的。

例如,执行 a/b 这一操作时必须保证 b 不能为 0,否则将失去有效性,不能有效地执行。

(4) 有零个或多个输入。输入是指算法在执行时计算机从外界获取的必要信息。一个算法可以没有输入,也可以有多个输入。

(5) 有一个或多个输出。算法的目的是用来解决一个给定的问题,因此,它应向人们提供算法的结果,否则就没有意义了。结果的提供是靠数据输出完成的,一个算法至少应该有一个输出,也可以有多个输出,输出的数据越多,所提供的结果就越详尽。

了解算法的这些特性,对于在程序设计中构造一个好的算法是有重要指导意义的。

2. 算法的描述

描述算法有多种不同的工具,采取不同的算法描述工具对算法的质量有很大的影响。本书中前面的算法主要是用自然语言(汉语)来描述的。使用自然语言描述算法的最大优点在于人们比较习惯,容易接受。但它也确实存在着很多缺点:一是容易产生二义性;二是比较冗长;三是在算法中如果有分支或转移时,用文字表示就显得不够直观;四是计算机不便于处理。所以自然语言不适合描述算法。在计算机中常用流程图、结构化流程图、计算机程序设计语言等描述工具来描述算法。

自然语言表示法是用中文或英文等自然语言直接描述算法,例如本章前面所介绍的算法。但这样描述的算法容易产生二义性。尤其是在描述复杂算法时,往往力不从心。在程序设计中一般不使用这种方法来描述算法。

流程图也称为框图,它是用一些几何框图、流程线和文字说明表示各种类型的操作。流程图中的基本图形、图形意义和长度比例都有国家颁布的标准(GB 1526—1989,等同于国际标准 ISO 5807—1985),如图 4-1 所示。

流程图是人们交流算法设计的一种工具,不是输入给计算机的。流程图只要逻辑正确,人们都能看得懂就可以了,一般是由上而下按执行顺序画下来。

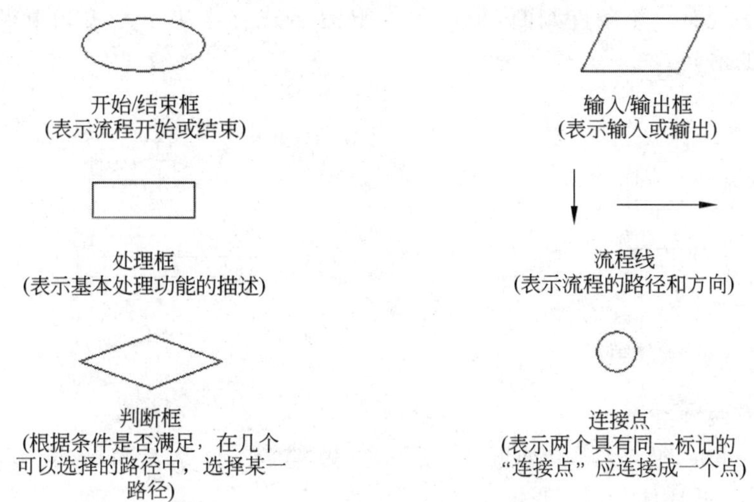

图 4-1 流程图中的几何图形及意义

4.4 结构化程序设计

1. 结构化程序

随着计算机的发展，程序也越来越复杂。一个复杂程序有成千上万条语句，而且程序的流向也很复杂，常常用无条件转向语句去实现复杂的逻辑判断功能，因而造成软件质量差，可靠性很难保证，程序也不易阅读，维护困难。20 世纪 60 年代末期，国际上出现了所谓"软件危机"。

为了解决这一问题就出现了结构化程序设计，它的基本思想是像玩积木游戏那样，只要有几种简单类型的结构，就可以构成任意复杂的程序。这样可以使程序设计规范化，便于用工程的方法来进行软件生产。基于这样的思想，1966 年意大利的 Bobra 和 Jacopini 提出了 3 种基本结构，由这 3 种基本结构组成的程序就是结构化程序(structured program)。

2. 程序设计的 3 种基本结构

结构化程序设计中采用 3 种基本结构，即顺序结构、选择结构和循环结构。

1) 顺序结构

顺序结构如图 4-2 所示。程序的流向是从上至下沿着一个方向进行的，即在执行完程序块 A 所指定操作后，必然紧接着执行程序块 B。顺序结构是最简单的一种基本结构。

2) 选择结构

选择结构如图 4-3 所示。选择结构也称为分支结构。程序的流程中遇到条件判断，根据条件 P 是否成立选择程序块 A 与程序块 B 其中之一执行，这就是选择结构。程序块 A 和程序块 B 必有一个被执行而另一个不被执行。

3) 循环结构

循环结构也称为重复结构。程序的流程中一定存在执行顺序的跳转，从而实现循环。

在循环过程中一定有一个条件判断，根据条件 P 是否成立来决定是否结束循环，继续执行循环结构后面的语句。

图 4-2 顺序结构　　　　图 4-3 选择结构

循环结构有两种类型：

(1) 当型(while)循环结构(如图 4-4 所示)，先判断条件是否满足，若满足就执行循环体，否则就不执行循环体，并转到出口。

(2) 直到型(until)循环结构(如图 4-5 所示)，它是先执行循环体后判断条件，当条件不满足时继续执行循环体，当条件满足时停止执行并转到出口。

图 4-4 当型循环结构　　　　图 4-5 直到型循环结构

循环结构也有一个入口和一个出口，它应当使重复处理为有限次，不能无限次循环下去。

例如，算法 04-11 的流程图如图 4-6 所示，算法 04-16 的流程图如图 4-7 所示。

可以看出，用流程图表示算法，逻辑清楚，形象直观，清晰明了，容易理解，所以它很早就被广泛应用在各种高级语言的程序设计中，常常称为传统的流程图。对于比较简单的算法或算法的简单形式，用流程图来描述算法是一种很好的方法。但是，它也有不足之处，对于较复杂的问题，流程图比较大，而且由于使用流程线，使流程任意转移，容易使人弄不清流程的思路。但还是希望读者在初学程序设计时多画流程图，画好流程图，这样可以加深对算法和程序的理解，是有百利而无一害的。读者可以试着将书中的算法和程序的流程图准确地画出来，对学习程序设计是有帮助的。

3. 结构化程序设计步骤

在学习编写程序之前，对结构化程序设计的全过程有个全面的了解，对培养和提高程序设计的能力很有好处。

完成一个程序设计任务，一般可分为以下几个步骤：

(1) 提出和分析问题，即弄清提出任务的性质和具体要求。例如，提供什么数据，得到什么结果，打印什么格式，允许多大误差，这些问题都要确定下来。若没有详细而确切的了解，匆忙动手编程序，就会出现许多错误，造成无谓的返工或损失。

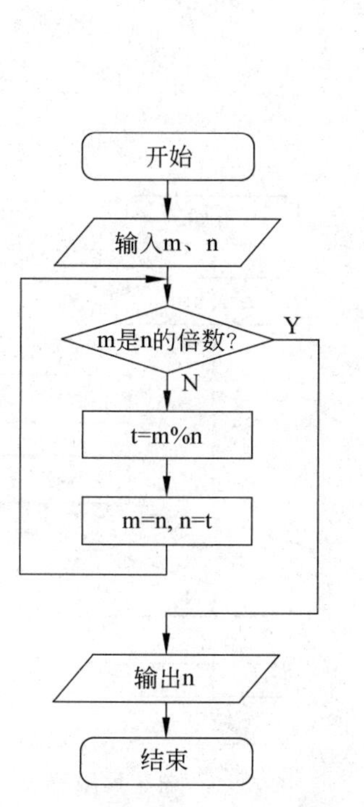

图 4-6 算法 04-11 的流程图

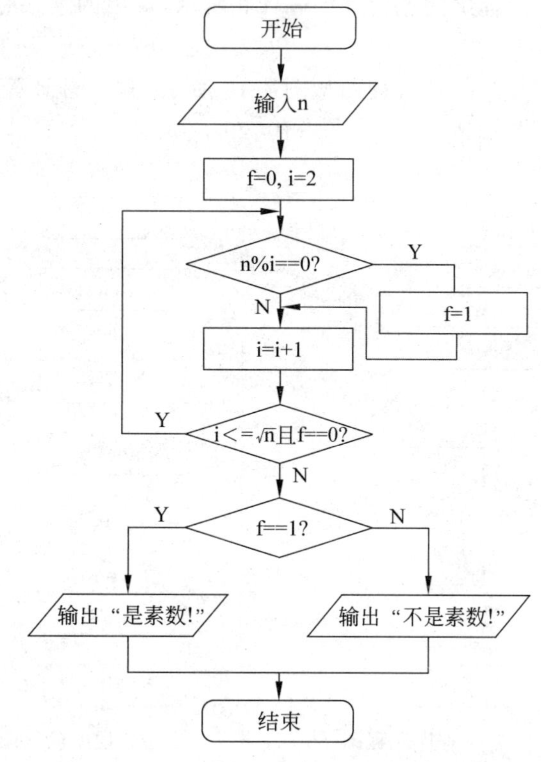

图 4-7 算法 04-16 的流程图

(2) 构造模型,即对工程中或工作中实际的物理过程进行简化,构成物理模型,然后用数学语言来描述它,这称为建立数学模型。

(3) 选择计算方法,即选择用计算机求解该数学模型的近似方法。数学模型往往要进行一定的近似处理。对于非数值计算则要考虑数据结构等问题。

(4) 算法设计,即制定出计算机运算的全部步骤。它影响运算的正确性和运行效率。

(5) 画流程图,即用结构化流程图把算法形象地表示出来。

(6) 编写程序,即根据流程图用一种高级语言把算法的步骤写出来,就构成了高级语言源程序。

(7) 输入程序,即将编好的源程序通过计算机的输入设备送入计算机的存储器中。

(8) 进行调试,即将简单的、容易验证结果正确性的测试用例输入到计算机中,经过执行、修改错误、再执行的反复过程,直到得出正确的结果为止。

(9) 正式运行,即输入正式的数据,以得到预期的输出结果。

(10) 整理资料,即写出一份技术报告或程序说明书,以便作为资料交流或保存。

习题 4

一、选择题

1. 某程序的流程图如图 4-8 所示,输出的 s 为(　　)。

   A. 14　　　B. 20　　　C. 30　　　D. 55

2. 某程序的流程图如图 4-9 所示,输出的结果是(　　)。

A. 1　　B. 2　　C. 3　　D. 4

3. 某程序的流程图如图 4-10 所示,输出的 B 等于(　　)。

A. 15　　B. 29　　C. 31　　D. 63

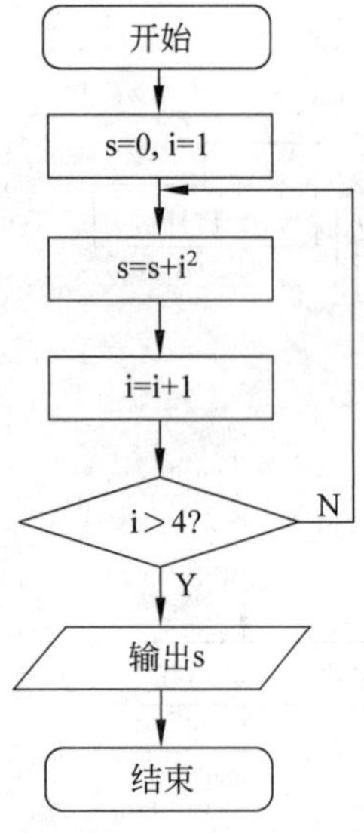

图 4-8　题 1 程序流程图

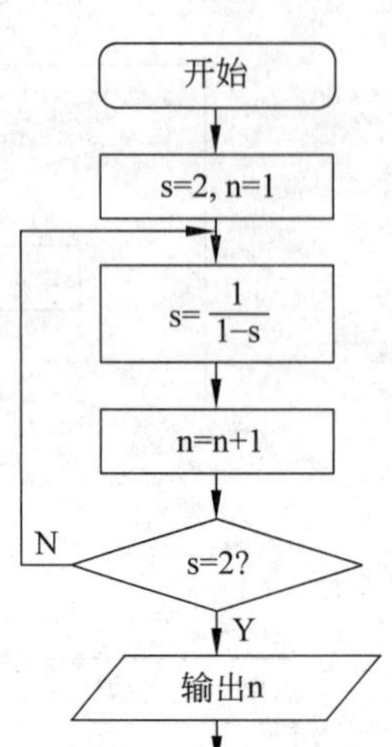

图 4-9　题 2 程序流程图

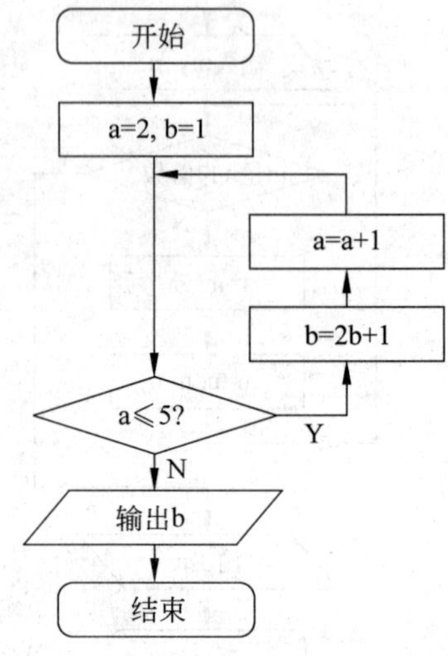

图 4-10　题 3 程序流程图

二、简答题

1. 什么是算法？设计一个具体的算法。
2. 算法有哪些特性？
3. 什么是结构化程序设计？结构化程序设计中有哪些程序结构？

三、算法设计题

1. 设计算法求 1+2+…+N 的和。
2. 已知两个自然数 M 和 N,设计算法输出它们的最小公倍数。
3. 已知一个自然数 N,设计算法输出它的所有真约数的和。
4. 输入一个正整数,输出其所有正的真约数,写出算法。
5. 输入一个正整数 N(N>2),输出斐波那契数列的前 N 项的值,写出算法。
6. 输入一个十进制正整数 N,要求将其各位上的数字逆序输出,写出算法。

四、画流程图

1. 请给算法设计题中你所设计的所有算法画出程序流程图。
2. 请自行设计问题,并给出算法和流程图。

第 5 章 顺　　序

本章首先对 C 语言的语句进行介绍，而后详细地讨论 C 语言中字符输入输出函数和标准输入输出函数的使用方法和规则，最后通过若干顺序结构程序的例子来加深理解。

本章重点

- 字符输入输出函数。
- 标准输入输出函数。
- 输入输出格式控制。

本章难点

- 标准输出函数中的格式控制符。
- 数据输入时的格式控制。
- 输入数据的识别。

5.1 顺序结构

1. 语句

C 语言程序是以函数为基本单位的，函数是由一个一个的 C 语句构成的。C 语句必须以分号结束。

C 语言的语句主要分为以下几类：

(1) 说明语句。

说明语句一般指用来定义变量数据类型等的语句。例如：

```
int a=5,b;
float f1,f2;
```

(2) 表达式语句。

表达式语句是指由一个 C 语言表达式加上分号构成的语句。例如：

```
a=b+1;          /*赋值表达式 a=b+1 加上分号*/
1;              /*算术表达式 1 加上分号,此语句无实际意义*/
2+2;            /*算术表达式 2+2 加上分号,此语句无实际意义*/
x>y?x:y;        /*条件表达式 x>y?x:y 加上分号,此语句无实际意义*/
i=1,j=2;        /*逗号表达式 i=1,j=2 加上分号*/
i++;            /*表达式 i++加上分号*/
```

(3) 函数调用语句。

函数调用语句是由一个函数调用加上分号构成的。例如：

```
printf("\n");
```

```
srand(time(NULL));
cos(6);          /* 无实际意义的语句 */
```

这类语句也可以归属于表达式语句，因为函数调用本身也是一个表达式。

(4) 空语句。

空语句是仅由一个分号所构成的语句，没有任何动作，即

```
;
```

(5) 复合语句。

复合语句是指将一组语句用大括号"{}"括起来，从而使大括号中的语句变成一个整体（复合语句）。从整体上看，复合语句是一个语句。例如：

```
{
    a=5;
    b=6;
    c=7;
}
```

复合语句在C语言程序中的用处很大，在以后的学习中大家会逐渐体会到。有的书中也将复合语句称为分程序或语句块。

(6) 控制语句。

控制语句完成一定的控制功能，实现程序流程的跳转。C语言提供的控制语句有

goto　　无条件转向语句
if-else　　选择语句
switch　　多分支选择语句
while　　循环语句
for　　循环语句
do-while　　循环语句
break　　循环控制语句
continue　　循环控制语句
return　　从函数返回语句

控制语句在本书的后续章节中会一一介绍。

2. C 程序的书写格式

在C语言程序中，允许一行写多个语句，也可以将一个语句写在多行上，书写格式无固定的要求。语句中关键字、标识符、运算符、运算量之间可以用任意个空白字符分隔。这里的空白字符指空格、回车键或制表符(Tab 键)，C语言程序在编译时会自动略过这些多余的空白字符。

程序清单 05-01-01.c

```
//自由的书写格式(此程序实际代码为 03-07-04.c)
#include <stdlib.h>
#include <time.h>
int main()  {int a,b,c;  srand(time(NULL));
    a=rand()%     100+1;  b=rand()%
```

```
    100+1;
  printf("%d+%d="                    ,
                    a,
  b);
  scanf("%d",                 &c);
  printf(c==a+b?"GOOD!":
  "SORRY!"); }
```

程序分析：

此格式书写的程序一样可以通过编译得到正确的运行结果。但是，按照此格式书写的程序阅读起来是很困难的，尤其是在编写规模稍大一些的程序时。所以在编程时尽量养成良好的书写格式习惯。

3. 顺序结构示例

顺序结构是最简单的程序结构，也是最常见的程序结构。顺序结构程序自上而下依次执行。前面章节中的大多数程序是顺序结构的。

程序清单 05-01-02.c

```
//顺序结构程序举例。请运行程序并分析程序功能
#include <stdlib.h>
#include <time.h>
int main(){
    int a,b,c,d,r;
    srand((unsigned)time(NULL));
    printf("*********两位数四则运算测试*********\n");
    printf("请输入以下算式的结果:\n");
    a=rand()%89+11;
    b=rand()%89+11;
    c=rand()%4+1;
    (c==1)?( printf("%d+%d=",a,b),d=a+b):1;
    (c==2)?( printf("%d-%d=",a,b),d=a-b):1;
    (c==3)?( printf("%d*%d=",a,b),d=a * b):1;
    (c==4)?( printf("%d/%d=",a,b),d=a/b):1;
    scanf("%d",&r);
    printf(d==r?"答对了,你真棒!":"真对不起,你答错了!");
}
```

程序分析：

这是顺序结构的程序，程序从第一条语句开始，依次向下一条一条地执行，直到最后一条语句。

4. 基本输入输出功能的实现

C语言数据的输入输出都是通过函数调用来实现的。

C语言提供了标准的函数库，其中包括标准输入函数 scanf 和标准输出函数 printf。关

于这两个函数，在前面的章节中已经多次使用过。

C语言还提供了字符输入函数 getchar、getch、getche 和字符输出函数 putchar 等，C语言把这些函数的定义放在头文件 stdio.h 中，所以在使用这些函数的C程序中，应该在程序的开头处加上以下编译预处理命令：

```
#include <stdio.h>
```

或者

```
#include "stdio.h"
```

程序清单 05-01-03.c

```
//标准输入输出函数举例
#include <stdio.h>
int main(){
    int a,b,c,d,r;
    scanf("%d%d",&a,&b);
    printf("你输入的两个数是%d和%d.\n",a,b);
    printf("其中较大的是%d,较小的是%d.\n", a>b?a:b, a>b?b:a);
}
```

执行程序，输入

```
5 8
```

输出

```
你输入的两个数是 5 和 8.
其中较大的是 8,较小的是 5.
```

5.2 字符输入输出

1. 字符输出函数 putchar

C程序中调用字符输出函数 putchar 的一般形式是

putchar(表达式)

功能说明：

(1) 参数表达式可以为字符表达式或整型表达式。表达式的值为将要输出字符的ASCII码，或者是字符本身。

(2) 函数的功能就是在标准输出设备(显示器)上输出一个字符。

(3) 如果表达式的值不是整型值，则自动舍弃小数部分取整。

(4) C语言中ASCII码共有256个，详见附录A，所以函数 putchar 的参数值应该是0～255，如果超过255，则系统会自动除以256取余数，使之回到0～255的范围。

(5) 有些控制字符是不可显示的。例如，ASCII码为7的字符是使计算机的扬声器响一声。

程序清单 05-02-01.c

```
//字符输出函数应用举例
#include<stdio.h>
int main(){
    char c='A';
    int  n=65;
    //以下的 6 个语句输出 AAABBB
    putchar('A');    putchar(c);      putchar(n);
    putchar('A'+1);  putchar(c+1);    putchar(n+1);
    putchar(10);
    //以下的 5 个语句输出 AAAAA
    putchar(65);     putchar('\101'); putchar('\x41');
    putchar(0101);   putchar(0x41);
    putchar(10);
    //以下的两个语句输出 AA
    putchar(65.6);   putchar(8*8.2);
    putchar(10);
    //以下的一条语句使扬声器响一声,无可见字符输出
    putchar(7);
}
```

执行程序,输出

```
AAABBB
AAAAA
AA
```

程序分析:

程序执行的同时会听到计算机扬声器响一声。

请大家仔细对照程序中的语句和输出结果,就会发现哪个字符是由哪个语句执行而得来的。请注意程序中 putchar 函数参数的多种形式。

练习 05-02-01 请使用 putchar 函数输出你想输出的内容。

2. 字符输入函数 getchar

C 程序中调用字符输入函数 getchar 的一般形式是

getchar()

功能说明:

(1) 函数 getchar 没有参数,其功能是从标准输入设备(键盘)上读入一个字符。程序执行到该函数时暂停,光标在屏幕上闪烁,等待用户输入字符,用户输入的字符会依次显示在屏幕上。当用户输入一串字符(可能 1 个,可能多个,也可能 0 个)并按回车键时,输入完成。函数 getchar 的返回值为用户所输入的第一个字符。

(2) 如果用户在输入字符时直接按回车键,那么函数 getchar 的值为回车字符。

(3) 函数 getchar 的值为其所获得的字符,为了使用这个值,一般应该对 getchar 进行处

理(参加运算或赋值),例如:

```
c=getchar();
c=getchar()+1;
putchar(getchar());
```

(4) 单独使用 getchar,能使程序暂停,待用户按回车键时继续,但是用户输入的字符没有被使用。

程序清单 05-02-02.c

```
//字符输入函数应用举例
#include<stdio.h>
int main(){
    char c;
    c=getchar();                /*输入字符直到按回车键结束,接收第一个字符*/
    putchar(c);                 /*显示输入的第一个字符*/
}
```

执行程序,输入

```
ABCD  EFG<回车>
```

输出

```
A
```

程序分析:

用户从键盘输入的字符暂时存放在键盘缓冲区中,当用户按回车键时,才会将所有已输入的字符送给程序处理。

getchar 函数依次接收键盘缓冲区中的字符,本例接收到的是第一个字符 A。

程序清单 05-02-02-A.c

```
//字符输入函数应用举例
#include<stdio.h>
int main(){
    putchar(getchar());
}
```

程序分析:

此程序功能与上例程序相同。

程序清单 05-02-03.c

```
//字符输入函数应用举例
#include<stdio.h>
int main(){
    char c;
    c=getchar();
    printf("你输入的字符是:");
    putchar(c);
```

```
    printf(",它的 ASCII 码是:%d.",c);
}
```

执行程序,输入

```
ABCD   EFG<回车>
```

输出

```
你输入的字符是:A,它的 ASCII 码是:65.
```

再次执行程序,输入

```
<空格>ABCD<回车>
```

输出

```
你输入的字符是: ,它的 ASCII 码是:32.
```

程序清单 05-02-04.c

```
//字符输入函数应用举例
#include<stdio.h>
int main(){
    char c1,c2;
    c1=getchar();
    c2=getchar();
    printf("你输入的第一个字符是:%c,其 ASCII 码为:%d.\n",c1,c1);
    printf("你输入的第二个字符是:%c,其 ASCII 码为:%d."  ,c2,c2);
}
```

执行程序,输入

```
ABCD   EFG<回车>
```

输出

```
你输入的第一个字符是:A,其 ASCII 码为:65.
你输入的第二个字符是:B,其 ASCII 码为:66.
```

再次执行程序,输入

```
A<回车>
```

输出

```
你输入的第一个字符是:A,其 ASCII 码为:65.
你输入的第二个字符是:
,其 ASCII 码为:10.
```

程序分析:

getchar 函数从键盘缓冲区依次读取字符,不会忽略空格和回车,也就是说空格、制表符、回车键都会被当作一个字符读入。

程序清单 05-02-05.c

```
//编程输入一个字符,输出它是否为英文字母
int main(){
    char c;
    c=getchar();
    printf("你输入的字符是:%c\n",c);
    printf(c>='A'&&c<='Z'||c>='a'&&c<='z'?
    "它是一个英文字母!":"它不是英文字母!");
}
```

执行程序,输入

```
ABCD
```

输出

```
你输入的字符是:A
它是一个英文字母!
```

再次执行程序,输入

```
123
```

输出

```
你输入的字符是:1
它不是英文字母!
```

练习 05-02-01 编程输入一个字符,输出它是否为数字字符。

练习 05-02-02 编程输入一个字符,若为小写字母则输出其大写形式,若为其他字符则原样输出。

3. 字符输入函数 getche 和 getch

C 语言提供了两个字符输入函数 getche 和 getch。调用它们的一般形式是

```
getche()
getch()
```

功能说明:

这两个函数的调用形式与 getchar 完全相同,功能也相同,都是从标准输入设备(键盘)中读入一个字符。区别主要在于下面的两点:

(1) 这两个函数在执行时,只要用户输入了一个字符(不需按回车键),函数就立即获得返回值。这样就不会发生执行 getchar 函数时输入多个字符(没按回车键)时,程序并不向下运行,只有按回车键才真正读入数据的情况。

(2) 函数 getche 在执行时,用户输入的字符会显示在屏幕上(回显)。而函数 getch 在执行时,用户输入的字符不在屏幕上显示(不回显)。

程序清单 05-02-06.c

```
//字符输入函数应用举例
#include<stdio.h>
int main(){
    char ch;
    ch=getche();            //输入的字符回显,不用按回车键
    printf("你输入的字符是:%c",ch);
}
```

执行程序,输入一个字符 y(输入 y 后,程序立即向下运行),输出

```
你输入的字符是:y
```

程序清单 05-02-07.c

```
//字符输入函数应用举例
#include<stdio.h>
int main(){
    char ch;
    ch=getch();            //输入的字符不回显,不用按回车键
    printf("你输入的字符是:%c",ch);
}
```

执行程序,输入一个字符 y(输入的字符 y 并不显示,程序立即向下运行),输出

```
你输入的字符是:y
```

程序分析:

请在计算机上运行以上程序,体会 3 个字符输入函数的区别。函数 getch 在执行时用户输入的字符不回显,且不用按回车键,也就是说实现了按任意键继续的功能。所以常常把这个函数单独使用,放在一个程序的末尾,以使程序结束后能暂停。只有当用户按下任意一个键后,程序才真正结束。

程序清单 05-02-08.c

```
//字符输入函数 getch 应用举例
#include<stdio.h>
int main(){
    printf("程序开始 ...\n");
    printf("请按任意键结束程序 ...");
    getch();               //等待输入,按任意键后结束
}
```

5.3 标准输入输出函数

1. 标准输出函数 printf

标准输出函数 printf 一般用于向标准输出设备(显示器)按规定的格式输出信息。

调用 printf 函数的一般形式为

```
printf(格式控制字符串,输出值参数列表);
```

功能说明：

(1) 格式控制字符串是一串用双引号括起来的字符，其中包括普通字符和格式说明符。格式说明符是以%开头，后跟一个或几个规定字符。一个格式说明符用来代表一个输出的数据，并规定了该数据的输出格式。

例如在语句 printf("a=%d,b=%d",a,b);中，字符串"a=%d,b=%d"是格式控制字符串，a、b 是输出值参数列表。在这个格式控制字符串中，a=、逗号(,)、b=是普通字符，而%d 就是格式说明符。

(2) 格式控制字符串中的普通字符要按原样输出。

(3) 一个格式说明符用来代表一个输出的数据，其所代表的数据在输出值参数列表中。输出值参数列表是一系列用逗号分开的表达式，表达式的个数和顺序与前面的格式说明符要一致。

例如，有整型变量 a 和 b，它们的值分别是 3 和 8，则执行以下语句：

```
printf("a=%d,b=%d",a,b);
```

输出结果是

```
a=3,b=8
```

2. 格式说明符

不同类型的数据在输出时应该使用不同的格式说明符。C 语言提供的格式说明符及其含义如表 5-1 所示。

表 5-1　格式说明符

格式说明符	代表的数据类型及输出形式
%d	int 型；十进制有符号整数，正号省略
%ld	long 型；十进制有符号长整数，正号省略
%u	int 型；十进制无符号整数
%o	int 型；八进制无符号整数，不输出前导 0
%x,%X	int 型；十六进制无符号整数，不输出前导 0x
%#o,%#x,%#X	八进制和十六进制整数输出时加上前导 0、0x(或 0X)
%c	int 型(char 型)；一个字符
%f,%lf	double 型；十进制小数，默认小数位数为 6 位
%e	double 型；以指数形式输出浮点数
%g	double 型；自动在%f 和%e 之间选择输出宽度小的表示法

续表

格式说明符	代表的数据类型及输出形式
%s	字符串;顺序输出字符串的每个字符,不输出'\0'
%%	%本身
%p	指针的值

说明:

(1) 可以在%和字母之间加上一个整数表示最大域宽,即输出数据在输出设备(屏幕)上所占据的最大宽度(字符个数)。例如:

%3d 表示输出域宽为 3 的整数,不够 3 位时右对齐,左补空格。

%8s 表示输出 8 个字符的字符串,不够 8 个字符时右对齐,左补空格。

(2) 可以在%和字母之间加上一个由'.'分隔的两个整数(如%9.2f),前一个整数表示最大域宽,后一个整数表示小数位数。例如,%9.2f 表示输出域宽为 9 的浮点数,其中小数位为 2,小数点占 1 位,整数部分自然只剩 6 位,整数部分不够 6 位时右对齐,左补空格。

(3) 如果数据的实际值超过所给的域宽,将按其实际长度输出。但是对于浮点数,若整数部分位数超过了给定的整数位宽度,将按实际整数位输出;若小数部分位数超过了给定的小数位宽度,则按给定的宽度以四舍五入输出。

(4) 如果想在输出数据前补 0 来补足域宽,就应在域宽前加 0。例如,%04d 表示在输出一个小于 4 位的整数时,将在前面补 0 使其总宽度为 4 位。

(5) 如果用类似 6.9 的形式来表示字符串的输出格式(如%6.9s),那么小数点后的数字代表最大宽度,小数点前的数字代表最小宽度。例如%6.9s 表示输出一个字符串,其输出所占的宽度不小于 6 且不大于 9。若字符个数小于 6,则左补空格至 6 个字符;若字符个数大于 9,则第 9 个字符以后的内容将不被显示。

(6) 可以控制输出的数据左对齐或右对齐。在%和字母之间加入一个负号就可说明输出为左对齐,否则为右对齐。例如:

%−7d 表示输出整数占 7 位域宽,不足时左对齐,右补空格。

%−10s 表示输出字符串占 10 位域宽,不足时左对齐,右补空格。

程序清单 05-03-01.c

```
//格式输出函数 printf 应用举例
int main(){
    int a=1234, i; char c;
    float f=3.141592653589;
    double x=0.12345678987654321;
    i=12;  c='\x41';
    printf("\n01.a=%d.", a);
    printf("\n02.a=%6d.", a);
    printf("\n03.a=%06d.", a);
    printf("\n04.a=%2d.", a);
    printf("\n05.a=%-6d.",a);
    printf("\n06.f=%f.", f);
```

```
    printf("\n07.f=%6.4f.", f);
    printf("\n08.x=%lf.",x);
    printf("\n09.x=%18.16lf.", x);
    printf("\n10.c=%c.", c);
    printf("\n11.c=%x.", c);
    printf("\n12.%s."  ,"ABCDEFGHIJK");
    printf("\n13.%4s."  ,"ABCDEFGHIJK");
    printf("\n14.%14s.","ABCDEFGHIJK");
    printf("\n15.%-14s.","ABCDEFGHIJK");
    printf("\n16.%4.6s.","ABCDEFGHIJK");
}
```

执行程序,输出

```
01.a=1234.
02.a=   1234.
03.a=001234.
04.a=1234.
05.a=1234   .
06.f=3.141593.
07.f=3.1416.
08.x=0.123457.
09.x=0.1234567898765432.
10.c=A.
11.c=41.
12.ABCDEFGHIJK.
13.ABCDEFGHIJK.
14.   ABCDEFGHIJK.
15.ABCDEFGHIJK   .
16.ABCDEF.
```

程序清单 05-03-01-A.c

```
//格式输出函数printf应用举例
int main(){
    int a=1234;
    printf("\n01.a=%d.a=%#d", a,a);
    printf("\n02.a=%o.a=%#o", a,a);
    printf("\n03.a=%x.a=%#x", a,a);
    printf("\n05.a=%-8X.a=%#8X", a,a);
    printf("\n06.a=%08X.a=%#08X", a,a);
    return 0;
}
```

执行程序,输出

```
01.a=1234.a=1234
02.a=2322.a=02322
```

```
03.a=4d2.a=0x4d2
05.a=4D2      .a=    0X4D2
06.a=000004D2.a=0X0004D2
```

程序分析：

以上两个案例比较全面地展示了基本数据类型的输出格式控制方法，请读者一定熟练掌握这些格式控制方法的含义和使用。

程序清单 05-03-01-B.c

```
//格式输出函数 printf 应用举例
#include<stdio.h>
int main(){
    printf("+-----------------------------------------------+\n");
    printf("|%16s|%12s|%20s|\n","姓名","学号","邮箱");
    printf("|%16s+%12s+%20s|\n","----------------","-------","-------------");
    printf("|%16s|%12s|%20s|\n","李忠达","2015120666","1610649511@ qq.com");
    printf("|%16s+%12s+%20s|\n","----------------","-------","-------------");
    printf("|%16s|%12s|%20s|\n","伞洪涛","2017120088","1143708748@ qq.com");
    printf("|%16s+%12s+%20s|\n","----------------","-------","-------------");
    printf("|%16s|%12s|%20s|\n","王冠翔","2017145678","394276890@ qq.com");
    printf("|%16s+%12s+%20s|\n","----------------","-------","-------------");
    printf("|%16s|%12s|%20s|\n","王宇翔","2016146789","247399615@ qq.com");
    printf("+-----------------------------------------------+\n");
    return 0;
}
```

执行程序，输出

```
+---------------------------------------------------+
|            姓名|        学号|                邮箱|
|----------------+------------+--------------------|
|          李忠达|  2015120666|  1610649511@qq.com|
|----------------+------------+--------------------|
|          伞洪涛|  2017120088|  1143708748@qq.com|
|----------------+------------+--------------------|
|          王冠翔|  2017145678|   394276890@qq.com|
|----------------+------------+--------------------|
|          王宇翔|  2016146789|   247399615@qq.com|
+---------------------------------------------------+
```

练习 05-03-01 请写出下面程序的输出结果，然后上机验证。

```
int main(){
    int num1=123;
    long num2=123456;
    printf("\nnum1=%d,num1=%5d,num1=%-5d, num1=%2d\n",num1,num1,num1,num1);
    printf("\nnum2=%ld,num2=%8ld,num2=%5ld\n",num2,num2,num2);
    printf("\nnum1=%ld\n",num1);
}
```

练习 05-03-02 请写出下面程序的输出结果，然后上机验证。

```
int main(){
    float   f=123.456;
```

```
    double d1,d2;
    d1=1111111111111.111111111;
    d2=2222222222222.222222222;
    printf("\n%f,%12f,%12.2f,%-12.2f,%.2f\n",f,f,f,f,f);
    printf("\nd1+d2=%f\n",d1+d2);
}
```

练习 05-03-03 请写出下面程序的输出结果,然后上机验证。

```
int main(){
    printf("%s,%5s,%-10s","Internet","Internet","Internet");
    printf("%10.5s,%-10.5s,%4.5s\n","Internet","Internet","Internet");
}
```

练习 05-03-04 请写出下面程序的输出结果,然后上机验证。

```
#include <stdio.h>
int main(){
    int a;                          /*定义整型*/
    long int b;                     /*定义长整型*/
    short int c;                    /*定义短整型*/
    unsigned int d;                 /*定义无符号整型*/
    char e;                         /*定义字符型*/
    float f;                        /*定义实型*/
    double g;                       /*定义双精度型*/
    a=1023; b =2222; c =123; d =1234;
    e ='X';
    f =3.14159; g =3.1415926535898;
    printf("a =%d\n",a);            /*十进制输出*/
    printf("a =%o\n",a);            /*八进制输出*/
    printf("a =%x\n",a);            /*十六进制输出*/
    printf("b =%ld\n",b);           /*长整型输出*/
    printf("c =%d\n",c);            /*十进制输出*/
    printf("d =%u\n",d);            /*无符号十进制输出*/
    printf("e =%c\n",e);            /*字符输出*/
    printf("f =%f\n",f);            /*实型输出*/
    printf("g =%f\n",g);            /*双精度输出*/
    printf("\n");
    getch();
    printf("a =%d\n",a);
    printf("a =%7d\n",a);
    printf("a =%-7d\n",a);
    c =5;
    d =8;
    printf("a =%*d\n",c,a);
    printf("a =%*d\n",d,a);
    printf("\n");
```

```
    getch();
    printf("f =%f\n",f);
    printf("f =%12f\n",f);
    printf("f =%12.3f\n",f);
    printf("f =%12.5f\n",f);
    printf("f =%-12.5f\n",f);
}
```

练习 05-03-05 请写出下面程序的输出结果，然后上机验证。

```
int main(){
    float x,y;
    double d1,d2;
    x=2.1234567890; y=5.0987654321;
    d1=x * y; d2=x/y;
    printf("\n%f * %f= %30.20f",x,y,d1);
    printf("\n%f/%f= %30.20f",x,y,d2);
}
```

3. 标准输入函数 scanf

C 语言中的标准输入函数是 scanf，功能为从标准输入设备(键盘)上读取用户输入的数据，并将输入的数据赋值给相应的变量。

调用标准输入函数 scanf 的一般形式为

scanf(格式控制字符串,变量地址列表)

功能说明：

(1) 格式控制字符串用来规定以何种形式从输入设备上接收数据，也就是规定用户以何种格式输入数据。格式控制字符串中包含以下 3 种字符：

① 格式说明符：这里的格式说明符与 printf 函数中的格式说明符基本相同，一个格式说明符代表一个输入的数据。

② 空白字符：使 scanf 函数在读取数据时略去输入数据中的一个或多个空白字符。空白字符包括空格、回车键和制表符(Tab 键)。格式控制字符串中的空白字符其实不起作用。无论有没有空白字符，在实际输入数据时，都可以用若干个空白字符将输入的数据隔开(输入字符型数据时除外)。

③ 普通字符：scanf 函数在读入数据时必须匹配这些字符，也就是说在输入数据时普通字符要原样输入。

(2) 变量地址列表是用逗号分隔的变量地址，变量地址与格式控制字符串中的格式说明符一一对应。

(3) 取变量地址的运算符为 &，变量 a 的地址用 &a 表示。注意，在此处一定不要忘记变量前面应该加上取地址运算符 &。

(4) 当所有需要读取的数据都已经正确输入并按回车键时，函数结束。所有的变量都接收到用户输入的数据。

(5) 系统从前向后依次读取用户所输入的数据，如果最后一个数据读取完以后还有剩余的数据，系统会忽略它们。

(6) 系统从前向后依次读取用户所输入的数据，如果突然读到了非法的数据，函数会结束，程序会往下运行并不报错。但从遇到非法数据的变量开始，它或它以后的变量将得不到用户所输入的值，通常它们的值是随机的。

(7) 格式说明中也可以规定域宽，用来表示接收数据的最大位数。

程序清单 05-03-02.c

```
int main(){
    int a,b;
    scanf("%d%d",&a,&b);
    printf("a=%d,b=%d",a,b);
}
```

执行程序，输入

123□456□789□10↙

或者输入

123↙ 456□789↙

程序都将输出

a=123,b=456

程序分析：

在这个例子中的 scanf("%d%d",&a,&b);调用语句中，输入格式控制字符串%d%d的意义是：首先读取一个整型数赋给变量 a，然后忽略若干空白字符(数据间的分隔符)，最后读入另一个整型数赋给变量 b。如果有多余的数据，系统会忽略处理。

再次执行该程序，输入

123,456↙

程序输出

a=123,b=1235

程序分析：

对于此程序来讲，以上输入数据的方法是不正确的。可以看出，第一个整型数据 123 可以正确接收，紧接着应该出现若干空白字符，若干空白字符之后应该是另一个整数。而此时却遇到了逗号这个非法数据(不能识别为整数)，所以 scanf 函数中止。变量 b 没有被赋值，它的值是一个随机值。

程序清单 05-03-03.c

```
//格式输入函数 scanf()应用举例
int main(){
    int a,b;
```

```
    scanf("%d,%d",&a,&b);
    printf("a=%d,b=%d",a,b);
}
```

执行程序,输入

```
□□□□123,↙
□□□□□□456□□□□7890↙
```

输出

```
a=123,b=456
```

结果分析:

在这个例子中,首先读取一个整型数123赋给变量a,然后紧接着立即读入一个逗号字符,最后读入另一个整型数456赋给变量b。

注意: 在读入数值型数据时,会忽略数值的前置空白字符。所以读入123时,忽略其前面的空格;紧接着立即成功读入了一个逗号后,读入下一个数值时,忽略了其前置的回车和空格,成功读入456。

再次执行程序,输入

```
123□□□,□456↙
```

输出

```
a=123,b=66
```

结果分析:

程序首先成功读入123并写入变量a的地址,然后系统需要立即读入一个逗号,但键盘缓冲区中读入的字符却是空格,二者不匹配,所以scanf中止执行。变量b未成功读入,其值不可预知,为随机值。

再次执行程序,输入

```
123↙
```

输出

```
a=123,b=66
```

结果分析:

此结果原理同上,系统在正确接收数值123以后,没有立即接收到逗号,却读入一个回车符,二者不匹配,所以scanf中止执行。变量b未成功读入,其值不可预知。

程序清单 05-03-04.c

```
//格式输入函数 scanf()应用举例
int main(){
    int a,b;
    scanf("a=%d,b=%d",&a,&b);
    printf("a=%d,b=%d",a,b);
```

```
}
```

执行程序，输入

```
123,456↙
```

输出

```
a=66,b=66
```

程序分析：

在这个例子中的 scanf("a＝%d,b＝%d",&a,&b)；调用语句中，输入格式控制字符串"a＝%d,b＝%d"的意义是：首先读取一个字符 a，再读一个字符＝，然后读入一个整数，再读取一个逗号，再读取一个字符 b，再读取一个字符＝，最后读取一个整型数。此次输入的第一个字符就与格式字符串不匹配，scanf 函数中止，没有读到有效数据。变量 a 和 b 的值不确定。

再次执行程序，输入

```
a=123,b=456↙
```

输出

```
a=123,b=456
```

综上可以看出，输入格式控制中如果有普通字符，则要原样输入；如果没有普通字符，只有格式说明符，则输入的数据之间要以至少一个空白字符来分隔。

4. 一个数据读入的开始和完成

scanf 函数在读取某个数据（字符型数据除外）时，遇到第一个不是空白的字符便开始，遇到下列情况时认为该数据结束：空白字符、达到指定宽度、非法输入。

程序清单 05-03-05.c

```
//格式输入函数 scanf()应用举例
int main(){
    int a,b;
    scanf("%d%d",&a,&b);
    printf("\na=%d,b=%d",a,b);
}
```

执行程序，输入

```
□□123□□□□□456ABC↙
```

程序输出

```
a=123,b=456
```

结果分析：

第一个数据从第一个非空白字符 1 开始（忽略空白字符），遇空白字符（空格）结束，读入 123；第二个数据从接下来的第一个非空白字符 4 开始（忽略空白字符），遇非法输入（A）结束，读入456。

再次执行程序，输入

```
123.456↙
```

程序输出

```
a=123,b=66
```

结果分析：

第一个数据从第一个非空白字符1开始（忽略空白字符），遇非法字符（.）结束，读入123；第二个数据从字符'.'开始想要读入一个整数，它本身就是非法输入，语句结束。

程序清单05-03-06.c

```
//格式输入函数scanf()应用举例
int main(){
    int a,b;
    scanf("%2d%2d",&a,&b);     //对于用户所输入的整型数据，最多只读取两位
    printf("\na=%d,b=%d",a,b);
}
```

执行程序，输入

```
1□□23456↙
```

输出

```
a=1,b=23
```

再次执行程序，输入

```
123□□456↙
```

输出

```
a=12,b=3
```

再次执行程序，输入

```
123456↙
```

输出

```
a=12,b=34
```

程序分析：

在这个例子中的scanf("%2d%2d",&a,&b);调用语句中，输入格式控制字符串%2d%2d的意义是：首先读取一个整数（最多两位），忽略若干空白字符后，再读入一个整数（最多两位）。所以本例才有上述结果。

5. 键盘输入字符流

通过scanf、getchar等函数输入数据时，用户从键盘上输入的一串字符可以看成是一个

字符流，程序从该字符流中依次读取数据。

6. 读入字符型数据

以上关于 scanf 函数的数据输入规则仅适用于输入数值型数据和字符串，而对于用 scanf 函数来输入字符型数据的情况，规则就不同了。

当用 scanf 函数输入字符数据时，空白字符将不再被忽略，用户所输入的所有字符将一一被读取。

程序清单 05-03-07.c

```
//利用格式输入函数 scanf 输入字符数据应用举例
int main(){
    char c1, c2;
    scanf("%c%c", &c1, &c2);
    printf("c1=%c,c2=%c\n",c1,c2);
    printf("c1=%d,c2=%d\n",c1,c2);
}
```

执行程序，输入

```
ABCD↙
```

输出

```
c1=A,c2=B
c1=65,c2=66
```

再次执行程序，输入

```
□ABCD↙
```

输出

```
c1=□,c2=A
c1=32,c2=65
```

再次执行程序，输入

```
↙
ABCD↙
```

输出

```
c1=
,c2=A
c1=10,c2=65
```

再次执行程序，输入

```
A↙
```

输出

```
c1=A,c2=
```

```
c1=65,c2=10
```

程序分析：

以上输入输出结果表明，scanf("%c%c", &c1, &c2)；语句的功能就是从键盘输入流中依次读取两个字符。

7. 从输入流中跳过某些数据

字符＊也可用于格式中（如%＊d），加了星号（＊）表示跳过此数据不读入，也就是在输入字符流中忽略此数据。

程序清单 05-03-08.c

```
#include<stdio.h>
int main(){
    int a,b;
    scanf("%d%*d%d",&a,&b);
    printf("a=%d,b=%d",a,b);
}
```

执行程序，输入

```
123  456  789↙
```

输出

```
a=123,b=789
```

程序分析：

scanf("%d%＊d%d",&a,&b)；语句中格式控制符%d%＊d%d 的含义为：从输入流中读取一个整数存入变量 a 的地址，再读入一个整数并忽略之，最后读入一个整数存入变量 b 的地址。

程序清单 05-03-09.c

```
#include<stdio.h>
int main(){
    int a,b;
    scanf("%2d%*2d%2d",&a,&b);
    printf("a=%d,b=%d",a,b);
}
```

执行程序，输入

```
123456789↙
```

输出

```
a=12,b=56
```

结果分析：

scanf("%2d%*2d%2d",&a,&b);语句中格式控制符%2d%*2d%2d的含义为：从输入流中读取一个整数(最多两位，即 12)存入变量 a 的地址，再读入一个整数(最多两位，即 34)并忽略之，最后读入一个整数(最多两位，即 56)存入变量 b 的地址。

再次执行程序，输入

```
3□□4□□↙
□□□5678□□□□□□9↙
```

输出

```
a=3,b=56
```

程序分析：

格式控制符%2d%*2d%2d的含义为：从输入流中读取一个整数(最多两位，即 3)存入变量 a 的地址，再读入一个整数(最多两位，即 4)并忽略之，最后读入一个整数(最多两位，即 56)存入变量 b 的地址。

5.4 顺序结构程序设计举例

计算机程序的逻辑结构有顺序结构、选择结构和循环结构 3 种。以上的 C 程序大都是顺序结构的。

所谓顺序结构就是指程序中没有跳转语句，程序从第一条语句开始执行，到最后一条语句执行结束，任何一条语句都能被执行而且仅被执行一次(假设 return 语句出现在最后)。

学习了 C 语言的数据类型、运算符和输入输出函数，我们就可以设计顺序结构程序了，本节通过若干个程序示例来学习 C 语言的顺序结构程序设计。

问题 05-01 编程输入 3 个整数，输出这 3 个整数的和及平均值。

这是一个比较简单的问题，但请读者注意，3 个整数的平均值可能是一个实数，所以在定义变量时要将代表平均值的变量定义成浮点数。

程序清单 05-04-01.c

```
int main(){
    int num1,num2,num3,sum;
    double aver;
    printf("Please input three numbers:");
    scanf("%d%d%d",&num1,&num2,&num3);                      /*输入 3 个整数*/
    sum=num1+num2+num3;                                     /*求和 */
    aver=sum/3.0;                                           /*求平均值 */
    printf("num1=%d,num2=%d,num3=%d\n",num1,num2,num3);     /*输出结果*/
    printf("sum=%d,aver=%lf\n",sum,aver);
    return 0;
}
```

执行程序，在提示信息“Please input three numbers:”后输入

```
11 12 13↙
```

输出

```
num1=11,num2=12,num3=13
sum=36,aver=12.000000
```

问题 05-02 输入三角形的 3 边长 a、b、c,输出其面积 s(假设用户输入的 a、b、c 可以构成三角形)。

已知三角形的 3 边长,可以利用海伦公式计算它的面积。设三角形的 3 边长分别为 a、b 和 c,p=(a+b+c)/2,则计算该三角形面积的海伦公式为: $s=\sqrt{p(p-a)(p-b)(p-c)}$。由此就能得到以下程序。

程序清单 05-04-02.c

```
#include "math.h"
int main(){
    double a,b,c,p,s;
    scanf("%lf%lf%lf",&a,&b,&c);
    p=(a+b+c)/2.0;
    s=sqrt(p*(p-a)*(p-b)*(p-c));
    printf("s=%lf",s);
    return 0;
}
```

执行程序,输入

```
3 4 5↙
```

输出

```
s=6.000000
```

再次执行程序,输入

```
6 8 10↙
```

输出

```
s=24.000000
```

因为在程序中使用了求平方根函数 sqrt,所以要在程序开始处加上以下预处理命令:

```
#include "math.h"
```

问题 05-03 输入一元二次方程的 3 个系数 a、b、c 的值,输出其两个根(假设方程有实根)。

一元二次方程的求根公式读者一定不会陌生,请先自己编写解决该问题的程序,通过上机运行检验程序的正确性,然后再和下面的程序对比。相信读者一定会很快掌握和理解这一问题。

程序清单 05-04-03.c

```
#include "math.h"
```

```
int main(){
    double a,b,c,deta,x1,x2;
    printf("\na,b,c=");
    scanf("%lf %lf %lf",&a,&b,&c);
    deta=b*b-4*a*c;
    x1=(-b+sqrt(deta))/(2*a);
    x2=(-b-sqrt(deta))/(2*a);
    printf("\nX1=%lf\nX2=%lf",x1,x2);
    return 0;
}
```

执行程序,输入

```
a,b,c=1  4  3↙
```

输出

```
X1=-1.000000
X2=-3.000000
```

执行程序,输入

```
a,b,c=1 2 1↙
```

输出

```
X1=-1.000000
X2=-1.000000
```

程序分析:

对于上面的程序一定要注意避免一个常见的错误,那就是将求根的语句写成

```
x1=-b+sqrt(deta)/2*a;
x2=-b-sqrt(deta)/2*a;
```

请大家分析一下,程序这样书写会得到正确结果吗?应该怎样避免出现此类错误呢?

问题 05-04 输入一个 4 位的正整数,将各位数字倒序输出。

关于这个问题可以这样考虑:要想倒序输出一个整数,必须知道这个整数的每一位数字是多少,然后将这些数字倒序输出就可以了。可以在输入语句中依次读入每一位数字。

程序清单 05-04-04.c

```
int main(){
    int a,b,c,d;
    scanf("%1d%1d%1d%1d",&a,&b,&c,&d);
    printf("\n%d%d%d%d",d,c,b,a);
}
```

执行程序,输入

```
1234↙
```

输出

```
4321
```

再次执行程序，输入

```
1  23  4567↙
```

输出

```
4321
```

可以看出，上面是通过输入 4 个 1 位正整数来实现输入一个 4 位正整数的，所以才会出现后一种输入输出结果。

也可以一次读取整个 4 位整数，然后通过运算处理得到它的各个数位上的数字。

程序清单 05-04-05.c

```c
int main(){
    int n,a,b,c,d;
    scanf("%d",&n);                    /*输入整数*/
    a=n/1000;                          /*取得千位数字*/
    b=n%1000/100;                      /*取得百位数字*/
    c=n%100/10;                        /*取得十位数字*/
    d=n%10;                            /*取得个位数字*/
    printf("%d%d%d%d",d,c,b,a);
    return 0;
}
```

执行程序，输入

```
1234↙
```

输出

```
4321
```

执行程序，输入

```
2500↙
```

输出

```
0052
```

执行程序，输入

```
123  4↙
```

输出

```
3210
```

此程序一次读取一个完整的 4 位整数，通过取余数和除法操作的解析方法取得各位数字(1 位数),最后反序一位一位地输出。

也可以根据解析出来的 4 位数字构造一个新的 4 位数,然后输出。

程序清单 05-04-05-A.c

```
int main(){
    int n,a,b,c,d;
    scanf("%d",&n);                          /* 输入整数 */
    a=n/1000;                                /* 取得千位数字 */
    b=n%1000/100;                            /* 取得百位数字 */
    c=n%100/10;                              /* 取得十位数字 */
    d=n%10;                                  /* 取得个位数字 */
    n=d*1000+c*100+b*10+a;                   /* 重新组合成一个新的 4 位数 */
    printf("\n%04d",n);                      /* 输出结果,不足 4 位前置 0 */
    return 0;
}
```

程序执行结果同上例,请读者自行试验其他输入输出案例。

关于如何取得一个整数的各位数字,本程序中已经作出了示范,这一应用技巧在以后还会多次用到,请读者一定掌握。

问题 05-05 输入一个字母(大写或小写),输出其对应的另一个字母(小写或大写)。

我们知道,字符型数据和整型数据可以混合运算。一个字符其实就是一个整数,在数值上等于它的 ASCII 码。而一个大写字符的 ASCII 码和其对应的小写字符的 ASCII 码总是相差 32。输入一个字符后,我们在输出结果以前应该首先判断它是否为一个大写字符,如果是则输出它加上 32 后的值,如果不是则应该输出它减去 32 后的值(前提是用户所输入的必须是字母)。具备判断功能的运算符只有条件运算符,所以得到如下程序:

程序清单 05-04-06.c

```
int main(){
    char n;
    n=getchar();
    putchar(n>=65&&n<=65+25?n+32:n-32);
    return 0;
}
```

执行程序,输入

```
ABCD↙
```

输出

```
a
```

执行程序,输入

```
abcd↙
```

输出

```
A
```

习题 5

一、选择题

1. C语言的程序在编写源文件时,(　　)。

A. 一行只能写一个语句　　B. 一条语句只能写在一行中

C. 一条语句可以写在多行中　　D. 语句可以在任意处断开写在多行中

2. putchar 函数可以向终端输出一个(　　)。

A. 整型变量值　　B. 实型变量值　　C. 字符串　　D. 字符

3. 下列程序段在 Dev-C++ 5.11 中的输出结果是(　　)。(参考代码:XT_05_01_03.c)

```
unsigned int a=4294967295;              //此值为无符号 int 型最大值
printf("%d",a);
```

A. 4294967295　　B. −1　　C. −2147483648　　D. 1

4. 执行下列程序段时输出结果是(　　)。(参考代码:XT_05_01_04.c)

```
float x=-1023.012;
printf("%8.3f,",x);
printf("%10.2f",x);
```

A. 1023.012,　−1023.012　　B. −1023.012,　−1023.01

C. 1023.012,−1023.012　　D. −1023.012,−1023.012

5. 已有如下定义和输入语句,若要求 a1、a2、c1、c2 的值分别为 10、20、A 和 B,当从第一列开始输入数据时,正确的数据输入方式是(　　)。(参考代码:XT_05_01_05.c)

```
int a1,a2; char c1,c2;
scanf("%d%c%d%c",&a1,&c1,&a2,&c2);
```

A. 10A　　20↙B↙　　B. 10　A　20　B↙

C. 10A20B↙　　D. 10A20　B↙

6. 对于下列语句,若将 10 赋给变量 k1 和 k3,将 20 赋给变量 k2 和 k4,则应按(　　)方式输入数据。(参考代码:XT_05_01_06.c)

```
int k1,k2,k3,k4;
scanf("%d%d",&k1,&k2);
scanf("%d,%d",&k3,&k4);
```

A. 1020↙
1020↙　　B. 10 20↙
10 20↙　　C. 10,20↙
10,20↙　　D. 10 20↙
10,20↙

7. 执行下列程序段时输出结果是(　　)。(参考代码:XT_05_01_07.c)

```
int x=13,y=5;
printf("%d",x%=(y/=2));
```

A. 3　　B. 2　　C. 1　　D. 0

8. 下列程序的输出结果是(　　)。(参考代码:XT_05_01_08.c)

```
int main (){
    int x=023;
    printf("%d",--x);
}
```

A. 17　　B. 18　　C. 23　　D. 24

9. 执行下列程序段时输出结果是(　　)。(参考代码:XT_05_01_09.c)

```
int x=5,y; y=2+(x+=x,x+8,++x); printf("%d",y);
```

A. 13　　B. 14　　C. 15　　D. 16

10. 若定义 x 为 double 型变量,则能正确输入 x 值的语句是(　　)。

A. scanf("%f",x);　　B. scanf("%d",&x);

C. scanf("%lf",&x);　　D. scanf("%o",&x);

11. 若运行时输入 12345678↙,则下列程序运行结果为(　　)。(参考代码:XT_05_01_11.c)

```
int main (){
    int a,b; scanf("%2d%1d%3d",&a,&b,&c);
    printf("%d\n",a+c);
}
```

A. 468　　B. 579　　C. 5690　　D. 出错

12. 已知 i、j、k 为 int 型变量,若从键盘输入:1,2,3<回车>,使 i 的值为 1,j 的值为 2,k 的值为 3,以下选项中正确的输入语句是(　　)。

A. scanf("%2d%2d%2d",&i,&j,&k);

B. scanf("%d_%d_%d",&i,&j,&k);

C. scanf("%d,%d,%d",&i,&j,&k);

D. scanf("i=%d,j=%d,k=%d",&i,&j,&k);

13. 执行下列程序段,输出结果是(　　)。(参考代码:XT_05_01_13.c)

```
int a,b,c; a=111;b=222;c=333;
printf("%d %d %d",++a,b--,-++c);
```

A. 112 223 334　　B. 112 223 −334

C. 111 222 −333　　D. 112 222 −334

14. 有输入语句 scanf("a=%d,b=%d,c=%d",&a,&b,&c);,为使变量 a 的值为 1,b 的值为 3,c 的值为 2,正确的数据输入方式是(　　)。

A. 132↙　　B. 1,3,2↙

C. a=1 b=3 c=2↙　　D. a=1,b=3,c=2↙

15. 语句 printf("%d",(a=2)&&(b=−2));的输出结果是(　　)。(参考代码:XT_05_01_15.c)

A. 无输出　　B. 不确定　　C. −1　　D. 1

16. 以下程序的输出结果是(　　)。(参考代码:XT_05_01_16.c)

```
int main(){
    int a=5,b=4,c=6,d;
    printf("%d",d=a>b?(a>c?a:c):(b));
    return 0;
}
```

A. 5　　B. 4　　C. 6　　D. 不确定

17. 执行下列程序段,输出结果是(　　)。(参考代码:XT_05_01_17.c)

```
double a=5.8,b=7.3; int x=(int)a+b,y=(int)(a+b);
printf("%d %d",x,y);
```

A. 11 12　　B. 12 13　　C. 12 12　　D. 13 13

18. 以下程序段的输出结果是(　　)。(参考代码:XT_05_01_18.c)

```
int a=1234;printf("%2d\n",a);
```

A. 12　　B. 34　　C. 1234　　D. 提示出错,无结果

19. 若变量已正确说明为 float 类型,要通过语句 scanf("%f %f %f ",&a,&b,&c);给 a 赋予 11.0,b 赋予 22.0,c 赋予 33.0,不正确的输入形式是(　　)。

A. 11<回车>22<回车>　　33<回车>

B. 11.0,22.0,33.0<回车>

C. 11.0<回车>22.0　33.0<回车>

D. 11 22<回车> 33<回车>

20. 如下程序的输出结果是(　　)。(参考代码:XT_05_01_20.c)

```
int main(){
    int y=3,x=3,z=1;
    printf("%d %d\n",(++x,y++),z+2);
    return 0;
}
```

A. 3 4　　B. 4 2　　C. 4 3　　D. 3 3

二、填空题

1. printf 函数和 scanf 函数的格式说明符都使用________字符开始。

2. scanf 处理输入数据时,遇到下列情况时该数据认为结束:________,________和________。

3. scanf 函数调用语句的一般形式是____________________。

4. C 语言本身不提供输入输出语句,其输入输出操作是由________________来实现的。

5. 一般地,调用标准字符或格式输入输出库函数时,文件开头应有以下预编译命令________。

6. 下列程序的输出结果是 16.00，请填空使程序完整。

```
int main(){
    int a=9,b=2;
    float x=_______, y=1.1 , z;
    z=a/2+b*x/y+1/2;
    printf("%5.2f\n",z);
}
```

三、程序阅读题

1. 写出下列程序运行结果。(参考代码:XT_05_03_01.c)

```
#include<stdio.h>
int main(){
    int x=3,y=5,z=7;
    printf("%d,%d\n",(x++,--y),++z);
    return 0;
}
```

2. 写出下列程序运行结果。(参考代码:XT_05_03_02.c)

```
#include<stdio.h>
int main(){
    int a=12345;
    double b=-198.345, c=6.5;
    printf("a=%4d,b=%-10.2e,c=%6.2f\n",a,b,c);
    return 0;
}
```

3. 写出下列程序运行结果。(参考代码:XT_05_03_03.c)

```
#include<stdio.h>
int main(){
    int x=-123;
    float y=-12.3;
    printf("%06d,%6.2f",x,y);
    return 0;
}
```

4. 写出下列程序运行结果。(参考代码:XT_05_03_04.c)

```
#include<stdio.h>
int main() {
    int a=252;
    printf("a=%o a=%#o\n",a,a);
    printf("a=%x a=%#x\n",a,a);
    return 0;
}
```

5. 写出下列程序运行结果。(参考代码:XT_05_03_05.c)

```
#include<stdio.h>
int main() {
    int x=12; double a=3.1415926;
    printf("%6d##%-6d##\n",x,x);
    printf("%14.10lf##\n",a);
    return 0;
}
```

四、编程题

1. 编程输入圆柱体的底面半径 r 和高 h,输出其体积。(参考代码:XT_05_04_01.c)

2. 输入一个华氏温度 F,要求输出摄氏温度 C。转换公式为 C=5(F-32)/9。输出要有文字说明,输出时保留 3 位小数。(参考代码:XT_05_04_02.c)

3. 若 a=3,b=4,c=5,x=1.2,y=2.4,z=-3.6,u=51274,n=128765,c1='a',c2='b',想得到以下的输出格式和结果,请写出程序(包括定义变量类型和设计输出)。(参考代码:XT_05_04_03.c)

```
a=3 b=4 c=5
x=1.200000,y=2.400000,z=-3.600000
x+y=3.60 y+z=-1.20 z+x=-2.40
u=51274 n=128765
c1='a' or 97(ASCII)
c2='b' or 98(ASCII)
```

4. 从键盘输入 5 个整数,求它们的和、平均值并输出。(参考代码:XT_05_04_04.c)

5. 编写程序,从键盘上输入一个大的秒数,将其转换为几小时几分几秒的形式。如输入 5000,得到的输出为"1 小时 23 分 20 秒"。(参考代码:XT_05_04_05.c)

6. 编程输入某自然数递增序列的首项和末项,输出该序列所有数的和。(参考代码:XT_05_04_06.c)

输入样例:

```
1 3
```

输出样例:

```
6
```

7. 编程让计算机生成一个 1~6 的随机整数来表示骰子的点数,由用户输入一个字符猜大小(规定 1、2、3 点小,4、5、6 点大),输入字符'1'猜大,输入字符'2'猜小,输出用户猜的是否正确。(参考代码:XT_05_04_07.c)

8. 编写程序,从键盘上输入两个同一天的时刻(只输入时和分),输出这两个时刻相差的分钟数。(参考代码:XT_05_04_08.c)

输入样例 1:

```
09:20  09:30
```

输出样例 1：

```
-10
```

输入样例 2：

```
09:20  08:45
```

输出样例 2：

```
35
```

第6章 选　　择

在第5章中学习了顺序结构程序设计，程序都是按语句的书写顺序依次执行的，顺序结构的程序功能也是非常有限的。然而，在许多情况下，需要根据某个条件的成立与否来决定哪些语句执行，而哪些语句不执行，这就是选择结构的程序。

为了实现选择结构的程序，C语言提供了if语句(if-else结构)和switch语句。本章主要介绍这两个语句在选择结构程序设计中的应用。

本章重点

- if语句的用法。
- switch语句的用法。

本章难点

- if语句的嵌套。
- switch语句中break的使用技巧。

6.1　if语句

1. 双分支if选择结构

if语句的功能就是用来判断某一给定条件是否满足，根据条件的判断结果(真或假)来决定执行哪一段程序。

双分支if语句的一般形式是

```
if(表达式) 语句 1;
else       语句 2;
```

功能说明：

(1) 括号中的表达式可以是任意类型的表达式，它的值被认为是逻辑值(真或假)。在C语言中任何表达式的值都可以代表逻辑值，规则是非0值为真，0值为假，所以括号中的表达式可以是任何表达式，但通常是条件表达式或者是逻辑表达式。

(2) if和else后面各有一个分支，每个分支只能是一个语句。如果想在某个分支中执行多个语句，必须用大括号{}将这些语句括起来，构成一个复合语句(也称为分程序)。

(3) 若表达式的值为真(非0)，则执行语句1分支；若表达式的值为假(0)，则执行语句2分支。当有一个分支被执行时，另一个分支就不再被执行。

(4) 标准的if语句可以有两个分支，每个分支都是一个语句，但从整体上看，if语句是一个语句。

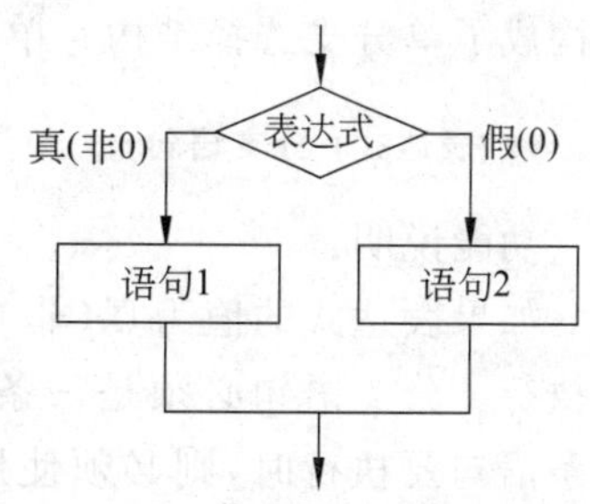

图6-1　双分支if语句的流程图

双分支if语句的流程图见图6-1。

从双分支选择结构语法功能可以看出，应用选择结构可以使程序更加灵活，功能更加强大。下面通过例子程序来感受一下。

问题 06-01-01 输入一个整数，编程输出其绝对值。

一个数的绝对值可以归结为两种情况，非负数的绝对值是它的本身，负数的绝对值是它的相反数。这样的问题可以很方便地用双分支选择结构来解决。从键盘上输入一个整数后，根据它的取值范围(是否大于或等于 0)来决定是输出它本身还是输出它的相反数。

程序清单 06-01-01.c

```
#include<stdio.h>
int main(){
    int i;
    scanf("%d",&i);
    if(i>=0)
        printf("%d",i);
    else
        printf("%d",-i);
}
```

执行程序，输入

```
-5
```

输出

```
5
```

再次执行程序，输入

```
13
```

输出

```
13
```

2. 单分支 if 选择结构

一个完整的 if 语句本身是一个双分支选择结构。if 语句的 else 分支也可以省略，这样就构成了单分支选择结构。单分支 if 选择结构的一般形式为

```
if(表达式) 分支语句;
```

功能说明：

如果表达式的值为真(非 0)，那么就执行分支语句，否则不执行。分支语句必须是一条语句，如果分支语句中有多于一条语句要执行时，则必须使用大括号{}把这些语句括在一起构成一条复合语句(单分支 if 语句的流程图见图 6-2)。问题 06-01-01 也可以用两个单分支 if 语句来解决。

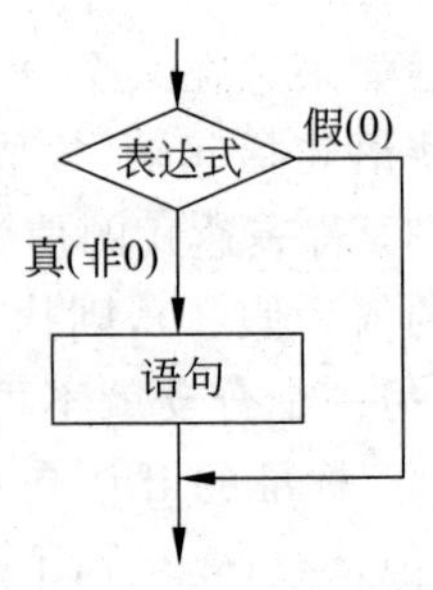

图 6-2 单分支 if 语句的流程图

程序清单 06-01-02.c

```
#include<stdio.h>
int main(){
    int i;
    scanf("%d",&i);
    if(i>=0)
        printf("%d",i);
    if(i<0)
        printf("%d",-i);
}
```

执行程序,输出结果同上。

本例程序中的两个单分支 if 语句是相互独立的,彼此没有任何关系,前一个 if 语句的执行不影响后一个 if 语句。实际上对于只有两种情况的时候,可以先承认其中的一个值(不用判断),如果另一种情况发生(只要一个 if 语句),再修正该值,最后输出。这样就得到下面的程序,算法的流程图请读者自行绘制。

程序清单 06-01-03.c

```
#include<stdio.h>
int main(){
    int i;
    scanf("%d",&i);
    if(i<0) i=(-i);
    printf("%d",i);
}
```

对于本例这样一个只有两种情况的简单的换算问题,也可以不用 if 选择结构来解决。大家是否还记得在第 3 章中介绍的具有二选一功能的条件运算符?可以用条件运算符来解决本例所提出的问题。

程序清单 06-01-04.c

```
#include<stdio.h>
int main(){
    int i;
    scanf("%d",&i);
    printf("%d",i>=0?i:-i);
}
```

可以看出,使用条件运算符可以使程序变得更加简洁,但是对于复杂条件以及复杂分支语句的情况,条件运算符就显得“力不从心”了。另外,使用 if 选择结构会提高程序的可读性,而使用条件运算符一般会降低程序的可读性。

练习 06-01-01 编程输入一个整数,输出它是奇数还是偶数。

问题 06-01-02 输入两个整数,编程按从大到小的顺序输出。

这又是一个典型的有两种情况的例子,可以很容易地利用双分支选择结构写出下面的程序,程序的流程图请读者自行绘制。

程序清单 06-01-05.c

```
#include<stdio.h>
int main(){
    int m,n;
    scanf("%d%d",&m,&n);
    if(m>=n)
        printf("%d,%d",m,n);
    else
        printf("%d,%d",n,m);
}
```

执行程序,输入

```
8 5
```

输出

```
8,5
```

执行程序,输入

```
5 8
```

输出

```
8,5
```

还可以使用两个单分支选择结构来完成此例提出的问题。

程序清单 06-01-06.c

```
#include<stdio.h>
int main(){
    int m,n;
    scanf("%d%d",&m,&n);
    if(m>=n)
        printf("%d,%d",m,n);
    if(m<n)
        printf("%d,%d",n,m);
}
```

执行程序,输出结果同上。

还可以将程序中的两个 printf 函数语句精减掉一个,将程序改写成只有一个输入语句和一个输出语句的如下框架形式:

```
int main(){
    int m,n,t;
    scanf("%d%d",&m,&n);
    ...
    printf("\n%d,%d",m,n);
```

```
}
```

这样的程序只有一个输入语句且只有一个输出语句，使得程序变得容易阅读和理解。程序中输入的两个整数依次赋值给变量 m、n，输出时还是依次输出 m、n，怎么保证最后的输出让 m 是两个数中较大的而 n 是两个数中较小的呢？那就是如果 m<n 成立，就交换 m 和 n 的值。这样，问题就解决了。如何交换两个变量的值呢？在第 4 章的算法 04-02 中，我们已经掌握了如何利用额外的第 3 个变量来交换已知的两个变量的值的方法。由此得到以下的程序。

程序清单 06-01-07.c

```
#include<stdio.h>
int main(){
    int m,n,t;
    scanf("%d%d",&m,&n);
    if(m<n){
        t=m; m=n; n=t;
    }
    printf("%d,%d",m,n);
}
```

执行程序，输出结果同上。

注意，程序中 if 语句的分支是一个复合语句，是一个整体。要么整体执行一次，要么整体不执行。复合语句中的 3 个赋值语句实现的就是交换两个变量 m 和 n 的值。关于两个变量值的交换，在以后的诸多问题中会反复应用，请熟练掌握。

程序中的变量 t 为中间变量，是为了交换变量的值而定义的，在程序中被临时使用。中间变量的使用也是编程的一个技巧，请大家熟练掌握。

也可以用条件运算符来解决本例所提出的问题。解决的关键是如何表达两个数中较大的数和较小的数。关于这一点在 3.6 节已经介绍了，所以以下的程序很容易理解。

程序清单 06-01-08.c

```
#include<stdio.h>
int main(){
    int m,n,t;
    scanf("%d%d",&m,&n);
    printf("%d,%d", m>n?m:n, m<n?m:n);
}
```

执行程序，输出结果同上。

练习 06-01-02 编程输入 3 个整数，按从大到小的顺序输出。

练习 06-01-03 编程输入 4 个整数，按从大到小的顺序输出。

问题 06-01-03 编程输出一元二次方程 $ax^2+bx+c=0$ 的根。系数 a、b、c 的值从键盘输入，要求按不同情况输出方程的两个不同的实根、两个相同的实根和方程没有实根的情形。

输入样例 1：

```
a,b,c=1 5 4
```

输出样例 1：

```
x1=-1.000000
x2=-4.000000
```

输入样例 2：

```
a,b,c=1 2 1
```

输出样例 2：

```
x1=x2=-1.000000
```

输入样例 3：

```
a,b,c=1 1 9
```

输出样例 3：

```
This equation has no real root!
```

一元二次方程的根有 3 种情形：

(1) 当 $b^2-4ac>0$ 时，方程有两个不同的实根：

$$x_1=\frac{-b+\sqrt{b^2-4ac}}{2a},\quad x_2=\frac{-b-\sqrt{b^2-4ac}}{2a}$$

(2) 当 $b^2-4ac=0$ 时，方程有两个相同的实根：

$$x_1=x_2=\frac{-b}{2a}$$

(3) 当 $b^2-4ac<0$ 时，方程没有实根。

本例所提出的问题涉及 3 种情况，可以分别用 3 个独立的单分支 if 选择结构来完成它，每个 if 语句完成一种情况的判断。

程序清单 06-01-09.c

```
#include<math.h>
int main(){
    double a,b,c,deta,x1,x2;
    printf("a,b,c=");
    scanf("%lf %lf %lf",&a,&b,&c);
    deta=b*b-4*a*c;
    if(deta>0){
        x1=(-b+sqrt(deta))/(2*a);
        x2=(-b-sqrt(deta))/(2*a);
        printf("x1=%lf\n", x1);
        printf("x2=%lf\n", x2);
    }
    if(deta==0)
        printf("x1=x2=%lf",(-b)/(2*a));
    if(deta<0)
        printf("This equation has no real root!");
}
```

执行程序,输入输出结果同前面的样例。

练习 06-01-04 输入 3 条线段的长度,输出是否能组成三角形,若能,输出其面积。

问题 06-01-04 已知某超市内大白菜的单价是根据单次购买的重量来决定的,单次购买 5kg 以下每公斤 1.8 元,5kg 以上(包括 5kg,下同)每公斤 1.6 元,10kg 以上每公斤 1.4 元,20kg 以上每公斤 1.0 元。编程输入购买大白菜的公斤数,输出应付的钱数。

可以很容易地分析出本例问题中涉及的 4 种情况,通过使用 4 个独立的单分支选择结构可以解决此问题,程序如下。

程序清单 06-01-10.c

```
#include<math.h>
int main(){
    double g,y;                        //变量 g 代表重量,y 代表金额
    scanf("%lf",&g);
    if(g<5)               y=1.8*g;
    if(g>=5&&g<10)        y=1.6*g;
    if(g>=10&&g<20)       y=1.4*g;
    if(g>=20)             y=1.0*g;
    printf("%lf",y);
}
```

执行程序,输入

```
2.5
```

输出

```
4.500000
```

执行程序,输入

```
12.6
```

输出

```
17.640000
```

执行程序,输入

```
68
```

输出

```
68.000000
```

在本例中使用了 4 个独立的单分支 if 语句,一定要注意每个 if 语句中的条件之间不能有重叠,也不能遗漏某一种情况,否则程序就会出现逻辑错误。

问题 06-01-05 编程输入年份和月份,输出这一年的这个月份有多少天。

输入样例 1:

```
2015 10
```

输出样例 1：

31

输入样例 2：

2016 2

输出样例 2：

29

一个月的天数总共有以下几种情况：

(1) 每年的 1、3、5、7、8、10、12 月固定为 31 天。

(2) 每年的 4、6、9、11 月固定为 30 天。

(3) 每年的 2 月，如果是闰年则为 29 天。

(4) 每年的 2 月，如果是平年则为 28 天。

据此，应用 4 个单分支 if 语句得到如下的程序。

程序清单 06-01-11.c

```
#include<math.h>
int main(){
    int year,month,day;
    scanf("%d%d",&year,&month);
    if(month==1||month==3||month==5||month==7||
       month==8||month==10||month==12)                          day=31;
    if(month==4||month==6||month==9||month==11)                 day=30;
    if(month==2&&((year%4==0&&year%100!=0)||(year%400==0)))     day=29;
    if(month==2&&!((year%4==0&&year%100!=0)||(year%400==0)))    day=28;
    printf("%d",day);
}
```

执行程序，输入

2018 2

输出

28

执行程序，输入

2020 2

输出

29

执行程序，输入

2016 10

输出

```
31
```

6.2 if 语句的嵌套

1. if 语句的嵌套

在 if 语句中，每个分支都只能是一个语句，如果一定要执行多个语句，可以使用复合语句来解决这个问题。既然 if 语句的分支是一个语句，那么就可以是任何一个类型的语句，当然也可以是另一个 if 语句。if 语句的某一个分支是另一个 if 语句，这种情况被称为 if 语句的嵌套。

if 语句嵌套的一般形式如下：

```
if(…)
    if(…) 语句 1;
    else   语句 2;
else
    if(…) 语句 3;
    else   语句 4;
```

对于以上的嵌套形式，可以很清楚地看到内外层之间的嵌套关系。但对于以下的形式就不那么容易了：

```
if(…)
    if(…) 语句 1;
else
    if(…) 语句 2;
    else   语句 3;
```

虽然，在上面的程序结构中好像是第一个 if 与第一个 else 是配对关系，但事实并不是这样的。由于 C 语言程序的语句在书写上是很自由和随意的，所以不能简单地从书写格式上判断 if 和 else 的配对关系。那么，对于这个问题 C 语言是怎么规定的呢？

C 语言规定，从最内层开始，else 总是与它上面最近的 if(未曾和其他 else 配对过)配对。由此可以看出，上例中的第一个 if 没有 else 与之配对，整体上这是一个单分支选择结构语句。也可以将上面的结构写成

```
if(…)
    if(…) 语句 1;
    else
        if(…) 语句 2;
        else   语句 3;
```

这样就容易理解了，有时候也不能完全依赖书写格式来识别 if 和 else 的匹配关系。为了强制 if 与 else 之间的配对关系，可以使用复合语句。例如：

```
if(…){
    if(…) 语句 1;
}
else{
    if(…) 语句 2;
    else  语句 3;
}
```

这样,此结构就变成了整体上的双分支选择结构。在编写类似结构的程序时,一定要注意这个问题,适当的时候使用复合语句是一个良好的习惯。

问题 06-02-01 使用嵌套的 if 语句完成问题 06-01-04。

可以把重量以 10kg 为界先分为两种情况,然后对每一种情况再分别以 5kg 和 20kg 为界分别分为两种情况。这样一来从整体上看是一个双分支选择结构,该双分支选择结构的每个分支又都是一个双分支的选择结构。

程序清单 06-02-01. c

```
#include<stdio.h>
int main(){
    double g,y;
    scanf("%lf",&g);
    if(g<10){                         //(0,10)
        if(g<5)   y=1.8*g;            //(0,5)
        else      y=1.6*g;            //[5,10)
    }
    else{                             //[10,∞)
        if(g<20)  y=1.4*g;            //[10,20)
        else      y=1.0*g;            //[20,∞)
    }
    printf("%lf",y);
}
```

执行程序,输入

```
15
```

输出

```
21.000000
```

下面的程序也是 if 语句嵌套的应用,同样可以完成题目要求的程序。请读者自己分析该程序的结构与功能。

程序清单 06-02-02. c

```
#include<stdio.h>
int main(){
    double g,y;
    scanf("%lf",&g);
```

```
    if(g<5)              y=1.8*g;
    else{
        if(g<10)         y=1.6*g;
        else{
            if(g<20)     y=1.4*g;
            else         y=1.0*g;
        }
    }
    printf("%lf",y);
}
```

由于if语句从总体上看是一个语句,所以在本例以上两种解法的程序中,if嵌套结构中的大括号都可以去掉,程序的逻辑和功能都不会改变。上例程序修改如下。

程序清单 06-02-03.c

```
#include<stdio.h>
int main(){
    double g,y;
    scanf("%lf",&g);
    if(g<5)              y=1.8*g;
    else
        if(g<10)         y=1.6*g;
        else
            if(g<20)     y=1.4*g;
            else         y=1.0*g;
    printf("%lf",y);
}
```

练习 06-02-01 输入3个整数,请用嵌套的if选择结构从大到小输出这3个数。

2. 多分支 if 选择结构

if语句的嵌套从根本上说还是属于多种情况、多个条件的问题。如果if语句的嵌套层次过多、过乱,会给程序的编写、阅读和修改带来很大的麻烦,程序的可读性将大大降低。类似的情况完全可以使用多分支if选择结构来解决。

多分支if选择结构的一般形式为

```
if(表达式1)          分支语句1;
else if(表达式2)     分支语句2;
else if(表达式3)     分支语句3;
⋮
else if(表达式n)     分支语句n;
else                 分支语句n+1;
```

多分支if选择结构的流程图如图6-3所示。

功能说明:

(1) 从整体上看,这是一个多分支选择结构,是一个语句。

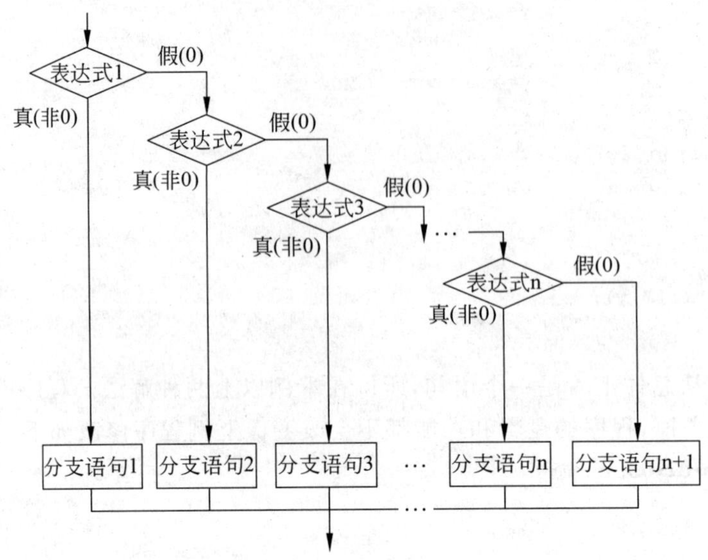

图 6-3　多分支 if 选择结构流程图

(2) 该选择结构从上至下考察括号内的表达式，当某个表达式 k 的值为真时，执行其对应的分支语句 k，其他分支就都不执行。若所有表达式的值均为假，则执行最后一个 else 分支的分支语句 n+1。也可以不加最后的 else 分支。例如：

```
if(x<0)         y=2*x+1;
else if(x=0)    y=1;
else if(x<10)   y=x/2;
else            y=x/3;
```

(3) 多分支选择结构从另一个角度完全可以看成是 if 语句嵌套的一种形式，只不过它嵌套的永远是 if 语句的 else 分支（即 if 分支为一个普通语句，而 else 分支又是一个 if 语句）。

可以使用多分支 if 语句完成问题 06-02-01。

程序清单 06-02-04. c

```
#include<stdio.h>
int main(){
    double g,y;
    scanf("%lf",&g);
    if(g<5)          y=1.8*g;
    else if(g<10)    y=1.6*g;
    else if(g<20)    y=1.4*g;
    else             y=1.0*g;
    printf("%lf",y);
}
```

读者可能会发现，本例的程序实际上就是程序清单 06-02-03. c，只是书写格式略有变化。由此也可以看出，多分支 if 选择结构实际上是选择结构嵌套的一种特殊形式。

练习 06-02-02 输入一个整数,输出其符号(正数输出1,负数输出-1,零则输出0)。

*3. 超市买白菜问题的特殊解法

关于超市买白菜问题,这里给出以下两个程序。这两个程序的原理在此不做分析,请读者自己慢慢体会。

程序清单 06-02-05.c

```
#include<stdio.h>
int main(){
    double g,y;
    scanf("%lf",&g);
    y=g<5?1.8*g:(g<10?1.6*g:(g<20?1.4*g:1.0*g));
    printf("%lf",y);
}
```

程序清单 06-02-06.c

```
#include<stdio.h>
int main(){
    double g,y;
    scanf("%lf",&g);
    y=((g<5)*1.8+(g>=5&&g<10)*1.6+(g>=10&&g<20)*1.4+(g>=20)*1.0)*g;
    printf("%lf",y);
}
```

程序清单 06-02-05.c 和程序清单 06-02-06.c 与超市买白菜问题之前的解法在功能上是完全相同的,但程序结构和解题思路是不同的。请大家认真体会这里面的奥妙,相信读者会通过一个问题的诸多不同解法领会到程序设计的无限乐趣与无穷魅力。

6.3 switch 语句

1. switch 语句

前面介绍的 if 语句常常用于两种情况的比较。要对多种情况进行判断选择,虽然可以通过 if 语句的嵌套完成,但程序的可读性要差一些。尤其是当嵌套的层次较多时,程序变得冗长难懂。为了解决这一问题,C 语言提供了一个专门的多分支选择结构语句——switch 语句。

switch 语句的一般形式是

```
switch(表达式){
    case 常量表达式 1:
        语句序列 1;
    case 常量表达式 2:
        语句序列 2;
        ⋮
```

```
    case 常量表达式 n:
        语句序列 n;
    default:
        语句序列 n+1;
}
```

功能说明:

(1) 括号内表达式的值必须是有序可数的类型(如字符型、整型或枚举型),不能是实型等无序不可数的类型。

(2) 每个 case 结构是一个分支。每个 case 后面的值只能是常量表达式,常量表达式后要加冒号。每个冒号的后面就是一个分支语句序列,如果是多条语句,可以不用定义成复合语句。default 也是一个分支,该分支也可以省略。

(3) switch 语句的执行过程是:首先求解括号内表达式的值,然后按从上至下的顺序依次与每个 case 后的常量比较。如果相等,那么就执行这一分支及其以后的所有分支。如果都不相等,那么就执行 default 分支。

问题 06-03-01 用字母来代表成绩水平,规定 A 代表[90,100],B 代表[80,90),C 代表[70,80),D 代表[60,70),E 代表[0,60)。请编程输入一个字母,输出这个字母所代表的分数范围。

程序清单 06-03-01.c

```
#include<stdio.h>
int main(){
    char s;
    scanf("%c",&s);
    switch(s){
        case 'A': printf("\n[90-100]");
        case 'B': printf("\n[80-90)");
        case 'C': printf("\n[70-80)");
        case 'D': printf("\n[60-70)");
        case 'E': printf("\n[0-60)");
        default: printf("\nError!");
    }
}
```

执行程序,输入

```
A
```

输出

```
[90-100]
[80-90)
[70-80)
[60-70)
[0-60)
Error!
```

再次执行程序,输入

```
C
```

输出

```
[70-80)
[60-70)
[0-60)
Error!
```

再次执行程序,输入

```
F
```

输出

```
Error!
```

为什么会出现这样的执行结果呢?C语言规定,当某一分支被执行后,其后的分支也会被执行。这一结果显然不是我们所希望的,怎样才能阻止某一分支以后的分支被执行呢?可以用 break 语句来完成这项工作。

2. break 语句

break 语句的一般形式是

```
break;
```

它的功能是跳出 switch 结构,结束 switch 语句,这样就可以阻止不必要的分支参与执行了。

程序清单 06-03-02.c

```
#include<stdio.h>
int main(){
    char s;
    scanf("%c",&s);
    switch(s){
        case 'A': printf("\n[90,100]"); break;
        case 'B': printf("\n[80,90)");  break;
        case 'C': printf("\n[70,80)");  break;
        case 'D': printf("\n[60,70)");  break;
        case 'E': printf("\n[0,60)");   break;
        default: printf("\nError!");
    }
}
```

执行程序,输入

```
A
```

输出

```
[90,100]
```

再次执行程序，输入

```
C
```

输出

```
[70,80)
```

这样的输出结果才是我们所希望的形式。在使用 switch 语句时，一定要注意恰当地使用 break 语句。

问题 06-03-02 用字符来代表成绩水平，规定 A 代表[90,100]，B 代表[80,90)，C 代表[70,80)，D 代表[60,70)，E 代表[0,60)。请编程输入一个成绩（整数），输出代表该成绩的字符。

程序清单 06-03-03. c

```
#include<stdio.h>
int main(){
    int score,grade;
    printf("Input a score(0~100):");
    scanf("%d",&score);
    if(score>100||score<0) grade=-1;
    else                   grade=score/10;
    switch (grade){
        case 10:
         case 9: printf("grade=A"); break;
         case 8: printf("grade=B"); break;
         case 7: printf("grade=C"); break;
         case 6: printf("grade=D"); break;
         case 5:
         case 4:
         case 3:
         case 2:
         case 1:
         case 0: printf("grade=E"); break;
        default: printf("The score is out of range!");
    }
}
```

执行程序，输入

```
98
```

输出

```
grade=A
```

执行程序,输入

```
65
```

输出

```
grade=D
```

执行程序,输入

```
120
```

输出

```
The score is out of range!
```

请注意本例中 break 语句的运用。几个相邻的 case 后语句为空,在功能上可以起到使它们与其后面的第一个包含 break 语句的分支合并为一个分支的目的。这一点请读者体会。

练习 06-03-01 使用 switch 语句编程输入年份和月份,输出这一年的这个月份有多少天。

6.4 选择结构程序举例

问题 06-04-01 输入 3 个系数,求一元二次方程的解,要求输出所有可能的情况,包括复根。

程序清单 06-04-01.c

```
#include<stdio.h>
#include<math.h>
int main(){
    double a,b,c,delta,x1,x2,p,q;
    scanf("%lf%lf%lf", &a, &b, &c);             //输入一元二次方程的系数 a、b、c
    delta=b*b-4*a*c;                           //求出 delta 的值
    if(fabs(delta)<=1e-6){                     //delta==0
        printf("x1=x2=%7.2lf\n", -b/(2*a));    //输出两个相等的实根
    }
    else if(delta>1e-6){                       //delta>0
        x1=(-b+sqrt(delta))/(2*a);             //求出两个不相等的实根
        x2=(-b-sqrt(delta))/(2*a);
        printf("x1=%7.2lf,x2=%7.2lf\n", x1, x2);
    }
    else{                                      //delta<0
        p=-b/(2*a);                            //求出两个共轭复根的实部和虚部
        q=sqrt(fabs(delta))/(2*a);
        printf("x1=%7.2lf +%7.2lf i\n", p, q); //输出两个复根
        printf("x2=%7.2lf -%7.2lf i\n", p, q);
```

```
    }
}
```

问题 06-04-02 输入年、月、日 3 个整数，输出这一天是这一年的第几天。

程序清单 06-04-02.c

```
#include<stdio.h>
int main(){
    int y,m,d,s;
    scanf("%d%d%d",&y,&m,&d);
    s=d;
    switch(m-1){
        case 11: s=s+30;
        case 10: s=s+31;
        case 9 : s=s+30;
        case 8 : s=s+31;
        case 7 : s=s+31;
        case 6 : s=s+30;
        case 5 : s=s+31;
        case 4 : s=s+30;
        case 3 : s=s+31;
        case 2 :
                if(y%4==0&&y%100!=0||y%400==0)    s=s+29;
                else                              s=s+28;
        case 1 : s=s+31;
    }
    printf("%d",s);
}
```

问题 06-04-03 编程实现如下功能：让计算机随机出一道形如 A+B 的四则运算题，由用户输入结果，若输入的结果正确则输出“GOOD!”，若错误输出“SORRY!”。其中两个运算数为 1～100 的随机整数，运算符为随机产生的加、减、乘、除 4 种运算之一。

输入样例 1(下画线部分为计算机输出)：

```
56+23=79
```

输出样例 1：

```
GOOD!
```

输入样例 2：

```
45/21=3
```

输出样例 2：

```
SORRY!
```

程序清单 06-04-03.c

```
#include<stdlib.h>
int main(){
    int a,b,c,d,op,result;
    srand(time(NULL));                          //初始化随机序列
    a=rand()%100+1;                             //产生 1~100 的随机整数
    b=rand()%100+1;
    c=rand()%4+1;                               //产生 1~4 的随机整数,表示运算
    switch(c){
        case 1 : op='+'; result=a+b; break;
        case 2 : op='-'; result=a-b; break;
        case 3 : op='*'; result=a*b; break;
        case 4 : op='/'; result=a/b; break;
    }
    printf("%d%c%d=",a,op,b);
    scanf("%d",&d);
    printf(d==result?"GOOD!":"SORRY!");
}
```

问题 06-04-04 编程实现如下功能：由用户随机输入一个形如 A+B 的四则运算式，让计算机输出运算结果。

输入样例 1：

```
56+23
```

输出样例 1：

```
56+23=79
```

输入样例 2：

```
12*3
```

输出样例 2：

```
12*3=36
```

程序清单 06-04-04.c

```
#include<stdio.h>
int main(){
    int a,b,c,d;
    char op;
    int result;
    scanf("%d%c%d",&a,&op,&b);
    if(op=='/'&&b==0){
        printf("非法操作,除数为 0!");
        exit(0);
    }
```

```
    switch(op){
        case '+' : result=a+b;  break;
        case '-' : result=a-b;  break;
        case '*' : result=a*b;  break;
        case '/' : result=a/b;  break;
        default  : printf("非法操作符!"); exit(0);
    }
    printf("%d%c%d=%d",a,op,b,result);
}
```

问题 06-04-05 已知函数 y=f(x)的定义如下,编程输入 x,输出 y。

$$y=\begin{cases}3x+5 & (1\leqslant x<2)\\ 2\sin x-1 & (2\leqslant x<3)\\ \sqrt{1+x^2} & (3\leqslant x<4)\\ x^2-2x+5 & (4\leqslant x<5)\end{cases}$$

程序清单 06-04-05.c

```
#include<stdio.h>
#include<math.h>
int main(){
    double x,y;
    scanf("%lf",&x);
    if(x<1||x>=5){
        printf("x值不在定义域内!");
        exit(0);
    }
    else if(x>=1.0&&x<2.0)
        y=3.0*x+5;
    else if(x>=2.0&&x<3.0)
        y=2*sin(x)-1;
    else if(x>=3.0&&x<4.0)
        y=sqrt(1+x*x);
    else if(x>=4.0&&x<5.0)
        y=x*x-2*x+5;
    printf("y=%lf",y);
}
```

习题 6

一、选择题

1. 能正确表示“x 属于[1,10]或[200,210]”的表达式是(　　)。
   A. (x>=1)&&(x<=10)&&(x>=200)||(x<=210)
   B. (x>=1)||(x<=10)||(x>=200)||(x<=210)

C. (x>=1)&&(x<=10)||(x>=200)&&(x<=210)

D. (x>=1)||(x<=10)&&(x>=200)||(x<=210)

2. 判断char型变量ch是否为大写字母的正确表达式是( )。

A. 'A'<=ch<='Z' B. (ch>='A')&(ch<='Z')

C. (ch>='A')&&(ch<='Z') D. ('A'<=ch) AND ('Z'>=ch)

3. 关于以下程序，说法正确的是( )。(参考代码:XT_06_01_03.c)

```
#include<stdio.h>
int main(){
    int a=5, b=0, c=0;
    if (a=b+c) printf("***\n");
    else       printf("$$$\n");
}
```

A. 有语法错误，不能通过编译 B. 可以通过编译，但不能通过连接

C. 输出*** D. 输出$$$

4. 当a=1,b=3,c=5,d=4时，执行完下面一段程序后x的值是( )。(参考代码:XT_06_01_04.c)

```
if (a<b)
    if(c<d) x=1;
    else
        if (a<c)
            if (b<d) x=2;
            else     x=3;
        else x=6;
else x=7;
```

A. 1 B. 2 C. 3 D. 6

5. 以下程序的输出结果是( )。(参考代码:XT_06_01_05.c)

```
int main(){
    int x=2, y=-1, z=2;
    if (x<y)
        if (y<0)    z=0;
        else        z=z+1;
    printf("%d\n", z);
    return 0;
}
```

A. 3 B. 2 C. 1 D. 0

6. 若运行时给变量x输入12，则以下程序的运行结果是( )。(参考代码:XT_06_01_06.c)

```
#include<stdio.h>
int main(){
```

```
    int x, y;
    scanf("%d", &x);
    y=x>12?x+10:x-12;
    printf("%d\n", y);
    return 0;
}
```

A. 0　　B. 22　　C. 12　　D. 10

7. 以下程序的输出结果是(　　)。(参考代码:XT_06_01_07.c)

```
#include<stdio.h>
int main(){
    int x=1,a=0,b=0;
    switch(x){
        case 0:b++;
        case 1:a++;
        case 2:a++;b++;
    }
    printf("a=%d,b=%d\n",a,b);
    return 0;
}
```

A. a=2,b=1　　B. a=1,b=1　　C. a=1,b=0　　D. a=2,b=2

8. 以下程序的输出结果是(　　)。(参考代码:XT_06_01_08.c)

```
#include<stdio.h>
int main(){
    float x=2.0,y;
    if(x<0.0)  y=0.0;
    else if(x<10.0) y=1.0/x;
         else y=1.0;
    printf("%f\n",y);
    return 0;
}
```

A. 0.000000　　B. 0.250000　　C. 0.500000　　D. 1.000000

9. 以下程序运行后,如果从键盘上输入5,则输出结果是(　　)。(参考代码:XT_06_01_09.c)

```
#include<stdio.h>
int main(){
    int x;
    scanf("%d",&x);
    if(x--<5)  printf("%d",x);
    else       printf("%d",x++);
    return 0;
}
```

A. 3　　B. 4　　C. 5　　D. 6

10. 以下程序的输出结果是(　　)。(参考代码:XT_06_01_10.c)

```
#include<stdio.h>
int main(){
    int a=2,b=5,c=2;
    if(a<b)
        if(b<0)   c=0;
        else      c++;
    printf("%d\n",c);
    return 0;
}
```

A. 2　　B. 3　　C. 0　　D. 程序出错

11. 若执行以下程序时从键盘上输入 9,则输出结果是(　　)。(参考代码:XT_06_01_11.c)

```
#include<stdio.h>
int main(){
    int n;
    scanf("%d",&n);
    if(n++<10)  printf("%d\n",++n);
    else        printf("%d\n",n--);
    return 0;
}
```

A. 11　　B. 10　　C. 9　　D. 8

12. 以下程序的输出结果是(　　)。(参考代码:XT_06_01_12.c)

```
#include<stdio.h>
int main(){
    int x=0,a=0,b=0;
    switch(x){
        case 0:b++;
        case 1:a++;break;
        case 2:a++;b++;
    }
    printf("a=%d,b=%d",a,b);
    return 0;
}
```

A. a=2,b=1　　B. a=1,b=1　　C. a=1,b=0　　D. a=2,b=2

13. 若有以下数学函数关系:

如果 $x<0$,那么 $y=2x$

如果 $x>0$,那么 $y=x$

如果 $x=0$,那么 $y=x+1$

下面的程序段中能正确表示以上关系的是(　　)。

A. y=2*x;
   if(x!=0)
      if(x>0)y=x;
      else y=x+1;

B. y=2*x;
   if(x<=0)
      if(x==0) y=x+1;
      else y=x;

C. if(x>=0)
      if(x>0)　y=x;
      else　　y=x+1;
   else　　　y=2*x;

D. y=x+1;
   if(x<=0)
      if(x<0) y=2x;
      else　　y=x;

14. 以下不正确的 if 语句形式是(　　)。

A. if(x>y&&x!=y)　else x++;

B. if(x==y)x+=y;

C. if(x!=y) scanf("%d", &x); else scanf ("%d", &y);

D. if(x<y){ x++; y++;}

15. 当 a=1,b=3,c=5,d=4 时,执行完下面程序段后 x 的值为(　　)。(参考代码:XT_06_01_15.c)

```
if (a<b)
    if (c<d)  x=1;
    else
        if(a<c)
            if(b<d)x=2;
            else  x=3;
        else  x=6;
else  x=7;
```

A. 1　　B. 2　　C. 3　　D. 6

16. 若 i 为整型变量,则以下程序段的运行结果为(　　)。(参考代码:XT_06_01_16.c)

```
#include<stdio.h>
int main(){
    int i='H';
    if(i%2)  printf("#####");
    else     printf("*****");
    return 0;
}
```

A. #####　　B. #####*****

C. *****　　D. *****#####

17. 已知 int x=30,y=50,z=80;,以下语句执行后变量 x、y、z 的值分别为(　　)。(参考代码:XT_06_01_17.c)

```
if(x>y||x<z&&y>z) z=x; x=y; y=z;
```

A. x=50, y=80, z=80　　B. x=50, y=30, z=30

C. x=30，y=50，z=80　　D. x=80，y=30，z=50

18. 已知 int x=30,y=50,z=80;，以下语句执行后变量 x、y、z 的值分别为(　　)。(参考代码:XT_06_01_18.c)

```
if(x>y||x<z&&y>z) {z=x; x=y; y=z;}
```

A. x=50，y=80，z=80　　B. x=50，y=30，z=30

C. x=30，y=50，z=80　　D. x=80，y=30，z=50

19. 以下程序的输出结果是(　　)。(参考代码:XT_06_01_19.c)

```
#include<stdio.h>
int main(){
    int x=2,y=4,z=2;
    if (x<y)   if(y<0)   z=0;   else   z+=1;
    printf("%d",z);
    return 0;
}
```

A. 3　　B. 2　　C. 1　　D. 0

20. 语句 switch(c){…}结构中，括号内表达式 c(　　)。

A. 可以是任意类型　　B. 只能是整型，不能是字符型

C. 可以是整型或字符型　　D. 可以是整型或实型

21. 表示 a 不等于 0 的正确表达式为(　　)。

A. a<>0　　B. !a　　C. a==0　　D. a

22. 把以下 4 个表达式用作 if 语句的控制表达式时，选项(　　)与其他 3 个选项含义不同。

A. k%2　　B. k%2==1　　C. (k%2)!=0　　D. !k%2==1

23. 在嵌套使用 if 语句时，C 语言规定 else 总是(　　)。

A. 和之前与其具有相同缩进位置的 if 配对

B. 和之前与其最近的 if 配对

C. 和之前与其最近的且没配对 else 的 if 配对

D. 和之前的第一个 if 配对

24. 在以下表达式中，与 while(E)中的(E)不等价的表达式是(　　)。

A. (!E==0)　　B. (E>0||E<0)

C. (E==0)　　D. (E!=0)

25. 下列叙述中正确的是(　　)。

A. break 语句一定出现在每一个 switch 语句中

B. 在 switch 语句中必须使用 default 分支

C. break 语句的作用是结束整个程序的执行

D. 在 switch 语句中不一定使用 break 语句

26. 下列条件语句中功能与其他语句不同的是(　　)。

A. if(a) printf("%d",x); else printf("%d",y);

B. if(a==0) printf("%d",y); else printf("%d",x);

C. if(a!=0) printf("%d",x); else printf("%d",y);

D. if(a==0) printf("%d",x); else printf("%d",y);

二、程序阅读题

1. 写出下面程序段的执行结果。(参考代码:XT_06_02_01.c)

```
grade='C';
switch (grade){
  case 'A' : printf(" 85-100\n");
  case 'B' : printf(" 70-84\n");
  case 'C' : printf(" 60-69\n");
  case 'D' : printf("<60\n");
  default  : printf("error!\n");
}
```

2. 写出下面程序段的执行结果。(参考代码:XT_06_02_02.c)

```
int x=1, y=0;
  switch (x){
   case 1:
   switch (y){
     case 0 : printf("**1**\n"); break;
     case 1 : printf("**2**\n"); break;
   }
   case 2: printf("**3**\n");
}
```

3. 写出下面程序段的执行结果。(参考代码:XT_06_02_03.c)

```
main(){
   int a, b, c, d, x;
   a=c=0;     b=1;     d=20;
   if (a)  d=d-10;
   else if (!b)
       if (!c)   x=15;
       else x=25;
   printf("%d\n",d);
}
```

4. 写出下面程序段的执行结果。(参考代码:XT_06_02_04.c)

```
int n='c';
switch(n++){
   default: printf("error");break;
   case 'a':case 'A':case 'b':case 'B':printf("good");break;
   case 'c':case 'C':printf("pass");
```

```
    case 'd':case 'D':printf("warn");
}
```

三、编程题

1. 某百货公司采用购物打折扣的方法来促销商品，该公司根据输入的购物金额，计算并输出顾客实际付款金额。顾客一次性购物的折扣率是：(1)少于 500 元不打折；(2)500 元(含)以上且少于 1000 元者，按九五折优惠；(3)1000 元(含)以上且少于 2000 元者，按九折优惠；(4)2000 元(含)以上且少于 3000 元者，按八五折优惠；(5)3000 元(含)以上者，按八折优惠。编程输入购物金额，输出折扣率及实际应付款金额；再输入实付金额，输出找零金额。(参考代码:XT_06_03_01.c)

2. 编程输入 3 个边长 a、b、c，判断它们能否构成三角形。若能构成三角形，继续判断该三角形是等边三角形、等腰三角形还是一般三角形。(参考代码:XT_06_03_02.c)

3. 有一个函数：$y=\begin{cases} x & (x<1) \\ 2x-1 & (1\leqslant x<10) \\ 3x-11 & (x\geqslant 10) \end{cases}$，编写程序，输入 x 值，输出 y 值。(参考代码:XT_06_03_03.c)

4. 给定一个不多于 4 位的正整数，要求：(1)求它是几位数；(2)分别打印出每一位数字；(3)按逆序打印出各位数字。例如原数为 321，应该输出 123。

5. 编写程序输出一个文字菜单，根据输入的选择输出不同的提示信息。

6. 将两个 10 000 以下的正整数按前后顺序连接合并形成一个整数后输出。(参考代码:XT_06_03_06.c)

输入样例 1：123　456　　　输出样例 1：123456
输入样例 2：12　3456　　　输出样例 2：123456
输入样例 3：1234　5　　　输出样例 3：12345

第7章　循　　环

在第 4 章中介绍了解决某些问题的算法。在一些算法中,有一些步骤是被重复执行的。这种重复执行是通过某一个有条件的跳转指令来实现的,即根据某一条件来决定某些语句是否被重复执行。这种在程序中不断被重复执行的结构称为循环结构。循环结构有时候也被称为重复结构。

在 C 语言中,可以通过以下语句来实现循环:

(1) goto 语句和 if 语句构成循环。

(2) while 语句。

(3) do-while 语句。

(4) for 语句。

另外,在循环体内应用 break 语句或 continue 语句可以跳出循环结构或提前结束本次循环。在本章中就专门来学习与循环结构有关的这些语句。

在学习本章之前,请仔细复习第 4 章的算法。

本章重点

- 3 种循环语句的用法。
- 应用循环结构的嵌套编程解决问题。
- break 语句和 continue 语句的作用及区别。
- 3 种循环结构的转换。

本章难点

- 循环体执行次数的准确控制。
- 嵌套循环结构的程序编写。
- break 语句和 continue 语句的使用技巧。

7.1　认识循环

1. goto 语句

在 C 语言中,无条件转向语句 goto 可以实现程序执行的跳转。

goto 语句的一般形式为

```
goto 语句标号;
```

功能说明:

goto 语句的功能是将程序转到指定语句标号处继续向下运行。

2. 语句标号

语句标号是用户自己定义的一个标识符,其命名应符合标识符的命名规则。

语句标号使用的一般形式是

语句标号标识符:

功能说明:

语句标号在程序中仅仅表示为一个标识符,没有任何动作,只能由 goto 语句使用,表示程序转向到该语句标号处继续向下执行。

程序清单 07-01-01.c

```
//输入两个整数,交换两个变量的值后输出
#include<stdio.h>
int main(){
    int m,n;
    scanf("%d%d",&m,&n);
    m=m+n;
    n=m-n;
    m=m-n;
    printf("%d,%d",m,n);
}
```

执行程序,输入

```
5  8
```

输出

```
8,5
```

程序清单 07-01-02.c

```
//goto 语句程序举例
#include<stdio.h>
int main(){
    int m,n;
    scanf("%d%d",&m,&n);
    goto end;
        m=m+n;
        n=m-n;
        m=m-n;
    end:
        printf("%d,%d",m,n);
}
```

执行程序,输入

```
5  8
```

输出

```
5,8
```

程序分析：

goto 语句使程序直接跳转到 end 标号处执行至程序结束，中间的 3 条语句没有被执行。

问题 07-01-01 以下算法实现求解两个整数的最大公约数，应用 goto 循环结构编写程序实现该算法。

(1) 输入整型数据 m 和 n。

(2) 给计数器 i 赋初值 1。

(3) 如果 i 是 m 的约数并且 i 是 n 的约数，那么 k=i。

(4) i=i+1。

(5) 如果 i≤m 并且 i≤n，那么转向步骤(3)，否则继续。

(6) 输出 k。

程序清单 07-01-03.c

```
int main(){
    int m,n,i,k;
    scanf("%d%d",&m,&n);                                /* 步骤(1) */
    i=1;                                                /* 步骤(2) */
    loop:                                               /* 步骤(3) */
        if(m%i==0&&n%i==0) {
            k=i;
            printf("%d是公约数\n",i);
        }
        else{
            printf("%d\n",i);
        }
        i++;                                            /* 步骤(4) */
    if(i<=n&&i<=m)                                      /* 步骤(5) */
        goto loop;
    printf("结论:%d和%d的最大公约数是%d",m,n,k);        /* 步骤(6) */
}
```

执行程序，输入

```
8 6
```

输出

```
1是公约数
2是公约数
3
4
5
6
结论:8和6的最大公约数是2
```

程序分析：

可以看出，这个程序的执行流程由于有 goto 语句的存在而使标号 loop 与 goto 之间的部分被多次重复执行，这就是循环结构。

3. 循环体

习惯上把被重复执行的部分称为循环体。

循环体的重复执行次数应该是有限的，也就是说重复会在某一时刻停止。上例程序中的(i<=n&&i<=m)就是执行 goto 语句的条件，当这个条件不满足时，goto 语句就不会被执行，从而循环结构结束。

4. 死循环

如果在一个程序中，由于某种原因使得程序中的循环结构永远也结束不了，那么就形成了死循环，程序永远也不会结束。下面的两个例子就是死循环的两种情况。

程序清单 07-01-04.c

```
//死循环举例
int main(){
    int a=0;
    loop:
        printf("%d",a);
    goto loop;
}
```

程序分析：

执行程序，程序将输出无数个 0，不会终止。在这个程序中，goto 语句是无条件被执行的，每当执行到 goto 语句时程序都会转到它前面的标号 loop 处执行，这就是死循环。这个程序会一直执行下去而不会终止。

程序清单 07-01-05.c

```
//死循环举例
int main(){
    int a=5;
    loop:
        printf("%d ",a++);
    if(a>=5) goto loop;
}
```

执行程序，输出

```
5 6 7 8 9 10 11 12 13 14 15 16 17 18 19 20 …
```

程序分析：

程序会一直输出下去，直到输出 int 型所能表示的最大正整数 2 147 483 647 后，变量再给自己加 1 时发生溢出，变成负数 −2 147 483 648，从而不满足 if 语句的条件判断，程序才结束。

此例程序因为无法通过正常逻辑停止循环,所以也属于死循环的一种。

程序清单 07-01-06.c

```
//整数边界测试
#include<stdio.h>
int main(){
    int a=2147483647;
    printf("%d ",a);
    printf("%d \n",++a);
    a=-2147483648;
    printf("%d ",a);
    printf("%d ",--a);
}
```

执行程序,输出

```
2147483647 -2147483648
-2147483648 2147483647
```

程序分析:

整数在计算机内存中是以补码的形式表示和存储的,在表示范围内最大整数加 1 将得到最小的整数,最小的整数减 1 将得到最大的整数。

关于整数在计算机内存中的表示、原码、反码和补码的含义及原理,请读者到互联网上查找相关资料,具体的知识将在计算机原理课程中讲解。

练习 07-01-01 请选择第 4 章中的某个算法用带 goto 语句的 C 程序实现。

问题 07-01-02 编程求 $S=\sum_{i=1}^{10} i$。

程序清单 07-01-07.c

```
int main(){
    int i=1,s=0;
    loop:
        s=s+i;
        i++;
    if(i<=10) goto loop;
    printf("S=%d",s);
}
```

执行程序,输出

```
55
```

goto 语句在程序中的使用比较灵活,出现的位置随意,转向的目标位置也很随意。例如上例程序也可以写成下面的形式。

程序清单 07-01-08.c

```
int main(){
```

```
    int i=1,s=0;
    loop:
        if(i<=10) ;          //继续
        else     goto end;   //结束循环
        s=s+i;
        i++;
        goto loop;
    end:
      printf("S=%d",s);
}
```

执行程序，输出

55

程序分析：

从程序清单07-01-08可以看出，不加限制地使用goto语句使得程序的逻辑结构变得复杂和难于理解。因此，在程序中不提倡使用goto语句。

5. 软件危机——被抛弃的goto语句

在20世纪60年代，软件业曾出现过严重的软件危机，由软件错误而引起的信息丢失、系统报废事件屡有发生。人们统计了各种语句的出错概率，发现大量的错误出在goto语句上。为此，1968年，荷兰学者E. W. Dijkstra提出了程序设计中常用的goto语句的三大危害：破坏了程序的静态一致性；程序不易测试；限制了代码优化。此举引起了软件界长达数年的论战。

主张从高级程序语言中去掉goto语句的人认为，goto语句是对程序结构影响最大的一种有害的语句，他们的主要理由是：goto语句使程序的静态结构和动态结构不一致，从而使程序难以理解，难以查错。去掉goto语句后，可直接从程序结构上反映程序运行的过程。这样不仅使程序结构清晰，便于理解，便于查错，而且也有利于程序的正确性证明。

持反对意见的人认为，goto语句使用起来比较灵活，而且有些情形能提高程序的效率。若完全删去goto语句，有些情形反而会使程序过于复杂，增加一些不必要的计算量。

1974年，D. E. 克努斯对于goto语句争论作了全面公正的评述，其基本观点是：不加限制地使用goto语句，特别是使用往回跳的goto语句，会使程序结构难于理解，对这种情形，应尽量避免使用goto语句。但在另外一些情况下，为了提高程序的效率，同时又不至于破坏程序的良好结构，有控制地使用一些goto语句也是必要的。用他的话来说就是："在有些情形，我主张删掉goto语句；在另外一些情形，则主张引进goto语句。"从此，这场长达数年的争论得以平息。

后来，G. 加科皮尼和C. 波姆从理论上证明了任何程序都可以用顺序、分支和重复结构表示出来。这个结论表明，从高级程序语言中去掉goto语句并不影响高级程序语言的编程能力，而且编写的程序的结构更加清晰。换句话说，顺序、选择、循环3种程序结构构成了一个最小完备集。我们将这3种程序结构称为基本程序结构。

7.2 结构化循环

1. while 循环(当型循环)

在 C 语言中可以使用 while 语句用来实现当型循环结构,它的一般形式如下:

while(表达式) 循环体语句;

功能说明:

(1) 首先求解表达式的值,若表达式的值为真,则执行循环体,否则结束循环。

(2) 循环体语句执行完成后,自动转到循环开始处再次求解表达式的值,开始下一次循环。

(3) 循环体只能是一个语句。若有多个语句,则应该用大括号将其括起来使之成为一个复合语句。

while 循环流程图如图 7-1 所示。

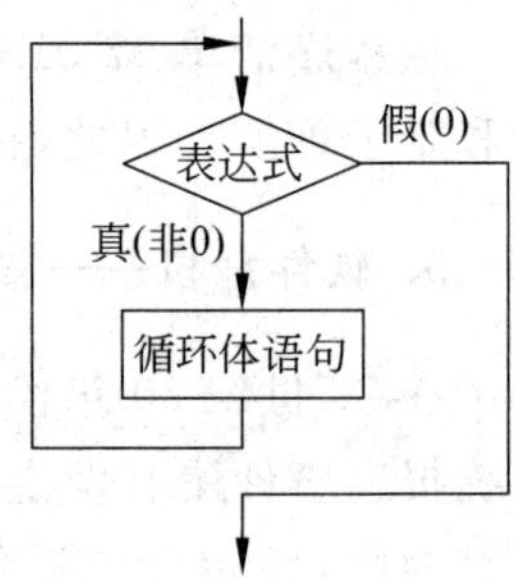

图 7-1 while 循环流程图

程序清单 07-02-01.c

//用 while 语句编程实现求 $S=\sum_{i=1}^{10} i$

```
#include<stdio.h>
int main(){
    int i,s;
    i=1; s=0;
    while(i<=10){
        s=s+i;
        i=i+1;
    }
    printf("S=%d",s);
}
```

执行程序,输出

```
S=55
```

程序清单 07-02-02.c

```
//用 while 语句编程输出两个正整数的最大公约数(Greatest Common Divisor,GCD)。
int main(){
    int m,n,i,k;
    scanf("%d%d",&m,&n);
    i=1;
    while(i<=n&&i<=m){
        if(m%i==0&&n%i==0) k=i;
        i++;
    }
    printf("GCD(%d,%d)=%d",m,n,k);
```

```
}
```

执行程序,输入

```
36 48
```

输出

```
GCD(36,48)=12
```

练习 07-02-01 请选择第 4 章的某个算法编程,用 while 语句实现。

2. do-while 循环(直到型循环)

在 C 语言中可以用 do-while 语句用来实现直到型循环结构,它的一般形式如下:

```
do
    循环体语句;
while(表达式);
```

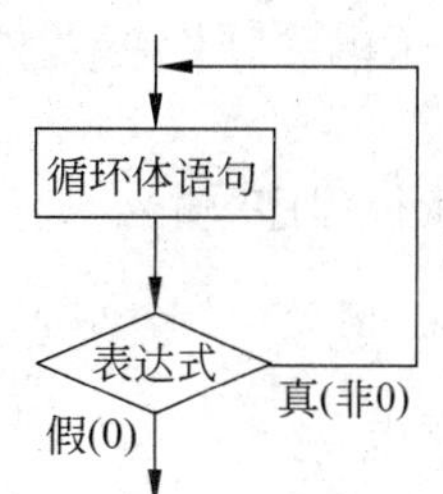

图 7-2 do-while 循环流程图

do-while 循环流程图如图 7-2 所示。

功能说明:

(1) 在此结构中 do 相当于一个标号(但其后面不用加:),标志循环结构开始。

(2) 首先无条件地执行一次循环体,然后求解表达式的值。若表达式的值为真,则再次执行循环体(转到 do),开始下次循环,否则结束循环。

(3) 若循环体多于一个语句,则应使用复合语句。

(4) do-while 结构整体上是一条语句,所以不要忘记在 while 的括号后加上语句结束符“;”。

程序清单 07-02-03.c

//用 do-while 语句编程求 $S=\sum_{i=1}^{10} i$

```
#include<stdio.h>
int main(){
    int i,s;
    i=1; s=0;
    do{
        s=s+i;
        i=i+1;
    }while(i<=10);
    printf("\nS=%d",s);
}
```

执行程序,输出

```
S=55
```

程序清单 07-02-04.c

```
//用 do-while 语句编程实现程序 07-02-02.c 的功能(求最大公约数)
#include<stdio.h>
int main(){
    int m,n,i,k;
    scanf("%d%d",&m,&n);
    i=1;
    do{
        if(m%i==0&&n%i==0) k=i;
        i++;
    }while(i<=n&&i<=m);
    printf("\nGCD(%d,%d)=%d",m,n,k);
}
```

执行程序,输入

```
36 48
```

输出

```
GCD(36,48)=12
```

练习 07-02-02 请将练习 07-02-01 的程序用 do-while 语句实现。

3. while 循环和 do-while 的比较

下面比较一下程序清单 07-02-01 与程序清单 07-02-02。

在这两个程序中,while 的作用是相同的,都是条件成立就执行循环体,条件不成立则循环结束。区别在于: while 语句是先判断条件,再执行循环;而 do-while 语句是先执行循环再判断条件。也就是说,它们的区别在于:第一次循环执行时,一个是先判断条件是否成立再确定是否执行循环体,而另一个是无条件地先执行一次循环体。这一区别虽然在以上两个程序中执行结果相同,但下面的例子就不是这样了。

程序清单 07-02-05.c

```
//输入 n,编程输出 s=1+2+…+n
#include<stdio.h>
int main(){
    int n,i=1,s=0;
    scanf("%d",&n);
    while(i<=n){
        s=s+i;
        i=i+1;
    }
    printf("\nS=%d",s);
}
```

执行程序,输入

```
100
```

输出

```
S=5050
```

再次执行程序,输入

```
0
```

输出

```
S=0
```

程序清单 07-02-06.c

```
//输入 n,编程输出 s=1+2+…+n
#include<stdio.h>
int main(){
    int n,i=1,s=0;
    scanf("%d",&n);
    do{
        s=s+i;
        i=i+1;
    }while(i<=n);
    printf("\nS=%d",s);
}
```

执行程序,输入

```
100
```

输出

```
S=5050
```

再次执行程序,输入

```
0
```

输出

```
S=1
```

程序分析:

可以看到,这两个程序在输入有些数据(n≥1)时输出结果是相同的,而在输入有些数据(i<1)时输出结果是不同的,为什么呢?就是因为 while 语句和 do-while 语句的上述区别。例如,输入 0 时,由于程序清单 07-02-05.c 的程序首先判断条件 i<=n 为不成立,所以循环体一次也没执行,程序输出 0,结果是正确的。而程序清单 07-02-06.c 由于先无条件地执行了一次循环体,使得变量 s 的值发生了变化,然后才判断条件 i<=n 为假,结束循环,最后输出了 1,结果是错误的。

由此可以看出,在编写循环结构的程序时,一定要注意循环的边界,也就是第一次循环和最后一次循环的执行情况。关于这一点在 7.5 节中将做更为详尽的比较。

4. for 循环

除了 while 语句和 do-while 语句,C 语言还提供了另一个使用非常广泛的循环语句——for 语句。

for 语句的一般形式为

```
for(表达式 1;表达式 2;表达式 3) 循环体语句;
```

功能说明:

(1) 求解表达式 1(该表达式只在这一步骤处被求解一次)。

(2) 求解表达式 2,若为真则执行循环体,否则结束 for 语句。

(3) 循环体执行结束后,求解表达式 3,并转向步骤(2)。

(4) 循环体语句应该为一条语句,如果有多条语句要执行,应该使用复合语句。

for 循环流程图如图 7-3 所示。

程序清单 07-02-07.c

```
//用 for 语句编程实现求 S = ∑(i=1..10) i
#include<stdio.h>
int main(){
    int i,s=0;
    for(i=1;i<=10;i++)
        s=s+i;
    printf("\nS=%d",s);
}
```

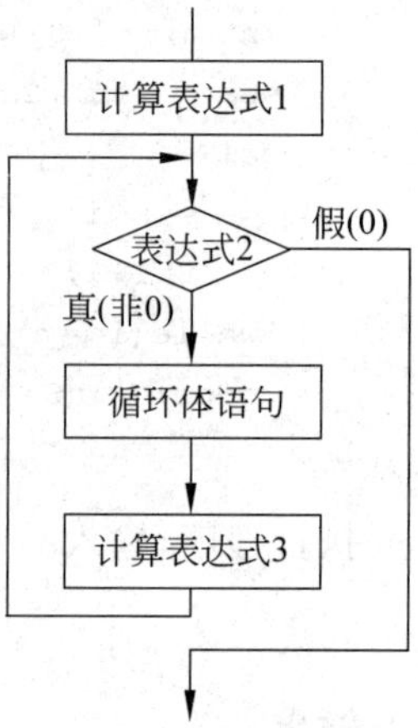

图 7-3　for 循环流程图

执行程序,输出

```
S=55
```

程序分析:

本程序是 for 语句最典型的应用。可以理解为循环变量 i 从 1 一直变化到 10,每次循环变量加 1,循环变量每变化一次,执行一次循环体。也就是说,for 语句中表达式 1 的功能通常用是给循环变量赋初值,表达式 2 是进入循环体的条件,表达式 3 通常用来表示循环变量的变化规律。因此,for 语句也可以理解为

```
for(循环变量赋初值;进入循环的条件;循环变量的变化) 循环体;
```

例如下面的程序段:

```
for(i=1;i<=100;i=i+2) printf("%d",i);
```

可以被理解为输出 1～100 的奇数。

for 语句在每次(也包括第 1 次)进入循环体之前都要先判断条件,这一特点与 while 语句是一致的,所以 for 语句的一般形式也可以改写为

```
表达式 1;
while(表达式 2){
```

```
    语句(循环体);
    表达式 3;
}
```

下面请看两种写法的对比。

程序清单 07-02-07-A.c

```
#include<stdio.h>
int main(){
    int i,s=0;
    i=1;                    //表达式 1
    while(i<=10){           //while(表达式 2)
      s=s+i;                //循环体
      i=i+1;                //表达式 3
    }
    printf("\nS=%d",s);
}
```

执行程序,输出

```
S=55
```

程序清单 07-02-07-B.c

```
#include<stdio.h>
int main(){
    int i,s=0;
    for( i=1;               //表达式 1
         i<=10;             //表达式 2
         i++)               //表达式 3
      s=s+i;                //循环体
    printf("\nS=%d",s);
}
```

执行程序,输出

```
S=55
```

for 语句非常适合表达循环次数固定,循环变量每次增加(或减少)幅度一致的循环问题。

另外,在 for 语句中表达式 1、表达式 2、表达式 3 都可以省略。其中,若表达式 2 省略,则系统默认条件为真。

程序清单 07-02-08.c

```
//用 for 语句编程实现求 S= ∑(i=1..10) i
int main(){
      int i=1,s=0;
      for( ; i<=10 ;  ){
        s=s+i;
        i++;
      }
      printf("\nS=%d",s);
}
```

执行程序,输出

```
S=55
```

甚至可以将 3 个表达式同时省略,例如,下面的这条 for 语句实际上为死循环,永远也执行不完。

```
for( ; ; )  ;                    /* 相当于 while(1) ; */
```

程序清单 07-02-09.c

```
//编程用 for 语句完成程序 07-02-02.c 的功能(求最大公约数)
```

```
#include<stdio.h>
int main(){
      int m,n,i,k;
      scanf("%d%d",&m,&n);
      for(i=1;i<=n&&i<=m;i++)
        if(m%i==0&&n%i==0) k=i;
      printf("\nGCD(%d,%d)=%d",m,n,k);
}
```

执行程序,输入

```
36 48
```

输出

```
GCD(36,48)=12
```

问题 07-02-01 输入一个正整数 n 的值,编程输出 n!(n 的阶乘)。

程序清单 07-02-10.c

```
#include<stdio.h>
int main(){
    long i, n;
    long  fact=1;                       /*将累乘积 fact 初始化为 1*/
    scanf("%ld", &n);
    for(i=1; i<=n; i++)
        fact *=i;                       /*实现累乘*/
    printf("%ld!=%ld", n, fact);
}
```

执行程序,输入

```
5
```

输出

```
5!=120
```

练习 07-02-03 请将此程序用 while 语句实现。

练习 07-02-04 请将此程序用 do-while 语句实现。

问题 07-02-02 编程输出斐波那契数列的前 40 个数。

斐波那契数列的通项公式为 $f_n=\begin{cases}1 & (n=1,2)\\ f_{n-1}+f_{n-2} & (n>2)\end{cases}$,根据这一递推公式,得到如下程序。

程序清单 07-02-11.c

```
#include<stdio.h>
int main(){
      long int f1,f2,f3;
```

```
        int i;
        f1=1; f2=1;
        printf("%ld,%ld", f1, f2);
        for(i=3;i<=20;i++){
          f3 =f1 +f2;
          f1 =f2;
          f2 =f3;
          printf(",%ld", f3);
        }
}
```

执行程序,输出

```
1,1,2,3,5,8,13,21,34,55,89,144,233,377,610,987,1597,2584,4181,6765
```

练习 07-02-05 请将上例程序中的 for 语句改写成其他循环语句。

7.3 循环控制语句

1. break 语句

通过以上的学习,我们掌握了 C 语言循环结构程序设计方法。从 3 种循环语句来看,它们共同的特点都是根据循环判断条件来决定是否进入下一次循环,都是在不满足循环条件的时候结束循环。

有时候,也可以在循环体内部通过 C 语言提供的 break 语句随时跳出循环结构,结束循环。

break 语句的一般形式是

```
break;
```

功能说明:

(1) 在循环体内,当程序执行到 break 语句时,会立即跳出循环结构,即提前结束循环体。

(2) break 语句通常出现在某个 if 语句的分支中,以实现有条件地结束循环。

(3) break 语句只能用于 switch 结构内部或循环结构内部。

程序清单 07-03-01.c

```
//编程求 s = Σ(i=1..10) i (用 while 循环加 break 语句)
int main(){
        int i,s;
        i=1;
        s=0;
        while(1){
          s=s+i;
          i=i+1;
          if(i>10) break;
```

```
    }
    printf("\nS=%d",s);
}
```

执行程序,输出

```
S=55
```

程序清单 07-03-02. c

//编程求 $S=\sum_{i=1}^{10} i$ (用 for 循环加 break 语句)

```
int main(){
    int i=1,s=0;
    for(;;){
      s=s+i;
      i++;
      if(i>10) break;
    }
    printf("\nS=%d",s);
}
```

执行程序,输出

```
S=55
```

程序清单 07-03-03. c

```
//编程输入正整数 m 和 n,输出它们的最大公约数
int main(){
    int m,n,k;
    scanf("%d%d",&m,&n);
    k=m<n?m:n;
    while(1){
      if(m%k==0&&n%k==0) break;
      k--;
    }
    printf("\nGCD(%d,%d)=%d",m,n,k);
}
```

执行程序,输入

```
36 48
```

输出

```
GCD(36,48)=12
```

练习 07-03-01 请将上例用 for 语句和 break 语句改写。

程序清单 07-03-04. c

```
//输入一串字符(以#字符结束),依次输出每个字符及其 ASCII 码(不包括结束符#)
```

```
int main(){
    char c;
    int i=1;
    do{
      c=getchar();
      if(c=='#') break;
      printf("第%d个字符:%c,ASCII:%d\n",i++,c,c);
    }while(1);
}
```

执行程序,输入

```
123#
```

输出

```
第1个字符:1,ASCII:49
第2个字符:2,ASCII:50
第3个字符:3,ASCII:51
```

2. continue 语句

break 语句实现了在循环体内部跳出循环的功能,C 语言还提供了另一个实现循环控制功能的 continue 语句。

continue 语句的一般形式是

continue;

功能说明:

(1) 在循环体内,当程序执行到 continue 语句时,会立即结束本次循环(跳过循环体中 continue 语句后面的部分不执行),接着执行下一次循环。

(2) continue 语句通常出现在某个 if 语句的分支中。

(3) continue 语句只能用于循环结构的内部。

程序清单 07-03-05.c

```
//输出100~200的不能被2、3、5、7和13整除的数
int main(){
    int k;
    for(k=100;k<=200;k++){
      if(k%2==0)  continue;
      if(k%3==0)  continue;
      if(k%5==0)  continue;
      if(k%7==0)  continue;
      if(k%13==0) continue;
      printf("%d ",k);
    }
}
```

执行程序，输出

```
101 103 107 109 113 121 127 131 137 139 149 151 157 163 167 173 179 181 187 191 193 197 199
```

程序清单 07-03-06.c

```
//输入两个正整数,输出它们的最大公约数
int main(){
    int m,n,i;
    scanf("%d%d",&m,&n);
    for(i=m<n?m:n ; i>=1 ; i--){
      if(m%i!=0||n%i!=0) continue;
      else                   break;
    }
    printf("GCD(%d,%d)=%d",m,n,i);
}
```

执行程序，输入

```
36 48
```

输出

```
GCD(36,48)=12
```

问题 07-03-01　一个四位正整数，满足如下条件：由数字 1～9 组成；各位数字都不相同；从左至右数字降序排列；相邻的两个数字前一个不能是后一个的倍数；这 4 位数字不能都是奇数，也不能都是偶数。编程输出符合上述条件的所有数。

程序清单 07-03-07.c

```
int main(){
    int n;
    for(n=1000;n<=9999;n++){
      int a=n/1000;
      int b=n%1000/100;
      int c=n%100/10;
      int d=n%10;
      if(a<=b) continue;
      if(b<=c) continue;
      if(c<=d) continue;                                          //保证各不相同并降序排列
      if( a%2 && b%2 && c%2 && d%2 ) continue;                    //保证不全奇
      if( a%2==0 && b%2==0 && c%2==0 && d%2==0 ) continue;        //保证不全偶
      if( a==0||b==0||c==0||d==0 ) continue;                      //保证没有 0
      if( a%b==0 || b%c==0 || c%d==0) continue;                   //保证相邻不整除
      printf("%d ",n);
    }
}
```

执行程序，输出

5432 6432 6532 6543 7432 7532 7543 7643 7652 7653 7654 8532 8543 8643 8652 8653 8654 8732 8743 8752 8753 8754 8764 8765 9432 9532 9543 9643 9652 9653 9654 9732 9743 9752 9754 9764 9765 9832 9852 9853 9854 9864 9865 9872 9873 9874 9875 9876

此例程序还可以写成如下形式。

程序清单 07-03-08.c

```
int main(){
    int n;
    for(n=1000;n<=9999;n++){
      int a=n/1000;
      int b=n%1000/100;
      int c=n%100/10;
      int d=n%10;
      if(a<=b||b<=c||c<=d)              continue;        //保证降序排列
      if( a%2+b%2+c%2+d%2==4 )          continue;        //保证不全奇
      if( a%2+b%2+c%2+d%2==0 )          continue;        //保证不全偶
      if( a*b*c*d==0 )                  continue;        //保证没有 0
      if( (a%b)*(b%c)*(c%d)==0)         continue;        //保证相邻不整除
      printf("%d ",n);
    }
}
```

执行程序,输出结果同上。请读者分析此程序的逻辑。

3. continue 语句和 break 的区别

可以看出,continue 语句和 break 的区别是:continue 语句只结束本次循环,而 break 语句结束整个循环。

练习 07-03-02 小明想给自己的银行卡设置一个 6 位数字的密码,应符合如下规则:(1)第 1、3、5 位数字为奇数;(2)第 2、4、6 位数字为偶数;(3)任意两位数字不相同;(4)中间两位不是月份(不是 1～12),后两位不是日期(不是 1～31);(5)前 3 位非升序、非降序排列,后 3 位非升序、非降序排列;(6)前 3 位与后 3 位之差被 23 除余 13。请编程输出所有符合条件的密码。

注:符合条件的数有

307294, 385096, 387052, 523096, 529470, 549076, 563274, 581476, 583294, 587436,705692, 725436, 769250, 781492, 785496, 785634, 901658, 903476, 923450, 927638,947658

7.4 循环结构的嵌套

循环结构的循环体是一个语句或一个复合语句,当然这个语句或复合语句也可以是另外一个循环结构。如果是这样,就构成了循环结构的嵌套。

3 种循环结构可以互相嵌套,例如:

(1)
```
while( )
{
  …
  while( ) { … }
  …
}
```

(2)
```
while( )
{
  …
  do
   {
   …
   }while( );
}
```

(3)
```
for( ; ; )
{
  …
  while( ){ … }
  …
}
```

(4)
```
while( )
{
  …
  for( ; ; ) { … }
  …
}
```

(5)
```
for( ; ; )
{
  …
  for( ; ; ){ … }
  …
}
```

(6)
```
do
{
  …
  for( ; ; ){ … }
  …
}
```

以上列出了6种常见的循环嵌套情况,实际上还有很多种嵌套的情形。这也只是两层循环嵌套,还有3层甚至更多层的循环嵌套。

问题 07-04-01 输入一个正整数,输出它的所有真约数。

程序清单 07-04-01.c

```
#include<stdio.h>
int main(){
    int n,i;
    scanf("%d",&n);
    {                     //此复合语句的功能为输出 n 的真约数
      printf("\n%d 的真约数有:",n);
      for(i=1;i<n;i++)
         if(n%i==0)printf("%d ",i);
    }
}
```

执行程序,输入

```
100
```

输出

```
100 的真约数有: 1 2 4 5 10 20 25 50
```

问题 07-04-02 对于100～200的所有正整数,依次输出它们的所有真约数。

分析:上例程序的复合语句的功能为输出变量n的所有真约数。如果在复合语句之外将scanf("%d",&n);替换成 for(n=1;n<=200;n++),让复合语句作为循环体,是不是就能解决此例问题呢?请分析并运行以下代码。

程序清单 07-04-02.c

```
#include<stdio.h>
int main(){
    int n,i;
    for(n=100;n<=200;n++)
    {                      //此复合语句的功能为输出 n 的真约数
      printf("\n%d 的真约数有:",n);
      for(i=1;i<n;i++)
        if(n%i==0)printf("%d ",i);
    }
}
```

执行程序,输出

```
100 的真约数有:1 2 4 5 10 20 25 50
101 的真约数有:1
102 的真约数有:1 2 3 6 17 34 51
…
198 的真约数有:1 2 3 6 9 11 18 22 33 66 99
199 的真约数有:1
200 的真约数有:1 2 4 5 8 10 20 25 40 50 100
```

注:此例程序代码就是循环的嵌套(双层)。

问题 07-04-03 输入一个 1~9 的正整数,输出九九乘法表的一行。

程序清单 07-04-03.c

```
#include<stdio.h>
int main(){
    int i,j;
    scanf("%d",&i);
    {                          //此复合语句输出第 i 行乘法表
      for(j=1;j<=i;j++)
        printf("%d*%d=%-2d ",j,i,j*i);
      printf("\n");
    }
}
```

执行程序,输入

```
5
```

输出

```
1*5=5  2*5=10 3*5=15 4*5=20 5*5=25
```

再次执行,输入

```
8
```

输出

```
1*8=8  2*8=16 3*8=24 4*8=32 5*8=40 6*8=48 7*8=56 8*8=64
```

问题 07-04-04 编程输出九九乘法表。

输出样例：

```
1*1=1
1*2=2  2*2=4
1*3=3  2*3=6   3*3=9
1*4=4  2*4=8   3*4=12  4*4=16
1*5=5  2*5=10  3*5=15  4*5=20  5*5=25
1*6=6  2*6=12  3*6=18  4*6=24  5*6=30  6*6=36
1*7=7  2*7=14  3*7=21  4*7=28  5*7=35  6*7=42  7*7=49
1*8=8  2*8=16  3*8=24  4*8=32  5*8=40  6*8=48  7*8=56  8*8=64
1*9=9  2*9=18  3*9=27  4*9=36  5*9=45  6*9=54  7*9=63  8*9=72  9*9=81
```

分析：上例程序的复合语句的功能为输出第 i 行乘法表。如果在复合语句之外将 scanf("%d",&i);替换成 for(i=1;n<=9;i++)，让复合语句作为循环体，是不是就能输出整个乘法表呢？

程序清单 07-04-04.c

```
#include<stdio.h>
int main(){
    int i,j;
    for(i=1;i<=9;i++)
    {                          //此复合语句输出第 i 行乘法表
      for(j=1;j<=i;j++)
        printf("%d*%d=%-2d ",j,i,j*i);
      printf("\n");
    }
}
```

执行程序，输出结果与题目要求一致。

程序分析：

这是一个非常典型的应用双层循环嵌套来解决的问题。利用外层循环输出乘法表的每一行(共 9 行)，利用内层循环输出某一行的每一列(该行是第几行，该行就共有几列)。

7.5 循环结构程序举例

问题 07-05-01.c 编程求 $S=\sum_{i=1}^{10} i$。

我们再来回顾一下这个经典的小问题，下面给出关于这个问题的若干种解法。有些是正确的，有些是错误的。请大家仔细分析错误的程序错在哪里，为什么会出现这样的错误，怎样才能尽量避免出现类似的错误。

程序清单 07-05-01. c

程序 1：07-05-01-A. c

```
int main(){
    int i,s=0;
    i=0;
    while(i<=9){
        i++;
        s=s+i;
    }
    printf("%d",s);
}
```

程序 2：07-05-01-C. c

```
int main(){
    int i,s=0;
    i=0;
    while(i++<=9) s=s+i;
    printf("%d",s);
}
```

程序 3：07-05-01-E. c

```
int main(){
    int i,s=0;
    i=0;
    while(i<=9) s=s+++i;
    printf("%d",s);
}
```

程序 4：07-05-01-G. c

```
int main(){
    int i,s=0;
    i=1;
    while(s=s+i++,i<=10);
    printf("%d",s);
}
```

程序 5：07-05-01-B. c

```
int main(){
    int i,s=0;
    i=0;
    while(i<=10){
        i++;
        s=s+i;
    }
    printf("%d",s);
}
```

程序 6：07-05-01-D. c

```
int main(){
    int i,s=0;
    i=1;
    while(i++<=10) s=s+i;
    printf("%d",s);
}
```

程序 7：07-05-01-F. c

```
int main(){
    int i,s=0;
    i=1;
    while(i<=10) s=s+++i;
    printf("%d",s);
}
```

程序 8：07-05-01-H. c

```
int main(){
    int i,s=0;
    i=0;
    while(s=s+i++,i<=9);
    printf("%d",s);
}
```

在以上的诸多程序中，只需要把握一条就可以轻松地判别哪些是正确的，哪些是错误的了。那就是，真正累加到 s 中的变量 i 的值是哪些，是 1～10 吗？由于每循环一次变量 i 的值在所有程序中都自动加 1，所以只需要考察累加到变量 s 中的第一个 i 值和最后一个 i 值就可以了。这也就是循环的边界问题。

另外，以上的 8 个程序中出现了一些奇怪的 while 循环，请大家仔细分析它们的执行流程，这些小程序对于大家理解循环结构是非常有帮助的。

问题 07-05-02 输入一个正整数,输出这个正整数是几位数。

分析:对于一个正整数来说,如果它小于 10,那么它是 1 位数;否则,如果它小于 100,那么它是 2 位数……以此类推可至无穷。于是得到以下的程序。

程序清单 07-05-02.c

```
int main(){
    int n,s=0;
    scanf("%d",&n);
    if(n<10)                 s=1;
    else if(n<100)           s=2;
    else if(n<1000)          s=3;
    else if(n<10000)         s=4;
    else if(n<100000)        s=5;
    else if(n<1000000)       s=6;
    else if(n<10000000)      s=7;
    else if(n<100000000)     s=8;
    else if(n<1000000000)    s=9;
    else if(n<=2147483647)   s=10;
    printf("%d",s);
}
```

执行程序,输入

```
1234
```

输出

```
4
```

由于基本整型数最大可以表示到+2 147 483 647,所以程序判断到这个极值就可以了。但是如果数据扩大到 long 型或 long long 型,再用这个思路编程就太可怕了。能不能不用考察数据的取值范围而确定它的位数呢?

在 C 语言中,一个整数除以 10 的结果是一个整数。例如 123/10 的结果是 12,这一结果的另一层含义是在其右侧舍弃 1 位整数。对于一个整数,不断地做这样的除法,就意味着不断地舍弃 1 位数,直到商是 0 为止。不断地做这样的除法,正是循环的思想,如果能对循环的次数进行统计,这个数有多少位也就可以知道了。于是得到如下的程序。

程序清单 07-05-03.c

```
int main(){
    long long int n,s=0;
    scanf("%lld",&n);
    do{                         /* 首先执行一次循环,因为至少是 1 位数 */
      n=n/10LL;                 /* 执行一次循环,舍弃其右侧的 1 位数 */
      s++;                      /* s++计数 */
    }while(n>0LL);              /* n>0 表示还没舍尽 */
    printf("%lld",s);
}
```

执行程序，输入

```
12345
```

输出

```
5
```

注：C99 标准添加的 long long [int]型数据的取值范围是−9 223 372 036 854 775 808～+9 223 372 036 854 775 807。

对比上面两个程序，有什么看法？请读者对此加以分析。

另外，本例程序中的 do-while 循环是不是可以改写成 while 循环呢？怎样改写？请读者思考，然后试一试。

问题 07-05-03 输入一个正整数，按位倒序输出。

分析：可以从上例中得到一些启发，既然可以从右向左依次舍弃 1 位数，那么如果将这些被舍弃的数从左向右依次输出，不正好是原数的倒序吗？于是得到以下程序。

程序清单 07-05-04.c

```
int main(){
    long int n,s=0;
    scanf("%d",&n);
    do{
      printf("%ld",n%10);      /* 输出该数的最末 1 位 */
      n=n/10;                  /* 舍弃该数的最末 1 位 */
    }while(n>0);
}
```

执行程序，输入

```
1234
```

输出

```
4321
```

程序分析：

以上的程序是正确的，但其输出结果是一位一位拼出来的，而不是整体输出一个与原数倒序排列的整数。下面的程序实现了整体输入并经过处理后整体输出的功能。

程序清单 07-05-05.c

```
//输入一个正整数,生成一个与其顺序相反的整数并输出
int main(){
    long n,m=0;
    scanf("%ld",&n);
    do{
      m=m*10+n%10;
      n=n/10;
    }while(n>0);
```

```
    printf("%ld",m);
}
```

执行程序，输入

```
1234
```

输出

```
4321
```

程序分析：

这个程序真正地得到了一个整数m，它是整数n各位数字的倒排。但当我们输入一个末位数是0的数时，会得到如下结果。

执行程序，输入

```
1200
```

输出

```
21
```

可以认为1200的倒序就是21，这样程序就完全正确了。

问题07-05-04 输入一个正整数N，输出其所有真约数之和。

分析：问题很简单，只需要使用穷举法就可以了。把1至n－1的所有正整数穷举一遍，如果是n的约数就累加。

程序清单07-05-06.c

```
int main(){
    int n,i,s;
    scanf("%d",&n);
    s=0;
    for(i=1;i<n;i++)
      if(n%i==0) s+=i;
    printf("%d",s);
}
```

执行程序，输入

```
24
```

输出

```
36
```

再次执行程序，输入

```
28
```

输出

```
28
```

程序分析：

程序中第 4～6 行代码的功能就是计算 n 的真约数之和。

问题 07-05-05 输入一个正整数 N，输出其是否为完全数（真约数之和等于本身的数）。

程序清单 07-05-07.c

```
int main(){
    int n,i,s;
    scanf("%d",&n);
    s=0;
    for(i=1;i<n;i++)
      if(n%i==0) s+=i;
    if(s==n) printf("%d 是完全数",n);
    else     printf("%d 不是完全数",n);
}
```

执行程序，输入

```
24
```

输出

```
24 不是完全数
```

再次执行程序，输入

```
28
```

输出

```
28 是完全数
```

问题 07-05-06 编程输出 6～10 000 的完全数。

程序清单 07-05-08.c

```
int main(){
    int n,i,s;
    for(n=6;n<=10000;n++){
      s=0;
      for(i=1;i<n;i++)
        if(n%i==0) s+=i;
      if(s==n) printf("%d ",n);
    }
}
```

执行程序，输出

```
6 28 496 8128
--------------------------------
Process exited after 1.237 seconds
请按任意键继续. . .
```

程序分析：

上例程序输出10 000以内的所有完全数，在笔者的计算机中程序执行用时1.237s；如果将范围扩大到6～100 000，执行程序用时就会增加到90.34s。

可以对程序进行优化，以提高执行速度。首先寻找n的真约数的范围可以从区间[1,n－1]缩小到[1,n/2]。

程序清单07-05-08-A.c

```
//编程输出 6~10 000 的完全数
int main(){
    int n,i,s;
    for(n=6;n<=10000;n++){
      s=0;
      for(i=1;i<=n/2;i++)
        if(n%i==0) s+=i;
      if(s==n) printf("%d ",n);
    }
}
```

执行程序，输出

```
6 28 496 8128
--------------------------------
Process exited after 0.8079 seconds
请按任意键继续. . .
```

程序分析：

经过优化，程序运行时间缩短到0.8079s。还可以对程序进一步优化，进入内层循环的条件应该加上s<=n这一条件。因为如果s>n成立，就没有必要再寻找下一个约数并累加了。

程序清单07-05-08-B.c

```
//编程输出 6~10 000 的完全数
int main(){
    int n,i,s;
    for(n=6;n<=10000;n++){
      s=0;
      for(i=1;i<=n/2&&s<=n;i++)
        if(n%i==0) s+=i;
      if(s==n) printf("%d ",n);
    }
}
```

执行程序，输出

```
6 28 496 8128
--------------------------------
Process exited after 0.7821 seconds
```

程序分析：

程序执行时间进一步缩短。如果将范围扩大到 6～100 000，执行程序的用时由之前的 90.34s 减少到 44.72s(此数据会因机器不同而不同)。

问题 07-05-07 输入一个正整数，输出其是否为素数。

分析：关于这个问题，在第 1 章的算法中已经详细地分析并讨论过了，下面给出关于它的几种解法，其中每个程序对应第 1 章中的一个算法，请分析每个程序的优劣。

程序清单 07-05-09-A.c(算法 1)

```
int main(){
    int n,i,s=0;
    scanf("%d",&n);
    for(i=1;i<=n;i++)
      if(n%i==0) s++;
    if(s==2) printf("YES!");
    else     printf("NO! ");
}
```

执行程序，输入

```
13
```

输出

```
YES
```

注：此程序判断 n 在区间[1,n]的约数是否为两个，是则为素数，否则不是。

程序清单 07-05-09-B.c(算法 2)

```
int main(){
    int n,i,f=1;
    scanf("%d",&n);
    for(i=2;i<n;i++)
      if(n%i==0) f=0;
    if(f==1) printf("YES!");
    else     printf("NO!");
}
```

执行程序，输入

```
15
```

输出

```
NO
```

注：此程序判断 n 在区间[2,n－1]是否有约数，有则为素数，否则不是。f 为标志变量。

程序清单 07-05-09-C.c(算法 3)

```
int main(){
    int n,i,f=1;
    scanf("%d",&n);
    for(i=2;i<n&&f==1;i++)
      if(n%i==0) f=0;
    printf(f==1?"YES!":"NO!");
}
```

执行程序，输入

```
17
```

输出

```
YES
```

注：对算法 2 的改进，进入循环的条件改为 i＜n&&f＝＝1，如果发现一个约数，循环立即停止。

程序清单 07-05-09-D.c(算法 4)

```
int main(){
    int n,i,f=1;
    scanf("%d",&n);
    for(i=2;i<=sqrt(n)&&f==1;i++)
      if(n%i==0) f=0;
    printf(f==1?"YES!":"NO!");
}
```

执行程序，输入

```
17
```

输出

```
YES
```

注：对算法 3 的改进，搜索约数的区间缩小为[2,sqrt(n)]。

程序清单 07-05-09-E. c(算法 5)

```
int main(){
    int n,i,f=1;
    scanf("%d",&n);
    for(i=2;i<=sqrt(n);i++)
      if(n%i==0){ f=0; break; }
    printf(f==1?"YES!":"NO!");
}
```

注：此程序利用 break 及时跳出循环。

问题 07-05-08 输入两个正整数 a 和 b(a<b),输出二者之间的素数。

程序清单 07-05-10. c

```
int main(){
    int a,b,i,n,f;
    scanf("%d%d",&a,&b);
    for(n=a;n<=b;n++){
      f=1;
      for(i=2;i<=sqrt(n);i++)
        if(n%i==0){f=0;break;}
      if(f==1) printf("%d ",n);
    }
}
```

执行程序,输入

```
100 200
```

输出

```
101 103 107 109 113 127 131 137 139 149 151 157 163 167 173 179 181 191 193 197 199
```

问题 07-05-09 从键盘输入一串字符(直到按回车键为止),统计其中数字字符的个数。

分析：这个问题比较简单,请大家先自行设计程序,然后再来看下面给出的 3 种解法。

程序清单 07-05-11-A. c

```
#include"stdio.h"
int main(){
    char c; int s=0;
    c=getchar();
    while(c!='\n'){
      if(c>='0'&&c<='9') s++;
      c=getchar();
    }
printf("\n%d",s);
}
```

执行程序,输入

12ABCD56E

输出

4

程序清单 07-05-11-B.c

```
#include"stdio.h"
int main(){
    char c;
    int s=0;
    do{
      c=getchar();
      if(c>='0'&&c<='9') s++;
    }while(c!='\n');
    printf("\n%d",s);
}
```

程序清单 07-05-11-C.c

```
#include"stdio.h"
int main(){
    char c;
    int s=0;
    while((c=getchar())!='\n')
      if(c>='0'&&c<='9') s++;
    printf("\n%d",s);
}
```

程序分析：

这 3 种解法哪个更好一些呢？对于如此简单的问题来说，恐怕不好回答。但从中可以看出一些编程的技巧，善于使用这些技巧，可以使程序思路清楚，代码简洁，易读易懂。在学习程序设计的时候要注意学习、掌握和应用这些技巧，对于将来设计大型程序是非常有帮助的。

* **问题 07-05-10** 请编程输出前 8 个偶完全数。

完全数又称完美数或完备数，是一些特殊的自然数：它所有的真约数（即除了自身以外的约数）的和恰好等于它本身。一个偶数是完全数，当且仅当它具有如下形式：$2^{n-1}(2^n-1)$，其中 2^n-1 是素数。此事实的充分性由欧几里得证明，而必要性则由欧拉证明。

完全数非常稀少，已知的前 10 个完全数是

6(1 位)

28(2 位)

496(3 位)

8128(4 位)

33 550 336(8 位)

8 589 869 056(10 位)

137 438 691 328(12 位)

2 305 843 008 139 952 128(19 位)

2 658 455 991 569 831 744 654 692 615 953 842 176(37 位)

191 561 942 608 236 107 294 793 378 084 303 638 130 997 321 548 169 216(54 位)

目前关于完全数研究一直存在两个谜题：一个是奇完全数是否存在；另一个是完全数是否有无限个。

程序清单 07-05-12.c

```
int main(){
    unsigned long long i,p,f,k;
    p=4;                              //p表示2的n次方
    k=1;                              //计数器
    while(k<=8){
      f=1;                            //判断p-1是否是素数
      for(i=2;i<=sqrt(p-1);i++) if( (p-1)%i==0 ){f=0;break;}
      if(f==1){                       //p-1是素数
        printf("%20lld =%lld * %lld\n",(p/2)*(p-1),p/2,p-1);
        k++;
      }
      p=p*2;
    }
}
```

执行程序，输出

```
                   6 = 2 * 3
                  28 = 4 * 7
                 496 = 16 * 31
                8128 = 64 * 127
            33550336 = 4096 * 8191
          8589869056 = 65536 * 131071
        137438691328 = 262144 * 524287
 2305843008139952128 = 1073741824 * 2147483647
```

问题 07-05-11 编程输入一个正整数，验证奇偶归一猜想，输出其运算过程的每一个数。

奇偶归一猜想又称为 3n+1 猜想、冰雹猜想、角谷猜想等。其内容为：对于任意一个正整数，如果它是奇数，则对它乘 3 再加 1，如果它是偶数，则对它除以 2，如此循环，最终都能够得到 1。

例如整数 7，它的变换过程为：22,11,34,17,52,26,13,40,20,10,5,16,8,4,2,1。

到 2009 年 1 月 18 日，有人验证正整数到 5×2^{60}=5 764 607 523 034 234 880，仍未找到例外的情况。

奇偶归一猜想到目前仍没有得到证明。有的数学家认为，该猜想任何程度的解决都是现代数学的一大进步，将开辟全新的领域。

分析：奇偶归一猜想的算法是对于正整数 n 不断地应用变换，最终必将得到 1。这正是循环结构的思想，进入循环的条件为 n!=1。在循环体内应用变换改变这个数的值后，进入下一次循环。

程序清单 07-05-13.c

```
int main(){
    int n;
    scanf("%d",&n);
    printf("\n%d:",n);
    while(n!=1){
      if(n%2==1)n=n*3+1;
      else      n=n/2;
      printf("%d ",n);
    }
}
```

执行程序，输入

```
23
```

输出

```
23:70 35 106 53 160 80 40 20 10 5 16 8 4 2 1
```

练习 07-05-01 输入两个正整数 a 和 b(a<b)，输出二者之间所有数的奇偶归一猜想的验证过程。

输入样例：

```
10  12
```

输出样例：

```
10:5 16 8 4 2 1
11:34 17 52 26 13 40 20 10 5 16 8 4 2 1
12:6 3 10 5 16 8 4 2 1
```

问题 07-05-12 编程输入一个大于 6 的偶数，验证哥德巴赫猜想，输出将其表示成两个奇素数和的所有算式。

哥德巴赫猜想是数论中存在最久的未解问题之一。这个猜想最早出现在 1742 年普鲁士人克里斯蒂安·哥德巴赫与瑞士数学家莱昂哈德·欧拉的通信中。用现代的数学语言，哥德巴赫猜想可以表述为：任何一个充分大的偶数(≥6)都可以表示成两个奇素数的和的形式。

输入样例：

```
20
```

输出样例：

```
20=3+17
20=7+13
20=9+11
```

程序清单 07-05-14.c

```
int main(){
```

```
    int n,p,q,i,f1,f2;
    scanf("%d",&n);
    for(p=3;p<=n/2;p++){
      q=n-p;
      f1=f2=1;
      for(i=2;i<sqrt(p);i++)if(p%i==0){f1=0;break;}
      for(i=2;i<sqrt(q);i++)if(q%i==0){f2=0;break;}
      if(f1&&f2)
        printf("%d=%d+%d\n",n,p,q);
    }
}
```

执行程序,输入输出结果同样例。

练习 07-05-02 输入两个正偶数 a 和 b(a<b),输出二者之间所有整数的哥德巴赫猜想的验证过程,每个数的验证过程只输出一个算式即可。

输入样例:

```
10 16
```

输出样例:

```
10=3+7
12=5+7
14=3+11
16=5+11
```

问题 07-05-13 编程输入一个 4 位正整数,验证 6174 黑洞问题,按要求输出其运算过程。

6174 是一个著名的常数,由印度数学家卡布列克提出。卡布列克发现:任何非 4 位相同的 4 位正整数,将数字重新排列,组成最大的数和最小的数,再相减,重复以上步骤,7 次以内就会出现 6174。例如:

8045,8540－0458＝8082,8820－0288＝8532,8532－2358＝6174

输入样例:

```
5678
```

输出样例:

```
8765-5678=3087
8730-0378=8352
8532-2358=6174
```

分析:6174 黑洞问题是一个迭代问题,对一个整数不断地按同一规则进行变换,直到等于 6174 为止。

程序清单 07-05-15.c

```
int main(){
    int n,a,b,c,d,p,q,t;
    scanf("%d",&n);
```

```
    while(n!=6174){
      a=n/1000;
      b=n%1000/100;
      c=n%100/10;
      d=n%10;
      if(a<b){t=a;a=b;b=t;}
      if(a<c){t=a;a=c;c=t;}
      if(a<d){t=a;a=d;d=t;}
      if(b<c){t=b;b=c;c=t;}
      if(b<d){t=b;b=d;d=t;}
      if(c<d){t=c;c=d;d=t;}
      p=a*1000+b*100+c*10+d;
      q=d*1000+c*100+b*10+a;
      n=p-q;
      printf("%04d-%04d=%04d\n",p,q,n);
    }
}
```

问题 07-05-14 编程输出以下字符图形。

```
   *
  ***
 *****
*******
 *****
  ***
   *
```

程序清单 07-05-16-A.c

```
//直接输出的办法
int main(){
    printf("\n   *   ");
    printf("\n  ***  ");
    printf("\n ***** ");
    printf("\n*******");
    printf("\n ***** ");
    printf("\n  ***  ");
    printf("\n   *   ");
}
```

程序分析：

可以看出，上面的程序无论是对出题者还是对完成题目的人来说都是没有意义的。应该考虑的是如何利用循环结构来完成这个问题。可以看出，该字符图形是由若干行组成的，可以利用一层循环来输出每一行。而每一行又是由若干个空格和若干个星号组成的，可以在外层循环内通过内层循环来输出这一行的若干个空格和星号。对于前 4 行不难找出行号与空格和星号之间的数量关系，后 3 行也是一样的。

经过以上分析，得到如下程序。

程序清单 07-05-16-B. c

```
int main(){
    int i,k,x;
    //前 4 行
    for(i=1;i<=4;i++){                              //第 i 行(前 4 行)
      for(k=1;k<=4-i;k++)     printf(" ");   //输出 4-i 个空格
      for(x=1;x<=2*i-1;x++) printf("*"); //输出 2i-1 个星号
      printf("\n");                              //输出换行符
    }
    //后 3 行
    for(i=3;i>=1;i--){
      for(k=1;k<=4-i;k++)     printf(" ");
      for(x=1;x<=2*i-1;x++) printf("*");
      printf("\n");
    }
}
```

程序分析：

上面的程序是正确的，但是程序有代码重复。能不能将程序中的两个外层循环合并成一个呢？请分析下面的程序。

程序清单 07-05-16-C. c

```
int main(){
    int n,i,k,x;
    for(n=1;n<=7;n++){
      if(n<=4) i=n;
      else      i=8-n;
      for(k=1;k<=4-i;k++)    printf(" ");
      for(x=1;x<=2*i-1;x++)printf("*");
      printf("\n");
    }
}
```

程序分析：

这个程序用了一个小小的“变换伎俩”，把两个循环合并成了一个。循环中变量 n 的值为 1、2、3、4、5、6、7，而变量 i 的值为 1、2、3、4、3、2、1。其思想和程序清单 07-05-16-B. c 是一致的，前 4 行和后 3 行仍然可以看成是分别处理的。

能否真正做到把这 7 行统一地用一个循环来处理呢？这时的行号 i 应该为 1～7，能找到每行的空格个数和星号个数与行号之间的数量关系公式吗？答案是肯定的，请看下面的程序。

*** 程序清单 07-05-16-D. c**

```
#include<math.h>
int main(){
    int h,i,k,x;
    for(i=1;i<=7;i++){
```

```
        for(k=1;k<=abs(4-i);k++)        printf(" ");
        for(x=1;x<=7-2*abs(4-i);x++) printf("*");
        printf("\n");
    }
}
```

请大家根据程序自己找出行号与每行空格数及星号数之间的换算关系。

*问题 07-05-15　编程输入一个奇数 n,输出 n 行由 * 组成的菱形图案。

输入样例:

```
7
```

输出样例:

```
   *
  ***
 *****
*******
 *****
  ***
   *
```

程序清单 07-05-17.c

```
#include<math.h>
int main(){
    int n,i,k,x;
    scanf("%d",&n);
    for(i=1;i<=n;i++){
      for(k=1;k<=abs((n+1)/2-i);k++)        printf(" ");
      for(x=1;x<=n-2*abs((n+1)/2-i);x++)printf("*");
      printf("\n");
    }
}
```

执行程序,输入

```
13
```

输出

```
      *
     ***
    *****
   *******
  *********
 ***********
*************
 ***********
  *********
   *******
    *****
     ***
      *
```

习题 7

一、选择题

1. 以下叙述中正确的是(　　)。
   A. do-while 语句构成的循环不能用其他语句构成的循环代替
   B. do-while 语句构成的循环不能用 break 语句退出
   C. do-while 语句构成的循环,在 while 后的表达式为非零时结束循环
   D. do-while 语句构成的循环,在 while 后的表达式为零时结束循环
2. 以下程序的输出结果是(　　)。(参考代码:XT_07_01_02.c)

```
#include<stdio.h>
int main(){
    int x=10,y=10,i;
    for(i=0;x>8;y=++i) printf("%d,%d ",x--,y);
    return 0;
}
```

   A. 10,1 9,2　　B. 9,8 7,6　　C. 10,9 9,0　　D. 10,10 9,1
3. 以下程序的输出结果是(　　)。(参考代码:XT_07_01_03.c)

```
#include<stdio.h>
int main(){
    int n=4;
    while(n--) printf("%d ",--n);
    return 0;
}
```

   A. 2 0　　B. 3 1　　C. 3 2 1　　D. 2 1 0
4. 以下程序的输出结果是(　　)。(参考代码:XT_07_01_04.c)

```
#include<stdio.h>
int main( ){
    int i;
    for(i=1;i<6;i++){
        if(i%2){ printf("#");continue;}
        printf("*");
    }
    return 0;
}
```

   A. #*#*#　　B. #####　　C. *****　　D. *#*#*
5. 以下程序的输出结果是(　　)。(参考代码:XT_07_01_05.c)

```
#include<stdio.h>
int main( ){
    int i;
```

```
    for(i='A';i<'I';i++,i++) printf("%c",i+32);
    return 0;
}
```

A. 编译不通过,无输出　　B. aceg

C. acegi　　D. abcdefghi

6. 以下程序中循环体的执行次数是(　　)。(参考代码:XT_07_01_06.c)

```
int main(){
    int i,j;
    for(i=0,j=1; i<=j+1; i+=2,j--)  printf("%d \n",i);
}
```

A. 3　　B. 2　　C. 1　　D. 0

7. 以下程序段的执行结果是(　　)。(参考代码:XT_07_01_07.c)

```
int a,y;  a=10;y=0;
do{
  a+=2;y+=a;
  printf("a=%d y=%d\n",a,y);
  if(y>20)  break;
}while(a=14);
```

A. a=12 y=12
a=14 y=16
a=16 y=20

B. a=12 y=12
a=16 y=28
a=18 y=24

C. a=12 y=12
a=14 y=26

D. a=12 y=12
a=16 y=28

8. 以下程序(　　)。(参考代码:XT_07_01_08.c)

```
int main(){
    int i,sum;
    for(i=1;i<=3;sum++) sum+=i;
    printf("%d\n",sum);
}
```

A. 输出 6　　B. 输出 3　　C. 陷入死循环　　D. 输出 0

9. 以下程序(　　)。(参考代码:XT_07_01_09.c)

```
int main(){
    int x=23;
    do{ printf("%d",x--); } while(!x);
}
```

A. 输出 321　　B. 输出 23　　C. 不输出任何内容　　D. 陷入死循环

10. 以下程序的输出结果是(　　)。(参考代码:XT_07_01_10.c)

```
#include<stdio.h>
int main(){
    int n=9;
    while(n>6) { n--; printf("%d",n); }
```

```
    return 0;
}
```

A. 987　　B. 876　　C. 8765　　D. 9876

11. 以下程序段中的循环(　　)。

```
int k=0;
while(k=1)  k++;
```

A. 执行无限次　　B. 有语法错误,不能执行

C. 一次也不执行　　D. 执行一次

12. 以下程序执行后输出的 sum 值是(　　)。(参考代码:XT_07_01_12.c)

```
int main(){
    int i,sum;
    for(i=1;i<6;i++)  sum+=i;
    printf("%d\n",sum);
    return 0;
}
```

A. 15　　B. 14　　C. 不确定　　D. 0

13. 以下程序段(　　)。(参考代码:XT_07_01_13.c)

```
int x=3;
do{ printf("%d ",x-=2); }while(!(--x));}
```

A. 输出 1　　B. 输出 3 0　　C. 输出 1 −2　　D. 陷入死循环

14. t 为 int 型变量,进入下面的循环之前,t 的值为 0,则以下叙述中正确的是(　　)。

```
while( t=1 ){ … }
```

A. 循环控制表达式的值为 0　　B. 循环控制表达式的值为 1

C. 循环控制表达式不合法　　D. 以上说法都不对

15. for 语句的一般形式如下:

```
for(表达式 1;表达式 2;表达式 3) 语句;
```

其中表示循环条件的是(　　)。

A. 表达式 1　　B. 表达式 2　　C. 表达式 3　　D. 语句

16. 关于以下程序段,说法正确的是(　　)。(参考代码:XT_07_01_16.c)

```
int k=1;
while(!k==0)  { k=k+1; printf("%d\n",k); }
```

A. while 循环执行两次　　B. 无限循环

C. 循环体语句一次也不执行　　D. 循环体执行一次

17. 以下代码中的 for 循环(　　)。(参考代码:XT_07_01_17.c)

```
int main(){
    int a,b;
```

```
    for(a=0,b=8;(b>=4)&&(a<=4);a++,b--) printf("X");
    return 0;
}
```

A. 无限循环　　　　B. 执行 3 次

C. 执行 4 次　　　　D. 执行 5 次

18. 在以下程序中，while 循环(　　)。(参考代码:XT_07_01_18.c)

```
int main(){
  int  i=3;
  while(i<10){
    if(i<1)    continue;
    if(i==5)  break;
    i++;
  }
  …
}
```

A. 执行 3 次　　B. 执行 7 次　　C. 执行 10 次　　D. 陷入死循环

19. 执行以下程序段，(　　)。(参考代码:XT_07_01_19.c)

```
int k=0;
while(k++<=2);    printf("last=%d",k);
```

A. 输出 last＝2　　B. 输出 last＝3　　C. 输出 last＝4　　D. 无结果

20. 执行以下程序后，a 的值为(　　)。(参考代码:XT_07_01_20.c)

```
  int a,b;
  for(a=1,b=1;a<=100;a++){
    if(b>=20)break;
    if(b%3==1) {b+=3;  continue;}
    b-=5;
  }
```

A. 7　　B. 8　　C. 9　　D. 10

21. 执行以下程序，(　　)。(参考代码:XT_07_01_21.c)

```
#include<stdio.h>
int main( ) {
    int x=3;
    do {
        printf("%d ",x-=2);
    } while(--x);
    return 0;
}
```

A. 输出 1　　B. 输出 3　0 3　　C. 输出 1 －2　　D. 陷入死循环

22. 定义如下变量：int n＝10;，则以下循环的输出结果是(　　)。(参考代码:XT_07_

01_22. c)

```
while(n>7){
    n--;
    printf("%d\n",n);
}
```

A. 10
9
8　　B. 9
8
7　　C. 10
9
8
7　　D. 9
8
7
6

23. 以下程序的输出结果是(　　)。(参考代码:XT_07_01_23. c)

```
#include<stdio.h>
int main() {
    int n=0;
    while(n++<=1)
      printf("%d ",n);
    printf("%d ",n);
    return 0;
}
```

A. 1 2 3　　B. 0 1 2　　C. 1 1 2　　D. 1 2 2

24. 以下程序的输出结果是(　　)。(参考代码:XT_07_01_24. c)

```
#include <stdio.h>
int main(){
    int i=0,a=0;
    while(i<20){
      for(;;)  {if((i%10)==0) break;else i--;}
      i+=11; a+=i;
    }
    printf("%d\n",a);
}
```

A. 21　　B. 32　　C. 33　　D. 11

25. 当输入为“quert?”时,以下程序的执行结果是(　　)。(参考代码:XT_07_01_25. c)

```
#include<stdio.h>
int main(){
    char c;
    c=getchar();
    while((c=getchar())!='?') putchar(++c);
    return 0;
}
```

A. quert　　B. vfsu　　C. quert?　　D. rvfsu?

26. 当输入为“quert?”时,以下程序的执行结果是(　　)。(参考代码:XT_07_01_26. c)

```
#include<stdio.h>
int main(){
    while( putchar(getchar()+1) !='s' );
    return 0;
}
```

A. quert　　B. rvfsu　　C. quert?　　D. rvfs

27. 当输入为“quert?”时，以下程序的执行结果是(　　)。(参考代码:XT_07_01_27.c)

```
#include<stdio.h>
int main(){
    char c;
    while((c=getchar())!='?'){
        putchar('a'+'z'-c);
    }
    return 0;
}
```

A. quert　　B. jfvig　　C. quert?　　D. jfvig?

28. 在 C 语言的循环语句 for、while、do-while 中，用于跳出循环的语句是(　　)。

A. switch　　B. continue　　C. break　　D. if

29. 若 i、j 已定义为 int 型，则以下程序段中内层循环体总的执行次数是(　　)。(参考代码:XT_07_01_29.c)

```
for(i=5;i;i--)
    for(j=0;j<4;j++){   }
```

A. 20　　B. 24　　C. 25　　D. 30

30. 以下程序的功能是：按顺序读入 3 名学生的 4 门课程的成绩，计算出每位学生的平均成绩并输出。程序中有一条语句的位置不正确。这条语句是(　　)。(参考代码:XT_07_01_30.c)

```
#include<stdio.h>
int main(){
    int n,k;
    float score,sum,ave;
    sum=0.0;
    for(n=1;n<=3;n++){
        for(k=1;k<=4;k++){
            scanf("%f",&score);
            sum+=score;
        }
        ave=sum/4.0;
        printf("学号:%d,平均成绩:%lf",n,ave);
    }
    return 0;
```

```
}
```

A. sum=0.0;　　　　B. sum+=score;

C. ave=sum/4.0;　　　　D. scanf("%f",&score);

二、程序填空题

1. 下面程序的功能是计算正整数 2345 的各位数字的平方和,请在空白处填写合适的代码。(参考代码:XT_07_01_30.c)

```
#include<stdio.h>
int main(){
    int  n,sum=0;
    n=2345;
    do{  sum=sum+(n%10)*(n%10);
        n=________;                    //请填空
    }while(n!=0);
    printf("sum=%d",sum);
}
```

2. 下面程序的功能是计算 1~50 中是 7 的倍数的数之和,请填空。(参考代码:XT_07_02_01.c)

```
#include<stdio.h>
int main(){
    int i,sum=0;
    for(i=1;i<=50;i++)
        if(________)  sum+=i;          //请填空
    printf("%d",sum);
    return 0;
}
```

三、程序阅读题

1. 写出下面程序段的输出结果。(参考代码:XT_07_03_01.c)

```
int  x=2,s=0;
while (x !=0) {
    s=s+x;   x--;
}
printf("%d",s);
```

2. 写出下面程序段的输出结果。(参考代码:XT_07_03_02.c)

```
int  x=7,s=0;
while (x >0){
    x=x-2;  s=s+x;
}
```

```
printf("x=%d,s=%d",x,s);
```

3. 写出下面程序段的输出结果。(参考代码:XT_07_03_03.c)

```
x=-3;
do{x=x+2;}while(x>0);
printf("%d",x);
```

4. 写出下面程序的输出结果。(参考代码:XT_07_03_04.c)

```
#include<stdio.h>
int main(){
    int  n,sum=0; n=2345;
    while(n>0){
        sum=sum+n%10; n=n/10;
    }
    printf("sum=%d",sum);
    return 0;
}
```

5. 写出下面程序的输出结果。(参考代码:XT_07_03_05.c)

```
#include<stdio.h>
int main(){
    int  y=5,s=0;
    do{ y--;s=s+y; } while(y>0);
    printf("%d,%d",s,y);
}
```

6. 写出下面程序的输出结果。(参考代码:XT_07_03_06.c)

```
#include<stdio.h>
int main(){
    int y=9,s=0;
    while(y>0){
        s=s+y; y=y/2;
    }
    printf("%d,%d",s,y);
    return 0;
}
```

7. 写出下面程序段的输出结果。(参考代码:XT_07_03_07.c)

```
for (y=1;y<5; ){x=3* y;y=x-1;}
printf("x=%d,y=%d",x,y);
```

8. 写出下面程序的输出结果。(参考代码:XT_07_03_08.c)

```
#include<stdio.h>
int main(){
    int a=5,b=7,i,t=9;
```

```
    for(i=0;i<2;i++){
        t=a; a=b; b=t;
    }
    printf("%d,%d",a,b);
}
```

9. 写出下面程序的输出结果。(参考代码:XT_07_03_09.c)

```
#include<stdio.h>
int main(){
    int a=3,s=0,i;
    for(i=0;i<3;i++){s=s+a;}
    printf("%d,%d",s,i);
    return 0;
}
```

10. 写出下面程序的输出结果。(参考代码:XT_07_03_10.c)

```
#include<stdio.h>
int main(){
    int  n=0,i;
    for(i=1;i<20;i++){
        if(i%3==0){
            printf("%d ",i);
            n++;
        }
    }
}
```

11. 写出下面程序的输出结果。(参考代码:XT_07_03_11.c)

```
#include<stdio.h>
int main(){
    int  i;
    for(i=7;i>0;i--){
        if(i%3==1)printf("%d",i);
        else if(i%3==2)printf("A");
        else continue;
        printf("B");
    }
    printf("C");
}
```

12. 写出下面程序的输出结果。(参考代码:XT_07_03_12.c)

```
#include<stdio.h>
int main(){
    int n; char c='A';
    for(n=0;n<5;n++,c++)
```

```
        printf("%c%c",c+n,c+n+1);
    return 0;
}
```

13. 写出下面程序的输出结果。(参考代码:XT_07_03_13.c)

```
#include<stdio.h>
int main(){
    int  i,j;
    for(i=1;i<5;i++){
        for(j=1;j<=i;j++)
            printf("%d",j);
        printf("\n");
    }
    return 0;
}
```

14. 写出下面程序的输出结果。(参考代码:XT_07_03_14.c)

```
#include<stdio.h>
int main(){
    int  a=0,i;
    for(i=0;i<10;i+=2){a+=i;}
    printf("%d,%d",a,i);
    return 0;
}
```

四、编程题

1. 有一个分数序列:2/1,3/2,5/3,8/5,13/8,21/13,…,求出这个数列的前20项之和。(参考代码:XT_07_04_01.c)

2. 编写程序,求s=1!+2!+…+10!并输出。请分别采用二重循环和一重循环解决。(参考代码: XT_07_04_02_A.c和XT_07_04_02_B.c)

3. 使用二重for循环编程打印以下图形,其中行数由键盘输入,行数不超过26。(参考代码:XT_07_04_03.c)

```
    A
   BBB
  CCCCC
 DDDDDDD
EEEEEEEEE
    ⋮
```

4. 搬砖问题。有36块砖,要求正好36人来搬;男人每人搬4块,女人每人搬3块,两个小孩抬一块砖。要求一次全搬完,问男、女、小孩各需多少人?(参考代码:XT_07_04_04.c)

5. 已知4位数a2b3能被23整除,编写程序求此4位数。(参考代码:XT_07_04_05.c)

6. 编写程序,输入某门功课的若干个同学的成绩,假定成绩都为整数,以-1作为输入

结束标志，计算平均成绩并输出(提示：使用循环结构)。(参考代码:XT_07_04_06.c)

7. 编写程序，输出1900—2010年的所有闰年，要求每行输出5个数据。(参考代码：XT_07_04_07.c)

8. 输入若干实数，计算所有正数的和、负数的和以及所有数的总和(提示：遇到非法字符时输入结束)。(参考代码:XT_07_04_08.c)

9. 有n个小运动员在参加完比赛后口渴难耐，去便利店买饮料。便利店搞促销，凭3个空瓶可以再换一瓶饮料，他们最少买多少瓶饮料才能保证一人一瓶？编程输入人数n，输出最少应买多少瓶饮料。(参考代码:XT_07_04_09.c)

10. 同构数是指这样的整数：它恰好出现在其平方数的右端，如$376^2=141\ 376$。请找出10 000以内的全部同构数。(参考代码:XT_07_04_10.c)

第8章　数　　组

前面各章介绍的C程序中使用的变量都属于简单变量。除此之外，在C语言中还提供了构造数据类型(如数组、结构体、共用体)和指针等。所谓构造数据类型，就是由基本数据类型按照一定规则组合而成的新的数据类型。本章主要介绍C语言中数组的使用，包括一维数组和二维数组的定义、使用和初始化等。

本章重点

- 数组的定义、初始化和使用。
- 数组的遍历。
- 字符数组的使用。
- 字符串处理函数的使用。

本章难点

- 二维数组的使用。
- 字符数组与字符串处理函数的使用。

8.1　认识数组

1. 简单数据类型

简单数据类型的变量都属于简单变量，例如字符型(char)、整型(int、long、long long)、实型(float、double)等。其特点是一个变量对应内存中的一小块区域，一个变量同一时刻只能存储一个数据。也就是说，定义一个变量，某一时刻只能处理一个数据，如果给变量赋予新值，则旧值丢失。如果要同时处理大量数据，就要定义多个变量。

程序清单 08-01-01.c

```
//编程输入 10 个人的年龄,输出他们的年龄总和及平均年龄
#include<stdio.h>
int main(){
    int a0,a1,a2,a3,a4,a5,a6,a7,a8,a9,sum;
    double average;
    scanf("%d%d%d%d%d%d%d%d%d%d",&a0,&a1,&a2,&a3,&a4,&a5,&a6,&a7,&a8,&a9);
    sum=a0+a1+a2+a3+a4+a5+a6+a7+a8+a9;
    average=sum/10.0;
    printf("\nSum=%d",sum);
    printf("\nAverage =%lf",average);
}
```

执行程序，输入

```
23  24  20  18  35  40  20  19  36  41
```

输出

```
Sum=276
Average=27.600000
```

程序分析：

为了处理10个人的年龄数据，本程序定义了a0至a9共10个变量，而要输入这10个数据和计算它们的和，使得数据输入语句和求和表达式变得冗长而复杂。最关键的是，书写如此多的变量名和冗长的表达式，使得程序容易出现拼写错误，也给程序的阅读、调试和修改带来麻烦。

请注意：如果将语句average=sum/10.0;中的10.0改成10，会得到正确的平均值吗？为什么？

练习08-01-01 按照此程序的编程思路和逻辑，请编程输入20个人的年龄，输出他们的年龄总和及平均年龄。

2. 构造数据类型

除了简单类型，C语言还提供了构造数据类型，如数组、结构体、共用体等。所谓构造数据类型，就是由基本数据类型按照一定规则组合而成的新的数据类型。例如本章所介绍的数组，可以通过一个标识符(数组名)处理多个同类型数据，而以后要介绍的结构体，可以通过一个标识符(结构体变量名)处理多个不同类型的数据。

3. 认识数组

在前面的程序中基本上都使用了变量，变量就是用来存放数据的，有多少数据要处理就需要定义多少个变量。就像上面的程序清单08-01-01.c那样，为了处理10个人的年龄而定义了10个专门变量，按此思路，如果有100个数据要处理，就要将这100个数据存放到100个变量中，那么就需要在程序中定义100个变量。这样的程序编写起来显然非常冗长，我们所定义的各个变量之间是完全独立的，没有任何逻辑关联，各个变量在内存中存储的地址也是没有关联的，不一定按固定顺序存储在连续的空间中。

C语言为了解决以上的问题，提供了一个构造类型的数据结构——数组。什么是数组呢？数组是一种特殊的构造数据类型，它是一组由若干个相同类型的变量构成的集合，这些变量具有一个相同的名字——数组名，各个变量之间用下标(序号)来区分。每个变量称为这个数组的元素，数组的下标是从0开始计数的。

例如，有个名字为a的整型(int)数组，共有10个元素，则在C语言中这10个数组元素的名字分别为a[0]、a[1]、a[2]、a[3]、a[4]、a[5]、a[6]、a[7]、a[8]、a[9]。

一个数组的所有元素在内存中是顺序存放的，比如刚刚提到的数组a，在内存中共占据连续的40字节的空间(假定每个int型数据占4字节)，前4字节用来存放a[0]，接下来的4字节用来存放a[1]，以此类推。

可以看出，数组是具有一定顺序关系的若干个相同类型变量的集合体，数组属于构造类型。在程序中恰当地使用数组，能大大减少程序中的变量数目，更能方便对数组中的元素进行计算和处理,使程序更加精炼。

下面的程序与程序清单 08-01-01.c 所完成的功能是完全相同的,但程序中使用了数组。

程序清单 08-01-02.c

```
//编程输入 10 个人的年龄,输出他们的年龄总和及平均年龄
#include<stdio.h>
int main(){
    int a[10],sum,i;
    double average;
    for(i=0;i<10;i++){
      scanf("%d",&a[i]);
      sum=sum+a[i];
    }
    average=sum/10.0;
    printf("\nSum=%d",sum);
    printf("\nAverage =%lf",average);
}
```

执行程序,输入

```
23  24  20  18  35  40  20  19  36  41
```

输出

```
Sum=276
Average=27.600000
```

程序分析:

此程序使用了数组,请首先对比两个程序的可读性。

此程序通过 int a[10]的形式定义了一个有 10 个元素的 int 型数组,通过 for 循环依次输入并累加 10 个数据,最后计算平均值并输出结果(请从逻辑上理解此程序,有关数组操作的细节随后介绍)。

可以看出,在使用了数组以后的程序中,减少了变量的定义,数据的处理和程序的逻辑变得简单。更为重要的是,可以利用循环结构对所有数组元素进行统一处理,这一点对于多个独立的变量来说是不可能的。

练习 08-01-02 按照此程序的编程思路和逻辑,请编程输入 20 个人的年龄,输出他们的年龄总和及平均年龄。(相信读者可以轻松掌握此程序的编写,即在上例程序的基础上,修改 3 个数据即可。)

8.2 一维数组

1. 一维数组的定义

数组是具有相同名字的、通过下标来互相区别的、在内存中连续存放的一组变量。如果

数组元素之间只通过一个下标分量来相互区分,那它就是一维数组。

一维数组是只有一个下标的数组,通过一个下标序号就能确定数组元素。数组和其他普通变量一样,在程序中必须先定义后引用。

一维数组定义的一般形式为

```
类型说明符 数组名[整型常量表达式];
```

例如:

```
int   a[10];    /*数组名为a,类型为整型,有10个元素*/
float f[20];    /*数组名为f,类型为单精度实型,有20个元素*/
char  ch[20];   /*数组名为ch,类型为字符型,有20个元素*/
```

功能说明:

(1) 类型说明符定义了数组元素的类型,该数组的所有元素必须具有相同的数据类型。

(2) 数组名和变量名的命名规则相同,都是标识符。

(3) 整型常量表达式表明数组的长度(元素个数),要放在方括号内,且必须是常量表达式(C99标准之前)。表达式的值定义了该数组一共有多少个元素。

(4) 数组元素的下标从0开始,所以上文中数组a的元素有a[0],a[1],a[2],…,a[9]共10个元素,数组f的元素有f[0],f[1],f[2],…,f[19]共20个元素。

程序清单08-02-01.c

```
//一维数组的定义
int main(){
    int a[10],k;
    for(k=0;k<10;k++) a[k]=k;
    for(k=0;k<10;k++) printf("%d ",a[k]);
}
```

执行程序,输出

```
0 1 2 3 4 5 6 7 8 9
```

程序分析:

此例程序定义了一个有10个元素的int型数组a和一个int型变量k(用作循环变量)。之后通过for循环为每个元素赋值,再通过另一个for循环输出每个元素的值。

请注意:循环变量k的初始取值为0,进入循环的最后一个值是9,循环体内通过a[k]来访问数组元素,正好完成对所有元素的依次访问。

2. 数组元素在内存中连续存放

数组的所有元素被安排在一块连续的存储空间,数组元素在内存中依次存放,它们的地址是连续的。C语言还规定,数组名就是数组的首地址,也可以理解为数组名就是数组中第一个元素(下标为0)的地址。

程序清单08-02-02.c

```
//一维数组在内存中的存储地址
```

```
int main(){
    int a[10],k;
    for(k=0;k<10;k++) a[k]=k;
    printf("Array address:%x\n",a);
    for(k=0;k<10;k++)
      printf("a[%d]=%d,Memory address:%x\n",k,a[k],&a[k]);
}
```

执行程序，输出

```
Array address:22fe20
a[0]=0,Memory address:22fe20
a[1]=1,Memory address:22fe24
a[2]=2,Memory address:22fe28
a[3]=3,Memory address:22fe2c
a[4]=4,Memory address:22fe30
a[5]=5,Memory address:22fe34
a[6]=6,Memory address:22fe38
a[7]=7,Memory address:22fe3c
a[8]=8,Memory address:22fe40
a[9]=9,Memory address:22fe44
```

程序分析：

本例程序中通过%x格式说明符以十六进制整数形式输出内存地址值(内存地址值其实是一个无符号整数)。通过输出可以看出，数组名就是数组的首地址，每个元素占4字节，a[0]～a[9]共10个元素在内存中存放在连续的存储空间。

3. 一维数组元素的引用

数组必须先定义后引用。由于数组元素和变量的地位相同，所以可以像使用变量一样使用数组元素。而且一次只能引用一个数组元素，而不能一次引用整个数组(字符串数组除外)。

引用数组元素的一般形式是

数组名[下标]

下标可以是整型常量或整型表达式，例如下列语句是合法的：

```
a[0]=5;  a[1]=a[0]*5+9;  a[a[0]]=6;
```

程序清单 08-02-03.c

```
//一维数组元素的引用
int main(){
    int a[10],k;
    for(k=0;k<10;k++) a[k]=k*k+3;
    a[4]=a[3]+a[5];
    a[5]=2*a[2]+a[8]/(a[4]-15);
```

```
    scanf("%d",&a[6]);
    for(k=0;k<10;k++) printf("%d ",a[k]);
}
```

执行程序，输入

```
666
```

输出

```
3 4 7 12 40 16 666 52 67 84
```

程序分析：

可以看出，单个数组元素和其他简单变量一样，可以参与各种运算和输入输出处理。请读者自行分析此程序每条语句的功能和执行结果。

4. 数组的遍历

对数组中的每个元素依次访问一遍，称为对数组的遍历。程序中通常在循环结构里让循环变量（计数器）从 0 开始，每次循环后加 1，直到数组最大下标，以此来遍历整个数组。

程序清单 08-02-04.c

```
//一维数组的定义和元素的引用
int main(){
    char  c[26],i;
    for(i=0;i<26;i++)
      c[i]='A'+i;;
    for(i=0;i<26;i++)
      printf("%c%c ",c[i],c[i]+32);
}
```

执行程序，输出

```
Aa Bb Cc Dd Ee Ff Gg Hh Ii Jj Kk Ll Mm Nn Oo Pp Qq Rr Ss Tt Uu Vv Ww Xx Yy Zz
```

程序分析：

对数组元素的统一处理通常要通过遍历操作实现，而对数组的遍历操作通常要通过循环结构实现。

本程序通过第一次遍历对所有数组元素依次赋值，通过第二次遍历实现将所有元素依次输出。

程序清单 08-02-05.c

```
//一维数组的定义和元素的引用
int main(){
    long p[10];
    long n;
    for(n=0;n<10;n++)
      p[n]=n*n-n+41;
    for(n=0;n<10;n++) printf("p[%d]=%d\n",n,p[n]);
```

```
}
```

执行程序,输出

```
p[0]=41
p[1]=41
p[2]=43
p[3]=47
p[4]=53
p[5]=61
p[6]=71
p[7]=83
p[8]=97
p[9]=113
```

程序分析:

同上例程序一样,本程序依然是通过一次遍历对数组元素赋值,通过另一次遍历输出数组元素。

大家注意到程序输出的元素值有什么特点了吗?对,它们都是素数。这些值都来自赋值语句 p[n]=n*n-n+41;,而表达式 n*n-n+41 是一个神奇的算式(有人称其为欧拉公式),它对于 n 取值为-39～40 的计算结果都是素数,类似的素数产生公式还有很多,感兴趣的读者可以查找相关资料了解。

5. 合法的数组定义

定义数组时,要求数组长度是一个常量表达式,表示数组的长度(元素个数)。下列数组的定义是合法的:

```
int b[10+20];                  //相当于 int b[30];
double d[10+20/6];             //相当于 double d[13];
int c['A'];                    //相当于 int c[65];
int x[(int)5.6];               //相当于 int x[5];
```

下面程序代码的数组定义也是合法的:

```
#define N 10
int main(){
  int a[N],b[N+10];        //预处理后替换成 int a[10],b[20];
}
```

6. C99 标准对数组的补充

以下的定义在 C99 标准之前是非法的,因为数组的长度为包含变量的表达式(非常量表达式):

```
int n=10;
int a[n];
```

C99 标准增加了可变长数组的概念，可变长指的是在编译期可变，数组定义时其长度可为整数类型的任何表达式，不再像 C90 标准规定的那样必须是整数常量表达式。所以上述定义在 C99 标准中是合法的(Dev-C++ 5.11 支持 C99 标准)。

7. 非法的数组定义

下面两种定义数组的情况是错误的，将产生编译错误：

```
int a[5.6];      //[Error] size of array 'a' has non-integer type
                 //[错误]数组 a 的长度不是整型
int b[-5];       //[Error] size of array 'a' is negative
                 //[错误]数组 a 的长度是负数
```

8. 一维数组的初始化

数组元素可以通过赋值语句直接赋值，也可以在定义数组的同时对其进行初始化。

(1) 在定义数组时对数组全部元素进行初始化。例如：

```
int a[10]={0,1,2,3,4,5,6,7,8,9};
```

将数组元素的初值用逗号分隔，依次放在一对大括号内。初值与数组元素是一一对应的(多余的元素会被忽略)，所以经过上述初始化后，数组元素 a[0]～a[10]的值依次为 0～9。

(2) 在定义数组时对数组部分元素进行初始化。例如：

```
int a[10]={0,1,2,3,4};
```

数组定义了 10 个元素，初始化列表中只给出了 5 个值，这 5 个值依次赋给 a[0]～a[4]，其余数组元素由系统自动赋值为 0。

(3) 如果数组在定义时没有进行初始化操作，那么其所有元素的初值为随机值。

程序清单 08-02-06.c

```
//一维数组的初始化
#include<stdio.h>
int main(){
    int a[10],i;
    for(i=0;i<10;i++) printf("%d ",a[i]);
}
```

执行程序，输出

```
4198400 3 0 56 4096 2686664 4202334 4202240 0 42
```

程序分析：

未进行任何初始化赋值的数组元素和未初始化的变量是同一情况，其值是不确定的。此程序在不同机器上会得到不同的输出结果。

程序清单 08-02-07.c

```
//一维数组初始化
```

```
#include<stdio.h>
int main(){
    int a[10],i;
    for(i=0;i<10;i+=2) a[i]=i*i;
    for(i=0;i<10;i++) printf("%d ",a[i]);
}
```

执行程序,输出

```
0 3 4 56 16 2686664 36 4202288 64 47
```

程序分析:

定义数组 a 时未赋初值,所有元素的值不确定。第一个 for 循环给下标为偶数的元素赋值为下标的平方,第二个 for 循环遍历输出所有元素。

程序清单 08-02-08. c

```
//一维数组初始化
int main(){
    int i,a[10]={1,2,3,4};
    for(i=0;i<10;i++) printf("%d ",a[i]);
}
```

执行程序,输出

```
1 2 3 4 0 0 0 0 0 0
```

程序分析:

输出结果证明,如果只对部分元素赋初值,系统会对其他元素做清零处理。

程序清单 08-02-09. c

```
#include<stdio.h>
int main(){
    int i,a[10]={};
    for(i=0;i<10;i++) printf("%d ",a[i]);
}
```

执行程序,输出

```
0 0 0 0 0 0 0 0 0 0
```

程序分析:

此种情况也对数组进行了初始化,虽然大括号内没有值,系统也对所有元素清零。

程序清单 08-02-10. c

```
//一维数组初始化
#include<stdio.h>
int main(){
    int i;
    int a[10]={1,2,3,4,5,6,7,8,9,10,11,12,13};
```

```
    int b[]  ={1,2,3,4,5,6,7,8,9,10};
    for(i=0;i<10;i++) printf("%d ",a[i]);
    printf("\n");
    for(i=0;i<10;i++) printf("%d ",b[i]);
}
```

执行程序,输出

```
1 2 3 4 5 6 7 8 9 10
1 2 3 4 5 6 7 8 9 10
```

程序分析:

初始化序列中,多余的数据会被编译器忽略。

如果在初始化时指定了全部元素的值,那么定义数组时长度可以省略,系统会自动指定长度为初始化序列中的元素个数。

*** 程序清单 08-02-11.c**

```
//一维数组初始化(C99支持的标准)
#include<stdio.h>
int main(){
    int i;
    //以下程序只对 a[0]、a[4]和 a[8]赋值
    int a[10]={[0]=1,[4]=5,[8]=13};   //C99标准合法,旧标准不合法
    for(i=0;i<10;i++) printf("%d ",a[i]);
}
```

执行程序,输出

```
1 0 0 0 5 0 0 0 13 0
```

程序分析:

C99 标准中可以只对指定下标的部分元素赋初值,其他未赋值元素的值自动清零。

8.3 一维数组应用

问题 08-03-01 斐波那契数列是这样一个数列:1,1,2,3,5,8,13,21,…,这个数列前两项是 1,从第 3 项开始,每一项都等于前两项之和。编程输出斐波那契数列的前 20 项。

程序清单 08-03-01.c

```
int main(){
    int f[20]={1,1};
    int i;
    for(i=2;i<20;i++)
      f[i]=f[i-1]+f[i-2];
    for(i=0;i<20;i++){
      printf("%8d ",f[i]);
      if(i%5==4) printf("\n");
```

```
    }
}
```

执行程序，输出

```
  1     1     2     3     5
  8    13    21    34    55
 89   144   233   377   610
987  1597  2584  4181  6765
```

练习 08-03-01 传说古希腊毕达哥拉斯(约公元前 570—约公元前 500)学派的数学家经常在沙滩上研究数学问题，他们在沙滩上画点或用小石子来表示数。例如，他们发现，下列图形的石子数依次为 1,3,6,10,15,21,28,36,45,55,66,78,91,…，这些数被称为三角形数。仿照上例程序输出从 1 开始的前 30 个三角形数。

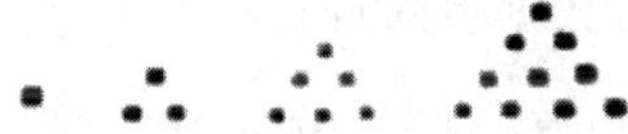

问题 08-03-02 编程产生 10 个随机整数(0～99)存入数组中，正序输出后，再将这 10 个数逆序输出，请将程序清单 08-03-02.c 补充完整。

程序输出效果如下(每次执行数据不同)：

```
原数组: 42  75  29  66  79  55  53  43  27  41
重置后: 41  27  43  53  55  79  66  29  75  42
```

程序清单 08-03-02.c

```
#include<stdlib.h>
#include<time.h>
int main(){
    int a[10],i,j,k,t;                    //变量 j、k、t 可供程序补充代码处使用
    srand(time(NULL));
    for(i=0;i<10;i++) a[i]=rand()%100;
    printf("\n 原数组:");
    for(i=0;i<10;i++) printf("%3d ",a[i]);

    //请在此处补充代码

    printf("\n 重置后:");
    for(i=0;i<10;i++) printf("%3d ",a[i]);
}
```

答案 1：

```
  for(i=0,j=9;i<j;i++,j--){
    t=a[i]; a[i]=a[j]; a[j]=t;
  }
```

答案 2：

```
for(i=0;i<5;i++){
  t=a[i]; a[i]=a[9-i]; a[9-i]=t;
}
```

练习 08-03-02 在问题 08-03-02 代码的基础上，补充代码实现数组前半段和后半段位置互换。

程序输出效果如下(每次执行数据不同)：

```
原数组: 36  43  41  62  20   29  72  17   0  41
互换后: 29  72  17   0  41   36  43  41  62  20
```

问题 08-03-03 编程将 10 个随机整数(0～99)存入数组中，依次输出首尾对称位置上的一对元素之和(共 5 对)。

程序输出效果如下(每次执行数据不同)：

```
原数组:  5  89  54  86  52   0  43  24   4  51
首尾对称元素之和: 56  93  78 129  52
```

程序清单 08-03-03.c

```
#include<stdlib.h>
#include<time.h>
int main(){
    int a[10],i,j,k,t;
    srand(time(NULL));
    for(i=0;i<10;i++) a[i]=rand()%100;
    printf("\n 原数组:");
    for(i=0;i<10;i++) printf("%3d ",a[i]);
    printf("\n 首尾对称元素之和:");
    for(i=0;i<5;i++) printf("%3d ",a[i]+a[9-i]);
}
```

问题 08-03-04 编程将 10 个随机整数(0～99)存入数组中，依次输出最大值、最小值、总和以及平均值(平均值可能是实数)。

程序输出效果如下(每次执行数据不同)：

```
数组元素: 60  42  98  63  24  56  28  79  77  74
最大值:98,最小值:24,总和:601,平均值:60.100000
```

程序清单 08-03-04.c

```
#include<stdlib.h>
#include<time.h>
int main(){
    int a[10],i,j,k,t;
    srand(time(NULL));
    for(i=0;i<10;i++) a[i]=rand()%100;
```

```
    printf("\n数组元素:");
    for(i=0;i<10;i++) printf("%3d ",a[i]);
    int max,min,sum;
    double average;
    max=min=a[0];
    sum=0;
    for(i=0;i<10;i++){
      sum+=a[i];
      if(max<a[i])max=a[i];
      if(min>a[i])min=a[i];
    }
    average=sum/10.0;
    printf("\n最大值:%d,最小值:%d,总和:%d,平均值:%lf",
           max,min,sum,average);
}
```

问题 08-03-05 校园歌手大赛。编程生成20个随机整数(70～100)并存入数组中作为20个评委对8号选手的打分,实现输出样例要求的功能(最后得分为去掉最高分和最低分后的平均分)。

程序输出样例:

```
8号选手得分: 82  89  83  70  94  90  86  73  79  83  89  97  95  93  82  94  96  94
  91  84
去掉一个最高分 97分
去掉一个最低分 70分
8号选手最后得分:  87.000分
```

程序清单 08-03-05.c

```
#include<stdlib.h>
#include<time.h>
#define N 20
int main(){
    int a[N],i,j,k,t;
    srand(time(NULL));
    for(i=0;i<N;i++) a[i]=70+rand()%31;
    printf("\n8号选手得分:");
    for(i=0;i<N;i++) printf("%3d ",a[i]);
    int max,min,sum;
    double average;
    max=min=a[0];
    sum=0;
    for(i=0;i<N;i++){
      sum+=a[i];
      if(max<a[i])max=a[i];
      if(min>a[i])min=a[i];
    }
```

```
    average=(sum-max-min)*1.0/(N-2);   //为什么要乘以1.0?
    printf("\n去掉一个最高分%3d分",max);
    printf("\n去掉一个最低分%3d分",min);
    printf("\n8号选手最后得分:%8.3lf分",average);
}
```

*练习 08-03-03　校园歌手大赛。编程生成20个随机整数(70～100)并存入数组中作为评委对8号选手的打分。最后得分计算规则：先计算20个数的平均分，然后去掉所有与平均分相差10分以上的分数(不合格得分)，最后把剩下的分数再取平均作为8号选手最后得分。如果没有剩下的分数，此次打分无效。

输出样例1：

```
8号选手得分:86  87  83  70  99  94  78  89  86  80  97  84  90  87  95  87  84  99
  84  95
所有评委平均分  :  87.700分
不合格得分      : 70   99   99
8号选手最后得分:  87.412分
```

输出样例2：

```
8号选手得分:72  72  73  71  71  72  73  71  71  72  98  98  97 100  99  97  97  99
  99  99
所有评委平均分 :  85.050
不合格得分     : 72  72  73  71  71  72  73  71  71  72  98  98  97 100  99  97  97
99  99  99
无合格得分,本次打分无效。
```

*练习 08-03-04　针对歌手大赛评分规则，考虑加入大众评委、网络人气等因素，请自行设计评分规则，编程实现。

*练习 08-03-05　编程产生10个随机整数(0～99)存入数组中，依次输出后，再输出它们的方差和标准差(实数)。

问题 08-03-06　编程生成10个随机整数(1～100)存入数组中，从大到小排序后依次输出。

输出样例(所有数据随机产生)：

```
排序前:46 50 72 63 90 42 84 49 90 14
排序后:90 90 84 72 63 50 49 46 42 14
```

首先介绍简单选择排序法。

程序清单 08-03-06.c

```
#include<stdlib.h>
#include<time.h>
#define N 10
int main(){
    int a[N],i,j,k,t;
    srand(time(NULL));
```

```
    for(i=0;i<N;i++) a[i]=rand()%100+1;
    printf("排序前:");
    for(i=0;i<N;i++)
        printf("%d ",a[i]);

    //以下代码为应用简单选择排序法对数组元素排序
    for(i=0;i<N-1;i++)
        for(j=i+1;j<N;j++)
            if(a[i]<a[j]){
                t=a[i];a[i]=a[j];a[j]=t;
            }
    //排序完成

    printf("\n 排序后:");
    for(i=0;i<N;i++)
        printf("%d ",a[i]);
}
```

程序分析:

本例程序采用的排序方法为简单选择排序法,按此算法从大到小排序的基本原理是:每一趟排序将待排位置上的元素依次与其后面的所有元素比较,若存在小于关系则交换。一趟排序下来以后,待排位置上的元素将比其后面所有的元素都大。

第 0 趟排序时 a[0]是待排位置,第 i 趟排序时 a[i]是待排位置,这样经过 N−1 趟排序后,所有元素从大到小排列。

下面演示了该排序方法的基本过程,为方便叙述,排序趟数从 0 开始计数。

第 0 趟排序(待排序下标范围为 0~9,即整个数组,待排位置为 a[0]):

循环变量/下标	0	1	2	3	4	5	6	7	8	9	操作
i=0,j=1	46	50	72	63	90	42	84	49	90	14	46<50,交换
i=0,j=2	50	46	72	63	90	42	84	49	90	14	50<72,交换
i=0,j=3	72	46	50	63	90	42	84	49	90	14	
i=0,j=4	72	46	50	63	90	42	84	49	90	14	72<90,交换
i=0,j=5	90	46	50	63	72	42	84	49	90	14	
i=0,j=6	90	46	50	63	72	42	84	49	90	14	
i=0,j=7	90	46	50	63	72	42	84	49	90	14	
i=0,j=8	90	46	50	63	72	42	84	49	90	14	
i=0,j=9	90	46	50	63	72	42	84	49	90	14	
排序结果	90	46	50	63	72	42	84	49	90	14	

第 0 趟排序后,a[0]的值为此次待排序区间中的最大值。

第 1 趟排序(待排序下标范围为 1~9,待排位置为 a[1]):

循环变量/下标	0	1	2	3	4	5	6	7	8	9	操作
i=1,j=2	90	46	50	63	72	42	84	49	90	14	46<50,交换
i=1,j=3	90	50	46	63	72	42	84	49	90	14	50<63,交换
i=1,j=4	90	63	46	50	72	42	84	49	90	14	63<72,交换
i=1,j=5	90	72	46	50	63	42	84	49	90	14	
i=1,j=6	90	72	46	50	63	42	84	49	90	14	72<84,交换
i=1,j=7	90	84	46	50	63	42	72	49	90	14	
i=1,j=8	90	84	46	50	63	42	72	49	90	14	84<90,交换
i=1,j=9	90	90	46	50	63	42	72	49	84	14	
排序结果	90	90	46	50	63	42	72	49	84	14	

第 1 趟排序后,a[1]的值为此次待排序区间中的最大值。

依此类推,第 8 趟排序后,a[8]的值为待排序区间(a[8]至 a[9])中的最大值。至此整个数组的排序完成。

简单选择排序法的改进:所有的排序算法都是由比较和移位操作完成的,分析简单选择排序法发现我们不能改变比较的次数,但是可以通过优化减少移位的次数。例如,每一趟排序将待排位置元素与其后面的所有元素比较,若存在小于关系,记下大数的下标,下次比较则用这个大数依次与剩下的元素比较,一趟比较下来以后,就找到了最大的数,然后再与待排位置上的元素互换,这样待排位置上的元素将比其后面所有的元素都大。

以下代码为应用改进简单选择排序法对数组元素排序:

```
for(i=0;i<N-1;i++){                     //共 N-1 趟
    k=i;
    for(j=i+1;j<N;j++)                  //定位最大值元素位置
        if(a[k]<a[j]) k=j;
    if(a[i]!=a[k]){                     //交换
        t=a[i];a[i]=a[k];a[k]=t;
    }
}
```

下面再介绍另一种常用的排序方法——冒泡排序法。

程序清单 08-03-07.c

```
#include<stdlib.h>
#include<time.h>
#define N 10
int main(){
    int a[N],i,j,k,t;
    srand(time(NULL));
    for(i=0;i<N;i++) a[i]=rand()%100+1;
    printf("排序前:");
    for(i=0;i<N;i++)
```

```
        printf("%d ",a[i]);
    //以下代码为应用冒泡排序法对数组元素排序
    for(k=1;k<=N-1;k++)
        for(i=0;i<N-k;i++)
            if(a[i]<a[i+1]){
                t=a[i];a[i]=a[i+1];a[i+1]=t;
            }
    //排序完成
    printf("\n排序后:");
    for(i=0;i<N;i++)
        printf("%d ",a[i]);
}
```

程序分析：

本例程序采用冒泡排序法实现排序，此算法从大到小排序的基本原理是：每一趟排序将待排序空间中每一个元素与其后面的相邻元素比较，若存在小于关系则交换（冒泡），一趟排序下来以后，待排序空间中的最后一个元素最小。

第1趟排序时待排序下标范围为0～N－1，从a[0]到a[N－1－1]依次与其后相邻元素比较，若小于则交换，这样第1趟排序之后，保证a[N－1]最小。

第k趟排序时待排序下标范围为0～N－k，从a[0]到a[N－k－1]依次与其后相邻元素比较，若小于则交换，这样第k趟排序之后，保证a[N－k]最小。

此算法重复地走访要排序的数列，一次比较两个元素，如果它们的顺序错误就把它们交换过来。这个算法是因为大的元素会像水中的气泡一样经由交换慢慢“冒”到序列靠前的位置。

下面演示了该排序方法的基本过程，为方便叙述，排序趟数从1开始计数。

第1趟排序（待排序下标范围为0～9，即整个数组，待排位置为a[9]）：

循环变量/下标	0	1	2	3	4	5	6	7	8	9	操作
k=1,i=0	46	50	72	63	90	42	84	49	90	14	46<50,交换
k=1,i=1	50	46	72	63	90	42	84	49	90	14	46<72,交换
k=1,i=2	50	72	46	63	90	42	84	49	90	14	46<63,交换
k=1,i=3	50	72	63	46	90	42	84	49	90	14	46<90,交换
k=1,i=4	50	72	63	90	46	42	84	49	90	14	
k=1,i=5	50	72	63	90	46	42	84	49	90	14	42<84,交换
k=1,i=6	50	72	63	90	46	84	42	49	90	14	42<49,交换
k=1,i=7	50	72	63	90	46	84	49	42	90	14	42<90,交换
k=1,i=8	50	72	63	90	46	84	49	90	42	14	
排序结果	50	72	63	90	46	84	49	90	42	14	

第1趟排序后，a[9]的值为此次待排序区间中的最小值。

第2趟排序(待排序下标范围为0～8,待排位置为a[8]):

循环变量/下标	0	1	2	3	4	5	6	7	8	9	操作
k=2,i=0	50	72	63	90	46	84	49	90	42	14	50<72,交换
k=2,i=1	72	50	63	90	46	84	49	90	42	14	50<63,交换
k=2,i=2	72	63	50	90	46	84	49	90	42	14	50<90,交换
k=2,i=3	72	63	90	50	46	84	49	90	42	14	
k=2,i=4	72	63	90	50	46	84	49	90	42	14	46<84,交换
k=2,i=5	72	63	90	50	84	46	49	90	42	14	46<49,交换
k=2,i=6	72	63	90	50	84	49	46	90	42	14	46<90,交换
k=2,i=7	72	63	90	50	84	49	90	46	42	14	
排序结果	72	63	90	50	84	49	90	46	42	14	

第2趟排序后,a[8]的值为此次待排序区间中的最小值。

依此类推,第8趟排序后,整个数组的排序完成。

可以看出,简单选择排序法每趟排序确定最左侧的最大值,而冒泡排序法每趟排序确定最右侧的最小值。

冒泡排序法的改进:所有的排序算法都是由比较和移位操作完成的,分析冒泡排序法发现,当待排元素已经有序的情况下,就无须进行后续的排序了。

以下代码为应用改进冒泡排序法对数组元素排序:

```
int flag;
for(k=1;k<=N-1;k++){              //共 N-1 趟排序
    flag=0;                       //标志变量置 0
    for(i=0;i<N-k;i++)
        if(a[i]<a[i+1]){
            t=a[i];a[i]=a[i+1];a[i+1]=t;
            flag=1;               //发生交换时标志置 1
        }
    if(flag==0) break;            //若无交换说明所有元素已有序,跳出循环
}
```

练习 08-03-06 查阅资料自学,分别用插入排序法、归并排序法等方法编程对数组元素进行排序。

8.4 二维数组

1. 多维数组

一维数组只有一个下标,其数组元素也称为单下标变量。在实际问题中有很多数据量呈现出二维或多维的特征。例如,剧院的某个座位通常两个坐标才能确定它的位置(×排×

号)；如果是多层看台的剧场，通常 3 个坐标才能确定它的位置(×层×排×号)。因此 C 语言允许构造多维数组，多维数组元素有多个下标，以标识它在数组中的位置，所以也称为多下标变量。本节只介绍二维数组，多维数组可由二维数组类推而得到。

2. 二维数组的定义

二维数组是有两个下标的数组，通过两个下标序号才能确定数组元素。

二维数组定义的一般形式为

类型说明符 数组名[常量表达式 1][常量表达式 2];

例如：

```
float a[3][4];
```

可以将其理解为定义一个 3 行 4 列的二维数组。常量表达式 1 指明数组行数，常量表达式 2 指明数组列数。

功能说明：

(1) 二维数组的数组名和变量名的命名规则和一维数组相同，都是标识符。

(2) 二维数组关于常量表达式的规定和一维数组相同，每一维的下标都是从 0 开始计数的。

3. 二维数组元素的引用

二维数组元素引用的一般形式为

数组名[行下标][列下标];

例如，有定义 float a[3][4];，那么数组的各个元素如下：

a[0][0]　a[0][1]　a[0][2]　a[0][3]

a[1][0]　a[1][1]　a[1][2]　a[1][3]

a[2][0]　a[2][1]　a[2][2]　a[2][3]

二维数组元素也可以像普通变量一样参加运算：

```
a[1][2]=a[2][3]/2;
a[2][1]=a[1][2]+a[2][3];
```

4. 二维数组元素的遍历

可以通过双层循环结构来访问二维数组的每个元素，即用一个变量表示数组的行号，另一个变量表示数组的列号。

程序清单 08-04-01.c

```
//二维数组的遍历
#include<stdio.h>
int main(){
    int a[5][5];
```

```
    int i,j;
    for(i=0;i<5;i++)              //遍历数组,依次赋值
      for(j=0;j<5;j++)
         a[i][j]=(i+1)*10+(j+1);
    for(i=0;i<5;i++){             //遍历数组,依次输出
      for(j=0;j<5;j++)
        printf("%4d",a[i][j]);
      printf("\n");
    }
}
```

执行程序,输出

```
11  12  13  14  15
21  22  23  24  25
31  32  33  34  35
41  42  43  44  45
51  52  53  54  55
```

程序分析:

本例是典型的二维数组遍历。第一个双重循环遍历数组,为每个元素依次赋值;第二个双重循环遍历数组,依次输出每个元素,并在每行之后输出换行。

5. 二维数组的存储

和一维数组一样,二维数组的所有元素被安排在一块连续的存储空间,数组元素在内存中依次存放,它们的地址是连续的,也就是说,二维数组在内存中是按一维线性排列的。而且在 C 语言中,二维数组是按行排列的,即先存放 a[0]行,再存放 a[1]行,以此类推。

程序清单 08-04-02.c

```
//二维数组的存储
#include<stdio.h>
int main(){
    int a[3][3];
    int i,j;
    for(i=0;i<3;i++)        //遍历数组,依次输出元素的地址
      for(j=0;j<3;j++)
        printf("%x ",&a[i][j]);
}
```

执行程序,输出

```
22fe20 22fe24 22fe28 22fe2c 22fe30 22fe34 22fe38 22fe3c 22fe40
```

6. 二维数组元素的初始化

二维数组元素的初始化可以通过以下几种方法来进行:

(1) 分行赋初值(每个内层大括号负责一行)。例如:

```
int a[3][4]={ {1,2,3,4},{5,6,7,8},{9,10,11,12} };
```

(2) 不按行,从左到右依次赋值。例如:

```
int a[3][4]={1,2,3,4,5,6,7,8,9,10,11,12};
```

(3) 可以只对部分元素赋值。例如:

```
int a[3][4]={1,2,3,4,5,6,7,8};      /* 不按行,从左至右依次赋初值 */
int a[3][4]={{1,2},{5,6,7},{8}};   /* 按行,每行只是部分赋初值 */
```

(4) 如果是对数组中的全部元素赋初值,则第一维的大小可省略,系统会根据第二维的大小及所有初值的个数自动计算第一维的大小。例如:

```
int a[][4]={1,2,3,4,5,6,7,8,9,10,11,12};
```

(5) 关于未经初始化的数组元素的初值,与一维数组的规定相同。

程序清单 08-04-03.c

```
//二维数组的初始化
#include<stdio.h>
int main(){
    int a[5][5];
    int i,j;
    for(i=0;i<5;i++){      //没有初始化就输出
      for(j=0;j<5;j++)
        printf("%-10d ",a[i][j]);
      printf("\n");
    }
}
```

执行程序,输出

```
8          0          4200174    0          4203200
0          66         0          3106352    0
1          0          -1         -1         66
0          1          0          4200201    0
3          0          66         0          1999377760
```

程序分析:

可以看出,和一维数组一样,没有被初始化的二维数组,其所有元素的值都是不确定的。

程序清单 08-04-04.c

```
//二维数组的初始化
#include<stdio.h>
int main(){
    int a[5][5]={{1,2},{3,4,5,6,7},{},{9}};
    int i,j;
    for(i=0;i<5;i++){
      for(j=0;j<5;j++)
```

```
        printf("%d ",a[i][j]);
      printf("\n");
    }
}
```

执行程序,输出

```
1 2 0 0 0
3 4 5 6 7
0 0 0 0 0
9 0 0 0 0
0 0 0 0 0
```

程序分析:

按行赋初值,对于没有赋初值的元素,系统做清零处理。

程序清单 08-04-05.c

```
//二维数组的初始化
#include<stdio.h>
int main(){
    int a[][5]={{1,2},{3,4,5,6,7},{},{9},{10,11}};
    int i,j;
    for(i=0;i<5;i++){
      for(j=0;j<5;j++)
        printf("%2d ",a[i][j]);
      printf("\n");
    }
}
```

执行程序,输出

```
 1  2  0  0  0
 3  4  5  6  7
 0  0  0  0  0
 9  0  0  0  0
10 11  0  0  0
```

程序分析:

对于赋了初值的二维数组,在定义时可以省略行数,系统会自动识别。定义二维数组时,列数不能省略。

程序清单 08-04-06.c

```
//二维数组的初始化
#include<stdio.h>
int main(){
    int a[][5]={1,2,3,4,5,6,7,8,9,10,11,12,13,14,15,16,17,18,19,20,21,22};
    int i,j;
    for(i=0;i<5;i++){
```

```
        for(j=0;j<5;j++)
          printf("%2d ",a[i][j]);
        printf("\n");
      }
}
```

执行程序，输出

```
 1  2  3  4  5
 6  7  8  9 10
11 12 13 14 15
16 17 18 19 20
21 22  0  0  0
```

程序分析：

二维数组也可以采用像一维数组那样的格式赋初值，编译器会从头至尾依次按行和列给每个元素赋值，而且如果省略定义数组的行数，编译器也会自动计算得出。

***程序清单 08-04-07.c**

```
//二维数组的初始化
#include<stdio.h>
int main(){
    int a[][5]={[3][4]=9,[4][3]=10,[1][1]=8};
    int i,j;
    for(i=0;i<5;i++){
      for(j=0;j<5;j++)
        printf("%2d ",a[i][j]);
      printf("\n");
    }
}
```

执行程序，输出

```
0  0  0  0  0
0  8  0  0  0
0  0  0  0  0
0  0  0  0  9
0  0  0 10  0
```

程序分析：

本例程序使用 C99 标准新增的方式为数组元素赋初值，使用这种方式可以为指定下标的部分元素赋初值，其余元素自动赋 0 值。

8.5 二维数组应用

问题 08-05-01 以下程序输出数组中的最大元素值及其所在行列位置，请将代码补充完整。

程序清单 08-05-01.c

```
#include<stdio.h>
int main(){
    int a[3][4]={
                    { 11, 25, 73, 54 },
                    {  4,105,687, 36 },
                    { 68, 99, 25,512 }
                };

    //请在此将代码补充完整

    printf("The Max Element is a[%d][%d]=%d.",mi,mj,max);
}
```

执行程序，输出

```
The Max Element is a[1][2]=687.
```

参考答案：

```
int i,j;
  int max,mi,mj;
  mi=mj=0;
  max=a[0][0];
  for(i=0;i<3;i++)
    for(j=0;j<4;j++)
      if(max<a[i][j]){max=a[i][j];mi=i;mj=j;}
```

练习 08-05-01 对于问题 08-05-01 程序中的数组，编程输出数组中的最小元素。

练习 08-05-02 对于问题 08-05-01 程序中的数组，编程输出主对角线和副对角线元素之和。

问题 08-05-02 以下程序将数组 a 中元素的行列号互换后，存于数组 b 中(相当于矩阵转置)，请将代码补充完整。

程序清单 08-05-02.c

```
#include<stdio.h>
int main(){
    int a[3][4]={
                  { 11,  25,  73,  54 },
                  {  4, 105, 687,  36 },
                  { 68,  99,  25, 512 }
                };
    int b[4][3];

    //请在此将代码补充完整
```

```
    for(i=0;i<4;i++){
      for(j=0;j<3;j++)
          printf("%5d",b[i][j]);
      printf("\n");
    }
}
```

执行程序,输出

```
11    4   68
25  105   99
73  687   25
54   36  512
```

参考答案:

```
int i,j;
for(i=0;i<3;i++)
  for(j=0;j<4;j++)  b[j][i]=a[i][j];
```

问题 08-05-03 以下程序输出二维数组元素,并输出每行的和。参考输出格式,请将代码补充完整。

程序清单 08-05-03. c

```
#include<stdlib.h>
#include<time.h>
#define ROW 5
#define COL 4
int main(){
     int a[ROW][COL],i,j,k,t;
     int sum;
     srand(time(NULL));
     for(i=0;i<ROW;i++)       //遍历数组,赋予 70~100 的随机值
       for(j=0;j<COL;j++)
         a[i][j]=70+rand()%31;

     //请在此将代码补充完整

}
```

执行程序,输出(每次执行数据不同)

行号	第00列	第01列	第02列	第03列	总 和
0	80	95	74	72	321
1	74	91	95	98	358
2	82	76	96	80	334
3	75	77	90	78	320
4	87	96	75	81	339

参考答案：

```
printf("-----------------------------------------\n");
printf("|行号|第 00 列|第 01 列|第 02 列|第 03 列|总   和|\n");
printf("-----------------------------------------\n");
for(i=0;i<ROW;i++){
  sum=0;
  printf("|%4d|",i);
  for(j=0;j<COL;j++){
    printf("%6d|",a[i][j]);
    sum+=a[i][j];
  }
  printf("%6d|\n",sum);
  printf("-----------------------------------------\n");
}
```

练习 08-05-03　从键盘输入或随机生成 10 个学生的 5 门课程成绩，输出每个学生各科得分、总分、平均分，输出每门课程的单科平均分。请自行设计输出格式。

问题 08-05-04　编程应用二维数组输出如下蛇形排列的数阵，请将代码补充完整。

程序输出样例：

```
 1  2  3  4  5
10  9  8  7  6
11 12 13 14 15
20 19 18 17 16
21 22 23 24 25
```

程序清单 08-05-04.c

```
#include<stdlib.h>
#define N 5
int main(){
    int a[N][N],i,j,k,t;

    //请在此补充程序代码

    for(i=0;i<N;i++){            //遍历输出
      for(j=0;j<N;j++){
        printf("%3d",a[i][j]);
      }
      printf("\n");
    }
}
```

参考答案：

```
for(i=0;i<N;i++)
  for(j=0;j<N;j++)
```

```
if(i%2==0) a[i][j]=i*N+(j+1);
else       a[i][j]=(i+1)*N-(j);
```

* **练习 08-05-04** 编程应用二维数组输出如下螺旋排列的数阵。

程序输出样例：

```
 1   2   3   4  5
16  17  18  19  6
15  24  25  20  7
14  23  22  21  8
13  12  11  10  9
```

练习 08-05-05 请根据上例及练习，自行设计数阵排列规则(例如 N 阶幻方)，编程实现。

8.6 一维字符数组

字符串常量是用双引号括起来的一串字符，例如"china"。字符串是指若干有效字符的序列。C 语言规定：在存储器中以'\0'作为字符串结束标志('\0'代表 ASCII 码为 0 的字符，表示一个"空操作"，只起一个标志作用)。

C 语言中没有专门的字符串变量，而是用字符数组来存放字符串。由于系统在存储字符串时，会在串尾自动加上 1 个结束标志，结束标志也要在字符数组中占用一个元素的存储空间，因此在说明字符数组长度时，至少为字符串所需长度加 1。

程序清单 08-06-01.c

```
//一维字符数组的定义和元素的引用
#include<stdio.h>
int main(){
    char s[26];
    int i,j;
    for(i=0;i<26;i++)
      s[i]='A'+i;
    for(i=0;i<26;i++)
    printf("%c%c",s[i],s[i]+32);
}
```

执行程序，输出

```
AaBbCcDdEeFfGgHhIiJjKkLlMmNnOoPpQqRrSsTtUuVvWwXxYyZz
```

程序分析：

程序中定义一个字符数组，通过第一次遍历赋值，通过第二次遍历输出。请注意第一次遍历时给数组元素赋值的方法。

程序清单 08-06-02.c

```
//一维字符数组的定义和元素的引用
```

```
#include<stdio.h>
int main(){
    int i,j;
    char s[10];
    s[0]='I'; s[1]=' '; s[2]='L'; s[3]='O'; s[4]='V';
    s[5]='E'; s[6]=' '; s[7]='Y'; s[8]='O'; s[9]='U';
    for(i=0;i<10;i++)
      printf("%c",s[i]);
}
```

执行程序,输出

```
I LOVE YOU
```

程序分析:

程序中定义了一个字符数组,通过若干赋值语句给每个元素单独赋值,然后通过一次遍历输出。

程序清单 08-06-03. c

```
//一维字符数组的初始化
#include<stdio.h>
int main(){
    int i,j;
    char s[10]={'I',' ','L','O','V','E',' ','Y','O','U'};
    for(i=0;i<10;i++) printf("%c",s[i]);
}
```

执行程序,输出

```
I LOVE YOU
```

程序分析:

程序中定义了一个字符数组,并且在定义时即给每个元素单独赋了初值,然后通过一次遍历输出。

程序清单 08-06-04. c

```
//一维字符数组的初始化
#include<stdio.h>
int main(){
    int i,j;
    char s[15]={'I',' ','L','O','V','E',' ','Y','O','U'};
    for(i=0;i<15;i++)
      printf("%d ",s[i]);
}
```

执行程序,输出

```
73 32 76 79 86 69 32 89 79 85 0 0 0 0 0
```

程序分析：

此程序实际初始化了10个元素，其余5个元素被系统清零。

程序清单 08-06-05.c

```
//一维字符数组的初始化
#include<stdio.h>
int main(){
    int i,j;
    char s[15]={"I LOVE YOU"};
    for(i=0;i<15;i++)
      printf("%d ",s[i]);
}
```

执行程序，输出

```
73 32 76 79 86 69 32 89 79 85 0 0 0 0 0
```

程序分析：

可以用一个字符串直接给字符数组初始化，编译器会从头依次给数组元素赋值。

字符串"I LOVE YOU"共包含10个可见字符，但此程序实际初始化了11个元素，因为字符串"I LOVE YOU"在内存中实际上还包括一个字符'\0'，其余4个元素被系统清零。

程序清单 08-06-06.c

```
//一维字符数组的初始化
#include<stdio.h>
int main(){
    int i,j;
    char s1[]={'I',' ','L','O','V','E',' ','Y','O','U'};
    char s2[]={"I LOVE YOU"};
    for(i=0;i<10;i++) printf("%d ",s1[i]);
    printf("\n");
    for(i=0;i<11;i++) printf("%d ",s2[i]);
}
```

执行程序，输出

```
73 32 76 79 86 69 32 89 79 85
73 32 76 79 86 69 32 89 79 85 0
```

程序分析：

定义数组时，所有元素都被初始化时，数组长度可以省略。

数组s1有10个元素。因为字符串"I LOVE YOU"在内存占11字节，故数组s2有11个元素，且最后一个元素s[10]的值为'\0'。

程序清单 08-06-07.c

```
//一维字符数组的初始化
#include<stdio.h>
```

```
int main(){
    int i,j;
    char s[5]={"I LOVE YOU"};
    for(i=0;i<10;i++)
      printf("%c",s[i]);
}
```

执行程序，输出

```
I LOV♣aaa€
```

程序分析：

此例程序运行时系统为数组 s 申请 5 字节的存储空间，依次存储字符'I'、' '、'L'、'O'、'V'。输出时不慎输出了 s[5]～s[9]的值，此时数组下标已越界，输出了元素 s[4]后续的 5 个内存单元里的内容，而那几个单元里的内容是不确定的。

此例程序访问了系统分配给程序以外的内存，是很危险的，可能造成程序崩溃和未知错误。

练习 08-06-01 请将上例程序中的 10 换成更大的数值，你将看到更多的输出结果。

程序清单 08-06-08.c

```
//一维字符数组被初始化成字符串
#include<stdio.h>
int main(){
    int i,j;
    char s1[80]={"This is a string"};
    char s2[]={"I LOVE YOU"};
    for(i=0;i<80;i++){
      if(s1[i]=='\0') break;
      printf("%c",s1[i]);
    }
    printf("\n");
    for(i=0;s2[i]!='\0';i++)
      printf("%c",s2[i]);
}
```

执行程序，输出

```
This is a string
I LOVE YOU
```

程序分析：

字符数组可以被初始化成一个字符串，此时数组长度应该不小于字符串长度加 1(如 s1[80])，或者省略数组长度，由系统指定(如 s2[])。

字符数组中存放字符串时，可以不必占满整个数组，字符串内容(有效字符)从数组的第 0 个元素开始，直到字符'\0'结束。如果数组的第 0 个元素就是'\0'，该字符串为空串。

上面的程序给出遍历字符串所有元素(不是数组所有元素)的方法。

程序清单 08-06-09. c

```
//一维字符数组被初始化成字符串
#include<stdio.h>
int main(){
    int i,j;
    char s1[80]={"This is a String"};
    char s2[]={"I LOVE YOU"};
    printf("%s\n",s1);
    printf("%s\n",s2);
    s1[3]=0;
    s2[5]=0;
    printf("%s\n",s1);
    printf("%s\n",s2);
}
```

执行程序,输出

```
This is a String
I LOVE YOU
Thi
I LOV
```

程序分析:

printf("%s\n",s1);语句中的格式控制符%s代表输出一个字符串,要求提供的数据为字符串常量或字符串的首地址。

printf("%s\n",s1);语句的功能是输出字符串 s1,即从首地址 s1 开始直到'\0'结束。

8.7 一维字符数组的输入输出

1. 字符数组(串)的输入

假设有定义 char s[10];,那么如何输入字符数组元素呢?有以下 3 种方法:

(1) 逐个字符输入。例如:

```
for(k=0;k<10;k++) s[k]=getchar();
```

或者

```
for(k=0;k<10;k++) scanf("%c",&s[k]);
```

(2) 利用%s格式符将整个字符串一次输入。例如:

```
scanf("%s",s);
```

由于数组名就是数组的首地址,所以这里的数组名 s 之前不用放取地址运算符 &。以%s格式输入字符串时,制表符和空格都被认为是分隔符。除输入的字符外,还要在字符串尾部自动加上一个'\0'(空字符)作为字符串结束符。例如,输入

```
AB□CDEFG↙
```

由于空格被认为是分隔符，所以真正接收的是字符串"AB"，即 s[0]的值为'A'，s[1]的值为字符'B'，s[2]的值为字符'\0'，其他元素的值不确定。

(3) 利用字符串输入函数 gets。

gets()函数的一般调用形式是

gets(字符数组名)

例如：

```
gets(s);
```

此函数从标准输入设备(stdin，即键盘)上接收一串字符，以回车为输入结束符(空格也作为字符串内容)，在串尾自动加一个'\0'。

2. 字符数组(串)的输出

假设有定义 char s[10];，那么如何输出字符数组元素呢？同样有以下 3 种方法：

(1) 逐个字符输出。例如：

```
for(k=0;k<=11;k++) putchar(s[k]);
```

或者

```
for(k=0;k<=11;k++) printf("%c",s[k]);
```

(2) 利用%s 格式符将整个字符串一次输出。例如：

```
printf("%s",s);
```

(3) 利用字符串输出函数 puts。

puts()函数的一般调用形式是

puts(字符串常量或字符数组名)

例如：

```
puts(s); puts("ABCDE");
```

此函数的功能是把字符数组中所存放的字符串输出到标准输出设备(stdout，即显示器)上，并用'\n'取代字符串的结束标志'\0'，所以用 puts 函数输出字符串时，系统会自动换行。

程序清单 08-07-01.c

```
//一维字符数组的输入输出
#include<stdio.h>
int main(){
    int i,j;
    char s[10];
    for(i=0;i<10;i++)
```

```
        s[i]=getchar();
    for(i=0;i<10;i++)
        printf("s[%d]=%c(ASCII CODE:%3d)\n",i,s[i],s[i]);
}
```

执行程序,输入

```
ABCD□EFG↙
HIJKLMN↙
```

输出

```
s[0]=A(ASCII CODE: 65)
s[1]=B(ASCII CODE: 66)
s[2]=C(ASCII CODE: 67)
s[3]=D (ASCII CODE: 68)
s[4]=  (ASCII CODE: 32)
s[5]=E(ASCII CODE: 69)
s[6]=F(ASCII CODE: 70)
s[7]=G(ASCII CODE: 71)
s[8]=
(ASCII CODE: 10)
s[9]=H(ASCII CODE: 72)
```

程序分析:

getchar 函数从控制台获取一个字符,程序从键盘输入流中依次取出总共 10 个字符,包括空格、回车和制表符。

程序清单 08-07-02.c

```
//一维字符数组的输入输出
#include<stdio.h>
int main(){
    int i,j;
    char s[10];
    for(i=0;i<10;i++)
        scanf("%c",&s[i]);
    for(i=0;i<10;i++)
        printf("s[%d]=%c(ASCII CODE:%3d)\n",i,s[i],s[i]);
}
```

程序分析:

执行程序,输入与上例相同的数据,则输出结果也相同。scanf("%c",&s[i]);的功能同 s[i]=getchar();,都是从控制台输入流获取一个字符,包括空格、回车和制表符。

程序清单 08-07-03.c

```
//一维字符数组的输入输出
#include<stdio.h>
int main(){
```

```
    int i,j;
    char s[10];
    scanf("%s",s);
    for(i=0;i<10;i++)
      printf("s[%d]=(ASCII:%3d)%c\n",i,s[i],s[i]);
    printf("%s",s);
}
```

执行程序,输入

ABCD↙

或输入

ABCD□□□EFGHIJK↙

或输入

ABCD→EFGHIJK↙

输出

```
s[0]=(ASCII:  65)A
s[1]=(ASCII:  66)B
s[2]=(ASCII:  67)C
s[3]=(ASCII:  68)D
s[4]=(ASCII:   0)
s[5]=(ASCII:   0)
s[6]=(ASCII:-108?)
s[7]=(ASCII:   0)
s[8]=(ASCII:   0)
s[9]=(ASCII:   0)
string s:ABCD
```

程序分析:

函数 scanf 以%s 的形式从控制台输入一个字符串时,空白字符(空格、制表符、回车键)会被理解为数据分隔符。

以上程序中的语句 scanf("%s",s);将接收到字符串"ABCD",一共 5 个字符:'A'、'B'、'C'、'D'、'\0',所以 s[4]的 ASCII 码为 0。s[5]及以后的元素值不确定。

语句 printf("%s",s);输出字符串 s,s 为字符串(数组)首地址。该函数依次输出该串中的字符,直到遇到'\0'为止。

s 作为字符数组,一共 10 个元素,从 s[0]到 s[9];s 作为字符串,从 s[0]开始直到值为'\0'的元素为止。用数组存放字符串时,字符串不一定占满整个数组。

程序清单 08-07-04.c

```
//字符串的输入输出
#include<stdio.h>
int main(){
    int i,j;
    char s[100];
```

```
    gets(s);
    puts(s);
}
```

执行程序，输入

```
ABCD  EFG↙
```

输出

```
ABCD  EFG
```

程序分析：

gets(s);的功能为从标准输入设备(控制台)上接收一个字符串，空格和制表符照常接收，直到回车符为止。接收到的所有字符再加上'\0'会依次存放在 s 开始的内存地址中。

puts(s);的功能为输出字符串 s 的所有字符，并把字符串结束符'\0'转换为回车输出。

scanf 或 gets 函数整体输入字符串，应该注意字符数组的长度要足够容纳输入的字符个数，否则会出现未知计算结果。

3. 字符串遍历

字符串的所有元素在内存中连续存放，从首地址(通常是字符数组名)开始到字符'\0'结束。字符串元素遍历的一般方法如下例所示。

程序清单 08-07-05.c

```
//字符串元素遍历的一般方法
#include<stdio.h>
int main(){
    int i,j;
    char s[100];
    printf("请输入你的字符串:");
    gets(s);
    printf("你输入的字符串为:");
    puts(s);
    printf("串中各个字符如下:\n");
    for(i=0;s[i]!='\0';i++)
      printf("s[%d]=%c\n",i,s[i]);
    printf("一共有%d个字符.",i);
}
```

执行程序，输出提示信息：

```
请输入你的字符串:_
```

输入

```
ABCDEF↙
```

输出

```
你输入的字符串为:ABCDEF
串中各个字符如下:
s[0]=A
s[1]=B
s[2]=C
s[3]=D
s[4]=E
s[5]=F
一共有 6 个字符.
```

程序分析:

循环结构"for(i=0;s[i]!='\0';i++)循环体;"是遍历整个字符串 s 的一种常见方法。

8.8 一维字符数组应用

问题 08-08-01 从键盘上输入一串字符(不超过 80 个字符),直到回车结束。输出其中数字字符的个数。

程序清单 08-08-01.c

```
#include<stdio.h>
int main(){
    char s[81];
    int i,j,sum;
    sum=0;
    gets(s);
    for(i=0;s[i]!='\0';i++)
      if(s[i]>='0'&&s[i]<='9') sum++;
    printf("数字字符个数为:%d",sum);
}
```

执行程序,输入

```
12AB34CD
```

输出

```
数字字符个数为:4
```

练习 08-08-01 从键盘上输入一串字符(不超过 80 个字符),直到回车结束。输出其中英文字母、数字字符和其他字符的个数。

问题 08-08-02 输入一串字符(不超过 80 个字符)。把其中的英文字母加密,方法是:某一字母用其后面的第 3 个字母代替(如 A 用 D 代替,B 用 E 代替……W 用 Z 代替,X 用 A 代替,Y 用 B 代替,Z 用 C 代替,小写字母也如此替换)。输出加密后的字符串。

程序清单 08-08-02.c

```
#include<stdio.h>
int main(){
```

```
    char s[81];
    int i,j,sum;
    gets(s);
    for(i=0;s[i]!='\0';i++){
      if(s[i]>='A'&&s[i]<='Z'){
         s[i]=s[i]+3;
         if(s[i]>'Z')s[i]=s[i]-26;
      }
      if(s[i]>='a'&&s[i]<='z'){
         s[i]=s[i]+3;
         if(s[i]>'z')s[i]=s[i]-26;
      }
    }
    puts(s);
}
```

执行程序,输入

```
Harbin Normal University
```

输出

```
Kduelq Qrupdo Xqlyhuvlwb
```

练习 08-08-02 根据问题 08-08-02 的加密规则,输入加密后的字符串(密文),输出加密前的字符串(明文)。

问题 08-08-03 输入一串字符(不超过 80 个),应保证输入的所有字符中不含任何标点,单词之间以若干空格分隔输出其中的单词个数。

程序清单 08-08-03.c

```
#include<stdio.h>
int main(){
    char s[81],p;
    int i,j,sum=0;
    gets(s);
    for(i=0;s[i]!='\0';i++)
      if(i==0&&s[i]!=' '||s[i-1]==' '&&s[i]!=' ') sum++;
    printf("WORDS:%d",sum);
}
```

执行程序,输入

```
I  am  a  slow  walker  but  I  never  walk  backwards
```

输出

```
WORDS:10
```

程序分析：

此问题的思路为寻找每个单词的开始位置，找到一个开始位置就是找到一个单词。在此例程序中，单词的开始位置可以表述为：字符串首字符不是空格；或者当前字符不是空格，而前一个字符为空格。

练习 08-08-03 改写程序 08-08-03.c，编程基本思路是寻找每个单词的结束位置。

8.9 字符串处理函数

C 语言提供了丰富的字符串处理函数，大致可分为字符串的输入、输出、合并、修改、比较、转换、复制、搜索几类。使用字符串输入输出函数，在使用前应包含头文件 stdio.h，使用其他字符串函数则应包含头文件 string.h。

在以下介绍的字符型函数的参数中，字符串可以是字符数组名、字符串常量或字符型指针(指针在第 11 章介绍)。

(1) puts(字符串)——字符串输出函数。

功能：把字符串输出到显示器，即在屏幕上显示该字符串。

(2) gets(字符串)——字符串输入函数。

功能：从标准输入设备(键盘)上输入一个字符串，以回车作为输入结束。本函数返回该字符串的首地址。

(3) strlen(字符串)——求字符串长度函数。

功能：求字符串的实际长度(不含字符串结束标志'\0')并作为函数返回值。

(4) strupr(字符串)——英文字母小写转大写函数。

功能：将字符串中所有小写字母替换成相应的大写字母，其他字符保持不变，返回调整后的字符串的首指针。

(5) strlwr(字符串)——英文字母大写转小写函数。

功能：将字符串中所有大写字母替换成相应的小写字母，其他字符保持不变，返回调整后的字符串的首地址。

(6) strcmp(字符串 1,字符串 2)——字符串比较函数。

功能：按照 ASCII 码顺序比较两个数组中的字符串，并由函数返回值返回比较结果。

- 字符串 1==字符串 2，返回值=0。
- 字符串 2>字符串 2，返回值>0。
- 字符串 1<字符串 2，返回值<0。

(7) strcpy(字符串 1,字符串 2)——字符串复制函数。

功能：把字符串 2 复制到字符串 1 中。串结束标志'\0'也一同复制。

(8) strcat(字符串 1,字符串 2)——字符串连接函数。

功能：把字符串 2 连接到字符串 1 的后面，并删去字符串 1 后的串结束标志'\0'。本函数返回值是字符串 1 的首地址(指针)。

(9) strrev(字符串)——字符串逆置函数。

功能：将字符串中的字符顺序颠倒过来，返回逆置后的字符串的首地址(指针)。

(10) strchr(字符串 s,字符 c)——查找字符函数。

功能：查找字符 c 在字符串 s 中首次出现位置的指针，返回地址值，'\0'结束符也包含在查找中，未找到返回 NULL。

(11) strstr(字符串 1,字符串 2)——查找子串函数。

功能：返回字符串 2(称为子串)在字符串 1 中首次出现位置的指针，返回地址值。如果没有找到子串则返回 NULL;如果子串为空串，函数返回字符串 1 首地址。

(12) strset(字符串 s,字符 c)——字符串内容设置函数。

功能：将字符串 s 中的所有字符设置为字符 c，函数返回内容调整后的字符串 s 的指针。

根据以上介绍，请分析下面各程序的功能。

程序清单 08-09-01.c

```
//程序输入密码字符串,与指定密码 password 比较,最多允许输错 3 次
#include "string.h"
int main(){
  char pass_str[80];
  int k=1;
  while(1){
    printf("请输入密码(第%d 次):",k);
    gets(pass_str);
    if(strcmp(pass_str,"password")==0){
      printf("密码正确!\n");
      break;
    }
    else{
      printf("密码错误!\n");
      k++;
    }
    if(k>3){
     printf("密码错误 3 次,程序结束!\n");
     exit(0);
    }
  }
}
```

执行程序，输入

```
请输入密码(第 1 次):password
```

输出

```
密码正确!
```

多次执行程序，输入和输出如下：

```
请输入密码(第 1 次):sdfs
密码错误!
请输入密码(第 2 次):dfgsdf
```

```
密码错误!
请输入密码(第 3 次):dfgsdfgsd
密码错误!
密码错误 3 次,程序结束!
```

程序清单 08-09-02.c

```
#include "string.h"
int main(){
  char s[80]={"Harbin Normal University"};
  char t[80]={"Harbin"};
  int i;
  printf("字符串\"%s\"有%d 个字符.\n",t,strlen(t));
  for(i=0;i<strlen(t);i++)
    printf("下标%d:%c\n",i,t[i]);
  strlwr(s);
  puts(s);
  puts(strupr(s));
}
```

执行程序,输出

```
字符串"Harbin"有 6 个字符.
下标 0:H
下标 1:a
下标 2:r
下标 3:b
下标 4:i
下标 5:n
harbin normal university
HARBIN NORMAL UNIVERSITY
```

程序清单 08-09-03.c

```
#include "string.h"
int main(){
  char s[80]={"Harbin "};
  char t[80]={"University"};
  strcat(s,"Normal "); strcat(s,t);  puts(s);
  strcpy(s,"HeiLongJiang");           puts(s);
  strrev(s);                          puts(s);
  strset(s,'A');                      puts(s);
}
```

执行程序,输出

```
Harbin Normal University
HeiLongJiang
gnaiJgnoLieH
```

```
AAAAAAAAAAAA
```

* **程序清单 08-09-04.c**

```
#include "string.h"
int main(){
  char s[80]={"Harbin Normal University"};
  char c;
  printf("请输入要查找的字符:");
  c=getchar();
  printf("字符%c 在字符串\"%s\"中",c,s);
  if(strchr(s,c)!=NULL)
    printf("的下标索引为:%d.", strchr(s,c)-s);
  else
    printf("没找到!");
}
```

执行程序,在提示信息后输入 y:

```
请输入要查找的字符:y
```

输出

```
字符 y 在字符串"Harbin Normal University"中的下标索引为:23.
```

再次执行程序,在提示信息后输入 K:

```
请输入要查找的字符:K
```

输出

```
字符 K 在字符串"Harbin Normal University"中没找到!
```

程序分析:

函数 strchr(s,c)的返回值为找到的字符的内存地址值(未找到则返回 NULL),s 为数组的首地址(即 s[0]的地址)。数组中两个元素地址相减的结果可以理解为两个元素下标的差(整型)。

* **程序清单 08-09-05.c**

```
#include "string.h"
int main(){
  char s[80]={"Harbin Normal University"};
  char t[80]={"sity"};
  printf("请输入要查找的字符串:");
  gets(t);
  printf("字符串\"%s\"在字符串\"%s\"中",t,s);
  if(strstr(s,t)!=NULL)
    printf("的下标索引为:%d.", strstr(s,t)-s);
  else
    printf("没找到!");
```

```
}
```

执行程序，在提示信息后输入 sity：

```
请输入要查找的字符串:sity
```

输出

```
字符串"sity"在字符串"Harbin Normal University"中的下标索引为:20.
```

再次执行程序，在提示信息后输入 heilongjiang：

```
请输入要查找的字符串:heilongjiang
```

输出

```
字符串"heilongjiang"在字符串"Harbin Normal University"中没找到!
```

8.10 二维字符数组及应用

1. 二维字符数组的定义

二维字符数组是字符型的二维数组，定义形式如下：

```
char s[10][80];    //定义 10 行、每行 80 列的二维字符数组
```

2. 二维字符数组的应用

请分析下列程序的功能。

程序清单 08-10-01.c

```
#include "stdio.h"
#include "string.h"
int main(){
    char s[4][80]={"Harbin","Normal"};
    strcpy(s[2],"University");
    strcat(s[3],s[0]);
    strcat(s[3],s[1]);
    strcat(s[3],s[2]);
    int i=0;
    for(i=0;i<4;i++)
      puts(s[i]);
}
```

执行程序，输出

```
Harbin
Normal
University
HarbinNormalUniversity
```

程序分析：

二维字符数组 s[4][80]共有 4 行，分别为 s[0]、s[1]、s[2]、s[3]，它们单独使用时都表示一维字符数组，值分别为行首地址。

程序清单 08-10-02. c

```
#include "stdio.h"
#include "string.h"
#define N 5
int main(){
    char s[N][80]={"Harbin","Shanghai","Beijing","Hongkong","Taipei"};
    int i,j;
    for(i=0;i<N-1;i++)
    for(j=i+1;j<N;j++)
      if(strcmp(s[i],s[j])>0){
        char t[80];
        strcpy(t,s[i]);
        strcpy(s[i],s[j]);
        strcpy(s[j],t);
      }
    for(i=0;i<N;i++)
      puts(s[i]);
}
```

执行程序，输出

```
Beijing
Harbin
Hongkong
Shanghai
Taipei
```

程序分析：

不难看出，此程序实现对字符串排序的功能。

习题 8

一、选择题

1. 以下程序的输出结果是(　　)。(参考代码：XT_08_01_01. c)

```
#include<stdio.h>
int main(){
    int i,x[3][3]={1,2,3,4,5,6,7,8,9};
    for(i=0;i<3;i++)  printf("%d,",x[i][2-i]);
    return 0;
}
```

A. 1,5,9,　　B. 1,4,7,　　C. 3,5,7,　　D. 3,6,9,

2. 以下程序的输出结果是(　　)。(参考代码:XT_08_01_02.c)

```
#include<stdio.h>
int main(){
    char w[][10]={"ABCD","EFGH","IJKL","MNOP"},k;
    for(k=1;k<3;k++)  printf("%s\n",w[k]);
    return 0;
}
```

A. ABCD
FGH
KL
M　　B. ABCD
EFG
IJ　　C. EFG
JK
O　　D. EFGH
IJKL

3. 当执行下面的程序时,如果输入 ABC,则输出结果是(　　)。(参考代码:XT_08_01_03.c)

```
#include<stdio.h>
#include "string.h"
int main(){
    char ss[10]="1,2,3,4,5";
    gets(ss);strcat(ss,"6789");printf("%s\n",ss);
    return 0;
}
```

A. ABC6789　　B. ABC67　　C. 12345ABC6　　D. ABC456789

4. 以下程序段的输出结果是(　　)。(参考代码:XT_08_01_04.c)

```
char s[]="\\141\141abc\t";
printf("%d",strlen(s));
```

A. 9　　B. 12　　C. 13　　D. 14

5. 下列描述中不正确的是(　　)。

A. 字符型数组中可以存放字符串

B. 可以对字符型数组进行整体输入输出

C. 可以对整型数组进行整体输入输出

D. 不能在赋值语句中通过赋值运算符对字符型数组进行整体赋值

6. 执行下面的程序段后,变量 k 中的值为(　　)。(参考代码:XT_08_01_06.c)

```
int k=3,s[2]; s[0]=k; k=s[1]*10;
```

A. 不定值　　B. 33　　C. 30　　D. 10

7. 设有数组定义: char array[]="China";,则数组 array 所占的空间为(　　)。

A. 4 字节　　B. 5 字节　　C. 6 字节　　D. 7 字节

8. 以下程序的输出结果是(　　)。(参考代码:XT_08_01_08.c)

```
#include<stdio.h>
```

```
int main(){
    int n[5]={1,2,3},i,k=2;
    for(i=0;i<k;i++)n[i]=n[i]*n[i]+1;
    printf("%d",n[k]);
    return 0;
}
```

A. 3　　B. 2　　C. 1　　D. 0

9. 若有定义 int t[3][2];,能正确表示数组中某一元素地址的表达式是(　　)。

A. &t[3][2]　　B. t[3]　　C. t[1][2]　　D. t[2]

10. 以下程序的输出结果是(　　)。(参考代码:XT_08_01_10.c)

```
#include<stdio.h>
int main(){
    int a[3][3]={{1,2},{3,4},{5,6}},i,j,s=0;
    for(i=1;i<3;i++)
        for(j=0;j<=i;j++)  s+=a[i][j];
    printf("%d",s);
    return 0;
}
```

A. 18　　B. 19　　C. 20　　D. 21

11. 以下程序的输出结果是(　　)。(参考代码:XT_08_01_11.c)

```
#include<stdio.h>
int main(){
    int n[5]={1,2,3},i,k=2;
    for(i=0;i<k;i++) n[i+1]=2*n[i]+1;
    printf("%d",n[i]);
    return 0;
}
```

A. 3　　B. 7　　C. 15　　D. 31

12. 以下程序的输出结果是(　　)。(参考代码:XT_08_01_12.c)

```
#include<stdio.h>
int main(){
    int i,k,a[10],p[3];
    k=5;
    for(i=0;i<10;i++) a[i]=i;
    for(i=0;i<3;i++)  p[i]=a[i*(i+1)];
    for(i=0;i<3;i++)  k+=p[i]*2;
    printf("%d",k);
    return 0;
}
```

A. 20　　B. 21　　C. 22　　D. 23

13. 以下程序的输出结果是(　　)。(参考代码:XT_08_01_13.c)

```
#include<stdio.h>
int main(){
    char ch[3][5]={ "AAAA","BBB","CC"};
    printf("\"%s\"",ch[1]);
    return 0;
}
```

A. "AAAA"　　B. "BBB"　　C. "BBBCC"　　D. "CC"

14. 若要求定义具有10个int型元素的一维数组a,则以下定义语句可能有错误的是(　　)。

A. #define N 10
int a[N];

B. #define n 5
int a[2*n];

C. int a[5+5];

D. int n=10,a[n];

15. 以下对二维数组的说明中正确的是(　　)。

A. int a[][]={1,2,3,4,5,6};

B. int a[2][]={1,2,3,4,5,6};

C. int a[][3]={1,2,3,4,5,6};

D. int a[2,3]={1,2,3,4,5,6};

16. 以下对字符数组s赋值的语句中不合法的是(　　)。

A. char s[]="Beijing";

B. char s[20]={"beijing"};

C. char s[20];s="Beijing";

D. char s[20]={'B','e','i','j','i','n','g'};

17. 有以下程序:(参考代码:XT_08_01_17.c)

```
#include<stdio.h>
#include<string.h>
int main(){
    char p[]={'a', 'b', 'c'}, q[10]={'a', 'b', 'c'};
    printf("%d %d", strlen(p), strlen(q));
    return 0;
}
```

则以下叙述中正确的是(　　)。

A. 在给p和q数组置初值时,系统会自动添加字符串结束符,故输出的长度都为3

B. 由于p数组中没有字符串结束符,长度不能确定;但q数组中字符串长度为3

C. 由于q数组中没有字符串结束符,长度不能确定;但p数组中字符串长度为3

D. 由于p和q数组中都没有字符串结束符,故长度都不能确定

18. 已有定义char a[]="xyz",b[]={'x','y','z'};,以下叙述中正确的是(　　)。(参考代码:XT_08_01_18.c)

A. 数组 a 和 b 的长度相同　　B. a 数组长度小于 b 数组长度

C. a 数组长度大于 b 数组长度　　D. 上述说法都不对

19. 以下程序的运行结果是(　　)。(参考代码:XT_08_01_19.c)

```
#include<stdio.h>
int main(){
    int a[6],i;
    for(i=1;i<6;i++){
        a[i]=9*(i-2+4*(i>3))%5;
        printf("%2d",a[i]);
    }
    return 0;
}
```

A. －4 0 4 0 4　　B. －4 0 4 0 3

C. －4 0 4 4 3　　D. －4 0 4 4 0

20. 若有说明 int a[][4]={0,0};,则下列叙述中不正确的是(　　)。

A. 数组 a 的每个元素都可以得到初值 0

B. 二维数组 a 的第一维的大小为 1

C. 二维数组 a 一共有 4 个元素

D. 只有元素 a[0][0]和 a[0][1]可得到初值 0,其余元素均得不到初值

21. 执行以下程序段后,s 的值是(　　)。(参考代码:XT_08_01_21.c)

```
static int a[]={5,3,7,2,1,5,4,10};
int s=0,k;
for(k=0;k<8;k+=2)
    s+=a[k];
```

A. 17　　B. 27　　C. 13　　D. 有语法错误

22. 下面几个表达式中能用来把字符串 str2 连接到字符串 str1 后的是(　　)。

A. strcat(str1,str2)　　B. strcat(str2,str1)

C. strcpy(str1,str2)　　D. strcmp(str1,str2)

23. 设有二维数组定义为 int a[m][n],则数组中 a[i][j]之前(不包括 a[i][j])的元素的个数为(　　)。

A. j*m+i　　B. i*n+j　　C. i*m+j+1　　D. i*n+j+1

24. 下列语句中,不能正确地把字符串"prog"赋给数组 a 的语句是(　　)。

A. char a[]={'p','r','o','g','\0'};

B. char a[10]; strcpy(a,"prog");

C. char a[10]; a="prog";

D. char a[10]={"prog"};

25. 判断字符串 a 和 b 是否相等,应当使用(　　)。

A. if(a==b)　　B. if(a=b)

C. if(strcpy(a,b))　　D. if(strcmp(a,b))

26. 有字符串 a[80]和 b[80],则正确的输出语句是(　　)。

A. puts(a,b);　　B. printf("%s,%s",a[],b[]);

C. putchar(a,b);　　D. puts(a),puts(b);

27. 以下能对二维数组 a 进行正确说明和初始化的语句是(　　)。

A. int a()(3)={(1, 0, 1), (2, 4, 5)};

B. int a[2][3]={{ 3, 2, 1 }, { 5, 6, 7 }};

C. int a[][3]={{ 3, 2, 1 }, { 5, 6, 7 }};

D. int a[][3]={(1, 0, 1), (2, 4, 5)};

二、填空题

1. 数组名的命名规则和变量名相同,遵循________命名规则。
2. 在 C 语言中,引用数组元素通过________和________来实现。
3. 对于数组定义 int a[m][n];来说,使用数组的某个元素时,行下标的最大值是________,列下标的最大值是________。
4. 在 C 语言中,数组名被当作常量,其值是数组的________。
5. 以下程序的输出结果是________。(参考代码:XT_08_02_05.c)

```
int main( ){
  char s[ ]="abcdefghijk";  s[5]='\0';
  printf("%s\n",s+2);
}
```

6. 以下程序的输出结果是________。(参考代码:XT_08_02_06.c)

```
int main(){
  int i,n[]={0,0,0,0,0};
  for(i=1;i<=4;i++){
    n[i]=n[i-1] * 2+1;
    printf("%d ",n[i]);
  }
}
```

三、程序填空题

1. 以下程序可把所有水仙花数(各位数字的立方和等于该数本身的 3 位正整数)装入数组 a 中,然后依次输出,请填空。(参考代码:XT_08_03_01.c)

```
int main( ){
    int  x, y ,z, a[10], m, i=0;
    printf("shui xian huan shu:\n");
    for(  (1)  ;m<1000;m++){
      x=m/100;
      y=  (2)  ;
      z=m%10;
```

```
        if(m==x*x*x+y*y*y+z*z*z){
            ____(3)____;
        }
    }
    for(x=0;x<i;x++) printf("%6d",a[x]);
}
```

2. 打印如下所示的杨辉三角形的前10行，请填空。(参考代码:XT_08_03_02.c)

```
1
1  1
1  2  1
1  3  3  1
1  4  6  4  1
…
```

```
int main(){
  int a[10][10],i, j ;
  for(i=0;i<10;i++){
     ____(1)____;   ____(2)____;
  }
  for(i=2;i<10;i++)
    for(j=1;j<i;j++)
       a[i][j] =____(3)____;
  for(i=0;i<10;i++){
    for(j=0;j<=i;j++)
      printf("%5d",a[i][j]);
    printf("\n");
  }
}
```

3. 以下程序对数组a中的10个特定元素由大到小排序，请填空。(参考代码:XT_08_03_03.c)

```
int main( ){
  int a[11], i, j, t;
  for(i=1;i<11;i++)  scanf("%d",&a[i]);
  for(j=1;j<=9;j++)
    for(i=j+1;____(1)____; i++)
      if(____(2)____){____(3)____;  a[i]=a[j]; ____(4)____;}
  for(i=1;i<11;i++) printf("%d ",a[i]);
}
```

4. 以下程序中的数组a包括10个整数元素，从a中第2个元素起，分别将后项减前项之差存入数组b，并按每行3个元素输出数组b。请填空。(参考代码:XT_08_03_04.c)

```
int main(){
  int a[10],b[10],i;
```

```
  for(i=0;i<10; i++)scanf("%d",&a[i]);
  for(i=1;  (1)  ; i++)
    b[i]=  (2)  ;
  for(i=1;i<10;i++){
    printf("%3d",b[i]);
    if(  (3)  )  printf("\n");
  }
}
```

5. 以下程序是求矩阵 a、b 的和,结果存入矩阵 c 中,最后按行输出矩阵 c。请填空。(参考代码:XT_08_03_05.c)

```
int main(){
  int a[3][4]={ { 7, 5, -2, 3 },
                { 1, 0, -3, 4 },
                { 6, 8, 0, 2 } };
  int b[3][4]={ { 5, -1, 7, 6 },
                { -2, 0, 1, 4 },
                { 2, 0, 8, 6 } };
  int i, j, c[3][4];
  for(i=0; i<3; i++)
    for(j=0; j<4; j++)
      c[i][j] =  (1)  ;
  for(i=0;  (2)  ; i++){
      printf("%3d",  (3)  );
      if(i%4==3)printf("\n");
  }
}
```

四、程序阅读题

1. 写出以下程序的运行结果。(参考代码:XT_08_04_01.c)

```
#include<stdio.h>
int main(){
    int  a[]={1,3,5,7,9},i;
    for(i=1;i<5;i+=2){
     printf("%d ",a[i]*a[i]+1);
    }
    return 0;
}
```

2. 写出以下程序的运行结果。(参考代码:XT_08_04_02.c)

```
#include<stdio.h>
int main(){
    int  a[5]={7,1,5,8,2},i;
```

```
    for(i=0;a[i]%2!=0;i++){
        printf("%d",i);
    }
    return 0;
}
```

3. 写出以下程序的运行结果。(参考代码:XT_08_04_03.c)

```
#include<stdio.h>
main(){
   int  a[5],i;
   for(i=0;i<5;i++) a[i]=2*i+1;
   for(i=4;i>=0;i--)
       printf("%d",a[i]);
}
```

4. 写出以下程序的运行结果。(参考代码:XT_08_04_04.c)

```
#include<stdio.h>
int main(){
    int a[8]={1,3,5,7,9,11,13,15},i,j,k;
    for(i=0,j=7;i<j;i++,j--){
        k=a[i];a[i]=a[j];a[j]=k;
    }
    k=a[2]+a[3];
    printf("%d",k);
    return 0;
}
```

5. 写出以下程序的运行结果。(参考代码:XT_08_04_05.c)

```
#include<stdio.h>
int main(){
    int a[7]={7,34,2,8,0,67,21},i,k;
    k=0;
    for(i=1;i<7;i++){
       if(a[i]>a[k])k=i;
    }
    printf("%d,%d",k,a[k]);
    return 0;
}
```

6. 写出以下程序的运行结果。(参考代码:XT_08_04_06.c)

```
#include<stdio.h>
int main(){
    char a[]="computer";int i;
    for(i=2;i<8;i++)
        printf("%c",a[i++]);
```

```
    return 0;
}
```

7. 写出以下程序的运行结果。(参考代码:XT_08_04_07.c)

```
#include<stdio.h>
int main(){
    char a[]="computer", *p;
    for(p=a+3; *p!='r';p+=2)printf("%s",p);
    return 0;
}
```

8. 写出以下程序的运行结果。(参考代码:XT_08_04_08.c)

```
#include<stdio.h>
int main(){
    char  a[]="123",n=0; int i;
    for(i=0;a[i]!='\0';i++)
        n=n+(a[i]-'0')*10;
    printf("%d",n);
    return 0;
}
```

9. 写出以下程序的运行结果。(参考代码:XT_08_04_09.c)

```
#include<stdio.h>
int main(){
    int k;
    int a[3][3]={1,2,3,4,5,6,7,8,9};
    for(k=0;k<3;k++)
        printf("%d",a[k][2-k]);
    return 0;
}
```

10. 写出以下程序的运行结果。(参考代码:XT_08_04_10.c)

```
#include<stdio.h>
int main(){
    char  ch[]="X12a3b4c5d";
    int  i,s=0;
    for(i=0;ch[i]!='\0';i+=2)
      if(ch[i]>='0'&&ch[i]<='9') s=s*10+ch[i]-'0';
    printf("%d",s);
    return 0;
}
```

11. 当运行以下程序时,从键盘输入“AhaMA　Aha↙”,写出程序的运行结果。(参考代码:XT_08_04_11.c)

```
#include<stdio.h>
```

```
int main(){
    char  s[80];
    int i=0; scanf("%s",s);
    while(s[i]!='\0'){
      if(i%2==0)
          s[i]+=1;
      else
          s[i]+=2;
      i++;
    }
    puts(s);
}
```

12. 写出以下程序的运行结果。(参考代码:XT_08_04_12.c)

```
#include<stdio.h>
int main(){
    int a[]={1,2,3,4,5,6}, i, j, s=0;
    j=1;
    for (i=5; i>=0; i--){
        if(i%2)s=s+a[i] * j;
        j=j * 10;
    }
    printf("%d", s);
    return 0;
}
```

13. 写出以下程序的运行结果。(参考代码:XT_08_04_13.c)

```
#include<stdio.h>
int main(){
    char a[5][5],i,j;
    for(i=0;i<5;i++)
    for(j=0;j<5;j++)
        if(i==0||i+j==4)a[i][j]='*';
        else            a[i][j]=' ';
    for(i=0;i<5;i++){
        for(j=0;j<5;j++)
            printf("%c",a[i][j]);
        printf("\n");
    }
    return 0;
}
```

14. 写出以下程序的运行结果。(参考代码:XT_08_04_14.c)

```
#include<stdio.h>
int main(){
```

```
    char a[5][5],i,j;
    for(i=0;i<5;i++)
        for(j=0;j<5;j++)
            if(i==0||i==j) a[i][j]='*';
            else           a[i][j]=' ';
        for(i=0;i<5;i++){
        for(j=0;j<5;j++)
            printf("%c",a[i][j]);
        printf("\n");
    }
    return 0;
}
```

15. 写出以下程序的运行结果。(参考代码:XT_08_04_15.c)

```
#include<stdio.h>
int main(){
  int a[5][5],i,j;
  for(i=0;i<5;i++) { a[i][0]=i; a[i][i]=1; }
  for(i=2;i<5;i++)
    for(j=1;j<i;j++)
      a[i][j]=a[i-1][j-1]+a[i-1][j];
  for(i=0;i<5;i++){
    for(j=0;j<=i;j++)
      printf("%3d",a[i][j]);
    printf("\n");
  }
}
```

16. 写出以下程序的运行结果。(参考代码:XT_08_04_16.c)

```
#include<stdio.h>
int main(){
    char a[6][6], i, j;
    for(i=0;i<6;i++){
        for(j=0;j<6;j++){
            if(i<j) a[i][j]='#';
            else if(i==j) a[i][j]='\\';
            else a[i][j]='*';
            printf("%c",a[i][j]);
        }
        printf("\n");
    }
}
```

五、编程题

1. 编写程序,从键盘上输入一个以回车结束的字符串,将其中的所有大写字母都转换

成小写字母,然后输出该字符串。(参考代码:XT_08_05_01.c)

2. 应用二维数组编写程序,输入行数 n,输出杨辉三角形前 n 行。(参考代码:XT_08_05_02.c)

```
1
1  1
1  2  1
1  3  3   1
1  4  6   4   1
1  5  10  10  5  1
…
```

3. 编写程序,通过代码初始化或由键盘输入两个 3 行 3 列的矩阵,输出两个矩阵相乘的结果。(参考代码:XT_08_05_03.c)

4. 编写程序,从键盘输入一个字符串,删除字符串中所有空格后输出。(参考代码:XT_08_05_04.c)

5. 编写程序,从键盘输入 n 个按由小到大的顺序排好的数列和一个数 insert_value,把 insert_value 插入到由这 n 个数组成的数列中,而且仍然保持由小到大的顺序,当 insert_value 比原有所有的数都大时放在最后,比原有的数都小时放在最前面。(参考代码:XT_08_05_05.c)

6. 编写程序完成以下功能:定义一个含有 30 个整型元素的数组,按顺序分别赋予一个 100 以内的随机正整数;然后按顺序每 5 个数求和,放在另一数组中并输出。(参考代码:XT_08_05_06.c)

7. 用筛法求 1000 以内的素数。筛法求 N 以内素数的算法是:先把自然数 2~N 按次序排列起来;2 是素数,留下来,把所有 2 的倍数都划去;把 3 留下,把所有 3 的倍数都划去;把 5 留下,把所有 5 的倍数都划去……这样一直做下去,留下的数就是不超过 N 的全部素数。(参考代码:XT_08_05_07.c)

8. 用选择法对 10 个整数排序(从小到大)。选择法排序的基本思想是:不断地从待排序空间中找到最小值,与最左侧数据交换,直到待排序空间中数据个数为 1。(参考代码:XT_08_05_08.c)

9. 编程输出 N 阶幻方(N 为奇数)。N 阶幻方是指由 $1\sim N^2$ 的连续自然数组成的方阵,方阵的每一行、每一列和对角线之和均相等。(参考代码:XT_08_05_09.c)

例如,7 阶魔方阵为

```
30  39  48   1  10  19  28
38  47   7   9  18  27  29
46   6   8  17  26  35  37
 5  14  16  25  34  36  45
13  15  24  33  42  44   4
21  23  32  41  43   3  12
22  31  40  49   2  11  20
```

N 为奇数时,N 阶幻方构造算法如下:

(1) 将 1 放在第一行中间一列。

(2) 从 2 开始直到 N^2 为止,各数依次按下列规则存放:按 45°方向向右上行走,每一个数放置的位置与前一个数的关系为行数减 1、列数加 1。

(3) 如果行列范围超出矩阵范围,则回绕。

(4) 如果按上面的规则确定的位置上已有数,则把下一个数放在上一个数的下面。

第 9 章　函　　数

函数是程序设计的一个重要概念，也是进行结构化程序设计的必经之路。本章将重点讲述 C 语言中函数的定义、函数的调用、函数的参数传递方式、递归等概念。

本章重点

- 函数的定义、说明和调用。
- 函数参数的传递。
- 递归。
- 变量的作用域和生存期。

本章难点

- 函数参数的值传递和地址传递。
- 递归程序设计。
- 变量的作用域和生存期。

9.1　认识函数

1. 认识函数

C 程序的基本单位是函数，一个 C 语言程序至少应该包含一个主函数。一个稍大型的 C 语言程序都应该包含用户自己定义的函数。在**第 1 章的程序清单 01-03-07.c** 中，我们已经看到了一个用户自定义的函数。

在一个 C 语言程序中，可以包括若干个用户自定义的函数，但主函数只能有一个。各个函数在定义时彼此是独立的，在执行时可以互相调用，但其他函数不能调用主函数。

C 语言程序中几乎所有的函数都必须先在主函数之前进行定义才能使用，在主函数之后定义的函数也必须在主函数中先说明才能使用。

2. C 语言库函数

C 语言提供了功能丰富的库函数，一般库函数的定义都被放在头（库）文件中。头文件是扩展名为.h 的文件。例如标准输入输出函数包含在头文件 stdio.h 中，非标准输入输出函数包含在头文件 io.h 中，数学类的库函数包含在头文件 math.h 中。C 语言部分库函数如表 9-1 所示。在使用库函数时必须先知道该函数包含在哪个头文件中，然后在程序的开头用 #include ＜*.h＞或 #include "*.h"语句将该头文件包含进来。只有这样程序在编译、连接时才不会出错，否则系统将认为这些函数是用户自己编写的函数而不能编译成功。例如，函数 sqrt 的功能为返回参数的算术平方根，要想在程序中使用它，必须在程序开始处加上 #include ＜math.h＞。

表 9-1　C 语言部分库函数介绍

库及头文件名	主 要 函 数
分类函数 ctype. h	isalpha：判断字符是否为字母或数字 isascii：判断字符 ASCII 码是否在[0,127]中 isprint：判断字符是否为可打印字符 isspace：判断字符是否为空白字符(空格、制表符、回车)
目录函数 dir. h	chdir：改变当前工作目录 mkdir：创建目录 rmdir：删除目录
转换函数 stdlib. h	atoi,atof,atol：字符串转换成 int、double、long 型 itoa,ecvt,ltoa：整型、实型转换成字符串
输入输出函数 stdio. h	scanf,printf,gets,puts 等
字符串操作函数 string. h	strcpy,strcat,strcmp 等
数学函数　math. h	abs,fabs,sin,asin 等
内存分配函数 stdlib. h,alloc. h	calloc：分配内存块函数 free：释放已分配内存块
进程控制函数 stdlib. h,process. h	exit：终止程序 system：发出一个 DOS 命令行命令 execl：装入并运行其他程序
时间和日期函数 time. h	time：取系统时间(请查阅详细用法) stime：设置系统时间
其他函数	sleep(n)：gcc 内核中表示程序延时 n 秒 Sleep(n)：VC 中表示程序延时 n 毫秒

程序清单 09-01-01. c

```
//标准库函数使用举例
#include <stdio.h>
#include <math.h>
int main(){
    printf("%lf",sqrt(10));
}
```

执行程序，输出

```
3.162278
```

练习 09-01-01　请查阅 C 语言函数库，编程练习其他数学函数的使用。

程序清单 09-01-02. c

```
//时间函数使用举例
#include <time.h>
int main(){
    long now;
    now=time(NULL)%(60*60*24);
    long h=now/3600;
```

```
    long m=now%(3600)/60;
    long s=now%(3600)%60;
    printf("当前时间(格林尼治:零时区):%02ld:%02ld:%02ld\n",h,m,s);
    h=(h+8)%24;
    printf("当前时间(中国北京:东八区):%02ld:%02ld:%02ld\n",h,m,s);
}
```

执行程序,输出

```
当前时间(格林尼治:零时区):00:44:02
当前时间(中国北京:东八区):08:44:02
```

程序分析:

time(NULL)函数获取当前的系统时间,返回的结果是一个 time_t 类型,其实就是一个大整数,其值表示从 1970 年 1 月 1 日 00:00:00 到零时区标准时间当前时刻的秒数。

中国处在东 8 区(+8 区),比零时区多 8 个小时。所以转换为本地时间时,小时数据要做加 8 处理。

练习 09-01-02 利用时间函数编程输出系统当前日期和时间。

程序清单 09-01-03.c

```
//目录操作函数使用举例
#include<dir.h>
int main(){
    char d[]={"c:\\pppppp"};
    mkdir(d);
    printf("目录[%s]创建完成,按任意键后将其删除...\n",d);
    getch();
    rmdir(d);
    printf("目录[%s]已删除.\n",d);
}
```

程序分析:

执行程序,显示"目录[c:\pppppp]创建完成,按任意键后将其删除...",此时打开 C 盘查看,就会发现创建了一个名为 pppppp 的文件夹;按任意键后显示"目录[c:\pppppp]已删除.",再次查看 C 盘,文件夹 pppppp 已经被删除了。

3. 自定义函数举例

下面的几个程序中都包含了功能简单的用户自定义函数代码,请读者分析程序的功能。

程序清单 09-01-04.c

```
//分析函数功能及程序运行结果
#include<stdio.h>
void print_line(){
    printf("\n=============================");
}
void print_message(){
```

```
    printf("\nThis is a C program.");
}
int main(){
    print_line();
    print_message();
    print_line();
}
```

执行程序,输出

```
============================
This is a C program.
============================
```

程序分析:

该程序由 3 个函数组成,这 3 个函数当中,一个是不可缺少的主函数,另外两个是用户自定义函数。它们在形式上是互相独立的,没有嵌套和从属关系。

主函数中调用了自定义函数,依次输出 3 行文本。

程序清单 09-01-05.c

```
//分析函数功能及程序运行结果
void print_star(int n){
    int i;
    for(i=1;i<=n;i++) putchar("*");
}
int main(){
    int k;
    for(k=1;k<=7;k++){
        print_star(2*k-1);
        printf("\n");
    }
}
```

执行程序,输出

```
*
***
*****
*******
*********
***********
*************
```

程序分析:

不难看出自定义函数 print_star(int n)需要一个参数,功能为输出 n 个字符'*'。

主函数中通过循环 7 次调用函数 print_star,每次调用的参数不同,且调用后输出换行,所以才有如此输出结果。

练习 09-01-03 请在上例程序基础上增加一个 print_space(int n)函数,函数功能为输出 n 个空格。然后修改主函数使整个程序输出如下字符图形。

```
      *
     * * *
    * * * * *
   * * * * * * *
  * * * * * * * * *
 * * * * * * * * * * *
* * * * * * * * * * * * *
```

程序清单 09-01-06.c

```
//自定义函数举例:从键盘输入两个整数,输出其中较大的一个
int max(int x,int y){
    int t;
    if(x>y) t=x;
    else    t=y;
    return (t);
}
int main(){
    int a,b,m;
    scanf("%d%d",&a,&b);
    m=max(a,b);
    printf("The max is:%d.\n",m);
}
```

执行程序,输入

```
5 8↙
```

输出:

```
The max is:8.
```

程序分析:

不难看出自定义函数 int max(int x,int y)需要两个整型参数,其返回值为整型。其功能为返回两个参数中的较大值。函数中通过执行语句 return (t);结束函数并返回 t 的值。

练习 09-01-04 利用上例自定义函数,编写程序输入 3 个整数,输出最大者。

4. 函数分类

从以上自定义函数的形式来看,函数可以分为无参函数和有参函数两类:

(1) 无参函数。在调用时无须指定参数,例如 print_line()。

(2) 有参函数。在调用时要指定参数,例如 max(a,b)。

从函数的返回值来看,函数可以分为有返回值函数和无返回值函数两类。

(1) 有返回值函数。调用结束时会返回一个值,供调用处运算,例如 max(a,b)。用户自定义函数可以通过 return 语句返回函数值。

(2) 无返回值函数。调用结束时不会返回一个值,例如 print_star()。

9.2 函数的定义和声明

1. 函数的定义

用户自定义无参函数的一般形式是

```
函数类型标识符   函数名(){
  函数体
}
```

程序清单 09-01-04.c 中的 print_line 函数和 print_message()函数都是无参函数。

用户自定义有参函数的一般形式是

```
函数类型标识符   函数名(形式参数列表){
  函数体
}
```

程序清单 09-01-06.c 中的 max()函数就是有参函数。

功能说明:

(1) 函数类型标识符定义的是函数返回值的类型(或称为函数的类型),可以是整型(int)、长整型(long)、字符型(char)、单精度浮点型(float)、双精度浮点型(double)以及空类型(void)等一切合法数据类型,也可以是以后要介绍的指针类型,包括结构指针。

程序清单 09-01-04.c 中的 print_line 函数和 print_message 函数的返回值为空类型(void),也可以说没有返回值;程序清单 09-01-06.c 中的 max 函数的返回值为 int 型。

(2) 如果函数没有返回值,函数类型标识符应该为 void(空类型)。如果省略函数类型标识符,系统默认函数的返回值为整型。

(3) 函数名是用户自己定义的一个标识符,应该符合标识符的命名规则。

(4) 定义无参函数时,函数名后的括号内应该为空或者加上 void。定义有参函数时,函数名后的括号内应该依次列出函数的形式参数,参数之间以逗号分隔,每个参数的说明都应该指定其类型。例如:

```
int max(int x,int y)
```

程序清单 09-02-01.c

```
//函数定义举例
int add(int x,int y){
    int s;
    s=x+y;
    return s;
}
int main(){
    int a,b,sum;
    scanf("%d%d",&a,&b);
```

```
    sum=add(a,b);
    printf("The sum is:%d",sum);
}
```

执行程序，输入

```
5    8
```

输出

```
The sum is:13
```

2. return 语句

如果函数有返回值，那么在函数体内应该用 return 语句返回一个值。return 语句的一种常用的形式是

```
return 表达式;
```

如果函数没有返回值，那么在函数体内可以用不带表达式的 return 语句结束函数，即

```
return;
```

练习 09-02-01 仿照上例程序，修改函数或主函数，实现输入 3 个整数，输出它们的和。

程序清单 09-02-02.c

```
//函数定义举例
#include <stdio.h>
int max(int x,int y){
    int t;
    if(x>y) return x;
    else    return y;
}
int main(){
    int a,b,m;
    scanf("%d%d",&a,&b);
    m=max(a,b);
    printf("The max is:%d",m);
}
```

执行程序，输入

```
5  8
```

输出

```
The max is:8
```

程序分析：

函数体内可以有多个 return 语句，系统执行到任何一个 return 语句都将结束函数的运行并返回。

程序清单 09-02-03.c

```
//无返回值的函数
#include<stdio.h>
void print_divisor(int n){
    int k;
    printf("\n%d的真约数有:",n);
    for(k=1;k<n;k++)
        if(n%k==0)printf("%d ",k);
    return;
}
int main(){
    int m;
    for(m=10;m<=60;m=m+10) print_divisor(m);
}
```

执行程序,输出

```
10的真约数有:1 2 5
20的真约数有:1 2 4 5 10
30的真约数有:1 2 3 5 6 10 15
40的真约数有:1 2 4 5 8 10 20
50的真约数有:1 2 5 10 25
60的真约数有:1 2 3 4 5 6 10 12 15 20 30
```

3. 空函数

也可以定义空函数。所谓空函数,即函数体为空的函数。例如:

```
void empty(){
}
```

空函数被调用时,什么也不做,没有实际的作用。但有时为了日后对程序功能的扩充,可以在主函数中调用空函数,以后可以为空函数加上函数体,使其发挥作用。

程序清单 09-02-04.c

```
//无参数的空函数
void empty(void){
}
int main(){
    empty();
}
```

程序分析:

如果用户自定义的函数没有参数,可以在参数列表中以 void 来说明,或者使参数列表为空。

程序清单 09-02-05.c

```
//实现两个实型数据求和的函数
```

```
#include<stdio.h>
double fadd(double x,double y){
    return x+y;
}
int main(){
      double a,b,sum;
      scanf("%lf%lf",&a,&b);
      sum=fadd(a,b);
      printf("The sum is:%lf",sum);
}
```

执行程序，输入

```
5.2  8.3
```

输出

```
The sum is:13.500000
```

程序清单 09-02-06.c

本例程序及编译时出错信息如图 9-1 所示。

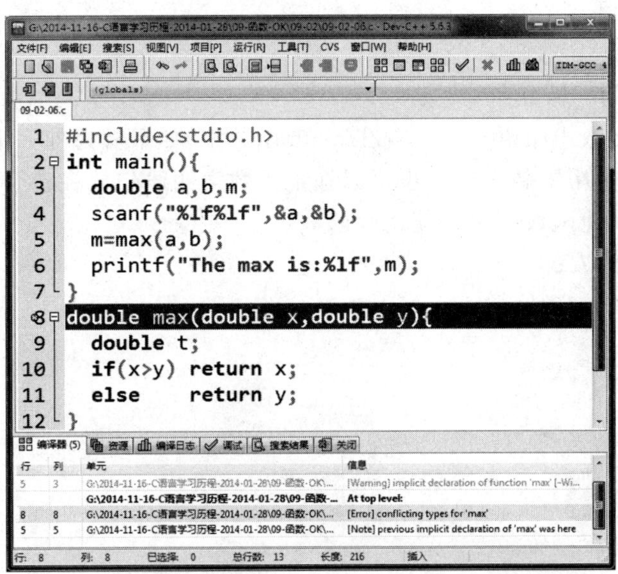

图 9-1 程序清单 09-02-06.c 及其编译时的出错信息

程序分析：

函数应该先定义后使用，否则会出现编译错误。本例程序中出现的错误信息为

[Error] conflicting types for 'max'(max 类型冲突)
[Note] previous implicit declaration of 'max' was here(对 max 之前的隐式声明在此处)

程序出现错误的原因在于：

(1) 用户自定义函数应该先定义后使用或者先声明后使用，但是返回值为 int 型或 void

型的函数除外。也就是说,如果自定义函数为 int 型或 void 型,可以后定义先使用。

(2) 本例程序中,当出现对 max 函数的调用语句时(第 5 行),系统发现该函数在使用前未定义,所以默认其返回值为 int 型或 void 型,但是在第 8 行却定义为 double 型,所以产生类型冲突。

4. 函数声明

函数一定要先定义后使用(int 型或 void 型函数除外)。如果一个函数的定义被放在了调用它的函数之后,那么一定要在调用它的函数的开始处对这个函数进行声明(也称为说明)。

函数声明语句只要将函数定义的首部(第一行)直接拿来就可以了,因为函数声明是一条语句,所以后面要加分号。例如上例需要在主函数中加上声明:

```
double max(double x,double y);
```

函数声明语句中,形参列表中可以只保留参数类型而省略参数名称,或者省略整个形参列表。所以上述程序中的函数声明语句可以修改为

```
double max(double,double);
```

或者

```
double max();
```

以上程序中的函数声明语句只出现在 main 函数中,如果有另外一个函数也调用了 max 函数,则需要在该函数中重新声明。也可以在把函数声明语句放在整个程序的开始处(所有函数之外),则所有其他函数都可以使用此函数。

程序清单 09-02-07.c

```
//函数声明举例
#include<stdio.h>
int main(){
      double max(double x,double y);              //函数声明
      double a,b,m;
      scanf("%lf%lf",&a,&b);
      m=max(a,b);
      printf("The max is:%lf",m);
}
double max(double x,double y){                    //函数定义
      double t;
      if(x>y) return x;
      else    return y;
}
```

执行程序,输入

```
8   13
```

输出

```
The larger is:13.000000
```

程序分析：

程序中对函数 max 先声明后使用再定义，且声明和定义类型及参数相符，无语法和编译错误。

程序清单 09-02-08.c

```
//函数声明举例
#include<stdio.h>
int main(){
      double max(double x,double y);              //函数声明(内部声明)
      double a,b,m;
      scanf("%lf%lf",&a,&b);
      m=max(a,b);
      printf("The max is:%lf",m);
}
double max3(double x,double y,double z){
      double max(double x,double y);              //函数声明(内部声明)
      return max(max(x,y), z);
}
double max(double x,double y){
      double t;
      if(x>y) return x;
      else    return y;
}
```

程序分析：

程序中主函数和 max3 函数中都调用了函数 max，而 max 的定义在最后，所以在主函数和 max3 函数中都必须对所调用的 max 函数进行声明。

这两次在函数内部的声明都被称为内部声明，内部声明的作用范围为从声明开始至函数结束。

程序清单 09-02-09.c

```
//函数声明举例
#include<stdio.h>
double max(double x,double y);                    //函数声明(全局声明)
int main(){
    double a,b,m;
    scanf("%lf%lf",&a,&b);
    m=max(a,b);
    printf("The max is:%lf",m);
}
double max3(double x,double y,double z){
    return max(max(x,y), z);
```

```
}
double max(double x,double y){
    double t;
    if(x>y) return x;
    else    return y;
}
```

程序分析：

将函数声明语句放在所有函数的外面，这称为全局声明。这时，在调用该函数的各个函数中就不用依次声明了。

程序清单 09-02-10.c

```
//int 型函数和 void 型函数的特权
#include<stdio.h>
int main(){
    int a,b,c,d;
    scanf("%d%d",&a,&b);
    printf("%d+%d=%d\n", a, b, add(a,b));
    printf("%d-%d=%d\n", a, b, sub(a,b));
    p();
}
int add(int x,int y){
    return x+y;
}
sub(int x,int y){
    return x-y;
}
void p(){
    printf("void p()");
}
```

执行程序，输入

```
13  8
```

输出

```
13+8=21
13-8=5
void p()
```

程序分析：

(1) int 型或 void 型函数可以不用声明直接调用，例如程序中对函数 add 和 p 的调用。

(2) 定义函数时，如果省略函数类型，系统默认为 int 型，例如程序中 sub 函数的定义。

(3) 对于未声明先调用的函数，系统均首先默认其为 int 型。

9.3 函数的调用

1. 函数的调用

前面已经接触了很多带有函数的程序,在程序中都对函数进行了调用。例如前面例子中多次出现的下列语句都是函数调用:

```
print_star();
printf("\n%d",add(5,8));
m=max(a,b);
```

2. 函数调用的一般形式

函数调用的一般形式是

函数名(实在参数列表)

功能说明:

(1) 如果调用的是无参函数,实在参数列表可以为空,但是括号不能省略。例如:

```
print_star();                              /* 这是对无返回值函数的调用 */
```

(2) 如果调用的是有参函数,则应该加上实在参数。实在参数可以是任何合法的表达式(包括常量、变量)。多个实在参数之间用逗号分隔。实在参数与被调用函数的形式参数要一一对应,参数个数要相同,类型也要一致或相容。例如:

```
printf("\n%lf",add(x,y));                  /* 这是对有返回值函数的调用 */
```

(3) 函数在没有被调用之前,其形式参数是不存在的。函数只有在被调用时,其形式参数才被定义及被分配内存单元。形式参数的内存单元是单独在空闲内存中分配的。即使形式参数变量名称与其他函数中的变量重名,其内存也不是一个地址。甚至对于同一个函数的两次不同调用,系统为形式参数所分配的地址也可能是不同的。所以形式参数变量名可以和其他函数中的变量重名,系统不会出错。形式参数所占用的内存单元在函数结束时会被自动释放。

(4) 函数调用的过程是:首先为函数的所有形式参数在内存中的空闲区域(栈区)分配内存,再将所有实在参数的值计算出来,依次赋值给对应的形式参数。然后进入函数体开始执行函数,如果执行完成或遇到 return 语句,函数结束。如果有返回值,将返回值带回到调用处。

(5) 调用函数时将实在参数的值计算出来,依次赋值给对应的形式参数,这一过程也称为参数的值传递。这是函数参数传递最简单的一种方式,这种方式下实在参数与形式参数之间只是一个普通的赋值关系,值传递完成以后,实在参数与形式参数之间将不存在任何关系,函数中形式参数值的改变不会影响实在参数。

程序清单 09-03-01.c

```
#include<stdio.h>
```

```
int main(){
    int a=5,b=8;
    p(a,b);
    printf("main():%d,%d\n",a,b);
    p(a+b,b-a);
}
void p(int a,int b){
    a++; b--;
    printf("p()   :%d,%d\n",a,b);
}
```

执行程序，输出

```
p()   :6,7
main():5,8
p()   :14,2
```

3. 函数调用的方式

从以上众多的函数调用例子中不难看出，函数的调用方式有以下 3 种：

(1) 函数语句。函数调用作为一个独立的语句出现。例如：

```
print_star();
p();
```

这种调用方式或者不要求函数有返回值，或者即使有返回值也没有加以利用。C 程序中的 scanf 函数和 printf 函数的使用多属于这种方式。

(2) 函数表达式。函数的调用出现在一个表达式中。这时要求函数必须返回一个确定的值。例如：

```
printf("\n%lf",add(x,y)+10);
m=max(a,b);
m=5+2*max(a,b);
```

(3) 函数参数。函数调用作为另一次函数调用的实参。这时也要求函数必须返回一个确定的值。例如：

```
m=max(max(a,b),c);
printf("\n%d",max(5,6));
```

函数调用被用作另一次函数调用的参数，实际上也是函数表达式调用的一种形式。

4. return 语句与函数的返回值

在执行被调用函数时，如果需要该函数带回一个确定的值返回给调用函数，则要借助于 return 语句。在前面的程序中，我们已经了解了 return 语句的表示形式。

return 语句的一般形式有以下两种情况：

```
return 表达式;
```

```
return;
```

功能说明：

(1) 带表达式的 return 语句的功能为结束函数的执行并把表达式的值返回调用处。此时要求函数在定义时必须有一个指定的函数类型，绝不能为空类型(void)。

(2) 省略表达式的 return 语句的功能为结束函数的执行并返回调用处。该语句没有返回值。

(3) 函数体中如果没有 return 语句，或者虽然有 return 语句但无法执行到，那么执行完函数体的最后一条语句后就返回。

(4) 函数体中也可以有多个 return 语句，执行到哪个，哪个就起作用。不管执行到哪个 return 语句都结束函数的执行，返回调用处。

问题 09-03-01 输入某次考试 100 分制的成绩，输出 5 分制成绩。要求：百分制成绩为整数，将总分为 100 的百分制成绩转换成 5 分制成绩；如果输入的整数超出 0～100 的范围，输出出错信息。

问题分析：本例要求实现 100 分制向 5 分制的转换，可以通过函数来完成。设计一个函数 change，参数为 100 分制的成绩，返回值为 5 分制的成绩。

程序清单 09-03-02.c

```
int main(){
    int score;
    scanf("%d",&score);
    printf("%d",change(score));
}
int change(int x){
    if(x>=0&&x<10)          return 0;
    else if(x>=10&&x<40)    return 1;
    else if(x>=40&&x<60)    return 2;
    else if(x>=60&&x<70)    return 3;
    else if(x>=70&&x<80)    return 4;
    else if(x>=90&&x<=100)  return 5;
    else{
      printf("\nERROR!");
      return -1;
    }
}
```

执行程序，对于不同的输入，程序会得到不同的输出结果，例如：

输入

```
5     16     67     95     123      -3
```

输出

```
0     1      3      5      ERROR!   ERROR!
                           -1       -1
```

程序分析：

本例程序中定义的函数change中，利用多分支if语句在函数体中加入了7个return语句。函数执行时，多分支语句中的哪个条件表达式成立就执行哪个分支；而执行了哪个分支，哪个分支的return语句就起作用。

问题09-03-02 编写函数返回一个整型参数的非平凡约数（除1和本身以外的约数）的个数。

程序清单09-03-03.c

```
int main(){
    int k;
    for(k=100;k<110;k++){
      printf("%d的非凡约数个数为%d个,%s素数.\n",k, fun(k), fun(k)==0?"是":"不是");
    }
}
int fun(int n){
    int i,s=0;
    for(i=2;i<=n/2;i++)
      if(n%i==0)s++;
    return s;
}
```

执行程序，输出

```
100的非凡约数个数为6个,不是素数.
101的非凡约数个数为0个,是素数.
102的非凡约数个数为5个,不是素数.
103的非凡约数个数为0个,是素数.
104的非凡约数个数为5个,不是素数.
105的非凡约数个数为6个,不是素数.
106的非凡约数个数为1个,不是素数.
107的非凡约数个数为0个,是素数.
108的非凡约数个数为9个,不是素数.
109的非凡约数个数为0个,是素数.
```

程序分析：

本例函数fun的功能为返回一个参数n的非平凡约数的个数。主函数的功能为输出100～109的素数情况。

练习09-03-01 修改程序清单09-03-03.c的主函数代码（保留fun函数的代码不变），实现输出10 000以内的所有素数，输出格式为10个素数一行。

5. 实在参数求值顺序

函数调用中的实在参数是实际参与运算的量，其值被传递给形式参数。如果实在参数表达式中涉及变量的赋值等操作，那么实在参数的求值顺序就变得非常重要了。

程序清单09-03-04.c

```
//实在参数求值顺序
int p(int x,int y){
    printf("%d,%d\n",x,y);
```

```
}
int main(){
    int a=5,b=8,ma,mb;
    p(a=a+10,a-1);
    p(b+3,b=b+5);
}
```

程序分析：

本例中的函数调用，实在参数的个数是1个以上，且两个实在参数之间存在关联。我们可以分析一下，如果实在参数是从左至右求值，那么程序的执行结果是什么呢？经过分析，不难得出以下的输出结果：

```
15,14                   //函数调用相当于 p(15,14)
11,13                   //函数调用相当于 p(11,13)
```

但是，如果实在参数是从右至左求值，那么程序的执行结果是什么呢？经过分析，也不难得出以下的输出结果：

```
15,4                    //函数调用相当于 p(15,4)
16,13                   //函数调用相当于 p(16,13)
```

大多数编译程序，例如 Turbo C、Dev-C++ 、VC++ 等，实在参数都是按自右向左的顺序进行求值的。对于上例的程序，读者可以在机器上执行验证。

请注意：在编程时尽量避免在函数的参数表达式中对变量进行赋值操作。

*** 程序清单 09-03-05.c**

```
//实在参数求值顺序
int p(int x,int y){
    printf("%d,%d\n",x,y);
}
int main(){
    int a=5,b=8;
    p((a+=10)+100 , a=10);
    p(200+(b=21)  , b+=3);
}
```

程序分析：

读者也许会得出如下运行结果：

```
120,10
221,11
```

但是，真正的执行结果是

```
120,20
221,21
```

这是为什么呢？原来C语言对实在参数的处理原则是先自右至左先扫描一遍，然后再自左至右向形式参数传递其值。在自右至左扫描时，如果遇到非赋值表达式，则直接求出表达式的值；如果遇到赋值表达式，则留下被赋值变量的引用。

例如对于语句 p((a+=10)+100,a=10);，第一遍扫描后，语句相当于变成 p(120,a)；而此时变量 a 的值为 20，所以再次自左至右向形式参数传值时就变成了 p(120,20);。

请再次注意：在编程时尽量避免在函数参数表达式中对变量进行赋值操作。

***程序清单 09-03-06.c**

```
//库函数参数求值顺序
int p(){return 20;}
int main(){
    int a;
    a=3;printf("%d,%d\n", a+1 ,  a=p() );
    a=3;printf("%d,%d\n", a=p(), a+1   );
}
```

执行程序，输出

```
21,20
20,4
```

程序分析：

本例中的函数 printf 也有多个参数，它们的求解顺序也是自右至左的。请读者自己分析输出结果。

特别注意：对于函数实在参数的求值顺序，不同的编译系统以及同一编译系统的不同版本规定是不同的。而且有的编译器会对此问题进行先优化再求值，优化策略不同，求值顺序及结果可能不同，所以读者在编程时需要特别注意的是：不要使函数的各个实在参数之间存在关联，即尽量不要在实在参数表达式中改变变量的值（赋值操作）。

6. scanf 函数的返回值

scanf 函数和 printf 函数是经常使用的，它们有没有返回值呢？有的教材中说 scanf 函数和 printf 函数没有返回值，这种说法是错误的。这两个函数都有返回值，只是我们很少加以利用罢了。在 C 语言中只有函数类型为 void 的函数没有返回值，其他的函数都有返回值。

程序清单 09-03-07.c

```
//scanf()函数的返回值举例
int main(){
    int a,b,c;
    c=scanf("%d%d",&a,&b);
    printf("a=%d,b=%d,c=%d",a,b,c);
}
```

执行程序，几组输入输出结果如下（两行分别为输入和输出）：

```
23 54 89↙         23,54↙                  23A54↙                  x23 54↙
a=23,b=54,c=2   a=23,b=5068454,c=1   a=23,b=5068454,c=1   a=356,b=5068454,c=0
```

程序分析：

C 语言规定，函数 scanf 的返回值为成功读入数据的个数。

第 1 组输入数据，程序成功读入两个数据，scanf 函数的返回值为 2；第 2 组和第 3 组输入数据，程序成功读入一个数据，scanf 函数的返回值为 1；第 4 组数据没有读入成功，scanf 函数的返回值为 0。

程序清单 09-03-08.c

```
//scanf 函数的返回值举例
int main(){
    int a,b,c;
    while(1){
      printf("请输入两个整数(输入 Q 退出):");
      if(scanf("%d%d",&a,&b)!=2) break;
      printf("%d+%d=%d\n",a,b,a+b);
    }
    printf("程序结束,谢谢您的使用!");
}
```

执行程序，输入和输出如下：

```
请输入两个整数(输入 Q 退出):56 89↙
56+89=145
请输入两个整数(输入 Q 退出):65 45↙
65+45=110
请输入两个整数(输入 Q 退出):Q
程序结束,谢谢您的使用!
```

程序分析：

本例程序利用 scanf 函数的返回值来判断两个整数是否输入成功，不难分析，只要没有成功读入两个数据，程序就会跳出循环。

程序清单 09-03-09.c

```
//scanf()函数的返回值举例
int main(){
    int a,sum=0,k=0;
    printf("请输入若干整数(以空格分隔,以#结束):");
    while(1){
      if(scanf("%d",&a)!=1) break;
      sum+=a;
      k++;
    }
    printf("共%d个数据,和为%d\n",k,sum);
}
```

执行程序，输入和输出如下：

```
请输入若干整数(以空格分隔,以#结束):1 2 3 4#↙
```

```
共 4 个数据,和为 10.
```

再次执行程序,输入和输出如下:

```
请输入若干整数(以空格分隔,以#结束):101 202 303 404 505 606#↙
共 6 个数据,和为 2121.
```

练习 09-03-02 仿照上例请编程实现如下功能:输入形如 3+2 的整数算式(操作限于+、-、*、/),输出运算结果,再次重复以上操作,直到输入非法数据时程序结束。

输入输出样例(下画线内容为用户输入):

```
输入算式:3+2↙
3+2=5
输入算式:15*4↙
15*4=60
输入算式:15@4↙
运算符非法!
输入算式:128/0↙
除数不能为 0!
输入算式:quit↙
程序结束,谢谢您的使用!
```

7. printf 函数的返回值

printf 函数的返回值为输出数据(字符流)的字节数(字符个数),不包括字符串末尾的空字符'\0'。

程序清单 09-03-10.c

```
//printf 函数的返回值举例
int main(){
    int a,b,c;
    a=5;b=8;   c=printf("%d+%d=%d\n",a,b,a+b);
    printf("c=%d\n",c);
    a=85;b=26; c=printf("%d+%d=%d\n",a,b,a+b);
    printf("c=%d\n",c);
}
```

执行程序,输出

```
5+8=13
c=7
85+26=111
c=10
```

程序分析:

两次输出变量 c 的值,均为上一个 printf 函数的返回值。例如输出的字符串 5+8=13 共有 6 个字符,加上回车字符,共 7 个字符,所以第一个 printf 返回 7。

练习 09-03-03 请分析下面程序的输出结果。

```
int main(){
    int i=43;
    printf("%d",printf("%d",printf("%d",i)));
}
```

8. 函数类型与返回值类型不一致

当函数体中由 return 语句返回的表达式值的类型与函数类型不一致时,系统规定返回值以函数类型为准进行自动转换,转换后的值为最终的函数值。

程序清单 09-03-11.c

```
//函数返回值程序举例
int main(){
    double a,b,s;
    a=1.8; b=3.6;
    s=add(a,b);
    printf("s=%lf",s);
}
int add(double a,double b){
    return(a+b);
}
```

程序分析:

对于本例的程序,读者也许希望会输出

```
5.400000
```

但程序执行后,会输出

```
5.000000
```

为什么输出结果是 5.000000 呢? 就是因为在函数中虽然 return 语句返回的确实是 5.400000,但由于函数类型为 int 型,所以表达式 add(a,b)的最终值为整型数 5,将这个值赋给 double 型变量 s,变量 s 的值为 5.000000,所以才会得到 5.000000 这样的输出结果。

在编写函数时一定要注意这一原则:由 return 语句返回值的类型和函数类型一定要一致,或者 return 语句返回值的类型比函数类型精度低。如果 return 语句返回值的类型比函数类型精度高,那么函数的返回值就要损失精度,除非你一定要这样做。

9.4 函数参数的传递

1. 函数参数的两种传递方式

在调用函数的时候,实在参数与形式参数之间要进行数据传递,传递方式有两种:值传递和地址传递。

2. 值传递方式

在本书前面所介绍的例子程序中,凡是函数调用,其参数的传递方式都是值传递方式。实在参数(变量或表达式)的值被传递(赋值)给形式参数后,实参与形参之间不再有任何关系,形式参数值的改变不影响实在参数。值传递方式的特点是"参数的值单向传递"。

程序清单 09-04-01.c

```
//函数参数的值传递方式举例
void swap(int a,int b){
    int t;
    t=a; a=b; b=t;
    printf("swap():a=%d,b=%d\n",a,b);
}
int main(){
    int a=5,b=8;
    printf("main():a=%d,b=%d\n",a,b);
    swap(a,b);
    printf("main():a=%d,b=%d\n",a,b);
}
```

执行程序,输出

```
main():a=5,b=8
swap():a=8,b=5
main():a=5,b=8
```

程序分析:

请注意,本例程序虽然在主函数和用户自定义函数中都定义了变量 a 和 b,但它们绝不是同一个变量。程序开始执行,首先主函数中的第一个 printf 语句输出"a=5,b=8",然后调用函数 swap(a,b)。这时会在空闲内存空间中开辟出一块区域来给函数 swap 中的变量 a 和变量 b 分配内存,然后把实在参数 a 的值传递给形式参数 a,把实在参数 b 的值传递给形式参数 b。值传递完成后,转到函数体执行函数,在函数体中将函数内的形式参数 a 和 b 的值交换,执行函数体内的 printf 语句输出"a=8,b=5"后,函数结束。函数结束时会释放刚刚为其分配的内存单元,形式参数随之消亡。形式参数值的改变是在另外的内存单元中进行的,和主函数中的同名变量没有关系,主函数中变量的值没有被改变。函数结束后返回到主函数调用处,继续执行主函数中的下一个 printf 语句,输出"a=5,b=8",可见主函数中的变量 a 和变量 b 的值没有改变。这就是值传递方式的原理。

3. 数组元素作为函数参数

数组元素和变量的地位、作用是相同的,凡是变量可以应用的地方,数组元素也可以应用。变量可以作为函数参数,数组元素也可以作为实在参数,这时参数传递的方式与和用变量作实在参数一样,是值传递方式。

程序清单 09-04-02.c

```
//从键盘输入 10 个整数(存放在数组 a 中),输出最大值
int main(){
```

```
    int a[10],i,m;
    for(i=0;i<=9;i++) scanf("%d",&a[i]);
    m=a[0];
    for(i=1;i<=9;i++) m=max(m,a[i]);
    printf("The max is :%d",m);
}
int max(int a,int b){
    return (a>b?a:b);
}
```

执行程序,输入

```
1 2 3 4 5 6 7 8 9 0
```

输出

```
The max is :9
```

4. 地址传递方式

地址传递方式是指实在参数是某个变量的地址或数组元素的地址,形式参数是某种类型的指针或数组。例如在 scanf 函数中我们已经熟悉了它的使用。

地址传递方式下发生函数调用时,将实在参数(变量的地址)赋值给形式参数(数组或指针),这时形式参数所指向的存储单元与实在参数中变量的地址单元是同一个。因此,函数体中对形式参数所指向变量的访问,实际上就是对实在参数本身的访问。

函数体中对形式参数指向变量的任何改变也就是对实在参数的改变。所以,地址传递方式的特点是双向传递,即对形式参数指向变量的改变同时也是对实在参数的改变。

程序清单 09-04-03.c

```
//函数参数的地址传递方式举例
void swap(int * pa,int * pb){
    int t;
    t= * pa; * pa= * pb; * pb=t;
    printf("swap(): * pa=%d, * pb=%d\n", * pa, * pb);
}
int main(){
    int a=5,b=8;
    printf("main():a=%d,b=%d\n",a,b);
    swap(&a,&b);
    printf("main():a=%d,b=%d\n",a,b);
}
```

执行程序,输出

```
main():a=5,b=8
swap(): * pa=8, * pb=5
main():a=8,b=5
```

程序分析：

本例程序中，通过 swap(&a,&b)这一调用形式确定了实在参数为变量 a 的地址(&a)和变量 b 的地址(&b)。在定义函数时，函数的形式参数必须是同类型的指针，例如本例中函数 swap 定义的第一行

```
void swap(int * pa,int * pb)
```

调用函数 swap 时，将整型实在参数 a 和 b 的地址传给形式参数整型指针 pa 和整型指针 pb 后，在函数 swap 内部，指针 pa 的值为实在参数 a 的地址，也就是说指针 pa 指向主函数中的变量 a，同理指针 pb 指向主函数中的变量 b。

指针 pa 指向主函数中的变量 a，那么 * pa 的意义就是变量 a，可以说 * pa 是变量 a 的别名或引用。所以在函数 swap 内对 * pa 的任何运算就是对变量 a 的运算，* pb 和变量 b 的关系同理。

在本例中涉及了 C 语言中指针的概念和使用方法，这是我们目前所没有接触到的知识，所以对于上例程序读者只要认识就可以了，不用完全理解。关于指针，将在本书的第 11 章中作详细介绍，这里就不赘述了。

5. 数组名作为函数的参数

实在参数可以是地址值，那么当然也可以是数组名(数组首地址)。数组名作为函数的实在参数时，函数的形式参数也必须说明为数组或指针。

程序清单 09-04-04.c

```
//数组名作为函数参数程序举例
int main(){
    int a[10],i,m;
    for(i=0;i<=9;i++) scanf("%d",&a[i]);
    m=max(a);
    printf("The max is :%d",m);
}
int max(int p[10]){
    int i,m;
    m=p[0];
    for(i=1;i<=9;i++) if(m<p[i])m=p[i];
    return m;
}
```

执行程序，输入

```
1 2 3 4 5 6 7 8 9 0
```

输出

```
9
```

程序分析：

数组名作为函数实在参数时，形参数组类型应该与实参数组类型一致。

形参数组的长度也可以不指定，系统在编译程序时对其大小不做检查，或者将形式参数定义为同类型的指针。例如，上例函数 max 也可以定义为

```
int max(int p[])
```

或者

```
int max(int *p)
```

函数调用时，将实参(数组名，即数组首地址)传给形参。这样两个数组就会共用一个首地址，可以认为这两个数组是一个数组。对形参数组元素的任何改变，相当于是对实参数组元素的改变。

程序清单 09-04-05.c

```
//数组名作为函数参数程序举例
int main(){
    int a[10],i,m;
    for(i=0;i<=9;i++) scanf("%d",&a[i]);
    sort(a);
    for(i=0;i<=9;i++) printf("%d ",a[i]);
}
void sort(int p[]){
    int i,j,t;
    for(i=0;i<=8;i++)
      for(j=i+1;j<=9;j++)
        if(p[i]<p[j]){
          t=p[i];p[i]=p[j];p[j]=t;
        }
}
```

执行程序，输入

```
12 34 8 78 -7 67 98 43 5 6
```

输出

```
98 78 67 43 34 12 8 6 5 -7
```

程序分析：

从输出结果可以看出，对形参数组的排序相当于对实参数组的排序。数组名作为函数参数时，实参数组和形参数组的首地址相同。在上例程序当中，a[i]和 p[i]的地址相同，占用同一组内存单元，实际上操作的是同一个数组。

程序清单 09-04-06.c

```
//数组名作为函数参数程序举例，请分析此例程序
#include<time.h>
int locate(int p[],int x){
    int i;
    for(i=0;i<=9;i++) if(p[i]==x) return i;
```

```
        return -1;
    }
    void print(int p[]){
        int i;
        printf("数组元素:");
        for(i=0;i<10;i++)printf("%d ",p[i]);
    }
    void init(int p[]){
        int i;
        srand(time(NULL));
        for(i=0;i<=9;i++)p[i]=rand()%1000;
    }
    int main(){
        int a[10],n,i;
        init(a);
        print(a);
        while(1){
          printf("\n输入要查找的元素(输入Q退出):");
          if( scanf("%d",&n)!=1)break;
          int index=locate(a,n);
          if(index!=-1)
            printf("元素%d的索引(下标)为:%d.",n,index);
          else
            printf("元素%d没找到.",n);
        }
        printf("程序结束,再见!");
    }
```

执行程序,输入和输出如下:

```
数组元素:474 55 703 727 351 597 805 904 278 242
输入要查找的元素(输入Q退出):474↙
元素474的索引(下标)为:0.
输入要查找的元素(输入Q退出):351↙
元素351的索引(下标)为:4.
输入要查找的元素(输入Q退出):2↙
元素2没找到.
输入要查找的元素(输入Q退出):Q↙
程序结束,再见!
```

程序分析:

此例程序中的函数 init 的功能是给数组元素赋随机值;函数 print 的功能是输出数组元素值;函数 locate 的功能是在数组中查找某元素,返回其下标,如果找不到则返回−1。

6. 二维数组名作为函数参数

二维数组名同样也可以作为函数参数,其使用方式和特点与一维数组相同。

程序清单 09-04-07.c

```
int max(int p[][4]){
    int i,j,max=p[0][0];
    for(i=0;i<4;i++)
      for(j=0;j<4;j++)
        if(max<p[i][j]) max=p[i][j];
    return max;
}
int main(){
    int a[4][4]={   {1,2,3,4},{13,14,15,16},
                    {5,6,7,8},{9,10,11,12}
                };
    printf("The max is %d.",max(a));
}
```

执行程序,输出

```
The max is 16.
```

程序分析:

函数 max 的功能是返回二维数组中的最大元素值。

用二维数组名作为函数的参数,实参数组与形参数组的类型一定要一致。尤其是形参数组,其第二维大小一定要和实参数组一致;其第一维的大小,系统在编译时不作检查,可以任意。例如,上例程序中的函数定义的第一行也可写成以下形式:

```
int max(int p[3][4])
```

甚至

```
int max(int p[100][4])
```

9.5 函数的嵌套调用

1. 函数的嵌套定义不被允许

有的编程语言允许在一个函数内定义其他的函数,但 C 语言中的函数定义都是平行的、独立的,即在定义一个函数时,不允许在其函数体内再定义另一个函数,也就是说 C 语言不能嵌套定义函数。

2. 函数间的嵌套调用

C 语言可以嵌套调用函数,即在调用一个函数的过程中,在该函数的函数体内又调用另一个函数。例如,主函数调用 a 函数,a 函数又调用 b 函数,如图 9-2 所示。

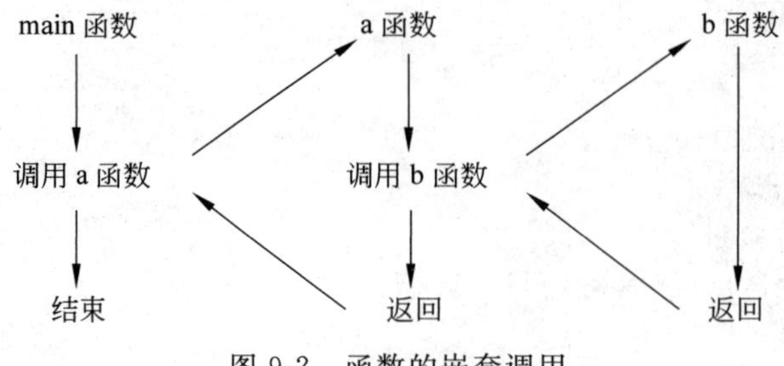

图 9-2　函数的嵌套调用

程序清单 09-05-01.c

```
//对于 100~110 的偶数,验证哥德巴赫猜想
long prime(long n){
    long k;
    for(k=2;k<=n/2;k++)
      if(n%k==0) return 0;
    return 1;
}
void goldbach(long n){
    long k;
    for(k=3;k<=n/2;k+=2)
      if(prime(k)&&prime(n-k)){
        printf("%ld=%ld+%ld\n",n,k,n-k);
        return;
      }
}
int main(){
    long n;
    for(n=100;n<=110;n+=2)
      goldbach(n);
}
```

执行程序,输出

```
100=3+97
102=5+97
104=3+101
106=3+103
108=5+103
110=3+107
```

程序分析:

函数 prime(long n)的功能是判断参数 n 是否为素数,函数 goldbach(long n)的功能是输出一个将参数 n 表示为两个素数和的算式。

程序清单 09-05-02.c

```
void space(int n){
```

```
        int i;for(i=1;i<=n;i++)putchar(' ');
    }
    void star(int n){
        int i;for(i=1;i<=n;i++)putchar('*');
    }
    void draw(int n){   //生成菱形图案
        int i,k=(n+1)/2;
        for(i=1;i<=n;i++){
          space(abs(k-i));
          star(n-2*abs(k-i));
          putchar('\n');
        }
    }
    int main(){
        draw(7);
    }
```

执行程序,输出

```
   *
  ***
 *****
*******
 *****
  ***
   *
```

程序分析:

函数 space(int n)的功能为输出 n 个空格,函数 stare(int n)的功能为输出 n 个星号,函数 draw(int n)的功能为输出 n 行由星号组成的菱形图案。

请注意,draw 函数中输出第 i 行字符时,前置空格字符数、星号字符数与行号 i 之间的数量关系。

9.6 函数递归

1. 函数的递归

一个函数直接或间接地调用该函数本身,称为函数的递归调用。函数的递归调用有两种情况,即直接递归和间接递归。

(1) 直接递归,即在函数 f 的内部又调用了它本身,如图 9-3 所示。

(2) 间接递归,即在函数 f1 里调用函数 f2,而在函数 f2 里又调用了 f1 函数,如图 9-4 所示。

递归调用的实质就是将原来的问题分解为新的问题,而解决新问题时又用到了原有问题的算法。按照这一原则分解下去,每次出现的新问题都是原有问题简化的子问题,而最终分解出来的问题是一个已知解的问题。这就是有限的递归调用。只有有限的递归调用才是有意义的，无限的递归调用永远得不到解，没有实际意义。

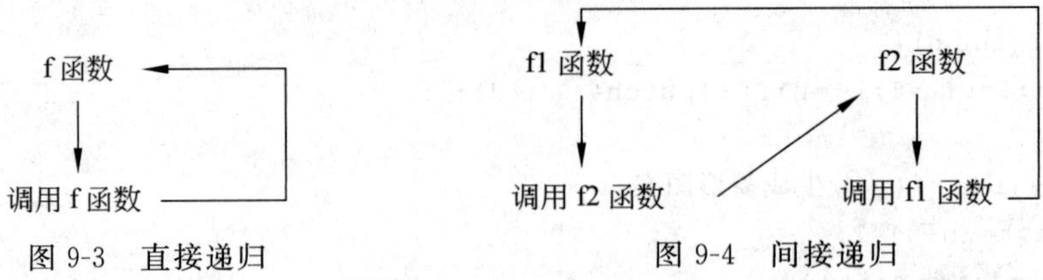

图 9-3　直接递归　　　图 9-4　间接递归

例如，要计算一个正整数 n 的阶乘(n!)时，可以将问题分解为 n＊(n－1)!，这样只需要计算(n－1)! 就可以了。而当在计算(n－1)! 时，又可以将问题分解为(n－1)＊(n－2)!，这样只需计算(n－2)! 就可以了……最后，当计算 0! 时，这是一个已知解。请看下面的例题。

程序清单 09-06-01.c

```
//输入一个非负整数,输出 n!的值(非递归函数)
#include<stdio.h>
long fact(long n){
    long i,f=1;
    for(i=1;i<=n;i++) f*=i;
    return(f);
}
int main(){
    long n;
    scanf("%ld",&n);
    printf("%ld!=%ld",n,fact(n));
}
```

执行程序，输入

```
5
```

输出

```
5!=120
```

程序清单 09-06-02.c

```
//输入一个非负整数,输出 n!的值(递归函数)
#include<stdio.h>
long fact(long n){
    long f;
    if(n==0)  f=1;
    else      f=n*fact(n-1);
    return(f);
}
int main(){
    long n;
    scanf("%ld",&n);
```

```
    printf("%ld!=%ld",n,fact(n));
}
```

执行程序,输入

```
5
```

输出

```
5!=120
```

程序清单 09-06-03.c

```
//求阶乘的递归函数的改进
#include<stdio.h>
long fact(long n){
    if(n==0)  return 1;
    else      return n * fact(n-1);
}
int main(){
    long i;
    for(i=0;i<=10;i++)
      printf("%ld!=%ld\n",i,fact(i));
}
```

执行程序,输出

```
0!=1
1!=1
2!=2
3!=6
4!=24
5!=120
6!=720
7!=5040
8!=40320
9!=362880
10!=3628800
```

程序分析:

从以上两个程序可以看出,使用递归方法设计函数,程序简洁,思路清晰,易于阅读和理解。求阶乘的函数甚至可以写成如下形式,其原理和程序流程是一样的。

```
long fact(int n){
  return (n==0 ?1 : n * fact(n-1));
}
```

程序清单 09-06-01.c 的执行过程在这里就不再赘述了,关于程序清单 09-06-02.c 的执行在这里说明以下几点,请读者仔细体会。

(1) 函数的递归调用属于函数嵌套调用的一种,只不过它调用的是自己罢了。

(2) C语言中每当开始一次新的函数调用时，都是额外地在内存的空闲区中给新一次调用的函数中的变量分配地址空间。新一次函数调用的执行和任何其他程序代码及前一次调用都没有关系。请大家牢记这一点。

(3) 当n的值为4时，函数调用fact(4)的执行过程是这样的：

第1次调用函数fact(形式参数n的值为4)，程序执行到p=n*fact(n-1)，也就是p=n*fact(3)，在计算fact(3)时，第1次调用没有结束而程序将第2次进入函数fact。

第2次调用函数fact(形式参数n的值为3)，系统会在另外的内存空间中分配内存，此次调用的形式参数n的值为3。虽然两次调用的是同一个函数，同一个函数中的变量n又重名，但因为是在不同的地址空间区域内进行计算的，所以这两次调用并不冲突。第2次调用(形式参数n的值为3)，程序执行到p=n*fact(2)，在计算fact(2)时，第2次调用没有结束而程序进入第3次调用。

第3次调用函数fact(形式参数n的值为2)，程序执行到p=n*fact(1)，在计算fact(1)时，第3次调用没有结束而程序进入第4次调用。

第4次调用函数fact(形式参数n的值为1)，程序执行到p=n*fact(0)，在计算fact(0)时，第4次调用没有结束而程序进入第5次调用。

第5次调用函数fact(形式参数n的值为0)，程序返回1结束本次调用，返回到第4次调用p=n*fact(0)处。

第4次调用结束，返回值1会返回到第3次调用p=n*fact(1)处，使得第3次调用的返回值是2。

第3次调用的返回值2会返回到第2次调用p=n*fact(2)处，使得第2次调用的返回值是6。

第2次调用的返回值6会返回到第1次调用p=n*fact(3)处，使得第1次调用的返回值是24。

第1次调用的返回值是24。

表达式fact(4)的递归过程如图9-5所示。

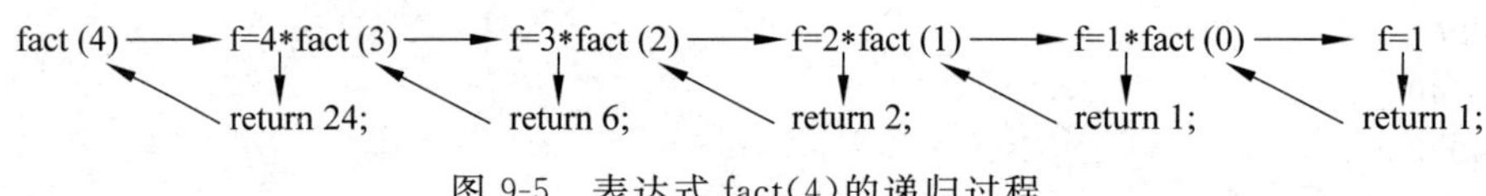

图9-5 表达式fact(4)的递归过程

程序清单 09-06-04.c

```
//编程输出斐波那契数列的前20项，斐波那契数列第n项值由自定义函数返回
//非递归编程
long fib(long n){
    if(n==1||n==2) return 1;
    long f1=1,f2=1,f3,i;
    for(i=3;i<=n;i++){
      f3=f1+f2;
      f1=f2;
      f2=f3;
     }
```

```
    return f3;
}
int main(){
    long i;
    for(i=1;i<=20;i++){
        printf("fib[%2ld]=%-6ld ",i,fib(i));
        if(i%4==0) printf("\n");
    }
}
```

执行程序，输出

```
fib[ 1]=1       fib[ 2]=1       fib[ 3]=2       fib[ 4]=3
fib[ 5]=5       fib[ 6]=8       fib[ 7]=13      fib[ 8]=21
fib[ 9]=34      fib[10]=55      fib[11]=89      fib[12]=144
fib[13]=233     fib[14]=377     fib[15]=610     fib[16]=987
fib[17]=1597    fib[18]=2584    fib[19]=4181    fib[20]=6765
```

程序清单 09-06-05.c

```
//编程输出斐波那契数列的前 20 项,斐波那契数列第 n 项值由自定义函数返回
//递归函数
long fib(long n){
    if(n<=2) return 1;
    else     return fib(n-1)+fib(n-2);
}
int main(){
    long i;
    for(i=1;i<=20;i++){
        printf("fib[%2ld]=%-6ld ",i,fib(i));
        if(i%4==0) printf("\n");
    }
}
```

程序输出结果同上例。

程序清单 09-06-06.c

```
//编写函数将一个十进制整数转换成二进制形式输出(非递归函数)
//主函数功能为输出十进制数 1~20 的二进制形式
void to_binary(int n){
    do{
        printf("%1d",n%2);
        n=n/2;
    }while(n>0);
}
int main(){
    long i;
    for(i=1;i<=20;i++){
```

```
        printf("\n%2d:",i);
        to_binary(i);
    }
}
```

执行程序,输出

```
 1:1
 2:01
 3:11
 4:001
 5:101
 6:011
 7:111
 8:0001
 9:1001
10:0101
11:1101
12:0011
13:1011
14:0111
15:1111
16:00001
17:10001
18:01001
19:11001
20:00101
```

程序分析:

to_binary(int n)函数中,因为先输出的是个位数字,所以输出的二进制编码是反序的。

程序清单 09-06-07.c

```
//编写函数将一个十进制整数转换成二进制形式输出(递归函数)
//主函数功能为输出十进制数 1~20 的二进制形式
void to_binary(int n){
    if(n<2){
        printf("%1d",n%2);
    }
    else{
        printf("%1d",n%2);
        to_binary(n/2);
    }
}
int main(){
    long i;
    for(i=1;i<=20;i++){
        printf("\n%2d:",i);
```

```
        to_binary(i);
    }
}
```

程序输出结果同上例。

程序清单 09-06-08.c

```
//编写函数将一个十进制整数转换成二进制形式输出(递归函数)
//主函数功能为输出十进制数 1~20 的二进制形式(正序输出)
void to_binary(int n){
    if(n<2){
        printf("%1d",n%2);
    }
    else{
        to_binary(n/2);
        printf("%1d",n%2);
    }
}
int main(){
    long i;
    for(i=1;i<=20;i++){
        printf("\n%2d:",i);  to_binary(i);
    }
}
```

执行程序,输出

```
 1:1
 2:10
 3:11
 4:100
 5:101
 6:110
 7:111
 8:1000
 9:1001
10:1010
11:1011
12:1100
13:1101
14:1110
15:1111
16:10000
17:10001
18:10010
19:10011
20:10100
```

程序分析：

此例程序中递归函数的逻辑是：若 n<2 则直接输出，否则进入递归，先输出 n/2 的二进制形式，再输出个位(n%2)。所以此程序输出的二进制码为正序的。

练习 09-06-01 请编程完成十进制到八进制的转换。

练习 09-06-02 请编程完成十进制到十六进制的转换。

程序清单 09-06-09.c

```
//编程输出两个正整数的最大公约数,最大公约数用辗转相除法采用递归函数返回
long gcd(long m,long n){
    if(m%n==0) return n;
    else       return gcd(n,m%n);
}
int main(){
    long a=36,b=48;
    printf("GCD(%ld,%ld)=%ld",a,b,gcd(a,b));
}
```

执行程序，输出

```
GCD(36,48)=12
```

练习 09-06-03 用递归方法编写函数计算某正整数区间内所有整数的和。

2. 经典的汉诺塔问题

在印度，有这样一个古老的传说。在世界中心贝拿勒斯(在印度北部)的圣庙里，一块黄铜板上插着 3 根宝石针。印度教的主神梵天在创造世界的时候，在其中一根针上从下到上地穿好了由大到小的 64 片金片，这就是所谓的汉诺塔(Tower of Hanoi)。不论白天黑夜，总有一个僧侣在按照下面的法则移动这些金片到另一根针上：一次只移动一片，而且小片必在大片上面。当所有的金片都从梵天穿好的那根针上移到第三根针上时，世界就将在一声霹雳中消灭，梵塔、庙宇和众生都将同归于尽。

利用数学方法可以计算得出，若传说属实，僧侣们需要 $2^{64}-1$ 步才能完成这个任务。若他们每秒可完成一次盘子的移动，就需要 5849 亿年才能完成。而整个宇宙从诞生到现在也不过 137 亿年。

关于汉诺塔的传说衍生出汉诺塔问题(图 9-6)，这个问题看起来好像有点复杂，实际上可以用递归的思想来分析。

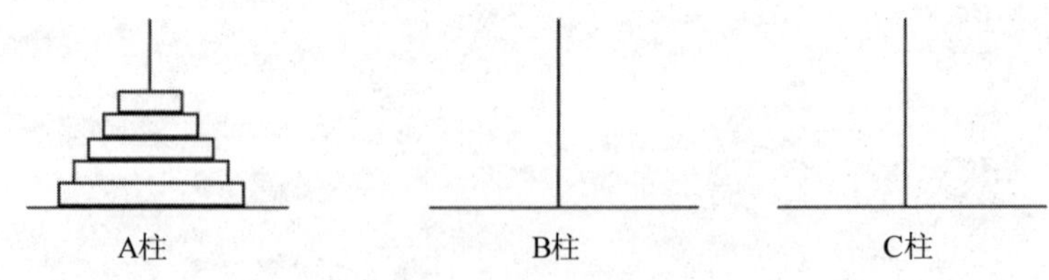

图 9-6 汉诺塔问题示意图

将 n 个盘子从 A 柱移到 C 柱可以分解为下面 3 个步骤：

(1) 将 A 柱上的 n－1 个盘子借助于 C 柱移到 B 柱上。

(2) 将 A 柱上的最后一个盘子移到 C 柱上。

(3) 再将 B 柱上的 n－1 盘子借助于 A 柱移到 C 柱上。

其中,第(1)步又可以分解为以下 3 步:

(1) 将 A 柱上的 n－2 个盘子借助于 B 柱移到 C 柱上。

(2) 将 A 柱上的第 n－1 个盘子移到 B 柱上。

(3) 再将 C 柱上的 n－2 个盘子借助于 A 柱移到 B 柱上。

这种分解可以一直递归地进行下去,直到变成移动一个盘子,递归结束。事实上,以上 3 个步骤包含两种操作:

(1) 将多个盘子从一根柱子移到另一根柱子,这是一个递归的过程。

(2) 将一个盘子从一根柱子移到另一根柱子。

分别编写两个函数来实现以上两个操作。

函数 hanoi(int n,char one,char two,char three)实现把 one 柱上的 n 个盘子借助于 two 柱移到 three 柱上;

函数 move(char x,char y)表示将 1 个盘子从 x 柱移到 y 柱,并输出移动盘子的提示信息。

程序清单 09-06-10.c

```
//汉诺塔问题,输入金盘的数量 n,输出将 n 个金盘从 A 柱(借助 B 柱)移动到 C 柱的过程
void move(char x,char y){
    printf("\n%c-->%c",x,y);
}
void hanoi(int n,char one,char two,char three){
    if (n==1) move(one,three);
    else{
      hanoi(n-1,one,three,two);
      move(one,three);
      hanoi(n-1,two,one,three);
    }
}
int main(){
    int n;
    scanf("%d",&n);
    hanoi(n,'A','B','C');
}
```

执行程序,输入

```
2
```

输出

```
A-->B
A-->C
B-->C
```

再次执行程序，输入

```
3
```

输出

```
A-->C
A-->B
C-->B
A-->C
B-->A
B-->C
A-->C
```

9.7 变量的作用域

1. 局部变量

局部变量有时也称为内部变量。局部变量是在函数内定义的，其作用域仅限于函数内(从该变量被定义开始到函数结束)，离开该函数后再使用这些变量就是非法的。

程序清单 09-07-01.c

```
//局部变量作用域举例
int f1(int x){                              ┐
  …                                         │局部变量 x
  int y,z;┐局部变量 y、z                    │的作用域
  …       │的作用域                         │
}         ┘                                 ┘
int f2(int p){                              ┐
  int q,r;┐局部变量 q、r                    │局部变量 p
  …       │的作用域                         │的作用域
}         ┘                                 ┘
int main(){
  …
  int a,b;                                  ┐
  …                                         │
  {                                         │
    int a,k;  ┐局部变量 a、k                │局部变量 a、b
    …         │的作用域                     │的作用域
  }           ┘                             │
  …                                         │
}                                           ┘
```

函数内部定义的变量、函数的形式参数变量都属于局部变量。此类局部变量的作用域为从其定义开始，至函数结束。

特别地，在复合语句(由大括号括起来)内定义的局部变量，其作用域仅限于该复合语句

块内。

局部变量仅在其作用域内可见，在作用域外不能被访问。

程序清单 09-07-02.c

```
//局部变量作用域举例
int main(){
    int a,b;
    a=5;  b=8;
    printf("%d\t%d\n",a,b);
    {
      a+=2;  b+=5;
      printf("%d\t%d\n",a,b);
      int a,k;
      a=15;  b=18;
      printf("%d\t%d\n",a,b);
    }
    //k=21;            //此语句非法,在此定义域中 k 未定义
    a=a+2;  b=b+5;
    printf("%d\t%d\n",a,b);
}
```

执行程序，输出

```
5       8
7       13
15      18
9       23
```

程序分析：

在函数内部由大括号({})括起来的复合语句(包括循环体内部)中定义的变量，其作用域为从其定义开始至大括号结束。

当同名变量作用域重叠时，系统默认访问最内层的变量。

程序清单 09-07-03.c

```
//局部变量作用域举例
int square(int n){
    //printf("%d",i);                //此语句非法,在此定义域中 i 未定义
    return n*n;
}
int main(){
    int a[10],i;
    for(i=0;i<10;i++){
      int j=square(i);
      a[i]=j+1;
    }
    //j=21;                          //此语句非法,在此定义域中 j 未定义
```

```
    for(i=0;i<10;i++)
      printf("%d ",a[i]);
}
```

执行程序,输出

```
1 2 5 10 17 26 37 50 65 82
```

2. 全局变量

全局变量也称为外部变量,它是在函数外部定义的变量。它不属于哪一个函数,而是属于一个源程序文件,其作用域是整个源程序。

全局变量也应该遵循先定义后使用的原则。如果在函数中使用该函数后面定义的全局变量,应在此函数内作全局变量说明。全局变量的说明符为 extern。但在一个函数之前定义的全局变量,在该函数内使用时可不再加以说明。

3. 全局变量的定义

全局变量的作用域是整个**源文件**,但仍然遵循先定义后使用的原则,它的定义要放在任何函数之外。

定义全局变量的一般形式为

类型说明符 变量名,变量名…;

例如:

```
int a=50,b;
```

4. 全局变量的说明

如果想在全局变量定义之前的函数内使用它,就要在该函数中进行说明。全局变量的说明出现在要使用它的各个函数内,可以出现多次。

全局变量说明的一般形式为

extern 类型说明符 变量名,变量名,…;

例如:

```
extern int a,b;
```

全局变量的说明只是一个使用声明,表明在函数内要使用某全局变量,因此说明时不能进行其他操作(如赋初值等)。

程序清单 09-07-04.c

```
//全局变量使用举例
int a,b;                              //全局变量
void f1(){
    //不用说明可以使用外部变量 a、b
    //不加说明使用 x、y 非法
```

```
}
float x,y;                          //全局变量
int main(){
    //不用说明可以使用外部变量 a、b 和 x、y
}
```

程序分析：

从上例可以看出 a、b、x、y 都是在函数外部定义的外部变量，都是全局变量。但 x、y 定义在函数 f1 之后，而在 f1 内又无对 x、y 的说明，所以它们在 f1 内无效。a、b 定义在源程序最前面，因此在 f1 及 main 内不加说明也可使用。

程序清单 09-07-05.c

```
//输入半径 r,分别输出以 r 为半径的圆的周长、面积和球的体积
#define PI 3.14159265
double l,s,v;
void fun(double r){
    l=2*PI*r;
    s=PI*r*r;
    v=(4.0/3.0)*PI*r*r*r;
}
int main(){
    double r;
    scanf("%lf",&r);
    fun(r);
    printf("L=%lf s=%lf v=%lf",l,s,v);
}
```

执行程序，输入

```
1.0
```

输出

```
L=6.283185 s=3.141593 v=4.188790
```

程序分析：

本程序中定义了 3 个外部变量 l、s、v，用来存放圆的周长、面积和球的体积，其作用域为整个程序。函数 fun 用来求解这 3 个值，由主函数完成结果输出。由于 C 语言规定函数返回值只有一个，当需要增加函数的返回数据时，用外部变量是一种很好的方式。本例中，如不使用外部变量，在主函数中就不可能取得 l、s、v 三个值。而采用了外部变量，在函数 fun 中求得的 l、s、v 值在 main 中仍然有效。因此外部变量是实现函数之间数据通信的有效手段。

程序清单 09-07-06.c

```
//不使用全局变量,通过定义 3 个函数完成上例程序
#define PI 3.14159265
double l(double r){
```

```
    return 2 * PI * r;
}
double s(double r){
    return PI * r * r;
}
double v(double r){
    return (4.0/3.0) * PI * r * r * r;
}
int main(){
    double r;
    scanf("%lf",&r);
    printf("L=%lf s=%lf v=%lf",l(r),s(r),v(r));
}
```

执行程序，输入

```
1.0
```

输出

```
L=6.283185 s=3.141593 v=4.188790
```

*** 程序清单 09-07-07.c**

```
//不使用全局变量,通过定义一个函数完成上例程序
#define PI 3.14159265
void fun(double r,double * l,double * s,double * v){
     * l=2 * PI * r;
     * s=PI * r * r;
     * v=(4.0/3.0) * PI * r * r * r;
}
int main(){
    double r,ls,v;
    scanf("%lf",&r);
    fun(r,&l,&s,&v);
    printf("L=%lf s=%lf v=%lf",l,s,v);
}
```

执行程序，输入

```
1.0
```

输出

```
L=6.283185 s=3.141593 v=4.188790
```

程序分析：

C 语言程序中一个函数的返回值只有一个，当需要增加函数的返回数据时，除了用外部变量以外，也可以给函数增加传地址的形式参数。

外部变量是实现函数之间数据通信的有效手段，可加强函数模块之间的数据联系，但是

又使函数之间要依赖这些变量,因而使得函数的独立性降低。从模块化程序设计的观点来看这是不利的,因此尽量不要使用全局变量。

程序清单 09-07-08.c

```
//全局变量的说明
#define PI 3.14159265
void fun(double r){
    extern double l,s,v;            //全局变量的说明
    l=2*PI*r;
    s=PI*r*r;
    v=(4.0/3.0)*PI*r*r*r;
}
double l,s,v;                       //全局变量的定义
int main(){
    double r;
    scanf("%lf",&r);
    fun(r);
    printf("L=%lf s=%lf v=%lf",l,s,v);
}
```

程序分析:

全局变量 l、s、v 定义在函数 fun 之后,要想在 fun 中使用这 3 个变量,必须先说明。

程序清单 09-07-09.c

```
//全局变量的说明
#define PI 3.14159265
void get_l(double r){
    extern double l;                //全局变量的说明
    l=2*PI*r;
}
void get_s(double r){
    extern double s;                //全局变量的说明
    s=PI*r*r;
}
double get_v(double r){
    extern double v;                //全局变量的说明
    v=(4.0/3.0)*PI*r*r*r;
}
int main(){
    extern double l,s,v;
    double r;
    scanf("%lf",&r);
    get_l(r);
    get_s(r);
    get_v(r);
    printf("L=%lf s=%lf v=%lf",l,s,v);
```

```
}
double l,s,v;                                    //全局变量的定义
```

程序清单 09-07-10.c

```
//全局变量和局部变量同名程序举例
int x=11,y=12,z=13;
void fun(){
    int x=21,y=22;
    printf("\nx=%d,y=%d,z=%d",x,y,z);
}
int main(){
    {
      int y=32;
      printf("\nx=%d,y=%d,z=%d",x,y,z);
      fun();
    }
    printf("\nx=%d,y=%d,z=%d",x,y,z);
}
```

执行程序,输出

```
x=11,y=32,z=13
x=21,y=22,z=13
x=11,y=12,z=13
```

9.8 变量的存储类型及生存期

1. 存储类型

存储类型是指变量占用内存空间的方式,也称为存储方式。存储类型分为静态存储和动态存储两种。

静态存储变量通常是在变量定义时就分配好存储单元并一直保持不变,直至整个程序结束。全局变量即属于此类存储方式。

动态存储变量是在程序执行过程中定义它时才分配存储单元,使用完毕立即释放。典型的例子是函数的形式参数,在函数定义时并不给形参分配存储单元,只是在函数被调用时才予以分配,调用函数完毕立即释放。如果一个函数被多次调用,则反复地分配、释放形参变量的存储单元。

2. 变量生存期

从以上分析可知,静态存储变量是一直存在的,而动态存储变量则因程序执行需要而时而存在时而消失。我们把这种由于变量存储方式不同而产生的特性称变量的生存期。

生存期表示了变量存在的时间。生存期和作用域是从时间和空间这两个不同的角度来描述变量的特性,这两者既有联系,又有区别。

3. 存储类型说明符

一个变量究竟属于哪一种存储方式，并不能仅从其作用域来判断，还应有明确的存储类型说明。在C语言中，对变量的存储类型说明有以下4种：

```
auto        自动变量
register    寄存器变量
extern      外部变量
static      静态变量
```

自动变量和寄存器变量属于动态存储方式，外部变量和静态变量属于静态存储方式。

在介绍了变量的存储类型之后，可以知道对一个变量的说明不仅应说明其数据类型，还应说明其存储类型。因此变量说明的完整形式应为

存储类型说明符 数据类型说明符 变量名,变量名…;

例如：

```
static int a,b;                          //说明 a、b 为静态整型变量
auto char c1,c2;                         //说明 c1、c2 为自动字符变量
static int a[5]={1,2,3,4,5};             //说明 a 为静态整型数组
extern int x,y;                          //说明 x、y 为外部整型变量
```

4. 自动变量

自动变量的类型说明符为auto。C语言规定，函数内凡未加存储类型说明的变量均视为自动变量，也就是说自动变量可省去说明符auto。

自动变量具有以下特点：

(1) 自动变量的作用域仅限于定义该变量的个体(函数或复合语句)内。

(2) 自动变量属于动态存储方式，只有在定义该变量的函数被调用时才给它分配存储单元，开始它的生存期；函数调用结束，释放存储单元，结束生存期。因此函数调用结束之后，自动变量的值不能保留。在复合语句中定义的自动变量，在退出复合语句后也不能再使用，否则将引起错误。

(3) 由于自动变量的作用域和生存期都局限于定义它的个体(函数或复合语句)内，因此不同的个体中允许使用同名的变量而不会混淆。即使在函数内定义的自动变量也可与该函数内部的复合语句中定义的自动变量同名。

程序清单 09-08-01.c

```
//自动变量举例
int main(){
    auto int n;                              //自动变量
    int sum=0;                               //自动变量
    for(n=100;n<=150;n+=10){
      int k;                                 //自动变量
      printf("\n%d的真约数:",n);
```

```
        for(k=1;k<n;k++)
          if(n%k==0)printf("%d ",k);
    }
}
```

执行程序，输出

```
100的真约数:1 2 4 5 10 20 25 50
110的真约数:1 2 5 10 11 22 55
120的真约数:1 2 3 4 5 6 8 10 12 15 20 24 30 40 60
130的真约数:1 2 5 10 13 26 65
140的真约数:1 2 4 5 7 10 14 20 28 35 70
150的真约数:1 2 3 5 6 10 15 25 30 50 75
```

5. 静态变量

静态变量的类型说明符是 static。

静态变量当然是属于静态存储方式，但是属于静态存储方式的变量不一定就是静态变量，例如外部变量虽属于静态存储方式，但不一定是静态变量，必须由 static 加以定义后才能成为静态外部变量，或称静态全局变量。对于自动变量，前面已经介绍了它属于动态存储方式。但是也可以用 static 定义它为静态自动变量，或称静态局部变量，从而成为静态存储方式。由此看来，一个变量可由 static 进行再说明，并改变其原有的存储方式。

1）静态局部变量

在局部变量的说明前再加上 static 说明符就构成静态局部变量。例如：

```
static int a,b;
static float array[5]={1,2,3,4,5};
```

静态局部变量属于静态存储方式，它具有以下特点：

(1) 静态局部变量在函数内定义，在作用域结束时并不消失，也就是说它的生存期为整个源程序。

(2) 静态局部变量的生存期虽然为整个源程序，但是其作用域仍与自动变量相同，即只能在定义该变量的函数内使用该变量。退出该函数后，尽管该变量还继续存在，但不能使用它。

(3) 可以对静态局部变量赋初值，若未赋初值，则系统自动赋 0 值，包括数组。这一点是它和自动变量的区别。

根据静态局部变量的特点，可以看出它是一种生存期为整个源程序的变量。虽然离开定义它的函数后不能使用，但当再次调用定义它的函数时，它又可继续使用，而且保存了前次被调用后留下的值。因此，当多次调用一个函数且要求在调用之间保留某些变量的值时，可考虑采用静态局部变量。虽然用全局变量也可以达到上述目的，但全局变量会破坏函数的独立性，因此仍以采用局部静态变量为宜。

程序清单 09-08-02.c

```
//输入一个正整数，验证角谷猜想。输出变换过程及变换次数(没有使用静态局部变量的程序)
long next(long n){
```

```
    long s=0;
    if(n%2==1) n=n*3+1;
    else        n=n/2;
    s++;
    printf("Times of %ld is %ld.\n",s,n);
    return n;
}
int main(){
    long n;
    scanf("%ld",&n);
    while(n!=1){
      n=next(n);
    }
}
```

执行程序,输入

```
5
```

输出

```
Times of 1 is 16.
Times of 1 is 8.
Times of 1 is 4.
Times of 1 is 2.
Times of 1 is 1.
```

程序分析:

程序中定义了函数 next,其中的变量 s 说明为自动变量并赋初值 0。当 main 中调用 next 时,s 均被赋初值 0,故加 1 后每次输出值均为 1。

程序清单 09-08-03.c

```
//输入一个正整数,验证角谷猜想。输出变换过程及变换次数(使用静态局部变量的程序)
long next(long n){
    static long s=0;
    if(n%2==1) n=n*3+1;
    else        n=n/2;
    s++;
    printf("Times of %ld is %ld.\n",s,n);
    return n;
}
int main(){
    long n;
    scanf("%ld",&n);
    while(n!=1){
      n=next(n);
```

```
    }
}
```

执行程序，输入

```
5
```

输出

```
Times of 1 is 16.
Times of 2 is 8.
Times of 3 is 4.
Times of 4 is 2.
Times of 5 is 1.
```

程序分析：

由于 s 为静态变量，能在每次调用后保留其值并在下一次调用时继续使用，所以输出值成为累加的结果。

静态局部变量的定义及定义时的初始化只执行一次，再次执行时将被忽略。

2）静态全局变量

在全局变量（外部变量）的说明之前冠以 static 就构成了静态的全局变量。全局变量本身就是静态存储方式，静态全局变量当然也是静态存储方式。这两者在存储方式上并无不同。其区别在于：非静态全局变量的作用域是整个源程序，当一个源程序由多个源文件组成时，非静态的全局变量在各个源文件中都是有效的；而静态全局变量则限制了其作用域，即只在定义该变量的源文件内有效，在其他源文件中不能使用它。

由于静态全局变量的作用域局限于一个源文件内，只能为该源文件内的函数公用，因此可以避免在其他源文件中引起错误。

从以上分析可以看出，把局部变量改变为静态变量是改变了它的存储方式，即改变了它的生存期。把全局变量改变为静态变量是改变了它的作用域，限制了它的使用范围。因此 static 这个说明符在不同的地方所起的作用是不同的，应予以注意。

6. 外部变量

外部变量的类型说明符是 extern。关于外部变量在前面已经详细介绍了，这里再补充说明外部变量的几个特点：

（1）外部变量和全局变量是对同一类变量的两种不同角度的提法。全局变量是从变量的作用域提出的；外部变量是从变量的存储方式提出的，表示了它的生存期。

（2）当一个源程序由若干个源文件组成时，在一个源文件中定义的外部变量在其他的源文件中也有效。例如，有一个源程序由源文件 F1.C 和 F2.C 组成：

```
//F1.C
int a,b;                      /*外部变量定义*/
char c;                       /*外部变量定义*/
main(){
  …
```

```
}
//F2.C
extern int a,b;                /*外部变量说明*/
extern char c;                 /*外部变量说明*/
func (int x,y){
  …
}
```

在 F1.C 和 F2.C 两个文件中都要使用 a、b、c 这 3 个变量。在 F1.C 文件中把 a、b、c 都定义为外部变量。在 F2.C 文件中用 extern 把 3 个变量说明为外部变量，表示这些变量已在其他文件中定义，编译系统已经记住了这些变量的类型和变量名，于是不再为它们分配内存空间。对构造类型的外部变量(如数组等)可以在说明时作初始化赋值，若不赋初值，则系统自动定义它们的初值为 0。

7. 寄存器变量

寄存器变量的说明符是 register。上述各类变量都存放在存储器内，因此当对一个变量频繁读写时，必须反复访问存储器，从而花费大量的存取时间。为此，C 语言提供了另一种变量，即寄存器变量。这种变量存放在 CPU 的寄存器中，使用时不需要访问内存，而直接从寄存器中读写，这样可提高效率。循环次数较多的循环控制变量及循环体内反复使用的变量均可定义为寄存器变量。

程序清单 09-08-04.c

```
//求从 1 加到 1000 的和
int main(){
    register int i,s=0;
    for(i=1;i<=1000;i++)
      s=s+i;
    printf("s=%d\n",s);
}
```

程序分析：

本程序循环 1000 次，i 和 s 都将频繁使用，因此可定义为寄存器变量。

对寄存器变量还要说明以下几点：

(1) 只有局部自动变量和形式参数才可以定义为寄存器变量。因为寄存器变量属于动态存储方式，凡需要采用静态存储方式的量不能定义为寄存器变量。

(2) 在 Turbo C、MS C 等环境下的 C 语言中，实际上是把寄存器变量当成自动变量处理的。因此速度并不能提高。而在程序中允许使用寄存器变量只是为了与标准 C 保持一致。

(3) 即使能真正使用寄存器变量的环境，由于 CPU 中寄存器的个数是有限的，因此使用寄存器变量的个数也是有限的。

8. 内部函数和外部函数

函数一旦定义后就可被其他函数调用。但当一个源程序由多个源文件组成时，在一个源文件中定义的函数能否被其他源文件中的函数调用呢？为此，C语言又把函数分为以下两类：内部函数和外部函数。

1）内部函数

如果在一个源文件中定义的函数只能被本文件中的函数调用，而不能被同一源程序其他文件中的函数调用，这种函数称为内部函数。定义内部函数的一般形式是

```
static 类型说明符 函数名(形参表){  }
```

例如：

```
static int f(int a,int b){  }
```

内部函数也称为静态函数。但此处静态（static）的含义已不是指存储方式，而是指对函数的调用范围只局限于本文件，因此在不同的源文件中定义同名的静态函数不会引起混淆。

2）外部函数

外部函数在整个源程序中都有效，其定义的一般形式为

```
extern 类型说明符 函数名(形参表){  }
```

例如：

```
extern int f(int a,int b){  }
```

如在函数定义中没有说明 extern 或 static 则隐含为 extern。在一个源文件的函数中调用其他源文件中定义的外部函数时，应使用 extern 说明被调函数为外部函数。例如：

```
//F1.C (源文件一)
main(){
  extern int f1(int i);          /* 外部函数说明，表示 f1 函数在其他源文件中 */
  …
}
//F2.C (源文件二)
extern int f1(int i);            /* 外部函数定义 */
{
  …
}
```

*9. 在 Dev-C++ 中创建项目

在 Dev-C++ 中可以创建多个源文件组成的项目，方法如下：

（1）选择“文件/新建/项目”菜单命令，如图 9-7 所示，在弹出的“新项目”对话框中，选择 Basic 页框，再选择 Console Application 图标，选择“C 项目”单选按钮，在“名称”中输入项目名称，单击“确定”按钮，如图 9-8 所示。

（2）在弹出的“另存为”对话框中选择保存目录后，单击“保存”按钮，如图 9-9 所示。Dev-C++ 会创建项目文件“我的项目.dev”，并自动创建一个名为 main.c 的源文件，如图 9-10 所示。

（3）创建源文件 09-08-05.c。

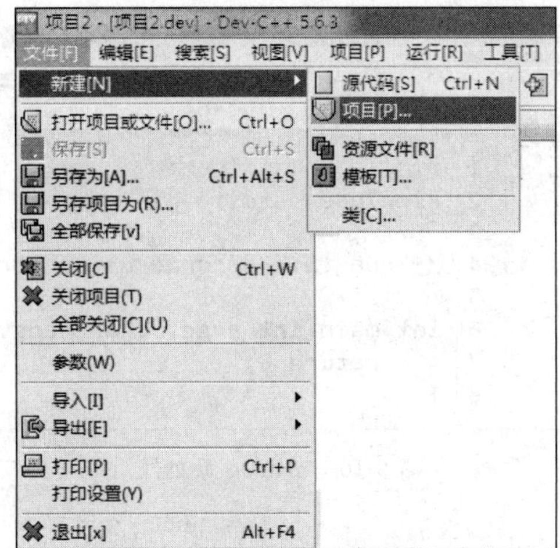

图 9-7 新建项目

图 9-8 "新项目"对话框

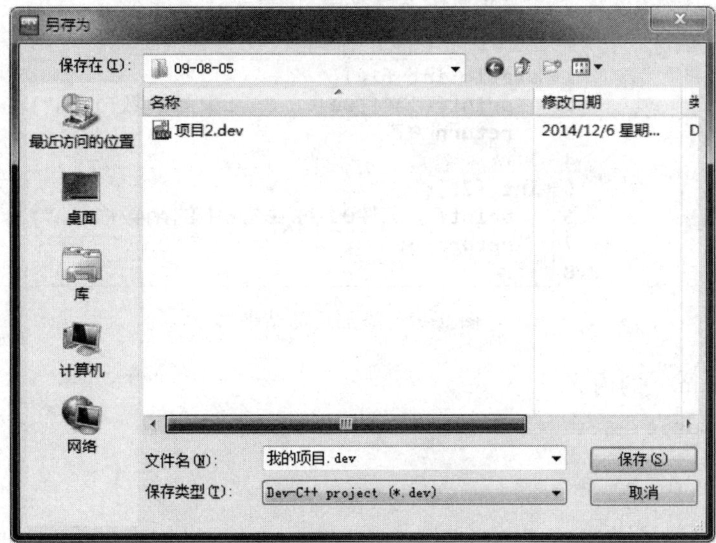

图 9-9 "另存为"对话框

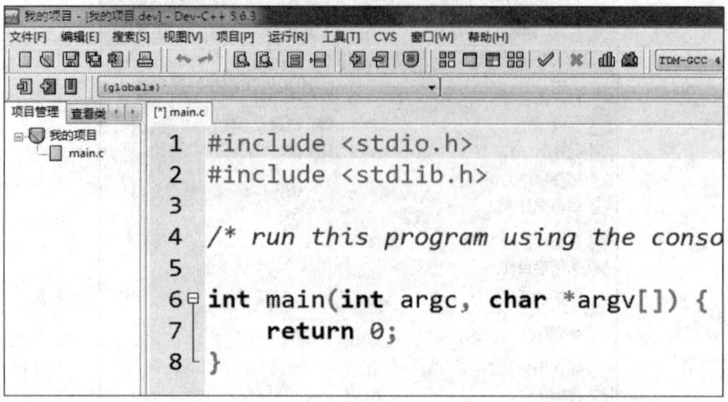

图 9-10　main.c 源文件

程序清单 09-08-05.c

```
static int f1(){
    printf("文件 09-08-05.c 中的函数 f1.\n");
    return 0;
}
int f2(){
    f1();
    printf("文件 09-08-05.c 中的函数 f2.\n");
    return 0;
}
```

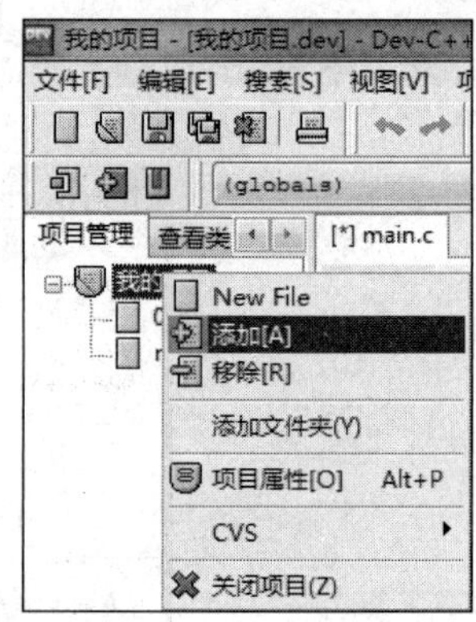

图 9-11　选择“添加”命令

(4) 在主窗口左侧的项目管理窗口中，在项目名称处右击，在快捷菜单中选择“添加”命令，如图 9-11 所示，将源文件 09-08-05.c 添加到项目中，结果如图 9-12 所示。

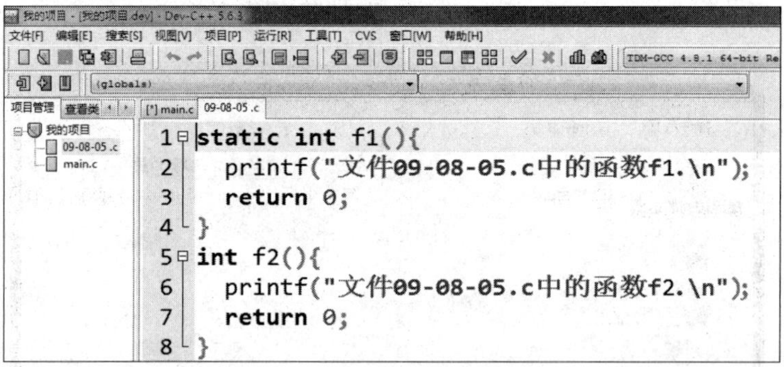

图 9-12　添加后的结果

(5) 修改 main.c 的内容。

程序清单 main.c

```
#include <stdio.h>
#include <stdlib.h>
int main(int argc, char * argv[]) {
```

```
    //f1();      //此语句非法,因为 f1 为源文件 09-08-05.c 中的静态函数(内部函数)
    f2();        //此语句合法,因为 f2 为源文件 09-08-05.c 中的外部函数
    return 0;
}
```

按下 F11 键,执行程序,输出

```
文件 09-08-05.c 中的函数 f1().
文件 09-08-05.c 中的函数 f2().
```

程序分析:

文件 09-08-05.c 中的函数 f1()是内部函数,只能被该源文件内的函数调用,main.c 中调用 f1()是非法的;文件 09-08-05.c 中的函数 f2()是外部函数,可以被该项目其他源文件内的函数调用,main.c 中调用 f2()是合法的。

10. C 语言项目中的文件

正确编译 C 语言项目后,查看项目文件夹,你会看到如图 9-13 所示的文件,其中 *.c 文件为 C 语言源文件,*.dev 为项目文件,*.o 为各个源文件编译后的目标文件,*.exe 为连接后的可执行文件。

名称	修改日期	类型	大小
09-08-05 .c	2014/12/6 星期...	C Source File	1 KB
main.c	2014/12/6 星期...	C Source File	1 KB
我的项目.dev	2014/12/6 星期...	Dev-C++ Project...	2 KB
我的项目.layout	2014/12/6 星期...	LAYOUT 文件	1 KB
09-08-05 .o	2014/12/6 星期...	O 文件	1 KB
main.o	2014/12/6 星期...	O 文件	1 KB
Makefile.win	2014/12/6 星期...	WIN 文件	2 KB
我的项目.exe	2014/12/6 星期...	应用程序	126 KB

图 9-13 项目文件夹中的文件

9.9 函数程序举例

问题 09-09-01 编写函数,输出一个正整数的素数分解式。主函数的功能为输出 1000~1020 的每一个数的素分解式。

程序清单 09-09-01.c

```
long prime(long n){
    long i;
    for(i=2;i<=sqrt(n);i++) if(n%i==0) return 0;
    return 1;
}
void print_prime(long n){
    long i;
    printf("\n%ld=",n);
    i=2;
```

```
    do{
        if(prime(i)&&n%i==0){
            printf("%ld",i);
            n=n/i;
            if(n>1)printf("*");
        }
        else
            i++;
    }while(n>1);
}
int main(){
    int i;
    for(i=1000;i<=1010;i++)
        print_prime(i);
}
```

执行程序,输出

```
1000=2*2*2*5*5*5
1001=7*11*13
1002=2*3*167
1003=17*59
1004=2*2*251
1005=3*5*67
1006=2*503
1007=19*53
1008=2*2*2*2*3*3*7
1009=1009
1010=2*5*101
```

问题 09-09-02 编程输出 10 000 以内的所有亲和数对。亲和数对是一对整数 M 和 N,M 的真约数之和等于 N,同时 N 的真约数之和等于 M。

程序清单 09-09-02.c

```
long yueshuhe(long n){
    long s=0,i;
    for(i=1;i<=n/2;i++)if(n%i==0)s=s+i;
    return s;
}
int main(){
    long m,n;
    for(m=2;m<=10000;m++){
      n=yueshuhe(m);
      if( m==yueshuhe(n)&&m<n)
        printf("%ld,%ld\n",m,n);
    }
}
```

执行程序,输出

```
220,284
1184,1210
2620,2924
5020,5564
6232,6368
```

问题 09-09-03 输入一个十进制的正整数,输出其二进制形式。请分析两个函数的原理和执行过程。

程序清单 09-09-03.c

```
long c10to2_1(long n){
    long m=0,k=1;
    while(n>0){
       m=(n%2)*k+m;
       k=k*10;
       n=n/2;
    }
    return m;
}
long c10to2_2(long n){
    if(n==1L||n==0L)    return n;
    else                return c10to2_2(n/2L)*10+n%2;
}
int main(){
    long n;
    scanf("%ld",&n);
    printf("%ld\n",c10to2_1(n));
    printf("%ld\n",c10to2_2(n));
}
```

执行程序,输入

```
71
```

输出

```
1000111
1000111
```

问题 09-09-04 一维数组综合练习程序。编程实现对数组元素的如下各种处理:(1)输出所有元素;(2)尾部追加一个新的元素;(3)初始化元素;(4)元素排序;(5)求最大元素;(6)求最小元素;(7)查找某元素;(8)求所有元素平均值;(9)删除元素。

注:请先创建C项目,然后将下面两个程序加入到项目中。

程序清单 09-09-04.c

```
int a[201],size=0;        //全局变量
```

```
#include <stdio.h>
#include <stdlib.h>
#include <time.h>
int main(){
    char c='#';
    while(c!='X'){
        c=menu();
        switch(c){
            case 'P': print();  break;
            case 'I': init();   break;
            case 'S': sort();   break;
            case 'D': del();    break;
            case 'M': max();    break;
            case 'N': min();    break;
            case 'U': sum();    break;
            case 'G': average();break;
            case 'A': append(); break;
            case 'F': find();   break;
            case 'X':           break;
            default:printf("\n错误的命令...");
        }
        if(c!='X'){
            printf("\n按任意键继续 ...");
            getch();
        }
    }
}
```

程序清单 09-09-04-A. c

```
extern int a[],size;            //外部变量声明
#include <stdio.h>
#include <time.h>
int menu(){
    printf("\n*********** 数组综合应用 *************");
    printf("\n*   I.初始化        U.所有元素和       *");
    printf("\n*   P.输出          G.所有元素平均值   *");
    printf("\n*   S.排序          A.末尾添加元素     *");
    printf("\n*   M.最大值        F.查找元素         *");
    printf("\n*   N.最小值        D.删除元素         *");
    printf("\n*          X.退出程序                  *");
    printf("\n**************************************");
    printf("\n请输入您的选择:");
    char c;
    c=getche();
    if(c>='a'&&c<='z')c=c-32;
```

```
    return c;
}
int print(){
    int i; printf("\n数组共有%d个元素:",size);
    for(i=0;i<size;i++)printf("%d ",a[i]);
}
int init(){
    printf("\n系统初始化数组为5个1~1000的随机整数.");
    int i;
    size=5;
    srand(time(NULL));
    for(i=0;i<size;i++) a[i]=rand()%1000+1;
    print();
}
void sort(){
    int i,j,t;
    for(i=0;i<size-1;i++)
    for(j=i+1;j<size;j++)
        if(a[i]<a[j]){
            t=a[i];a[i]=a[j];a[j]=t;
        }
    printf("\n排序完成....");
    print();
}
int max(){
    int m,i;
    if(size==0) printf("\n没有元素!");
    else{
        m=a[0];
        for(i=1;i<size;i++)if(m<a[i])m=a[i];
        printf("\n最大元素: %d",m);
    }
}
void min(){
    int m,i;
    if(size==0) printf("\n没有元素!");
    else{
        m=a[0];
        for(i=1;i<size;i++)if(m>a[i])m=a[i];
        printf("\n最小元素: %d",m);
    }
}
int sum(){
    int s=0,i;
    if(size==0) printf("\n没有元素!");
```

```
    else{
        for(i=0;i<size;i++)s+=a[i];
        printf("\n 所有元素之和: %d",s);
    }
}
int average(){
    int s=0,i;
    if(size==0) printf("\n 没有元素!");
    else{
        for(i=0;i<size;i++)s+=a[i];
        printf("\n 所有元素平均值: %lf",(double)s/size);
    }
}
int append(){
    int i,p=0,n;
    printf("\n 请输入要添加的元素:");
    scanf("%d",&n);
    a[size++]=n;
    print();
}
int get_index(int n){
    int i;
    for(i=0;i<size;i++)
        if(a[i]==n)  return i;
    return -1;
}
int find(){
    int i,n,index;
    printf("\n 请输入要查找的元素:");
    scanf("%d",&n);
    index=get_index(n);
    if(index!=-1)
        printf("\n 找到了,索引为: %d.",index);
    else
        printf("\n 没找到.");
}
void del(){
    int n,i,index;
    printf("\n 请输入要查找的元素:");
    scanf("%d",&n);
    index=get_index(n);
    if(index==-1){
        printf("没找到值为%d 的元素.",n);
        return;
    }
```

```
    for(i=index;i<size-1;i++)a[i]=a[i+1];
    size--;
    print();
}
```

习题 9

一、选择题

1. C 语言允许定义函数时省略函数类型,编译时默认为(　　)类型。

A. int　　B. long　　C. float　　D. double

2. 下列函数定义中正确的函数头是(　　)。

A. float func(int x, int y)　　B. float func(int x; int y)

C. func(int x, int y): float　　D. float func(int x, y)

3. 以下程序的输出结果是(　　)。(参考代码:XT_09_01_03.c)

```
#include<stdio.h>
int f(){
    static int i=0;
    int s=1;
    s+=i; i++;
    return s;
}
int main() {
    int i,a=0;
    for(i=0;i<5;i++) a+=f();
    printf("%d\n",a);
}
```

A. 20　　B. 24　　C. 25　　D. 15

4. 以下程序的输出结果是(　　)。(参考代码:XT_09_01_04.c)

```
#include<stdio.h>
int x=1;
fun(int m){
    int x=5;     x+=m;    printf("%d ",x);    m++;
}
int main(){
    int m=3;    fun(m);    x+=m++;    printf("%d ",x);
}
```

A. 8　5　　B. 8　4　　C. 9　5　　D. 9　4

5. 以下程序的输出结果是(　　)。(参考代码:XT_09_01_05.c)

```
fun(int a,int b){ return a+b; }
int main(){
```

```
  int x=2,y=3,z=4;
  printf("%d\n ",fun(fun((x--,y++,x+y),z--),x));
}
```

A. 14　　B. 13　　C. 12　　D. 10

6. 以下程序的输出结果是(　　)。(参考代码：XT_09_01_06.c)

```
#include<stdio.h>
fun1(int a[4]){
    int k;
    for(k=0;k<3;k++) a[k+1]+=a[k];
    return a[0];
}
int main(){
    int a[4]={1,2,3,4};
    fun1(a);
    printf("%d",a[3]);
    return 0;
}
```

A. 0　　B. 1　　C. 10　　D. 11

7. 在C语言程序中，当调用函数时(　　)。

A. 形参和实参是一回事

B. 形参和实参只能为简单数据类型

C. 利用形参无法改变实参变量的值

D. 利用形参可以改变实参变量的值

8. 在一个源文件中定义的全局变量的作用域是(　　)。

A. 整个文件　　B. 整个程序

C. 定义该变量的整个函数　　D. 从定义该变量开始至本文件结束

9. 若有以下程序：(参考代码：XT_09_01_09.c)

```
#include<stdio.h>
void f(int n);
int main(){
    void f(int n);
    f(5);
}
void f(int n){ printf("%d",n); }
```

则以下叙述中不正确的是(　　)。

A. 若只在主函数中对函数f进行说明，则只能在主函数中调用函数f

B. 若在主函数前对函数f进行说明，则在主函数和其后的其他函数中都可以正确调用函数f

C. 以上程序编译时系统会提示出错信息，提示对f函数重复说明

D. 用void将其类型定义为无值型，函数f无返回值

10. 在C语言中，函数形参的默认存储类型是(　　)。

A. auto　　B. register　　C. static　　D. extern

11. 以下程序的输出结果是(　　)。(参考代码：XT_09_01_11.c)

```
#include<stdio.h>
f(int b[],int m,int n){
    int i,s=0;
    for(i=m;i<=n;i=i+2) s=s+b[i];
    return s;
}
int main(){
    int x,a[]={1,2,3,4,5,6,7,8,9};
    x=f(a,3,7);
    printf("%d",x);
    return 0;
}
```

A. 8　　B. 18　　C. 10　　D. 20

12. 以下程序的输出结果是(　　)。(参考代码：XT_09_01_12.c)

```
#include<stdio.h>
int x=3;
int main(){
  int i;
  for(i=1;i<x;i++) incre();
  return 0;
}
incre(){
    static int x=1;
    x*=x+1; printf("%d ",x);
}
```

A. 3　3　　B. 2　2　　C. 2　6　　D. 2　5

13. 以下程序的输出结果是(　　)。(参考代码：XT_09_01_13.c)

```
#include<stdio.h>
void fun(int x){ static int a=0; a+=x; printf("%d  ",a); }
int main(){
  int cc;
  for(cc=1;cc<4;cc++) fun(cc);
}
```

A. 1　2　3　　B. 1　3　6　　C. 2　4　6　　D. 2　5　7

14. 以下程序的输出结果是(　　)。(参考代码：XT_09_01_14.c)

```
#include<stdio.h>
func(int a, int b){
```

```
  static int m=0,i=2;
  i+=m+1;  m=i+a+b;
  return(m);
}
int main(){
  int k=4,m=1,p;
  p=func(k,m);printf("%d,",p);
  p=func(k,m);printf("%d",p);
}
```

A. 8,15　　B. 8,16　　C. 8,17　　D. 8,18

15. 若用数组名作为函数调用的实参,传递给形参的是(　　)。

A. 数组的首地址　　B. 数组的第一个元素的值

C. 数组全部元素的值　　D. 数组元素的个数

16. 若程序中定义了以下函数,并将其放在调用语句之后,则在调用之前应该对该函数进行说明。

```
double myadd(double a,double b)  { return (a+b); }
```

以下选项中错误的说明是(　　)。

A. double myadd(double a,b);

B. double myadd(double,double);

C. double myadd(double b,double a);

D. double myadd(double x,double y);

17. 以下程序的输出结果是(　　)。(参考代码: XT_09_01_17.c)

```
#include<stdio.h>
fun(int p[],int a,int b){
  int i,s=1;
  for(i=a;i<=b;i++)s*=p[i];
  return s;
}
int main(){
  int x,a[]={1,2,3,4,5,6,7,8,9};
  x=fun(a,4,6);
  printf("%d\n",x);
}
```

A. 150　　B. 210　　C. 60　　D. 24

18. 以下程序输出的最后一个值是(　　)。(参考代码: XT_09_01_05.c)

```
#include<stdio.h>
int ff(int n){
    static int f=1;
    f=f*n;
    return f;
```

```
}
int main(){
    int i;
    for(i=1;i<=5;i++) printf("%d\n",ff(i));
}
```

A. 5　　B. 6　　C. 24　　D. 120

19. 以下程序的输出结果是(　　)。(参考代码：XT_09_01_19.c)

```
#include<stdio.h>
long fib(int n){
    if(n>2)   return(fib(n-1)+fib(n-2));
    else      return(2);
}
int main(){
    printf("%d",fib(6));
    return 0;
}
```

A. 2　　B. 8　　C. 16　　D. 24

20. 在C语言的函数中定义的变量,默认存储类型是(　　)

A. auto　　B. static　　C. extern　　D. 无存储类型

21. 以下所列的各函数首部中,正确的是(　　)。

A. void play(var: Integer,var b: Integer)

B. void play(int a,b)

C. void play(int a,int b)

D. Sub play(a as integer,b as integer)

22. 以下程序的输出结果是(　　)。(参考代码：XT_09_01_22.c)

```
#include<stdio.h>
fun(int x,int y,int z){
    z=x*x+y*y;
    z++;
}
int main(){
    int a=31;
    fun(5,2,a++);
    printf("%d",a);
    return 0;
}
```

A. 29　　B. 31　　C. 32　　D. 33

23. 如果一个变量在整个程序运行期间都存在,但是仅在说明它的函数内是可见的,这个变量的存储类型应该被说明为(　　)。

A. 静态变量　　B. 动态变量　　C. 外部变量　　D. 内部变量

24. 若有说明语句 static int a[3][4]={0};则以下叙述中正确的是(　　)。

A. 只有 a[0][0]元素可得到初值 0

B. 数组 a 中每个元素均可得到初值 0

C. 数组 a 中各元素都可得到初值,但值不一定为 0

D. 此说明语句不正确

25. 以下程序的输出结果是(　　)。(参考代码:XT_09_01_25.c)

```
#include<stdio.h>
long fun(int n){
  long s;
  if(n==1 || n==2)  s=2;
  else              s=n-fun(n-1);
  return s;
}
int main(){
    printf("%ld ",fun(6));
}
```

A. 1　　B. 2　　C. 3　　D. 4

二、程序填空题

1. 以下程序计算 10 个数的平均值,请填空。(参考代码:XT_09_02_01.c)

```
#include<stdio.h>
float average(float array[10]){
    int k;
    float aver, sum=array[0];
    for(k=1;___(1)___;k++) sum+=___(2)___;
    aver=sum/10;
    return(aver);
}
int main(){
    float score[10],aver; int k;
    for(k=0;k<10;k++) scanf("%f", &score[k]);
    aver=___(3)___;
    printf("%8.2f\n",aver);
}
```

2. 以下程序在 main 函数中输入字符串,并输出其中数字字符的个数,请填空。(参考代码:XT_09_02_02.c)

```
#include<stdio.h>
int main(){
    char str[80];
    scanf("%s",str);
    printf("%d",length(str));
```

```
}
int length(char p[]){
    int s,i;
    s=0; i=0;
    while(___(1)___){
        if(___(2)___) s++;
        i++;
    }
    ___(3)___;
}
```

3. 以下程序的功能是利用函数调用求两个整数的最大公约数和最小公倍数，请填空。(参考代码：XT_09_02_03.c)

```
int main(){
  int a,b,c,d;  scanf("%d%d",&a,&b) ;
  c =gongyue(a, b);
  ___(1)___;
  printf("gongyue=%d,gongbei=%d",c,d );
}
gongyue(int num1,  int num2){
  int temp, x, y;    x=num1;    y=num2;
  while(___(2)___){
    temp=x%y;    x=y;    y=temp;
  }
  return (y);
}
```

4. 以下程序的功能是根据输入的"y"("Y")与"n"("N")，在屏幕上分别显示出"This is YES."与"This is NO."，请填空。(参考代码：XT_09_02_04.c)

```
#include<stdio.h>
void  YesNo(char ch){
  switch(ch){
    case 'y':    case 'Y':      printf("\nThis is YES."); ___(1)___;
    case 'n':    case 'N':      printf("\nThis is NO.");
  }
}
int main( ) {
  char ch;  printf("\nEnter a char \'y\',\'Y\' or \'n\',\'N\':");
  ch=___(2)___;      YesNo(ch);
}
```

5. 以下 check 函数的功能是对 value 中的值按四舍五入取整，若取整后的值与 ponse 值相等，则显示"WELL DONE!!"，否则显示取整后的值，请填空。(参考代码：XT_09_02_05.c)

```
void check(int ponse,float value){
  int val;
  val= __(1)__ ;
  printf("计算后的值:%d", val);
  if( __(2)__ ) printf("WELL DONE!!\n");
  else        printf("The correct answer is %d\n", val);
}
```

6. 函数 fun 的功能是使字符串 str 按逆序存放，请填空。（参考代码：XT_09_02_06.c）

```
void fun (char str[]){
  char m;
  int i, j;
  for(i=0,j=strlen(str);i< __(1)__ ;i++,j--){
    t=str[i];str[i]= __(2)__ ;str[j-1]=t;
  }
}
```

三、程序阅读题

1. 请写出以下程序的运行结果。（参考代码：XT_09_03_01.c）

```
#include<stdio.h>
int main( ){ int i=5; printf("%d",sub(i)); }
sub(int n){
  int a ;
  if(n==1)a=1;
  else     a=n+sub(n-1);
  return(a);
}
```

2. 请写出以下程序的运行结果。（参考代码：XT_09_03_02.c）

```
main( ){
  int i=2,x=5,j=7;
  fun(j,6);
  printf("i=%d,j=%d,x=%d\n",i,j,x);
}
fun(int i,int j){
  int x=2;
  printf("i=%d,j=%d,x=%d\n",i,j,x);
}
```

3. 请写出以下程序的运行结果。（参考代码：XT_09_03_03.c）

```
main( ){increment( );increment( );increment( );}
increment( ){static int x=2;x+=10;printf("%d,",x);}
```

4. 请写出以下程序的运行结果。（参考代码：XT_09_03_04.c）

```
int a=5; int b=7;
int main(){
  int a=4,b=3,c;
  c=plus(a,b);
  printf("A+B=%d",c);
}
plus(int x, int y){ int z; z=a+b; return(z); }
```

5. 请写出以下程序的运行结果。(参考代码：XT_09_03_05.c)

```
void fun() {
  static int a=1;
  a*=a+2;
  printf("%d ",++a);
}
int main(){int c;for(c=1;c<4;c++)fun(); }
```

6. 请写出以下程序的运行结果。(参考代码：XT_09_03_06.c)

```
#include <stdio.h>
void f(int c){
  int a=0;
  static int b=0;
  a++; b++;
  printf("%d: a=%d, b=%d\n", c, a, b);
}
int main(void){
  int i;
  for (i=1; i<=3; i++) f(i);
}
```

7. 请写出以下程序的运行结果。(参考代码：XT_09_03_07.c)

```
int f(int x,int y){ return((y-x)*x);}
main(){
  int a=3,b=5,c=8,d;
  d=f(f(a,b),f(b,c));
  printf("%d",d);
}
```

8. 请写出以下程序的运行结果。(参考代码：XT_09_03_08.c)

```
func( int x,  int y){
  int  z;  z=x+y;  return(z);
}
main( ){
  int  a=6, b=7, c=8, r;
  r=func((++a, b++, a+b), --c);
  printf("%d", r) ;
```

```
}
```

9. 请写出以下程序的运行结果。(参考代码: XT_09_03_09.c)

```
main( ){
  int a[3][3]={1,3,5,7,9,11,13,15,17};
  int sum ;    sum =func(a);    printf("sum=%d",sum);
}
func(int a[ ][3]){
  int i, j, sum =0;
  for(i=0; i<3; i++)
   for(j=0; j<3; j++){
     a[i][j] =i+j;
     if(i==j) sum =sum +a[i][j];
   }
  return (sum);
}
```

四、编程题

1. 编写一个函数,统计参数字符串(数组)中小写字母的个数并返回。(参考代码: XT_09_04_01.c)

2. 编写一个函数,判断参数年份是否为闰年,若是则返回 1,否则返回 0。(参考代码: XT_09_04_02.c)

3. 编写一个函数 del_char(char s[],char c),功能为删除字符串 s 中的所有字符 c。(参考代码: XT_09_04_03.c)

4. 编写一个函数,返回两个正整数的最大公约数(请分别用非递归和递归两种方法设计)。(参考代码: XT_09_04_04.c)

5. 编程在主函数中输出 10 000 以内的亲和数对。除主函数外,请至少设计一个自定义函数。(参考代码: XT_09_04_05.c)

6. 编程在主函数中输出 100~200 的数的素分解式。一个自然数的素分解式可以定义为将其分解为一组从小到大的素数乘积,例如 100 的素分解式为 2×2×5×5,请自行设计函数。(参考代码: XT_09_04_06.c)

7. 编写 part(int n)函数输出正整数 n 的所有划分(例如 3 的所有划分为 1+1+1、1+2、2+1、3,共 4 种情况),请在主函数中调用它输出某一整数的所有划分。(参考代码: XT_09_04_07.c)

8. 有一个数组内存放 10 个学生的英语成绩,至少编写一个函数,输出高于平均分的英语成绩。(参考代码: XT_09_04_08.c)

9. 编写函数计算一个正整数各位数字之和,请使用递归和非递归两种方法编写两个函数。主函数包括输入输出和调用该自定义函数。(参考代码: XT_09_04_09.c)

10. 用递归方法编写函数,功能为输出一个十进制正整数的二进制编码。(参考代码: XT_09_04_10.c)

11. 利用递归方法编写函数,功能为将一个字符串反序输出。(参考代码: XT_09_04_

11.c)

12. 编写函数实现N阶矩阵乘法。(参考代码：XT_09_04_12.c)

13. 定义全局数组表示52张扑克牌，分别编写函数实现初始化整副牌、洗牌、输出整副牌的功能。(参考代码：XT_09_04_13.c)

14. 编写一个函数，参数为一个以0X开始的十六进制数表示的字符串，将该数转换成十进制数并返回。(参考代码：XT_09_04_14.c)

第10章 预 处 理

C语言提供了多种预处理功能，如宏定义、文件包含、条件编译等。合理地使用预处理功能，会使编写的程序便于阅读、修改、移植和调试，也有利于模块化程序设计。

在前面的各章中，我们已经多次使用过以＃开头的预处理命令，如文件包含命令＃include、符号常量定义(宏定义)命令＃define等。C语言的源程序中的这些命令被称为编译预处理命令。

本章重点

- 宏定义。
- 文件包含。
- 条件编译。

本章难点

- 带参宏定义的使用。
- 避免文件重复包含。
- 条件编译的使用方法。

10.1 宏

1. 编译预处理

编译预处理是指C程序在正式编译(词法扫描和语法分析)之前所做的工作。预处理操作是C语言的一个重要功能，它由预处理程序负责完成。

C语言对一个源文件进行编译时，系统将自动引用预处理程序对源程序中的预处理指令做出相应的处理，处理完毕后自动进入对源程序的编译。

2. 宏定义

在C语言源程序中允许用一个标识符来表示一个字符串，称为宏。被定义为宏的标识符称为宏名。在编译预处理时，对程序中所有出现的宏名，都用宏定义中的字符串去替换，这个过程称为宏替换或宏展开。

宏定义是由源程序中的宏定义命令完成的。宏替换是由预处理程序自动完成的。在C语言中，宏分为有参数的宏和无参数的宏两种。下面分别讨论这两种宏的定义和使用。

3. 无参宏定义

无参宏的宏名后不带参数。其定义的一般形式为

```
#define  宏名标识符   宏体字符串
```

例如：

```
#define PI 3.14159265
#define PR printf
```

功能说明：

(1) 符号＃开头表示这是一条预处理命令，凡是以符号＃开头的命令均为预处理命令。

(2) 宏名标识符是用户定义的宏名，应该遵循标识符的命名规则。宏名一般在习惯上用全大写的标识符，以便和程序中的关键字、变量明显地区别开来。

(3) 宏体字符串是宏名所要替换的一串字符。字符串不需要用双引号括起来，如果用双引号括起来，那么在宏替换时将双引号作为宏体字符串中的字符一起替换。

(4) 宏体字符串可以是任意形式的单行的连续字符序列，中间可以有空格和制表符。

在前面介绍过的符号常量的定义实际上就是一种无参宏定义。

程序清单 10-01-01.c

```
//无参宏程序举例
#define PI 3.14159265
#define PR printf
int main(){
    double r=5.0;
    PR("\nL=%lf",2*PI*r);
    PR("\nS=%lf",PI*r*r);
    PR("\nV=%lf",(4.0/3)*PI*r*r*r);
}
```

程序分析：

本例程序中定义了两个无参数的宏，在执行程序编译之前首先进行预处理，预处理程序会把程序中的所有 PI 替换成 3.14159265，把程序中的所有 PR 替换成 printf，然后再进行编译和执行。

可见，恰当地使用宏定义，会减少程序代码量，增强整个程序的可读性，便于对关键数据和代码的修改。

程序清单 10-01-02.c

```
#define PI 3.14159265
#define PR printf1
int main(){
    double r=5.0;
    PR("\nL=%lf",2*PI*r);
    PR("\nS=%lf",PI*r*r);
    PR("\nV=%lf",(4.0/3)*PI*r*r*r);
}
```

执行此程序，会出现如图 10-1 所示的编译错误。

程序分析：

在宏展开时，只是对宏名做简单替换，并不进行正确性检查。像本例一样，如果宏定义

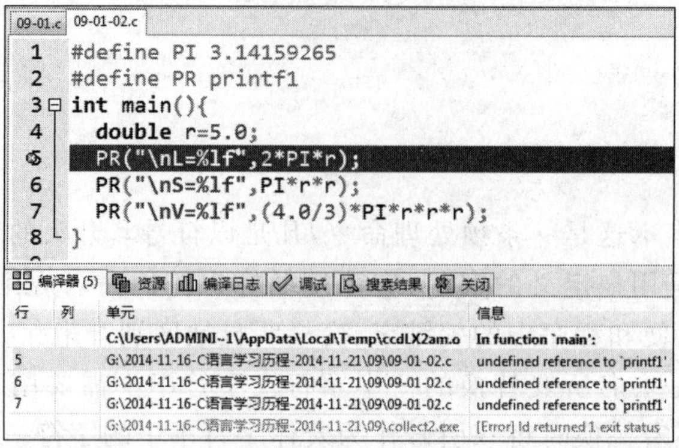
09-01.c
09-01-02.c
1 #define PI 3.14159265
2 #define PR printf1
3 int main(){
4 double r=5.0;
5 PR("\nL=%lf",2*PI*r);
6 PR("\nS=%lf",PI*r*r);
7 PR("\nV=%lf",(4.0/3)*PI*r*r*r);
8 }
编译器 (5)
资源
编译日志
调试
搜索结果
关闭
行
列
单元
信息
C:\Users\ADMINI~1\AppData\Local\Temp\ccdLX2am.o
In function `main':
5
G:\2014-11-16-C语言学习历程-2014-11-21\09\09-01-02.c
undefined reference to `printf1'
6
G:\2014-11-16-C语言学习历程-2014-11-21\09\09-01-02.c
undefined reference to `printf1'
7
G:\2014-11-16-C语言学习历程-2014-11-21\09\09-01-02.c
undefined reference to `printf1'
G:\2014-11-16-C语言学习历程-2014-11-21\09\collect2.exe
[Error] ld returned 1 exit status

图 10-1　程序清单 10-01-02. c 的编译错误

写成

```
#define PR printf1
```

预处理程序会照常进行替换，不管是否正确。直到替换完成进入编译阶段时，系统才会发现错误。所以本例程序的编译程序才会在第 5、6、7 行发现 3 个同样的错误："undefined reference to 'printf1'"（未定义的引用：printf1）。

程序清单 10-01-03. c

```
#define PRINT printf("a=%d,b=%d\n",a,b);
int a=11,b=12;
int main(){
    PRINT
    int a=21,b=22;
    PRINT
    {
        int a=31,b=32;
        PRINT
    }
    PRINT
}
```

执行程序，输出

```
a=11,b=12
a=21,b=22
a=31,b=32
a=21,b=22
```

程序分析：

宏定义命令和 C 语句不同，不需要在行末加分号。如果有分号则连分号一起替换。请读者结合变量的作用域和生命周期分析程序的执行结果。

程序清单 10-01-04. c

```
//嵌套的宏定义程序举例
```

```
#define PI 3.14159265
#define PR printf
#define L 2*PI*r
#define S PI*r*r
#define V (4.0/3.0)*PI*r*r*r
int main(){
    double r=5.0;
    PR("\nL=%f",L);
    PR("\nS=%f",S);
    PR("\nV=%f",V);
}
```

程序分析：

宏也可以嵌套定义，即用已定义的宏来定义另外的宏，在展开宏时可以层层替换展开。

C程序中用双引号括起来的字符串常量中的字符是字符串的内容。即使字符串常量中出现了与宏名相同的字符序列，也不进行替换。

<table>
<tr>
<td>

程序清单 10-01-05.c

```
//宏定义程序举例
#define M y+y
int main(){
  int s,y;
  scanf("%d",&y);
  s=M*M+2*M+1;
  printf("s=%d\n",s);
}
```

执行程序，输入

```
2
```

输出

```
s=15
```

</td>
<td>

程序清单 10-01-06.c

```
//宏定义程序举例
#define M (y+y)
int main(){
  int s,y;
  scanf("%d",&y);
  s=M*M+2*M+1;
  printf("s=%d\n",s);
}
```

执行程序，输入

```
2
```

输出

```
s=25
```

</td>
</tr>
</table>

程序分析：

程序 10-01-05.c 中，宏替换的结果是“s=y+y*y+y+2*y+y+1;”。

程序 10-01-06.c 中，宏替换的结果是“s=(y+y)*(y+y)+2*(y+y)+1;”。

由于宏定义命令的差别，导致宏展开后程序中关键表达式的逻辑不同，所以两个程序才会出现不同的输出结果。

请注意宏定义中括号的使用。

4. 终止宏替换

宏定义是用宏名来表示一个字符串，在宏展开时又以该字符串取代宏名，这只是一种简单的替换，字符串中可以包含任何字符，可以是常数，也可以是表达式，预处理程序对它不作任何检查。如有语法错误,只能在真正编译源程序(宏展开后)时发现。

宏定义必须写在函数之外,其作用域为从宏定义命令开始到源程序结束。如果要终止其作用域可使用#undef命令,该命令的一般形式为

```
#undef 宏名
```

程序清单 10-01-07.c

```
//宏定义命令的终止
#define PI 3.14159265
#define PR printf
double s(double r){
    return PI*r*r;
}
#undef PI
int main(){
    double r;
    scanf("%lf",&r);
    PR("s=%lf",s(r));
}
```

执行程序,输入

```
5
```

输出

```
s=78.539816
```

程序分析:

此程序表明宏名 PI 只在 s 函数中有效,在 main 函数中无效。而宏名 PR 在整个源程序中有效。预处理程序只会将有效作用域中的宏展开。

程序清单 10-01-08.c

```
#define OK "oll korrect"
int main(){
    printf("OK\n");
    printf(OK);
}
```

执行程序,输出

```
OK
oll korrect
```

程序分析:

宏名在源程序中若出现在字符串常量中,则预处理程序不对其做宏替换。

OK 最初出现在 1839 年波士顿报纸的文字游戏栏目中,作为 oll korrect(all correct 的变体)的首字母缩略字。

习惯上宏名用大写字母表示,以便与变量区别,但也允许用小写字母。

可用宏定义表示数据类型。例如:

```
#define LLONG long long int
#define STU struct stu
#define INTEGER int
```

程序清单 10-01-09.c

```
//宏定义程序举例,对输出格式作宏定义,可以减少代码量
#define P printf
#define D "%d "
#define F "%lf "
#define LN "\n"
#define FORMAT D F LN
int main(){
    int a=5, b=8, c=11;
    double d=3.8, e=9.7, f=21.08;
    P("ABCD"  "1234"  "\n");
    P(D F LN,a,d);
    P(D F LN,b,e);
    P(FORMAT,c,f);
}
```

执行程序,输出

```
ABCD1234
5 3.800000
8 9.700000
11 21.080000
```

程序分析:

首先,C语言语法中有一条这样的规定,如果出现多个字符串常量相邻(以若干空白字符分隔)的表达式,C语言会把它当成是字符串的连接运算。

所以表达式"ABCD" "1234" "\n"的结果实际上是"ABCD1234\n"。

其次,宏D F LN和FORMAT的最终替换结果都是"%d " "%lf " "\n",而此字符串连接运算的结果实际上是"%d %lf \n"。

10.2 带参数的宏

1. 认识带参宏

C语言允许宏带有参数。宏定义中的参数也称为形式参数,在宏调用中的参数也称为实在参数。对于带参数的宏,在预处理程序中,不仅要进行宏名的展开,而且要用实参去替换形参。

带参宏定义的一般形式为

#define 宏名(形参表) 宏体

带参宏调用的一般形式为

宏名(实参表)

例如：

```
#define M(y) y*y+3*y      /*宏定义*/
k=M(5);                   /*宏调用*/
```

在宏调用时，用实参 5 去代替形参 y，经预处理宏展开后的语句为

```
k=5*5+3*5
```

程序清单 10-02-01.c

```
//带参数宏定义程序举例
#define MAX(a,b)  a>b?a:b
int main(){
    int x,y,max;
    x=5;  y=8;
    max=MAX(x,y);
    printf("max=%d\n",max);
}
```

执行程序，输出

```
max=8
```

程序分析：

本例程序的第一行进行带参宏定义，用宏 MAX(a,b)表示条件表达式(a>b)？ a：b，MAX 为宏名，a、b 为形式参数。

max=MAX(x,y)；为宏调用，实参是 x、y，将替换形参 a、b。宏展开后该语句为 max=x>y？ x：y；用于计算 x、y 中的较大的数。

2. 带参宏说明

关于带参宏的定义，有以下几点说明：

(1) 带参宏定义中，宏名和形参列表之间不能有空格出现。例如把

```
#define MAX(a,b) a>b?a:b
```

写为

```
#define MAX (a,b) a>b?a:b
```

将被认为是无参宏定义，宏名 MAX 代表字符串"(a,b) a>b？ a：b"。宏展开时，宏调用语句 max=MAX(x,y)；将变为 max=(a,b) a>b？ a：b(x,y)；，这显然是错误的。

(2) 在带参宏定义中，形式参数不分配内存单元，因此不必作类型定义。而宏调用中的实参有具体的值。要用它们去替换形参，因此必须作类型说明。这与函数中的情况是不

同的。

在函数中,形参和实参是两个不同的量,各有自己的作用域,调用时要把实参值赋予形参,进行值传递。而在带参宏中,只是符号替换,不存在值传递的问题。

(3) 宏定义中的形参是标识符,而宏调用中的实参可以是表达式。

程序清单 10-02-02.c

```
//带参宏定义程序举例
#define SQUARE(y) y*y
int main(){
    int a,sq;
    a=5;
    sq=SQUARE(a+1);
    printf("SQUARE=%d",sq);
}
```

执行程序,输出

```
SQUARE(5)=11
```

程序分析:

宏替换只作符号替换而不作其他处理。本例宏替换后将得到以下语句:sq=a+1*a+1;故而得到表达式的结果为11。这显然与题意相违,解决的办法是在宏体的参数两边加括号。

程序清单 10-02-03.c

```
//带参宏定义程序举例
#define SQUARE(y) (y)*(y)
int main(){
    int a,sq;
    a=5;
    sq=SQUARE(a+1);
    printf("SQUARE(%d)=%d",a,sq);
}
```

执行程序,输出

```
SQUARE(5)=36
```

程序分析:

本例宏替换后将得到以下语句:sq=(a+1)*(a+1);,故而得到表达式的结果为36。本例虽然得到正确结果,但仍然存在缺陷(bug)。

程序清单 10-02-04.c

```
//带参宏定义程序举例
#define SQUARE(y) (y)*(y)
int main(){
    int a,sq;
```

```
    a=5;
    sq=360/SQUARE(a+1);
    printf("sq=%d",sq);
}
```

执行程序，输出

```
sq=360
```

程序分析：

本例宏替换表达式的原意是360除以a+1的平方，结果应该是10。而实际上宏替换后将得到以下语句：sq=360/(a+1)*(a+1);，故而得到结果为360。解决此问题的办法是给整个宏体加括号。

程序清单 10-02-05.c

```
//带参宏定义程序举例
#define SQUARE(y) ((y) * (y))
int main(){
    int a,sq;
    a=5;
    sq=360/SQUARE(a+1);
    printf("sq=%d",sq);
}
```

执行程序，输出

```
sq=10
```

程序分析：

本例宏替换后将得到以下语句：sq=360/((a+1)*(a+1));，故而得到结果为10。以上程序说明，对于带参宏定义的宏体，不仅应在参数两侧加括号，也应在整个宏体外加括号，以保证宏定义的运算逻辑正确。

3. 带参宏和带参函数的区别

带参宏和带参函数很相似，但有本质上的区别，除上面已谈到的各点外，把同一表达式用函数处理与用宏处理两者的结果有可能是不同的。

程序清单 10-02-06.c

```
//宏定义与函数的区别程序举例
#define SQUARE(y) ((y) * (y))
int square(int y){
    return((y) * (y));
}
int main(){
    int i;
    printf("\n调用函数结果:");
    i=1;
```

```
    while(i<=5)
      printf("%d ",square(i++));
    printf("\n使用带参宏结果:");
    i=1;
    while(i<=5)
      printf("%d ",SQUARE(i++));
}
```

执行程序,输出

```
调用函数结果:1 4 9 16 25
使用带参宏结果:2 12 30
```

程序分析:

本例程序中宏名为 SQUARE,形参为 y,宏体为((y) * (y)),SQUARE(i++)被替换为((i++) * (i++)),此处与函数调用在本质上是完全不同的。请读者分析此例程序的执行过程。

4. 宏名替换多个语句

宏定义也可用宏名来定义多个语句,在宏调用时,把这些语句又替换到源程序内。

程序清单 10-02-07.c

```
//宏定义程序举例
#define FUN(a,b,c,d)  a=x*y;b=y*z;c=z*x;d=x*y*z;
int main(){
    int x=3,y=4,z=5,s1,s2,s3,s4;
    FUN(s1,s2,s3,s4);
    printf("s1=%d s2=%d s3=%d s4=%d\n",s1,s2,s3,s4);
}
```

执行程序,输出

```
s1=12 s2=20 s3=15 s4=60
```

程序分析:

程序第一行为宏定义,用带参宏名 FUN 表示 4 个赋值语句。在宏调用时,把 4 个语句展开并用实参代替形参,宏展开后为

```
s1=x*y;s2=y*z;s3=z*x;s4=x*y*z;
```

10.3 文件包含

1. 认识文件包含

文件包含命令的一般形式为

```
#include "文件名"
```

或

```
#include <文件名>
```

例如：

```
#include "stdio.h"
#include <math.h>
```

两种表示形式的区别在于：

- 使用尖括号表示在文件包含目录中查找(文件包含目录是由用户在设置编译器环境时设置的)，而不在源文件目录中查找。
- 使用双引号则表示首先在当前的源文件目录中查找，若未找到才到包含目录中查找。

用户编程时可根据文件所在的目录来选择某一种命令形式。

2. 文件包含的功能

文件包含命令的功能是把指定的文件插入该命令行位置取代该命令行，从而把指定的文件和当前的源程序文件合并成一个源文件。

在程序设计中，文件包含是很有用的。一个大的程序可以分为多个模块，由多个程序员分别编程。有些公用的符号常量、宏定义或函数代码等可单独组成一个文件，在其他文件的开头用包含命令包含该文件即可使用。

一个 include 命令只能指定一个被包含文件，若有多个文件要包含，则需用多个文件包含命令。

3. 文件包含程序举例

程序清单 10-03-01.h

```
#define  PI 3.14159265
#define  S(r) (PI * (r) * (r))
#define  PF printf
double a=1.0,b=2.0;
```

程序清单 10-03-01.c

```
#include "10-03-01.h"
#include <stdio.h>
int main(){
    PF("%lf,%lf",S(a),S(b));
}
```

执行程序，输出

```
3.141593,12.566371
```

程序分析：

本例程序在文件 10-03-01.h 中定义宏和全局变量，在文件 10-03-01.c 中包含此文件。

程序清单 10-03-02-A. c

```
#define  PI 3.14159265
#define  PF printf
double s(double r){
    return PI * r * r;
}
```

程序清单 10-03-02-B. c

```
#include "10-03-02-A.c"
double v(double r,double h){
    return s(r) * h;
}
```

程序清单 10-03-02. c

```
#include "10-03-02-B.C"
#include <stdio.h>
int main(){
    double r,h;
    r=1;     //圆柱底面半径
    h=1;     //圆柱高
    PF("v=%lf",v(r,h));
}
```

执行程序，输出

```
v=3.141593
```

程序分析：

文件包含允许嵌套，即在一个被包含的文件中又可以包含另一个文件。

程序清单 10-03-03. c

```
#include "10-03-02-A.c"
#include "10-03-02-B.c"
#include <stdio.h>
int main(){
    double r,h;
    r=1;     //圆柱底面半径
    h=1;     //圆柱高
    PF("v=%lf",v(r,h));
}
```

程序分析：

执行此文件，出现编译错误，提示函数 s 被重复定义。因为经过两个 include 命令后，最终的程序 10-03-03. c 中的函数 s 的代码有两份。

解决的办法之一是在可能被重复包含的文件最开始处加上 # pragma once 命令，用于解释本文件只能被包含一次，这样系统会忽略重复包含此文件的命令。

例如，在文件 10-03-02-A. c 的最开始处添加一行 #pragma once 后，本例程序即可正常执行。

解决的办法之二就是使用条件编译命令。

10.4 条件编译

预处理程序还提供了条件编译的功能。可以按不同的条件去编译不同的程序部分，因而产生不同的目标代码文件。这对于程序的移植和调试是很有用的。条件编译有 3 种形式，下面分别介绍。

1. 第一种形式

```
#ifdef 标识符
    程序段 1
#else
    程序段 2
#endif
```

它的功能是：如果标识符已被 #define 命令定义过，则对程序段 1 进行编译；否则对程序段 2 进行编译。本格式中的 #else 分支也可以没有，即可以写为

```
#ifdef 标识符
    程序段
#endif
```

程序清单 10-04-01. c

```
#include<stdio.h>
#define NUM ok
int main(){
    int num=102;
    char name[20]="LI XIINHAO";
    char sex='M';
    float score=62.5;
    #ifdef NUM
      printf("Number=%d\nScore=%f\n",num,score);
    #else
      printf("Name=%s\nSex=%c\n",name,sex);
    #endif
}
```

执行程序，输出

```
Number=102
Score=62.500000
```

修改程序，将 #define NUM ok 注释掉后，再次执行程序，输出

```
Name=LI XIINHAO
Sex=M
```

程序分析：

由于在程序中插入了条件编译预处理命令，因此要根据 NUM 是否被定义过来决定编译哪一个 printf 语句。而在程序的第一行已对 NUM 作过宏定义，因此应对第一个 printf 语句作编译，故运行结果是输出了学号和成绩。在程序的第一行宏定义中，定义 NUM 表示字符串 OK，其实也可以为任何字符串，甚至不给出任何字符串，写为＃define NUM 也具有同样的意义。只有删除或注释掉程序中对 NUM 的宏定义命令，才会编译第二个 printf 语句。

2. 第二种形式

```
#ifndef 标识符
    程序段 1
#else
    程序段 2
#endif
```

这种形式与第一种形式的区别是将 ifdef 改为 ifndef。它的功能是：如果标识符未被＃define 命令定义过，则对程序段 1 进行编译，否则对程序段 2 进行编译。这与第一种形式的功能正相反。

3. 第三种形式

```
#if 条件表达式
    程序段 1
#else
    程序段 2
#endif
```

它的功能是：如条件表达式的值为真(非 0)，则对程序段 1 进行编译；否则对程序段 2 进行编译。因此可以使程序在不同条件下完成不同的功能。

程序清单 10-04-02.c

```
#define R 1
int main(){
    double c,r,s;
    printf("input a number: ");
    scanf("%lf",&c);
    #if R
      r=3.14159*c*c;
      printf("area of circle is: %lf\n",r);
    #else
      s=c*c;
      printf("area of square is: %lf\n",s);
```

```
    #endif
}
```

程序分析：

本例中采用了第三种形式的条件编译。在程序第一行宏定义中，定义 R 为 1，因此在条件编译时，表达式的值为真，故只编译＃if 分支的语句，所以会输出圆的面积。

如果修改宏定义命令为＃define R 0，那么编译程序根据条件只编译＃else 分支的语句，所以会输出正方形的面积。

此程序的功能当然也可以用条件语句来实现。但是用条件语句将会对整个源程序进行编译，生成的目标代码较长。而采用条件编译，则根据条件只编译其中的程序段 1 或程序段 2，生成的目标代码较短。

习题 10

一、选择题

1. 以下叙述中正确的是(　　)。
   A. 预处理命令行必须位于源文件的开头
   B. 在源文件的一行上可以有多条预处理命令
   C. 宏名必须用大写字母表示
   D. 宏替换命令用＃define 开始
2. 编译预处理是以(　　)符号开头。
   A. {　　B. ＃　　C. !　　D. &
3. C 语言的编译系统对宏命令的处理(　　)。
   A. 在程序运行时进行
   B. 在程序连接时进行
   C. 和 C 程序中的其他语句同时进行编译
   D. 在对源程序正式编译之前进行
4. 以下程序的输出结果是(　　)。(参考代码：XT_10_01_04.c)

```
#define FAN(a)  a*a+1
main(){ int m=2,n=3; printf("%d\n",FAN(1+m+n)); }
```

   A. 37　　B. 42　　C. 12　　D. 49
5. 以下程序的输出结果是(　　)。(参考代码：XT_10_01_05.c)

```
#define  SQR(X)   X*X
main(){ int a=16, k=2, m=1;
a/=SQR(k+m)/SQR(k+m); printf("%d\n",a); }
```

   A. 16　　B. 2　　C. 9　　D. 1
6. 用带参数的宏替换多项式 4＊x＊x＋3＊x＋2，最正确的宏定义是(　　)。
   A. ＃define f(x)　4＊x＊x＋3＊x＋2

B. #define f 4 * x * x+3 * x+2

C. #define f(x) (4 * (x) * (x)+3 * (x)+2)

D. #define 4 * x * x+3 * x+2 f(x)

7. 以下程序的输出结果是(　　)。(参考代码：XT_10_01_07.c)

```
#include <stdio.h>
#define N 2
#define M N+2
#define CUBE(x) (x * x * x)
int main(){
  int i=M;     i=CUBE(i);    printf("%d",i);
}
```

A. 17　　B. 64　　C. 125　　D. 53

8. 对于以下程序段,正确的判断是(　　)。(参考代码：XT_10_01_08.c)

```
#define A 3
#define B(a) ((A+1) * a)
int main(){
    int x=3 * (A+B(7));
    printf("%d",x);
}
```

A. 程序错误　　B. 输出 93　　C. 输出 21　　D. 输出 46

9. 以下程序执行后 sum 的结果是(　　)。(参考代码：XT_10_01_09.c)

```
#define ADD(x) x+x
sum=ADD(1+2) * 3
```

A. 9　　B. 10　　C. 12　　D. 18

10. 以下程序的输出结果是(　　)。(参考代码：XT_10_01_10.c)

```
#define MAX(x,y) (x)>(y)?(x):(y)
main(){
  int a=1, b=2, c=3, d=2, t;  t=MAX(a+b, c+d) * 100;
  printf("%d\n",t);
}
```

A. 500　　B. 5　　C. 3　　D. 300

11. 以下程序的输出结果是(　　)。(参考代码：XT_10_01_11.c)

```
#define MIN(x,y) (x)<(y)?(x):(y)
int main(){
  int i,j,k;  i=10;  j=15;  k=10 * MIN(i,j);  printf("%d",k);
}
```

A. 15　　B. 100　　C. 10　　D. 150

12. 以下程序的输出结果是(　　)。(参考代码：XT_10_01_12.c)

```
#include<stdio.h>
#define sum1 10+20
#define sum2 (10+20)
int main(){
    int b,c;
    b=5;    c=sum1*b;  printf("%d ",c);
    b=5;    c=sum2*b;  printf("%d ",c);
}
```

A. 100 120　　B. 110 150　　C. 150 110　　D. 150 180

13. 以下程序的输出结果是(　　)。(参考代码：XT_10_01_13.c)

```
#define  SQR(X)  X*X
int main(){
  int a=10,k=2,m=1;
  a+=SQR(3+k)/SQR(2+m);
  printf("%d",a);
}
```

A. 11　　B. 23　　C. 16　　D. 27

14. 以下程序的输出结果是(　　)。(参考代码：XT_10_01_14.c)

```
#define MAX(x,y) (x)>(y)?(x):(y)
int main(){
  int a=1, b=2, c=3, d=2, t;
  t=MAX(a+b,c+d)*100;
  printf("%d\n",t);
}
```

A. 500　　B. 5　　C. 3　　D. 300

15. 已知宏定义如下,执行语句 z＝2*(N＋Y(5＋1));后,变量 z 的值是(　　)。(参考代码：XT_10_01_15.c)

```
#define N 3
#define Y(n) ((N+1)*n)
```

A. 42　　B. 48　　C. 52　　D. 出错

16. 以下程序的输出结果是(　　)。(参考代码：XT_10_01_16.c)

```
#define  f(x)   x*x
main(){
  int i;
  i=f(4+4)/f(2+2);
  printf("%d\n",i);
}
```

A. 28　　B. 22　　C. 16　　D. 4

二、程序阅读题

1. 请写出以下程序的运行结果。(参考代码:XT_10_02_01.c)

```
#define SSSV(s1,s2,s3,v) s1=l*w;s2=l*h;s3=w*h;v=w*l*h;
main(){
  int l=3,w=4,h=5,a,b,c,v;
  SSSV(a,b,c,v);
  printf("a=%d\nb=%d\nc=%d\nv=%d\n",a,b,c,v);
}
```

2. 请写出以下程序的运行结果。(参考代码:XT_10_02_02.c)

```
#include <stdio.h>
#define BOT (-2)
#define TOP (BOT+5)
#define PRI(arg)  printf("%d\n",arg)
#define FOR(arg)  for( ; (arg);(arg)--)
main(){
  int i=BOT,j=TOP;
  FOR(j)
  switch(j){
    case 1:PRI(i++);
    case 2:PRI(j); break;
    default:PRI(i);
  }
}
```

3. 请写出以下程序的运行结果。(参考代码:XT_10_02_03.c)

```
#define NUM ok
main(){
  struct stu{
    int num; char *name; char sex;float score;
  } *ps;
  ps=(struct stu*)malloc(sizeof(struct stu));
  ps->num=102;  ps->name="Zhang ping"; ps->sex='M';
  ps->score=62.5;
#ifdef NUM
  printf("Number=%d\nScore=%f\n",ps->num,ps->score);
#else
  printf("Name=%s\nSex=%c\n",ps->name,ps->sex);
#endif
  free(ps);
}
```

4. 请写出以下程序的运行结果。(参考代码:XT_10_02_04.c)

```
#define  M  y*y+2
main(){
  int s,y;
  y=2; s=3*M+4*M+5*M;  printf("s=%d",s);
}
```

5. 请写出以下程序的运行结果。(参考代码：XT_10_02_05.c)

```
#define MAX(a,b) (a>b)?a:b
main(){
  int x,y,max;
  x=y=8;    max=MAX(x+5,y-6);
  printf("max=%d\n",max);
}
```

6. 请写出以下程序的运行结果。(参考代码：XT_10_02_06.c)

```
#define  DEBUG
int main( ){
  int  a=14,b=15,c;
  c=a/b;
#ifdef  DEBUG
  printf("a=%d,b=%d",a,b);
#else
  printf("c=%d",c);
#endif
}
```

三、编程题

1. 编写一个宏定义 ISALPHA(c),用以判定 c 是否是字母字符,若是则得 1,否则得 0(参考代码：XT_10_03_01.c)。

2. 编写一个宏定义 AREA(a,b,c),用于求一个边长为 a、b 和 c 的三角形的面积。其公式为 $s=\sqrt{p*(p-a)*(p-b)*(p-c)}$,其中 $p=(a+b+c)/2$(参考代码：XT_10_03_02.c)。

3. 编写程序求 3 个数中最大者,要求用带参宏实现(参考代码：XT_10_03_03.c)。

4. 编写程序求 $1+2+\cdots+n$ 之和,要求用带参宏实现(参考代码：XT_10_03_04.c)。

5. 编写宏定义 LEAPYEAR(y),用以判定年份 y 是否是闰年(参考代码：XT_10_03_05.c)。

第11章 指　　针

指针是C语言中广泛使用的一种数据类型，运用指针编程是C语言最主要的风格之一。利用指针变量可以方便地处理各种数据结构，并能像汇编语言一样处理内存地址，从而编写出精练而高效的程序。

指针极大地丰富了C语言的功能。学习指针是学习C语言最重要的一个环节，能否正确理解和使用指针是我们是否掌握C语言的一个标志。同时，指针也是学习C语言时最为困难的内容，在学习中除了要正确理解指针的基本概念，还必须多编程，上机调试。只要做到这些，指针也是不难掌握的。

本章重点

- 指针的基本运算。
- 指针与数组和字符串的应用。
- 函数指针和指针型函数的使用及区别。
- 二级指针的使用。
- 动态内存管理。

本章难点

- 利用指针操作数组和字符串。
- 指向二维数组的指针的使用。
- 二级指针的使用。
- 动态内存管理。

11.1 认识指针

1. 内存单元地址

在计算机中，所有的数据都是存放在存储器中的。一般把存储器中的1字节称为1个内存单元，为了正确地访问这些内存单元，必须为每个内存单元编上号码。根据一个内存单元的编号即可准确地找到该内存单元。内存单元的编号也叫作地址。

2. 指针

根据内存单元的编号或地址就可以找到所需的内存单元，所以通常也把这个地址称为指针。对于一个内存单元来说，其地址即为指针，其中存放的数据才是该单元的内容。

3. 指针变量

在C语言中，允许用一个变量来存放指针（地址），这种变量称为指针变量。因此，一个指针变量的值就是某个内存单元的地址（或称为某个内存单元的指针）。

设有字符变量c,其内容为'A'(ASCII码为十进制数65),c占用了0000000100011010号内存单元(地址用16位二进制数表示)。设有指针变量p,它的值是变量c的地址0000000100011010,这种情况称为指针p指向变量c,或说p是指向变量c的指针。

严格地说,一个地址是一个常量。而一个指针变量却可以被赋予不同的地址值,是变量。我们常常把指针变量简称为指针。定义指针变量的目的是为了通过指针去访问内存单元。

既然指针变量的值是一个地址,那么这个地址不仅可以是变量的地址,也可以是其他数据结构的地址,或者说可以是内存中的任意地址。

4. 指针的类型

在C语言中,指针是有类型的,通常在定义指针变量时指定。一种数据类型往往都占有一组连续的内存单元,例如一个double型的指针,它的值是一个内存单元的地址,这个地址值其实是一个double型数据的首地址,这个数据实际占据8字节的内存单元。也就是说,根据指针的值(内存地址值)可以找到它所指向数据的首地址,根据指针类型,可以知道它所指向的数据占用多少个内存单元。

5. 指针变量的定义

指针变量定义的一般形式为

```
类型说明符  *变量名;
```

其中,*表示这是一个指针变量,变量名即为定义的指针变量名,类型说明符表示该指针变量所指向的变量的数据类型。

例如:

```
int *p;
```

该语句表示p是一个指针变量,它的值是某个整型变量的地址。或者说p指向一个整型变量。至于p究竟指向哪一个整型变量,应由向p赋予的地址来决定。

再如:

```
float *f;    /* f是指向单精度浮点型变量的指针变量 */
char *c;     /* c是指向字符型变量的指针变量 */
```

应该注意的是,一个指针变量应尽量始终指向同一类型的变量,例如指针变量f只能指向浮点型变量,最好不要时而指向一个浮点型变量,时而又指向一个字符型变量,否则容易引发程序逻辑错误。

6. 取地址运算符 &

C语言专门提供了两个指针运算符:取地址运算符&和取内容运算符*。

取地址运算符&是单目运算符,其功能是取变量的地址。例如:

```
scanf("%d%d",&a,&b);
```

7. 指针变量的赋值

指针变量同普通变量一样，使用之前不仅要定义说明，而且应该赋予具体的值。未经赋值的指针变量的值为一个随机值，也就是说未经赋值的指针变量指向内存中的一个随机单元，所以是不能使用的，否则将造成程序逻辑错误，甚至死机。

对指针变量只能赋予内存地址值，绝不能赋予任何其他数据，否则可能引起未知错误。在C语言中，变量的地址是由编译系统分配的，对用户完全透明，用户并不知道变量的具体地址值。为此，C语言中提供了取地址运算符 & 来取得变量的地址值。如 &a 表示变量 a 的地址，&b 表示变量 b 的地址。

设有指向整型变量的指针变量 p，如果要把整型变量 a 的地址赋予 p，可以有以下两种表示方式：

(1) 定义指针变量时赋初值的方法。例如：

```
int a;
int *p=&a;
```

或写成

```
int a,*p=&a;
```

(2) 使用赋值语句单独赋值的方法。例如：

```
int a,*p;
p=&a;
```

另外，不提倡把一个数值赋予指针变量，故下面的赋值是危险的：

```
int *p;
p=1000;
```

虽然编译程序不会报错，但指针变量 p 指向的地址(1000)并不是系统分配给我们编写的程序使用的，这样做容易产生逻辑错误或运行时错误。

8. 取内容运算符 *

取内容运算符 * 是单目运算符，用来取出指针变量所指向的变量(或内存中)的值。在 * 运算符之后所跟的变量必须是指针。

如果有整型变量 a 和指向整型变量的指针 p，并且有赋值表达式 p=&a，那么就说指针 p 指向变量 a，则表达式 *p 和 a 是等价的，表达式 *p+1 和 a+1 是等价的。

注意：指针运算符 * 和指针变量定义中的指针说明符 * 不是一回事。在指针变量定义中，* 是类型说明符，表示其后的变量是指针类型。而表达式中出现的 * 则是一个运算符，用以表示指针变量所指向的变量的值。

程序清单 11-01-01.c

```
//指针变量定义及赋值举例
#include<stdio.h>
```

```
int main(){
    int a=5,b=8;
    int *pa, *pb;
    pa=&a; pb=&b;
    printf("%ld,%ld\n",&a,&b);
    printf("%ld,%ld\n",pa,pb);

    printf("[%x,%x]\n",&a,&b);
    printf("[%x,%x]\n",pa,pb);
}
```

执行程序,输出

```
2293308,2293304
2293308,2293304
[22fe3c,22fe38]
[22fe3c,22fe38]
```

程序分析:

(1) 指针变量的值(地址值)是一个无符号整数。经过 pa=&a 的赋值,指针变量 pa 的值为变量 a 的地址,称为 pa 指向 a。

(2) 指针变量与其指向的变量一般应该类型一致,即整型指针变量指向整型变量。

(3) 指针(地址)是一个值,决定一个内存块的首地址,指针的类型决定了内存块的长度。

程序清单 11-01-02.c

```
//指针变量定义及赋值举例
#include<stdio.h>
int main(){
    int a=5,b=8,c[10]={0};
    int *pa, *pb, *pc;
    printf("%ld,%ld,%ld\n",&a,&b,c);
    pa=&a; pb=&b; pc=c;
    printf("%ld,%ld,%ld\n",pa,pb,pc);
    pa=pb=pc;
    printf("%ld,%ld,%ld\n",pa,pb,pc);
}
```

执行程序,输出

```
2293300,2293296,2293248
2293300,2293296,2293248
2293248,2293248,2293248
```

程序分析:

指针变量可以被赋给一个变量的地址,也可以被赋一个数组名(数组的首地址)。

指针变量之间可以互相赋值。

程序清单 11-01-03.c

```
//指针运算符 * 程序举例
#include<stdio.h>
int main(){
    int a=5,b=8, * pa=&a, * pb=&b;
    printf("a  =%ld,b  =%ld\n",a,b);
    printf(" * pa=%ld, * pb=%ld\n", * pa, * pb);
     * pa=15;  b=18;
    printf("a  =%ld,b  =%ld\n",a,b);
    printf(" * pa=%ld, * pb=%ld\n", * pa, * pb);
}
```

执行程序,输出

```
a  =5,b  =8
 * pa=5, * pb=8
a  =15,b  =18
 * pa=15, * pb=18
```

程序清单 11-01-04.c

```
//指针变量定义及赋值举例
#include<stdio.h>
int main(){
    int * pa, * pb;
    pa=1000;
    pb=2000;
    printf("%ld,%ld\n",pa,pb);
}
```

执行程序,输出

```
1000,2000
```

程序分析:

指针变量也可以被赋予一个整数值,编译时不会报错,输出它的值也没有错。

我们用指针变量记录了内存中的一个地址值,但不知道该地址归谁使用,当试图读写其指向的变量的值时,可能发生运行时错误(见下例)。

程序清单 11-01-04-A.c

```
//指针变量定义及赋值举例
#include<stdio.h>
int main(){
    int * pa, * pb;
    pa=1000;
    pb=2000;
    printf("%ld,%ld\n", * pa, * pb);
```

```
}
```

执行程序，发生如图 11-1 所示的运行时错误。

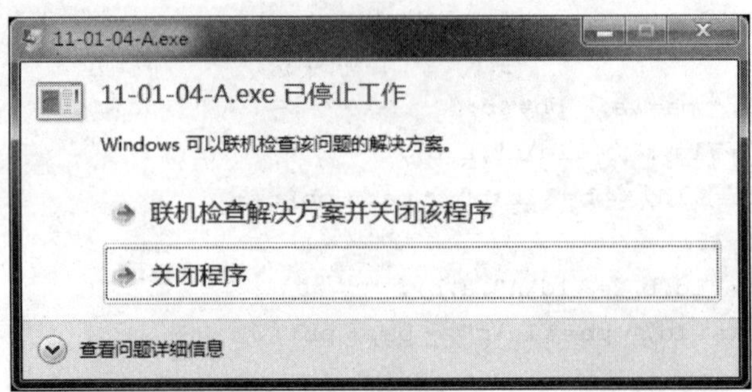

图 11-1　程序运行时错误

程序分析：

本例在输出语句中读取了两个地址中的值，因为该地址可能受系统保护，不允许非法用户读取，从而出现运行时错误。

程序清单 11-01-04-B.c

```
//指针变量定义及赋值举例
#include<stdio.h>
int main(){
    int *pa, *pb;
    pa=1000; pb=2000;
    *pa=5;
}
```

执行程序，同样发生运行时错误。

程序分析：

本例程序错误更加严重，因为程序试图改变受保护内存地址中的值。

程序清单 11-01-05.c

```
#include<stdio.h>
int main(){
    int a,b,t;
    int *pa, *pb;
    a=5,b=8;
    pa=&a; pb=&b;
    printf("a=%d,b=%d\n",a,b);
    t=*pa; *pa=*pb; *pb=t;
    printf("a=%d,b=%d\n",a,b);
}
```

执行程序，输出

```
a=5,b=8
a=8,b=5
```

程序分析：

本程序通过指针交换了两个变量的值,实际上是交换了两个内存地址中的值。

程序清单 11-01-06.c

```
//指针作为函数参数
#include<stdio.h>
void swap(int *pa,int *pb){
    int t;
    t=*pa; *pa=*pb; *pb=t;
}
int main(){
    int a,b;
    a=5,b=8;
    printf("a=%d,b=%d\n",a,b);
    swap(&a,&b);
    printf("a=%d,b=%d\n",a,b);
}
```

执行程序,输出

```
a=5,b=8
a=8,b=5
```

程序分析：

(1) 本例中的 swap 函数的两个形式参数均为指针变量,主函数中通过传地址调用实现了交换两个变量的值。

(2) 之前以值传递方式调用带返回值的函数只能返回一个值,本程序还可以理解为实现了另外一个功能,就是通过函数 swap 的一次调用改变主函数中两个变量的值(这一点非常有用,看下例)。

程序清单 11-01-07.c

```
//指针作为函数参数举例,函数功能为判别完全数
#include<stdio.h>
int is_perfect(int n,int *s,int *m){
    int i;
    *s=*m=0;
    for(i=1;i<=n/2;i++){
      if(n%i==0) (*s)+=i,(*m)++;
    }
    if(n==*s)  return 1;
    else       return 0;
}
int main(){
    int n;
    for(n=6;n<40;n=n+11){
       int sum,num;
```

```
        if( is_perfect(n,&sum,&num) )
          printf("%2d:是完全数,真约数和为%3d,真约数个数为%d.\n",n,sum,num);
        else
          printf("%2d:非完全数,真约数和为%3d,真约数个数为%d.\n",n,sum,num);
    }
}
```

执行程序,输出

```
 6:是完全数,真约数和为  6,真约数个数为 3.
17:非完全数,真约数和为  1,真约数个数为 1.
28:是完全数,真约数和为 28,真约数个数为 5.
39:非完全数,真约数和为 17,真约数个数为 3.
```

程序分析:

(1) 本例程序通过 is_perfect()函数的返回值判别其参数 n 是否为完全数。

(2) 该函数有一个整型参数 n 和两个指针型参数 s 和 m。

(3) 通过主函数中的调用,实现从实在参数 n 到形式参数 n 的值传递,实现从实在参数 &sum 到形式参数 s、从实在参数 &num 到形式参数 m 的地址传递。

(4) 函数中变量 *s 值的改变就是主函数中变量 sum 的改变。

(5) 该函数实现一次调用得到 3 个结果值的效果,一个结果是返回值,另两个结果通过指针参数获得。

11.2 指针的基本运算

1. 指针运算符 &、* 和赋值

11.1 节中介绍了指针运算符 &、* 及指针变量的赋值,请分析下面两个例子程序。

程序清单 11-02-01.c

```
//指针运算符 & 和 * 程序举例
#include<stdio.h>
int main(){
    int a=8, *p;
    p=&a;
    printf("%x,%x\n",&a,&p);
    printf("%x\n",p);
    printf("%d,%d\n",a, *p);
    return 0;
}
```

执行程序,输出

```
28febc,28feb8
28febc
8,8
```

程序清单 11-02-02.c

```
//指针运算符 & 和 * 程序举例
#include<stdio.h>
int main(){
    int a=8,*p;
    p=&a;
    *p=108;
    printf("%d,%d\n",a,*p);
    return 0;
}
```

执行程序，输出

```
108,108
```

程序分析：

本例中 p 为整型指针变量，其值是一块内存区域的首地址。*p 是整型变量，与正常定义的整型变量一样可以参与各种运算。

程序清单 11-02-03.c

```
//指针变量的赋值
#include<stdio.h>
int main(){
    int a=8,b=9,c[5]={1,2,3,4,5};
    int *p,*q,*r;
    p=&a;
    q=p;
    r=c;            //相当于 r=&c[0];
    printf("%d,%d,%d\n",*p,*q,*r);
    p=&c[3];
    q=r;
    printf("%d,%d,%d\n",*p,*q,*r);
}
```

执行程序，输出

```
8,8,1
4,1,1
```

程序分析：

指针变量可以被赋值为变量的地址、同类型指针变量、数组元素的地址、数组名（首地址）等。

程序清单 11-02-04.c

```
//字符型指针变量的赋值
#include<stdio.h>
int main(){
    char *c;
```

```
    c="Harbin Normal University";
    char * s="HRBNU";
    puts(c);
    puts(s);
}
```

执行程序,输出

```
Harbin Normal University
HRBNU
```

程序分析:

语句 c="Harbin Normal University";的功能为将字符串的首地址赋给变量 c。

2. 指针变量与整数的加减运算

对于指向数组的指针变量,可以加上或减去一个整数 n。设 pa 是指向数组 a 的指针变量,则 pa＋n、pa-n、pa＋＋、＋＋pa、pa--、--pa 等运算都是合法的。

指针变量加或减一个整数 n 的意义是把指针指向的当前位置(通常指向某数组元素)向前或向后移动 n 个位置(以数据类型大小为一个单位)。

应该注意,数组指针变量向前或向后移动一个位置和地址值加 1 或减 1 在概念上是不同的。因为数组可以有不同的类型,各种类型的数组元素所占的字节数是不同的。例如指针变量加 1,即向后移动 1 个位置,表示指针变量指向下一个数据元素的首地址,而不是在原地址基础上加 1。例如:

```
int a[5], * pa;
pa=a;           /* pa 的值为数组 a 的首地址,也就是指向 a[0] */
pa=pa+2;        /* pa 指向 a[2],即 pa 的值为 &pa[2] */
```

程序清单 11-02-05.c

```
//指针变量与整数的加减运算
#include<stdio.h>
int main(){
    int a=10, * pa=&a;
    printf("%x,%x,%x\n",&a-1,&a,&a+1);
    printf("%x,%x,%x\n",pa-1,pa,pa+1);
    printf("%d,%d,%d\n", * (pa-1), * pa, * (pa+1));
}
```

执行程序,输出

```
28feb4,28feb8,28febc
28feb4,28feb8,28febc
0,10,2686648
```

程序分析:

整型指针变量 pa＋1 的运算结果是内存中与 pa 相邻的**下一个整型变量**的首地址。因为笔者所使用的系统中整型数据占 4 字节，所以 pa－1 和 pa＋1 分别与 pa 相差－4 和 4。通过这种方式可以从某个地址开始取出连续的数据。

本例最后一行输出语句中访问了 *(pa－1) 和 *(pa＋1)，这两个内存地址不是系统分配给本程序使用的，其中的值也是未知的。

程序清单 11-02-06.c

```
//指针变量与整数的加减运算
#include<stdio.h>
int main(){
    int a=10, * pa=&a;
    int i;
    for(i=0;i<6;i++)
      printf("[%d]-[%x],%d\n",i,pa+i, * (pa+i));
}
```

执行程序，输出

```
[0]-[28feb4],10
[1]-[28feb8],2686644
[2]-[28febc],2
[3]-[28fec0],6428288
[4]-[28fec4],55
[5]-[28fec8],2686856
```

程序分析：

(1) 本程序通过指针访问了从变量 a 开始的 24 字节(6 个整数)的内存空间，将其作为整数依次输出。

(2) 本程序访问了未知内存空间(栈区)，程序不会出现编译错误，也没有出现运行时错误，这是 C 语言的一个特点。C 语言利用可以任意访问内存空间的这一特点，可以方便地进行操作系统底层编程和硬件接口编程，但也给内存数据安全性带来了危险。

程序清单 11-02-07.c

```
//指针变量与整数的加减运算
#include<stdio.h>
int main(){
    int a=10, * pa=&a;
    int i;
    for(i=0;i<6;i++){
      printf("[%d]-[%x],%d\n",i,pa, * pa);
      pa++;
    }
}
```

程序执行结果同上例。

程序分析：

pa＋＋相当于 pa＝pa＋1，pa 的值变为原来地址值＋4，从而指向下一个整型变量的首地址。因此,表达式++pa、--pa、pa--、pa+=5 等都是合法的。

指针变量与整数的加减运算只有在其指向数组元素时才是有意义的,而对指向非数组类型的指针变量作此运算是毫无意义的,也是很危险的,容易造成系统混乱和程序错误。

3. 两个指针相减运算

两个指针变量只有在指向同一数组的元素时才能进行比较或相减的运算,否则运算通常是毫无意义的。

两指针相减所得之差是两个指针所指向的数组元素下标的差,也就是两个元素相隔的元素个数。实际上是两个指针绝对值(地址)相减之差再除以该数组元素的字节长度。

例如,pf1 和 pf2 是指向同一 int 型数组的两个指针变量,设 pf1 指向数组的第 0 个元素(值为 2000H),pf2 指向数组的第 4 个元素(值为 2010H),而 int 型数组每个元素占 4 字节,所以 pf1-pf2 的结果为(2000H-2010H)/4=-4,表示 pf1 和 pf2 之间相差 4 个元素。

因为没有意义,两个指针变量不能进行加法运算。

4. 两指针变量之间的关系运算

指向同一数组(或同一类型)的两个指针变量进行关系运算可表示它们所指数组元素之间的位置关系。例如:

pf1==pf2 表示 pf1 和 pf2 指向同一数组元素(变量)。

pf1>pf2 表示 pf1 处于高地址位置,即 pf1 指向的数组元素下标值大。

pf1<pf2 表示 pf1 处于低地址位置,即 pf1 指向的数组元素下标值小。

程序清单 11-02-08.c

```c
//指针变量之间的减法运算
#include<stdio.h>
int main(){
    int a=5,b=8,c=13,d=21;
    int *p1=&a,*p2=&d;
    printf("%x,%x,%x,%x\n",&a,&b,&c,&d);
    printf("%x,%x\n",p1,p2);
    printf("%d,%d\n",p1-p2,p2-p1);
    printf("%d,%d\n",p1>p2,p1==&a);
}
```

执行程序,输出

```
28feb4,28feb0,28feac,28fea8
28feb4,28fea8
3,-3
1,1
```

程序分析:

(1) 同类型的两个指针之间的减法运算结果为两个地址之差除以指向类型的内存块大小,即两者之间相差几个同类型数据。例如,本例中指针 p1 值为 28feb4,指针 p2 值为

28fea8,两个地址绝对差为0C(即十进制的12),一个int型数据占4字节,所以p1－p2的值为3。

(2) 指针之间可以进行关系运算,两个指针的值相等表示它们指向同一个变量(首地址)。

(3) p1＞p2表示p1处于高地址位置,p1＜p2表示p1处于低地址位置。

程序清单11-02-09.c

```
//指针变量之间的减法运算
#include<stdio.h>
int main(){
    int a[10]={0,1,2,3,4,5,6,7,8,9};
    int *p1=a,*p2=a+5,*p3=a+7;
    printf("%d,%d,%d\n",*p1,*p2,*p3);
    printf("%ld,%ld,%ld\n",p1,p2,p3);
    printf("%d,%d\n",p1-p2,p2-p1);
    printf("%d,%d\n",p1>p2,p1==a);
}
```

执行程序,输出

```
0,5,7
2293264,2293284,2293292
-5,5
0,1
```

程序分析:

通过定义指针变量时的赋初值操作,使指针变量p1指向数组的首地址(即a[0]),指针变量p2指向数组元素a[5],指针变量p3指向数组元素a[7]。

从输出结果可以很容易地看出地址值之间的关系。

5. 空指针

指针变量还可以与0比较。设p为指针变量,则p＝＝0表明p是空指针,它不指向任何变量;p!＝0表示p不是空指针。空指针是由对指针变量赋予0值而得到的。例如:

```
#define NULL 0
int *p=NULL;
```

对指针变量赋0值和不赋值是不同的。指针变量未赋值时可以是任意值,是不能随便使用的,否则将造成意外错误。而指针变量赋0值后则可以使用,只是它不指向具体的变量而已。

程序清单11-02-10.c

```
//空指针举例
#include<stdio.h>
int main(){
    int a=5,b=8;
```

```
    int *p1=NULL;
    int *p2=0;
    printf("%x,%x\n",p1,p2);
    p1=&a;  p2=&b;
    printf("%x,%x\n",p1,p2);
}
```

执行程序，输出

```
0,0
28feb4,28feb0
```

程序分析：

符号常量 NULL 是由 C 语言的标准库定义的，也可以自己定义：

```
#define NULL 0
```

11.3 指针与数组

1. 数组指针变量

数组是内存中的一组连续地址空间，其首地址是数组名。数组名作为数组的首地址，是一个常量。

指针的值是一个地址，指针的值加 1 表示让指针指向后一个数据，如果将数组的首地址赋值给一个指针变量，那么该指针变量不断加 1 就能访问到该数组的所有元素。

指向数组的指针变量称为数组指针变量。在讨论数组指针变量的说明和使用之前，先明确以下几个关系。

(1) 一个数组是由连续的一块内存单元组成的。数组名就是这块连续内存单元的首地址。

(2) 一个数组是由各个数组元素组成的。每个数组元素按其类型不同占有几个连续的内存单元。数组元素的地址也就是它所占有的几个内存单元的首地址。

(3) 一个指针变量既可以指向一个数组(其实是指向数组的第一个元素)，也可以指向任何一个数组元素。

2. 指向一维数组的指针

将一维数组元素的地址(通常是首地址)赋值给一个指针变量，这个指针就成了指向这个一维数组的指针。

例如，通常通过以下的定义来说明一个数组指针：

```
int a[10], *p;
p=a;
```

或者可以写成

```
int a[10], *p=a;
```

此时,指针 p 指向整个数组(也就是指向 a[0])。也可以让指针 p 指向某一个元素,例如:

```
p=&a[3];
```

或者可以写成

```
p=a+3;
```

程序清单 11-03-01.c

```
//指向一维数组的指针
#include<stdio.h>
int main(){
    int a[10],i;
    int *p;
    srand((unsigned long)time(NULL));
    for(p=a,i=0;i<10;i++)
      *(p+i)=rand()%100+1;
    for(p=a;p<a+10;p++)
      printf("%d ", *p );
}
```

执行程序,输出

```
72 29 5 91 63 32 68 40 57 11
```

程序分析:

本程序给出了利用指针遍历数组的方法。

程序清单 11-03-02.c

```
//指向一维数组的指针
#include<stdio.h>
int main(){
    int a[5]={1,2,3,4,5};
    int *p,*q;
    int i;
    for(p=q=a,i=0;i<5;i++){
      printf("a[%d]=%d %d %d %d\n",i,a[i],*(a+i),*(p+i),*q);
      q++;
    }
}
```

执行程序,输出

```
a[0]=1 1 1 1
a[1]=2 2 2 2
a[2]=3 3 3 3
a[3]=4 4 4 4
a[4]=5 5 5 5
```

程序分析：

综上所述，有了指针及数组指针的概念以后，数组元素及其地址的表示方法就不止一种了。设有定义 int a[10]，* p＝a;，那么数组元素及其地址的表示方法可以有如表 11-1 所示的多种方式。

表 11-1　数组元素及其地址的表示方法示例

数组元素的地址和值	各种等价的表示方法					
a[0]的地址	a	a+0	p	p+0	&a[0]	&p[0]
a[0]的值	* a	*(a+0)	* p	*(p+0)	a[0]	p[0]
a[i]的地址		a+i		p+i	&a[i]	&p[i]
a[i]的值		*(a+i)		*(p+i)	a[i]	p[i]

程序清单 11-03-03.c

```
//指向一维数组的指针
#include<stdio.h>
void print(int * px){
    int i=1;
    for(i=0;i<10;i++) printf("%d ", * (px+i) );
    printf("\n");
}
void init(int * px){
    int i=1;
    for(i=0;i<10;i++) * (px+i)=rand()%100+1;
}
void sort(int px[]){
    int i,j;
    for(i=0;i<9;i++)
    for(j=i+1;j<10;j++)
      if(* (px+i)< * (px+j)){
        int t= * (px+i); * (px+i)= * (px+j); * (px+j)=t;
      }
}
int main(){
    int a[10]={0};
    srand((unsigned long)time(NULL));
    init(a);
    print(a);
    sort(a);
    print(a);
}
```

执行程序，输出

```
70 8 23 36 61 62 60 33 48 86
```

86 70 62 61 60 48 36 33 23 8

程序分析：

本例程序在主函数中定义数组 a，通过函数调用 init(a)来初始化数组元素，通过函数调用 sqrt(a)来对数组元素排序，通过函数调用 print(a)来输出数组元素。

由于程序中函数调用的实在参数都是数组名（数组的首地址），所以函数的形式参数一定是同类型的数组或指针。由于参数传递方式是地址传递，这几个函数中的形式参数数组 px 与实在参数数组 a 是同一个数组（px 的值等于 a），共用一块内存空间，所以在函数中对形参数组 px 的任何操作，相当于对实参数组 a 的操作。

3. 指向二维数组的指针

设有二维数组定义如下：int a[3][4]={{0,1,2,3},{4,5,6,7},{8,9,10,11}};，C 语言规定，二维数组可以看成是由若干个一维数组组成的数组。该数组是由 3 个一维数组构成的（3 行），它们是 a[0]、a[1]和 a[2]。

可以把 a[0]看成一个整体，它是一个一维数组的名字，也就是这个一维数组的首地址，这个一维数组有 4 个元素，它们是 a[0][0]、a[0][1]、a[0][2]和 a[0][3]。也是就是说二维数组其实也是一个一维数组，其中每个元素又是一个一维数组。

既然数组 a 可以看成一个一维数组，那么 a[0]就是其第 0 个元素（也就是第 0 行的首地址），a[1]就是其第 1 个元素（也就是第 1 行的首地址），a[2]就是其第 2 个元素（也就是第 2 行的首地址）。

把数组 a 看成一维数组后，其元素 a[0]的大小就是原二维数组一行所有元素的大小之和。所以，第 0 行的首地址是 &a[0]，也可以写成 a+0（也可以说是 a[0][0]的地址）。同理，第一行的首地址是 &a[1]，也可以写成 a+1（也可以说是 a[1][0]的地址）。

既然数组 a[0]是一个一维数组，那么 a[0][0]就是其第 0 个元素（也就是二维数组的第 0 行第 0 列）的地址，a[0][1]就是其第 1 个元素（也就是二维数组的第 0 行第 1 列）的地址，a[0][2]就是其第 2 个元素（也就是二维数组的第 0 行第 2 列）的地址，a[0][3]就是其第 3 个元素（也就是二维数组的第 0 行第 3 列）的地址。

a[0]是一个一维数组，那么 a[0]本身就是这个数组的首地址。根据一维数组元素地址的表示方法，a[0]+0 就是 a[0][0]的地址，a[0]+1 就是 a[0][1]的地址，a[0]+2 就是 a[0][2]的地址，a[0]+3 就是 a[0][3]的地址。

显然，*(a[0]+0)和 a[0][0]是一回事，*(a[0]+1)和 a[0][1]是一回事。以此类推，*(a[i]+j)就是 a[i][j]。而 a[i]和 *(a+i)是等价的，所以，*(a+i)+j 就是 a[i][j]的地址，*(*(a+i)+j)就是 a[i][j]。

二维数组元素及其地址的表示方法示例如表 11-2 所示。

表 11-2 二维数组元素及其地址的表示方法示例

数组元素的地址和值	各种等价的表示方法		
数组的首地址 第 0 行 a[0]首地址 a[0][0]的地址	a	a+0	*(a+0)+0

续表

数组元素的地址和值	各种等价的表示方法		
第 i 行 a[i]的首地址		a+i	*(a+i)+0
&a[i][j]			*(a+i)+j
a[i][j]			*(*(a+i)+j)

程序清单 11-03-04.c

```
//二维数组地址和值的不同表示方式
#define PF "%x,%x,%x,%x,%x\n"
int main(){
    long a[3][4]={0,1,2,3,4,5,6,7,8,9,10,11};
    printf(PF,a,  *a,    a[0],&a[0],&a[0][0]);
    printf(PF,a+1,*(a+1),a[1],&a[1],&a[1][0]);
    printf(PF,a+2,*(a+2),a[2],&a[2],&a[2][0]);
    printf("%x,%x\n",a[1]+1,*(a+1)+1);
    printf("%ld,%ld\n",*(a[1]+1),*(*(a+1)+1));
}
```

执行程序,输出

```
28fe90,28fe90,28fe90,28fe90,28fe90
28fea0,28fea0,28fea0,28fea0,28fea0
28feb0,28feb0,28feb0,28feb0,28feb0
28fea4,28fea4
5,5
```

程序清单 11-03-05.c

```
//利用指针(数组名)遍历二维数组元数
#include<stdio.h>
int main(){
    int a[3][4]={1,2,3,4,5,6,7,8,9,10,11,12};
    int i,j;
    for(i=0;i<3;i++){
      for(j=0;j<4;j++)
        printf("%2d ",*(*(a+i)+j));
      printf("\n");
    }
}
```

执行程序,输出

```
1   2   3   4
5   6   7   8
9  10  11  12
```

程序清单 11-03-06.c

```
//利用普通指针遍历二维数组元数
#include<stdio.h>
int main(){
    int a[3][4]={1,2,3,4,5,6,7,8,9,10,11,12};
    int i,j;
    int *p=&a;              //也可以写成 int *p=a;
    for(i=0;i<12;i++,p++){
      printf("%2d ",*p);
    }
}
```

执行程序,输出

```
1  2  3  4  5  6  7  8  9 10 11 12
```

程序分析:

不论是一维数组、二维数组还是多维数组,其实质都是内存中的一块连续的地址空间,所以即使定义了一个普通指针变量,也能访问二维数组的所有元素。

4. 指向"一行变量"的指针

如果有定义 int *p;,则称 p 为指向"一个变量"的指针。

也可以定义一个指向"一行变量"的指针变量,指向"一行变量"的指针定义的一般形式为

类型说明符 (*指针变量名)[一行元素的长度];

例如:

```
int (*p)[4];
```

其中,"类型说明符"为所指数组的基本数据类型,"*"表示其后的变量是指针类型。

以上定义的含义为:定义了一个指针变量,该指针变量指向一行变量(整行一维数组),这一行变量固定有 4 个元素。

此时,执行 p++操作后,p 将指向下一行变量的首地址,即 p 的地址值实际增加 16 字节(4 个整型)。

可以将此变量 p 的值赋为一个有 4 列的二维数组的首地址,这样 p++后,p 将指向此二维数组的下一行。

程序清单 11-03-07.c

```
//指向一行变量的指针
int main(){
    int a[3][4]={1,2,3,4,5,6,7,8,9,10,11,12};
    int(*p)[4];            //定义指向一行(4个)整型变量的指针变量 p
    int i,j;
    p=a;
```

```
    for(i=0;i<3;i++){
      for(j=0;j<4;j++)
        printf("%2d ",*(*(p+i)+j));
    }
}
```

执行程序,输出

```
1  2  3  4  5  6  7  8  9 10 11 12
```

程序分析:

指针变量 p 为指向一行(共 4 个)整型变量的指针,赋值 p=a 后,p 指向二维数组 a 的第 0 行,p+i 指向二维数组 a 的第 i 行(第 i 行的首地址),*(p+i)也为第 i 行的首地址,*(p+i)+j 为第 i行中的第 j 个变量(a[i][j])的地址,*(*(p+i)+j)为 a[i][j]的引用。

程序清单 11-03-08.c

```
//指向一行变量的指针
int main(){
    int a[3][4]={1,2,3,4,5,6,7,8,9,10,11,12};
    int(*p)[4];
    p=a;
    printf("%x,%x,%x,%x,%d",p, p+2, *(p+2), *(p+2)+3, *(*(p+2)+3));
}
```

执行程序,输出

```
28fe8c,28feac,28feac,28feb8,12
```

5. 对内存的不同解读

对于一个从某个起始地址开始的内存块,可以将其解释成不同的数据类型,请分析下面的程序。

程序清单 11-03-09.c

```
//一个内存块可以解释成任何信息
#include<stdio.h>
int main(){
    char a[80]="HARBIN NORMAL UNIVERSITY";
    char   *pc=(char*)a;
    int    *pi=(int*)a;
    float  *pf=(float*)a;
    double *pd=(double*)a;
    for(;pc<a+24;pc++)printf("%c",*pc);    printf("\n");
    for(;pi<a+24;pi++)printf("%d  ",*pi);  printf("\n");
    for(;pf<a+24;pf++)printf("%g  ",*pf);  printf("\n");
    for(;pd<a+24;pd++)printf("%g  ",*pd);
}
```

执行程序,输出

```
HARBIN NORMAL UNIVERSITY
1112686920  1310740041  1095586383  1314201676  1380275785  1498696019
52.5638  6.72371e+008  12.8326  8.93916e+008  2.11889e+011  3.73458e+015
2.19802e+068  2.27824e+069  2.09539e+122
```

程序分析:

本例程序通过定义字符数组 a,向系统申请 80 字节的内存空间,并对其进行初始化赋值(前 24 字节存放字符,后面的字节值为 0)。然后将该数组的首地址分别强制转换类型后赋值给不同类型的指针变量。最后,通过 4 个循环语句将该 24 字节的内存空间解读成不同类型的数据输出。

11.4 指针与字符串

将字符串(字符数组)中元素的地址(通常是首地址)赋给一个指针变量,这个指针就成了指向字符串的指针。指向字符串的指针实际上也是指向一维数组的指针。

指向字符串的指针变量的说明与指向字符的指针变量说明是相同的,都是字符型指针。实际上,指向字符串的指针在某一时刻所指向的正是字符串中的一个字符。例如:

```
char c, *p=&c;                /*p是一个指向字符变量c的指针变量 */
char *p="C Language";         /*p为指向字符串的指针变量,字符串的首地址赋给p */
char s[20], *p=s;             /*p为指向字符数组的指针变量,数组的首地址赋给p */
```

以上 3 种情形定义的指针都是字符指针,可以指向单个字符变量,也可以指向字符串或字符数组中的某个元素。

程序清单 11-04-01.c

```
//请分析程序执行的结果(你的执行结果可能与此不同,也请分析)
#include<stdio.h>
int main(){
    char s[]={"ABCDEFG"};
    char *p1=s;
    char *p2="123456789";
    char ch='#', *p3=&ch;
    printf("%c,%c,%c\n", *p1, *p2, *p3);
    printf("%s,%s,%s\n",p1,p2,p3);
    printf("%x,%x,%x",p1,p2,p3);

}
```

执行程序,输出

```
A,1,#
ABCDEFG,123456789,#ABCDEFG
28feac,404000,28feab
```

程序分析：

从整个输出结果来看，p3 的值为 28feab，该内存单元里存放字符'#'，p1 的值为 28feac，从该内存单元开始依次存放的是字符串'A'、'B'、'C'、'D'、'E'、'F'、'G'、'\0'，即字符串"ABCDEFG"。

大家知道第二行最后一项输出为什么是 # ABCDEFG 了吧。因为输出格式控制符是"%s"，即要求输出一个字符串，而后匹配的首地址是 p3，也就是从地址 p3(28feab)开始依次输出里面的字符，直到'\0'为止。

请注意，此程序在你的计算机中输出结果可能不同。

程序清单 11-04-02.c

```
#include<stdio.h>
int main(){
    char *p;
    p="ABCDE";
    for(;*p!='\0';p++)  printf("%s\n",p);
}
```

执行程序，输出

```
ABCDE
BCDE
CDE
DE
E
```

程序清单 11-04-03.c

```
/*
输入一行英文句子(不超过 80 个字符)，输出这个句子中的英文字母、数字和其他符号的个数
 */
int main(){
    char s[81],*p=s;
    int letter=0,digit=0,symbol=0;
    gets(p);
    for(;*p!='\0';p++)
      if((*p>='A'&&*p<='Z')||(*p>='a'&&*p<='z')) letter++;
      else if(*p>='0'&&*p<='9')                  digit++;
      else                                       symbol++;
    printf("Letter:%d\n",letter);
    printf("Digit :%d\n",digit);
    printf("Symbol:%d\n",symbol);
}
```

执行程序，输入

```
ABCDEF12345,.A:1<5==↙
```

输出

```
Letter:7
Digit :7
Symbol:6
```

程序清单 11-04-04.c

```
/*
在一行中输入一个英文句子(不超过 80 个字符),输出这个句子中单词的个数。约定句子无标点,单
词之间以空格分隔
*/
int main(){
    char s[81],*p=s;
    int words=0;
    gets(p);
    for(;*p!='\0';p++){
      if( *p!=' ' && ( p==s || *(p-1)==' ' ) )
        words++;
    }
    printf("Words:%d",words);
}
```

执行程序,输入

```
This  is  a  C  program.  <<<  =22=   ,,,  END ↙
```

输出

```
Words:9
```

程序清单 11-04-05.c

```
//编写自定义函数返回一个字符串的字符个数,不包含'\0'
int str_len(char *p){
    int len=0;
    for(;*p;p++)len++;
    return len;
}
int main(){
    char s[3][80]={
                        {"HARBIN NORMAL UNIVERSITY"},
                        {"yuyan"},
                        {"Computer"}
                    };
    int i;
    for(i=0;i<3;i++){
      printf("str_len(\"%s\")=%d\n",s[i],str_len(s[i]));
    }
```

```
}
```

执行程序，输出

```
str_len("HARBIN NORMAL UNIVERSITY")=24
str_len("yuyan")=5
str_len("Computer")=8
```

程序分析：

本例中的 s[i]是二维数组的第 i 行，本身就是一个一维字符数组的名字(首地址)。

程序清单 11-04-06.c

```
//编写自定义函数把一个字符串(不超 80 字符)的内容复制到一个字符数组中
int str_copy(char *d,char *s){
    while(*d++=*s++);
}
int main(){
    char *pa="HARBIN NORMAL UNIVERSITY";
    char pb[81];
    str_copy(pb,pa);
    printf("String pa:%s\n",pa);
    printf("String pb:%s\n",pb);
}
```

执行程序，输出

```
String pa:HARBIN NORMAL UNIVERSITY
String pb:HARBIN NORMAL UNIVERSITY
```

练习 11-04-01　编写自定义函数，把两个字符串的内容连接成一个新串(不超 80 字符)。

11.5　函数指针

一个程序在被执行之前，其代码首先被调入内存。其中一个函数的代码总是占用一段连续的内存空间，而函数名就是该函数所占内存区的首地址。

可以将函数的这个首地址(或称入口地址)赋予一个指针变量，使该指针变量指向该函数。然后通过指针变量就可以找到并调用这个函数。

指向函数的指针变量称为函数指针变量，函数指针变量定义的一般形式为

类型说明符 (*指针变量名)();

其中"类型说明符"表示被指函数的返回值的类型，"(*指针变量名)"表示"*"后面的变量是定义的指针变量，最后的空括号表示指针变量所指的是一个函数。例如：

```
int (*pf)();
```

表示 pf 是一个指向函数的指针变量，被指向函数的返回值(函数值)是整型。

通过**函数指针变量**调用函数的一般形式为

```
(*指针变量名)(实参表)
```

例如：

```
(*pf)();
```

程序清单 11-05-01.c

```
//函数指针变量程序举例
int max(int a,int b){
    if(a>b) return a;
    else    return b;
}
int main(){
    int(*pf)();
    int x=5,y=8,z;
    pf=max;
    z=(*pf)(x,y);
    printf("max=%d",z);
}
```

执行程序，输出

```
max=8
```

程序分析：

从上述程序可以看出，以函数指针变量形式调用函数的步骤如下：

(1) 先定义函数指针变量，如程序中的 int (*pf)();定义 pf 为函数指针变量。

(2) 把被调函数的入口地址(函数名)赋予该函数指针变量，如程序中的 pf=max;。

(3) 用函数指针变量形式调用函数，如程序中的 z=(*pf)(x,y);。

使用函数指针变量还应注意以下两点：

(1) 函数指针变量不能进行算术运算，这是与数组指针变量不同的。

(2) 函数调用中"(*指针变量名)"两边的括号不可少，其中的*不应该理解为求值运算，在此处它只是一种表示符号。

程序清单 11-05-02.c

```
//函数指针变量程序举例
int add(int a,int b){return a+b;}
int sub(int a,int b){return a-b;}
int mul(int a,int b){return a*b;}
int div(int a,int b){
    if(b==0){
      printf("Error:Divide by zero.");
      exit(1);
    }
    return a/b;
}
```

```
int error(int a,int b){
      printf("Error:Expression undefined!");
      exit(1);
}
int main(){
    int x,y,z;
    char op='#';
    int(*fun)(int,int);
    scanf("%d%c%d",&x,&op,&y);
    switch(op){
      case '+': fun=add; break;
      case '-': fun=sub; break;
      case '*': fun=mul; break;
      case '/': fun=div; break;
      default:  fun=error;
    }
    z=(*fun)(x,y);
    printf("Result=%d\n",z);
}
```

执行程序,输入

```
1+2
```

输出

```
Result=3
```

再次执行程序,输入

```
9-8
```

输出

```
Result=1
```

再次执行程序,输入

```
9/0
```

输出

```
Error:Divide by zero.
```

再次执行程序,输入

```
1H2
```

输出

```
Error:Expression undefined!
```

11.6 指针型函数

1. 指针型函数

C语言中的函数类型是指函数返回值的类型。如果一个函数的返回值是一个指针(即地址),这种函数被称为指针型函数。

定义指针型函数的一般形式为

```
类型说明符 *函数名(形参表){
  /*  函数体  */
}
```

其中函数名之前加了*表明这是一个指针型函数,即返回值是一个指针。类型说明符表示了返回的指针值所指向的数据类型。例如:

```
int *ap(int x,int y)
{
  /*函数体*/
}
```

表示ap是一个返回指针值的指针型函数,它返回的指针指向一个整型变量。

程序清单 11-06-01.c

```
//指针型函数程序举例
int main(){
    int i;
    char *day_name(int n);                                     //函数声明
    for(i=0;i<=8;i++)
      printf("The %dth day of the week :%s\n",i,day_name(i));
}
char *day_name(int n){
    static char *name[]={ "NOT DEFINE","Sunday","Monday","Tuesday",
                          "Wednesday","Thursday","Friday","Saturday"};
    return((n<1||n>7) ?name[0] : name[n]);
}
```

执行程序,输出

```
The 0th day of the week :NOT DEFINE
The 1th day of the week :Sunday
The 2th day of the week :Monday
The 3th day of the week :Tuesday
The 4th day of the week :Wednesday
The 5th day of the week :Thursday
The 6th day of the week :Friday
The 7th day of the week :Saturday
```

```
The 8th day of the week :NOT DEFINE
```

程序分析：

本例中定义了一个指针型函数 day_name，它的返回值为指向一个字符串的指针。该函数中定义了一个静态指针数组 name。name 数组初始化赋值为 8 个字符串，分别表示各个星期名及出错提示。形参 n 表示与星期名所对应的整数。在主函数中，把输入的整数 i 作为实参，在 printf 语句中调用 day_name 函数并把 i 值传送给形参 n。day_name 函数中的 return 语句包含一个条件表达式：n 值若大于 7 或小于 1，则把 name[0]指针返回主函数，输出出错提示字符串"NOT DEFINE"；否则返回主函数，输出对应的星期名。

2. 指针型函数与函数指针变量的区别

应该特别注意的是函数指针变量和指针型函数这两者在写法和意义上的区别。例如，int(＊p)()和 int ＊p()是两个完全不同的量。int(＊p)()是一个变量说明，说明 p 是一个指向函数入口的指针变量，该函数的返回值是整型量，(＊p)两边的括号不能少。int ＊p()则不是变量说明而是函数说明，说明 p 是一个指针型函数，其返回值是一个指向整型量的指针，＊p 两边没有括号。作为函数说明，在括号内最好写入形式参数，这样便于与变量说明区别。

11.7 指针数组

1. 指针数组

如果一个数组的所有元素都为指针变量，那么这个数组就是指针数组。指针数组是一组指针的集合。

指针数组的所有元素都必须是指向相同数据类型的指针。

指针数组说明的一般形式为

```
类型说明符  *数组名[数组长度];
```

其中类型说明符为指针数组元素所指向的变量的类型。例如：

```
int *pa[3];
```

表示 pa 是一个指针数组，它有 3 个数组元素，每个元素值都是一个指针，指向整型变量。通常可用一个指针数组来指向一个二维数组。指针数组中的每个元素被赋予二维数组每一行的首地址。

程序清单 11-07-01.c

```
//指针数组程序举例
int a[3][3]={1,2,3,
             4,5,6,
             7,8,9};
int *pa[3]={a[0],a[1],a[2]};
void print(int *p){
```

```
    printf("%d,%d,%d\n", * (p+0), * (p+1), * (p+2));
}
int main(){
    int i;
    for(i=0;i<3;i++)
      print(pa[i]);
}
```

执行程序,输出

```
1,2,3
4,5,6
7,8,9
```

程序分析:

本例程序中,pa 是一个指针数组,3 个元素分别指向二维数组 a 的各行。然后调用 print 函数输出指定的数组元素。读者可仔细领会元素值的各种不同的表示方法。

2. 指针数组和二维数组指针变量的区别

应该注意指针数组和二维数组指针变量的区别。这两者虽然都可用来表示二维数组,但是其表示方法和意义是不同的。二维数组指针变量是单个的变量,其一般形式中"(* 指针变量名)"两边的括号不可少。而指针数组类型表示的是多个指针(一组有序指针),在一般形式中"* 指针数组名"两边不能有括号。例如,int (* p)[3];表示一个指向二维数组的指针变量。该二维数组的列数为 3 或分解为一维数组的长度为 3。int * p[3]表示 p 是一个指针数组,有 3 个下标变量 p[0]、p[1]、p[2],均为指针变量。

3. 指针数组作函数参数

指针数组也常用来表示一组字符串,这时指针数组的每个元素被赋予一个字符串的首地址。指向字符串的指针数组的初始化更为简单。例如采用指针数组来表示一组字符串,其初始化赋值为

```
char * name[]={"NOT DEFINE","Sunday","Monday","Tuesday","Wednesday",
"Thursday","Friday","Saturday"};
```

完成这个初始化赋值之后,name[0]即指向字符串"NOT DEFINE",name[1]指向字符串"Sunday"……

程序清单 11-07-02.c

```
//指针数组程序举例
#include<stdio.h>
int main(){
    static char * name[]={ "NOT DEFINE","Monday","Tuesday","Wednesday",
           "Thursday","Friday","Saturday","Sunday"};
    char * ps;
    int i;
```

```
    char * day_name(char * name[],int n);
    printf("input Day No:\n");
    scanf("%d",&i);
    ps=day_name(name,i);
    printf("Day No:%2d-->%s\n",i,ps);
}
char * day_name(char * name[],int n){
    char * pp1, * pp2;
    pp1= * name;
    pp2= * (name+n);
    return((n<1||n>7)?pp1:pp2);
}
```

执行程序，输入

```
input Day No: 1
```

输出

```
Day No: 1-->Sunday
```

执行程序，输入

```
input Day No: 98
```

输出

```
Day No:98-->NOT DEFINE
```

程序分析：

指针数组也可以用作函数参数。在本例主函数中，定义了一个指针数组 name，并对 name 作了初始化赋值。其每个元素都指向一个字符串。然后又以 name 作为实参调用指针型函数 day_name，在调用时把数组名 name 赋予形参变量 name，输入的整数 i 作为第二个实参赋予形参 n。在 day name 函数中定义了两个指针变量 pp1 和 pp2，pp1 被赋予 name[0] 的值（即 * name），pp2 被赋予 name[n] 的值（即 *（name＋n））。由条件表达式决定返回 pp1 或 pp2 指针给主函数中的指针变量 ps。最后输出 i 和 ps 的值。

程序清单 11-07-03. c

```
//将 5 个国家名称按字母顺序排列后输出
#include<stdio.h>
#include<string.h>
void sort(char name[][80],int n){
    char pt[80];  int i,j;
    for(i=0;i<n-1;i++){
      for(j=i+1;j<n;j++)
        if(strcmp(name[i],name[j])>0){
          strcpy(pt,name[i]);
          strcpy(name[i],name[j]);
          strcpy(name[j],pt);
```

```
            }
        }
    }
    void print(char name[][80],int n){
        int i;
        for(i=0;i<n;i++) puts(name[i]);
    }
    int main(){
        char name[][80]={"China","American","Australia","France","German"};
        sort(name,5);
        print(name,5);
    }
```

执行程序，输出

```
American
Australia
China
France
German
```

程序分析：

此例将5个国名按字母顺序排列后输出。例子中采用了普通的排序方法，逐个比较之后交换字符串的内容。交换字符串的内容是通过字符串复制函数完成的。

用指针数组也能很好地解决此类问题。把所有的字符串的首地址放在一个指针数组中，当需要交换两个字符串时，只须交换指针数组相应两元素的内容（地址）即可，而不必交换字符串本身。

程序清单 11-07-04.c

```
//指针数组程序举例
#include<stdio.h>
#include<string.h>
void sort(char *name[],int n){
    char *pt;  int i,j;
    for(i=0;i<n-1;i++){
      for(j=i+1;j<n;j++)
        if(strcmp(name[i],name[j])>0){
          pt=name[i]; name[i]=name[j];name[j]=pt;
        }
    }
}
void print(char *name[],int n){
    int i;
    for(i=0;i<n;i++) printf("%s\n",name[i]);
}
int main(){
```

```
    static char * name[]={"China","American","Australia","France","German"};
    sort(name,5);
    print(name,5);
}
```

执行程序,输出

```
American
Australia
China
France
German
```

程序分析:

程序中定义了一个名为 sort 的函数完成排序,其形参为指针数组 name,即为待排序的各字符串数组的指针。形参 n 为字符串的个数。主函数 main 中定义了指针数组 name 并作了初始化赋值,然后调用 sort 函数完成排序。字符串比较后需要交换时,只交换指针数组元素的值,而不交换具体的字符串,这样就大大减少时间的开销,提高了运行效率。

11.8 指向指针的指针

如果一个指针变量存放的是另一个指针变量的地址,则称这个指针变量为指向指针的指针变量,或者称为二级指针。

通过指针访问变量称为间接访问(简称间访)。通过指向普通变量的指针访问变量称为单级间访。通过二级指针访问变量称为二级间访。在 C 语言程序中,对间访的级数并未明确限制,但是一般很少超过二级间访。

指向指针的指针变量说明的一般形式为

类型说明符 **指针变量名;

例如:

```
int  * * pp;
```

表示 pp 是一个指针变量,它指向另一个指针变量,而该指针变量指向一个整型变量。

程序清单 11-08-01.c

```
//指向指针的指针变量程序举例
int main(){
    int n, * p, * * pp;
    n=10;
    p=&n;
    pp=&p;
    printf("n=%d,n=%d,n=%d\n",n, * p, * * pp);
    printf("%x,%x,%x\n",&n,&p,&pp);
    printf("%x,%x\n",&n,p);
```

```
    printf("%x,%x\n",&p,pp);
}
```

执行程序,输出

```
n=10,n=10,n=10
28febc,28feb8,28feb4
28febc,28febc
28feb8,28feb8
```

程序分析:

本例程序中的 p 是一个指针变量,指向整型量 n;pp 也是一个指针变量,指向指针变量 p。通过 pp 变量访问 n 的写法是 * * pp。程序输出的 3 个值都是 n 的值 10。通过本例,读者可以学习指向指针的指针变量的说明和使用方法。

程序清单 11-08-02.c

```
int main(){
    static char * ps[]={"Java","C","Objective-C",
                         "C++","C#","PHP"};
    char * * pps;
    int i;
    for(i=0;i<6;i++){
      pps=ps+i;
      printf("%s.(%c)\n", * pps, * * pps);
    }
}
```

执行程序,输出

```
Java.(J)
C.(C)
Objective-C.(O)
C++.(C)
C#.(C)
PHP.(P)
```

程序分析:

本例程序中首先说明了指针数组 ps 并作了初始化赋值。又说明了 pps 是一个指向指针的指针变量。在 5 次循环中,pps 分别取得了 ps[0]、ps[1]、ps[2]、ps[3]、ps[4]、ps[5]的地址值,再通过这些地址即可找到该字符串。本程序是用指向指针的指针变量编程,输出多个字符串。

11.9 动态内存管理

1. 内存分区

前面介绍了全局变量和局部变量的概念和原理。非静态局部变量随其定义而建立,随其定义域结束而释放，释放后其生存期就结束了；全局变量和静态局部变量则不然，它们的生存期是整个源程序。

C语言规定，全局变量和静态局部变量被分配在内存中的静态存储区（也称为全局数据区），非静态局部变量被分配在动态存储区（也称为栈区）。

另外，C语言还允许程序临时申请开辟一块内存区域，使用后可随时释放。这些随时可以申请、随时可以释放的自由存储区域称为堆区。

2. 传统的内存申请

在前面的程序中，对内存的申请只能通过使用常量、定义变量或数组的形式实现，在程序中定义变量后，运行时系统为变量申请并分配内存。

系统一旦为一个变量分配了内存，则在该变量的生存期内，其地址是固定的，直到其生存期结束，系统收回其占用的内存。

所以说，在此情况下，内存的分配和释放（回收）都是系统自动完成的。

3. 动态内存管理

C语言提供了对内存的动态申请和释放的功能，此功能通过malloc、calloc、realloc、free等函数实现。

系统为用户动态内存申请分配的是堆区的空间。

使用这些函数时应该在程序开头加上#include<malloc.h>或#include<stdlib.h>。

1）内存申请函数malloc

函数原型：

```
void *malloc(unsigned  size);
```

功能说明：

(1) 该函数用于向系统申请为长度为size字节的连续内存空间。

(2) 如果分配成功则返回被分配内存块的首地址指针，否则返回空指针NULL(0)。

(3) 该函数返回的是一个空类型的指针，在赋值时应该先进行类型转换。

(4) 内存不再使用时，应使用free函数将内存块释放。

2）内存申请函数calloc

函数原型：

```
void *calloc(unsigned n, unsigned size);
```

功能说明：

(1) 该函数用于向系统申请n个长度为size字节（共n×size字节）的连续内存空间。

(2) 如果分配成功则返回被分配内存块的首地址指针，否则返回空指针NULL(0)。

(3) 该函数返回的是一个空类型的指针，在赋值时应该先进行类型转换。

(4) 内存不再使用时，应使用free函数将内存块释放。

3）内存申请函数 realloc

函数原型：

```
void * realloc(void * p, unsigned size);
```

功能说明：

(1) 该函数用于对指针变量 p 所指向的动态空间重新分配长度为 size 字节的连续内存空间，p 的值不变（也就是内存块首地址不变，长度改变）。

(2) 如果分配成功则返回被分配内存块的首地址指针（也就是 p），否则返回空指针。

4）内存释放函数 free

函数原型：

```
void free(void * block);
```

功能说明：如果给定的参数是一个由先前的 malloc 函数返回的指针，那么 free 函数会将 block 所指向的内存空间归还给操作系统。

程序清单 11-09-01.c

```
#include <malloc.h>
#include<stdlib.h>
int main(){
    int *p;
    p=(int*)malloc(sizeof(int));
    *p=5;
    printf("%d",*p);
    free(p);
}
```

执行程序，输出

```
5
```

程序分析：

本程序没有定义整型变量，却处理了一个整型数据。包括申请内存空间、赋值、输出，这一切都是在调用内存申请函数的前提下实现的。

注意，在程序结束时不要忘记释放系统分配的内存。

程序清单 11-09-02.c

```
#include <malloc.h>
#include<stdlib.h>
#define SIZE 10
int main(){
    int *p,*k;
    p=(int*)malloc(sizeof(int) * SIZE);
    for(k=p;k<p+SIZE;k++)
      *k=(k-p)*(k-p)+1;
    for(k=p;k<p+SIZE;k++)
```

```
        printf("%d ", * k);
    free(p);
}
```

执行程序，输出

```
1 2 5 10 17 26 37 50 65 82
```

程序分析：

本例程序一次申请了 10 个整型数据的空间，并对其进行了处理。

程序清单 11-09-03.c

```
#include <malloc.h>
#include<stdlib.h>
int main(){
    int * p;
    p=(int * )malloc(sizeof(int) * 0XFFFFFFFF);
    if(p==NULL)
      printf("No Enough Memory!\n");
    else
      printf("Success!\n");
}
```

执行程序，输出

```
No Enough Memory!
```

程序分析：

本例程序演示了申请内存失败的情况，原因是申请的内存数量太大了。

程序清单 11-09-04.c

```
//动态存储管理程序举例
#include <malloc.h>
#include<stdlib.h>
#include<time.h>
void init(int * p,int n){
    int i;
    srand(time(NULL));
    for(i=0;i<n;i++)p[i]=rand()%1000;
}
void sort(int * p,int n){
    int * i, * j,t;
    for(i=p;i<p+n-1;i++)
      for(j=i+1;j<p+n;j++)
        if(* i< * j){t= * i; * i= * j; * j=t;}
}
void print(int * p,int n){
    int i;
    for(i=0;i<n;i++)printf("%d ", * (p+i));
    printf("\n");
}
```

```
int main(){
    int n, * p;
    scanf("%d",&n);
    p=(int *)malloc(sizeof(int) * n);//或写成 p=(int *)calloc(n,sizeof(int));
    if(p==NULL){
      printf("No Enough Memory!\n");
      exit(0);
    }
    init(p,n);
    printf("排序前:"); print(p,n);
    sort(p,n);
    printf("排序后:"); print(p,n);
}
```

执行程序,输入

```
15↙
```

输出

```
排序前:708 417 427 843 610 838 932 978 189 981 208 618 178 872 576
排序后:981 978 932 872 843 838 708 618 610 576 427 417 208 189 178
```

程序分析:

本例程序实现根据用户输入的数据来决定数据规模,向系统申请相应数量的内存空间,然后通过函数调用对这部分空间内的数据进行赋值、排序、输出等操作。

4. void 指针

C99 标准将以上 3 个申请动态内存的函数返回值都定义成 void 型的指针,即空类型指针。用户也可以自己定义空类型的指针,例如:

```
int  a,b;
void * p=(void* )&a;
```

空类型指针就是一个纯粹的内存地址,并不能代表某一类型的数据。

对空类型指针 p 执行 p+=n 的结果为 p 在原来地址值的基础上加 n 字节。

程序清单 11-09-05.c

```
int main(){
    int a=2018;
    void * p=&a;
    //printf("%d", * p);              //此语句出现编译错误
    printf("%d", * (int * )p);
}
```

执行程序,输出

```
2018
```

程序分析：

本例程序中的 printf("%d", * p);语句将出现编译错误，因为 p 为空类型指针，此时 * p 并无实际意义；语句 printf("%d", * (int *)p);合法，因为表达式(int *)p 已经把空类型的指针 p 强制转换成 int 型的指针。

程序清单 11-09-06.c

```
#include <malloc.h>
void init(void * p){
    int i;
    for(i=0;i<10;i++){ * (char * )p='A'+i;    p+=sizeof(char);    }
    for(i=0;i<10;i++){ * (int * )p='A'+i;     p+=sizeof(int);     }
    for(i=0;i<10;i++){ * (double * )p='A'+i; p+=sizeof(double); }
}
void print(void * p){
    int i;
    for(i=0;i<10;i++){putchar( * (char * )p);               p+=sizeof(char);   }
    putchar(10);
    for(i=0;i<10;i++){printf("%d ", * (int * )p);           p+=sizeof(int);    }
    putchar(10);
    for(i=0;i<10;i++){printf("%-6.2lf ", * (double * )p); p+=sizeof(double);}
}
int main(){
    void * p=0;
    p=malloc(10 * sizeof(char)+10 * sizeof(int)+10 * sizeof(double));
    init(p);
    print(p);
}
```

执行程序，输出

```
ABCDEFGHIJ
65 66 67 68 69 70 71 72 73 74
65.00  66.00  67.00  68.00  69.00  70.00  71.00  72.00  73.00  74.00
```

程序分析：

本例程序在主函数中申请了一大块内存。在 init 函数中，把这一大块内存分成 3 部分进行不同的初始化操作，赋予不同类型的数据。在 print 函数中分别进行了还原处理，输出了正确的数据。

11.10 指针小结

1. 指针的优点

指针是 C 语言中一个重要的组成部分，使用指针编程有以下优点：

(1) 可提高程序的编译效率和执行速度。

(2) 通过指针可使主调函数和被调函数之间共享变量或数据结构，便于实现双向数据通信。

(3) 可以实现动态的存储分配。

(4) 便于表示各种数据结构，编写高质量的程序。

2. 指针的运算

(1) 取地址运算符 &：求变量的地址。

(2) 取内容运算符 *：表示指针所指的变量。

(3) 赋值运算：

- 把变量地址赋予指针变量。
- 同类型指针变量相互赋值。
- 把数组或字符串的首地址赋予指针变量。
- 把函数入口地址赋予指针变量。

(4) 加减运算。对指向数组，字符串的指针变量可以进行加减运算，如 p+n、p-n、p++、p--等。对指向同一数组的两个指针变量可以相减。对指向其他类型的指针变量作加减运算是无意义的。

(5) 关系运算。指向同一数组的两个指针变量之间可以进行大于、小于、等于比较运算。指针可与 0 比较，p==0 表示 p 为空指针。

3. 与指针有关的各种说明

以下为与指针有关的各种说明的示例：

```
int *p;          //p为指向整型量的指针变量
int *p[n];       //p为指针数组,由n个指向整型量的指针元素组成
int (*p)[n];     //p为指向整型二维数组的指针变量,二维数组的列数为n
int *p()         //p为返回指针值的函数,该指针指向整型量
int (*p)()       //p为指向函数的指针,该函数返回整型量
int **p          //p为一个指向另一指针的指针变量,该指针指向一个整型量
```

4. 关于括号

在解释组合说明符时，标识符右边的中括号和小括号优先于标识符左边的 *，而中括号和小括号以相同的优先级从左到右结合。但可以用小括号改变约定的结合顺序。

5. 阅读组合说明符的规则——"从里向外"

从标识符开始，先看它右边有无中括号或小括号，如有则先作出解释，再看左边有无 *。如果在任何时候都遇到闭括号，则在继续之前必须用相同的规则处理括号内的内容。例如：

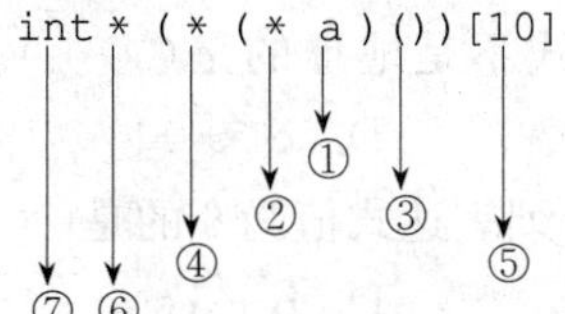

上面给出了由内向外的阅读顺序，下面来解释它：

①标识符 a 被说明为→②一个指针变量，它指向→③一个函数，它返回→④一个指针，该指针指向→⑤一个有 10 个元素的数组，其类型为→⑥指针型，它指向→⑦int 型数据。

因此 a 是一个函数指针变量，该函数返回的一个指针值又指向一个指针数组，该指针数组的元素指向整型变量。

6. 动态内存管理函数

内存申请函数：

```
void *malloc(unsigned size);
```

内存申请函数：

```
void *calloc(unsigned n, unsigned size);
```

内存申请函数：

```
void *realloc(void *p, unsigned size);
```

内存释放函数：

```
void free(void * block);
```

习题 11

一、选择题

1. 变量的地址是指(　　)。
   A. 变量的值
   B. 变量在内存中占据的起始存储单元的编号
   C. 变量的类型
   D. 变量在内存中占据的全部存储单元的编号

2. 设 p 和 q 是指向同一个整型数组的指针变量(q>p)，k 为整型变量，下列语句中合法且没有逻辑错误的是(　　)。
   A. k=*(p+q);　　B. k=*(q-p);　　C. p+q;　　D. k=*p*(*q);

3. 类型相同的两个指针变量之间不能进行的运算是(　　)。
   A. <　　B. =　　C. +　　D. -

4. 与定义语句 char *abc="abc";功能完全相同的程序段是(　　)。
   A. char abc; *abc="abc";　　B. char *abc, *abc="abc";
   C. char abc,abc="abc";　　D. char *abc;abc="abc";

5. 设有定义语句 int x[10]={1,2,3}, *m=x;,下列表达式不是地址的是(　　)。
   A. *m　　B. m　　C. x　　D. &x[0]

6. 有 int abcd[10]={1,2,3,4,5,6,7,8,9,10}, *p=abcd;,则下列表达式值为 6 的是(　　)。
   A. *p+6　　B. *(p+6)　　C. *p+=5　　D. p+5

7. 若有指针变量 fp 已指向 char 型变量 x，正确输入字符的语句是（　　）。

A. scanf("%c",&fp);　　B. scanf("%d",fp);

C. scanf("%c", * fp);　　D. scanf("%c",fp);

8. 有如下程序段：int * p,a=10,b=1;p=&a; a= * p+b;，执行该程序段后，a 的值为（　　）。

A. 12　　B. 11　　C. 10　　D. 编译出错

9. 设指针 x 指向的整型变量值为 25，则 printf("%d\n", * x++);的输出是（　　）。

A. 23　　B. 24　　C. 25　　D. 26

10. 若有说明语句 int a[10], * p=a;，对数组元素的正确引用是（　　）。

A. a[p]　　B. p[a]　　C. * (p+2)　　D. p+2

11. 若有说明语句 int a,b,c, * d=&c;，则能正确地从键盘读入 3 个整数分别赋给变量 a、b、c 的语句是（　　）。

A. scanf("%d%d%d",&a,&b,d);　　B. scanf("%d%d%d",&a,&b,&d);

C. scanf("%d%d%d",a,b,d);　　D. scanf("%d%d%d",a,b, * d);

12. 以下不能完全正确地进行字符串赋初值的语句是（　　）。

A. char str[5]="12345";　　B. char str[ ]="12345";

C. char * str="12345";　　D. char str[5]={'1','2','3','4'};

13. 以下程序的输出结果是（　　）。（参考代码：XT_11_01_13.c）

```
#include<stdio.h>
int main(){
  printf("%d",NULL);
}
```

A. 不确定的值（因变量无定义）　　B. 0

C. −1　　D. 1

14. 以下程序的输出结果是（　　）。（参考代码：XT_11_01_14.c）

```
int main( ){
  char a[10]={'1','2','3','4','5',
              '6','7','8','9',0}, * p;
  int i=8;    p=a+i;    printf("%s",p-3);
}
```

A. 6　　B. 6789　　C. '6'　　D. 789

15. 以下程序的运行结果是（　　）。（参考代码：XT_11_01_15.c）

```
#include "stdio.h"
int main( ){
  int a[ ]={1,2,3,4,5,6,7,8,9,10,11,12};
  int * p=a+5, * q=NULL;
   * q= * (p+5);
  printf("%d %d", * p, * q);
}
```

A. 出现运行期错误　　B. 6 6

C. 6 12　　D. 5 5

16. 以下程序的输出结果是(　　)。(参考代码：XT_11_01_16.c)

```
int main(){
  char a[10]={9,8,7,6,5,4,3,2,1,0},*p=a+5;
  printf("%d",*p++);
}
```

A. 非法　　B. a[4]的地址　　C. 5　　D. 4

17. 以下程序的输出结果是(　　)。(参考代码：XT_11_01_17.c)

```
#include<stdio.h>
int main(){
  char *s="01112233334";
  int v[5]={0},k,i;
  for(k=0;s[k];k++){
    v[s[k]-'0']++;
  }
  for(k=0;k<5;k++)  printf("%d ",v[k]);
}
```

A. 1 3 2 4 1　　B. 1 2 3 4 5　　C. 3 2 1 1 4　　D. 2 4 3 1 1

18. 以程序段执行后 i 的结果是(　　)。(参考代码：XT_11_01_18.c)

```
int i;  char *s="a\045+045\'b";  for(i=0;*s++;i++);
```

A. 5　　B. 8　　C. 11　　D. 12

19. 以下程序的输出结果是(　　)。(参考代码：XT_11_01_19.c)

```
#include <stdio.h>
int main() {
  static int a[]={1,2,3,4,5,6},*p=a;
  *(p+3)+=2;
  printf("%d,%d\n ",*p,*(p+3));
}
```

A. 1,3　　B. 1,6　　C. 3,6　　D. 1,4

20. 以下程序的输出结果是(　　)。(参考代码：XT_11_01_20.c)

```
#include <stdio.h>
int main(){
  int a[ ][4]={1,3,5,7,9,11,13,15,17,19,21,23};
  int (*p)[4], i=2,j=1; p=a;
  printf("%d",*(*(p+i)+j));
}
```

A. 3　　B. 13　　C. 17　　D. 19

21. 以下程序的输出结果是(　　)。(参考代码：XT_11_01_21.c)

```
int * f(int * x,int * y){
  if(* x< * y) return x;
  else        return y;
}
int main(){
  int a=7,b=8, * p, * q, * r;
  p=&a; q=&b;
  r=f(p,q);
  printf("%d,%d,%d", * p, * q, * r);
}
```

A. 7,8,8　　B. 7,8,7　　C. 8,7,7　　D. 8,7,8

22. 以下程序的输出结果是(　　)。(参考代码：XT_11_01_22.c)

```
int main(){
  char * s[]={"one","two","three"}, * p;
  p=s[1];
  printf("%c,%s", * (p+1),s[0]);
}
```

A. n,two　　B. t,one　　C. w,one　　D. o,two

23. 以下程序的输出结果是(　　)。(参考代码：XT_11_01_23.c)

```
main( ){
  char ch[3][5]={"AAAA","BBB","CC"};
  printf("\"%s\"\n",ch[1]);
}
```

A. "AAAA"　　B. "BBB"　　C. "BBBCC"　　D. "CC"

24. 以下程序的输出结果是(　　)。(参考代码：XT_11_01_24.c)

```
#include"string.h"
main( ){
  char * p1, * p2,str[50]="ABCDEFG";
  p1="abcd"; p2="efgh";
  strcpy(str+1,p2+1); strcpy(str+3,p1+3);
  printf("%s",str);
}
```

A. AfghdEFG　　B. Abfhd　　C. Afghd　　D. Afgd

25. 以下程序的输出结果是(　　)。(参考代码：XT_11_01_25.c)

```
int main(){
  char s[]="ABCD", * p;
  for(p=s+1; * p;p++)
    printf("%s\n",p);
}
```

A. ABCD
BCD
CD
D

B. A
B
C
D

C. B
C
D

D. BCD
CD
D

26. 有以下程序：

```
#include <string.h>
main(int argc ,char * argv[ ]) {
  int i,len=0;
  for(i=1;i<argc;i+=2) len+=strlen(argv[i]);
  printf("5d\n",len);
}
```

经编译连接后生成的可执行文件是 prog.exe，若运行时输入以下带参数的命令行：prog　abcd　efg　h3　k44，执行后输出结果是（　　）。（参考代码：XT_11_01_26.c）

A. 14　　B. 12　　C. 8　　D. 6

27. 以下程序段中的空白处应填写（　　）。

```
int * p ; p=_______malloc(sizeof(int));
```

A. int　　B. int *　　C. （* int）　　D. （int *）

28. 以下程序的输出结果是（　　）。（参考代码：XT_11_01_28.c）

```
amovep(int *p, int a[3][3],int n){
  int i, j;
  for( i=0;i<n;i++)
    for(j=0;j<n;j++){ *p=a[i][j];p++; }
}
int main(){
  int *p,a[3][3]={{1,3,5},{2,4,6}};
  p=(int*)malloc(100);           amovep(p,a,3);
  printf("%d%d",p[2],p[5]);      free(p);
}
```

A. 56　　B. 25　　C. 34　　D. 程序错误

二、填空题

1. 若有定义 int a[2][3]={2,4,6,8,10,12};，则 *（&a[0][0]+2*2+1）的值是________，*a[1]的值是________。

2. C 语言中，数组名是一个不可改变的________，不能对它进行赋值运算。数组在内存中占用一段连续的存储空间，它的首地址由________表示。

3. 定义语句 int *f();和 int (*f)();的含义分别为________和________。

4. 若定义 char *p="abcd";，则 printf("%d",*(p+4));的结果为 ________。

5. 以下函数用来求出两整数之和，并通过形参将结果传回：

```
void func(int x,int y, ________)
{ * z=x+y; }
```

6. 若有以下定义：int w[10]={23,54,10,33,47,98,72,80,61}，*p=w;，则通过指针p引用值为98的数组元素的表达式是________。

7. 若定义int a[10];，则a[i]的地址可表示为________或________，a[i]还可表示为________。

8. 在C语言中，二维数组a[i][j]的地址可表示为________或________。其中，a[i]代表________。

9. 一个指针变量p和数组a的说明如下：int a[10]，*p;，则p=&a[1]+2的含义是指针p指向数组a的第________个元素。

10. int *p[4]表示一个________，int(*p)[4]表示________。

11. 以下语句调用库函数malloc，使字符指针st指向具有100字节的动态存储空间：

```
st=(char*)________;
```

12. p=________ malloc(sizeof(double));，此语句使指针p指向一个double型的动态存储单元。

13. 以下程序通过函数指针p调用函数fun，请填写定义变量p的语句。

```
void fun(int *x,int *y){ … }
int main(){
    int a=10,b=20;
    ________;                        /*定义变量p */
    p=fun; (*p)(&a,&b);
    …
}
```

14. 以下程序的输出结果是________。(参考代码：XT_11_02_14.c)

```
int main(){
    int arr[]={30,25,20,15,10,5}, *p=arr;
    p++;
    printf("%d\n", *(p+3));
}
```

15. mystrlen函数的功能是计算str所指字符串的长度，并作为函数值返回，请填空。(参考代码：XT_11_02_15.c)

```
int mystrlen(char *str){
    int i;
    for(i=0;________ i)!='\0';i++);
    return(________);
}
```

16. 以下函数用来求出两整数之和，并通过形参将结果传回，请填空。(参考代码：XT_11_02_16.c)

```
void func(int x,int y, ________ z){  *z=x+y; }
```

17. 以下 fun 函数的功能是求数组元数值的累加和。n 为数组中元素的个数，累加和的值放入 x 所指的存储单元中。(参考代码：XT_11_02_17.c)

```
fun(int b[ ],int n, int * x){
  int k, r=0;
  for(k=0;k<n;k++) r=________;
  ________________=r;
}
```

三、程序填空题

1. 以下程序判断输入的字符串是否是回文(顺读和倒读都一样的字符串,如 level),请填空。(参考代码：XT_11_03_01.c)

```
#include <stdio.h>
#include <string.h>
int main ( ){
  char s[81], * p1, * p2;
  int n;
  gets(s);
  n=strlen(s); p1=s; p2=s+n-1;
  while(___(1)___){
    if (* p1!= * p2)  break;
    else  { p1++; ___(2)___; }
  }
  if(p1<p2) printf ("NO\n ");
  else      printf ("YES\n ");
}
```

2. 以下函数把 b 字符串连接到 a 字符串的后面,并返回 a 中新字符串的长度,请填空。(参考代码：XT_11_03_02.c)

```
int strfun(char a[], char b[]){
  int num=0,n=0;
  while(* (a+num)!=___(1)___) num++;
  while(b[n]){ * (a+num)=b[n]; num++; ___(2)___};
  * (a+num)=0;
  return(num);
}
```

3. 以下程序求 a 数组中的所有素数的和,函数 isprime 用来判断参数 x 是否为素数,请填空。(参考代码：XT_11_03_03.c)

```
#include <stdio.h>
int main(){
  int i,a[10]={2,3,4,5,6,7,8,9,10,11};
```

```
  int * p=a,sum=0;
  for(i=0;i<10;i++)scanf("%d",&a[i]);
  for(i=0;i<10;i++)
    if(isprime(*(p+___(1)___))==1)sum+=*(a+i);
  printf("The sum=%d",sum);
}
int isprime(int x){
  int i;
  for(i=2;i<=x/2;i++) if(x%i==0)return (0);
  ___(2)___;
}
```

4. 以下函数的功能是删除字符串 s 中的所有数字字符，请填空。(参考代码：XT_11_03_04.c)

```
void dele(char * s){
   int n=0,i;
   for(i=0;s[i];i++)
       if(___(1)___) s[n++]=s[i];
   s[n]=___(2)___;
}
```

5. 以下函数的功能是求出形式参数 array 所指的有 n 个元素的数组中的最大值和最小值，并把最大值和最小值分别存入 max 和 min 所对应的实参中，请填空。(参考代码：XT_11_03_04.c)

```
void find (int * array,int n,int * max,int * min){
  int * p, * q;
  q=array+n;
  * max= * min= * array;
  for(p=array;p<q;p++) {
    if(___(1)___) * max= * p;
    if(___(2)___) * min= * p;
  }
}
```

6. 定义 compare(char * s1, char * s2)函数，实现比较两个字符串大小的功能。s1>s2 返回 1,s1<s2 返回−1,s1=s2 返回 0。(参考代码：XT_11_03_06.c)

```
#include<stdio.h>
int compare(char * s1, char * s2){
   while(* s1&& * s2&& * s1== * s2){
      s1++; ___(1)___;
   }
   if(___(2)___)         return 0;
   else if(* s1> * s2) return 1;
   else if(* s1< * s2) return -1;
```

```
}
int main(){
    printf("%d\n", compare("abCd", "abc"));
}
```

四、程序阅读题

1. 写出以下程序的执行结果。(参考代码：XT_11_04_01.c)

```
#include<stdio.h>
int main ( ){
    int i, j;  int *p, *q;
    i=2;  j=10;  p=&i;  q=&j;  *p=10;  *q=2;
    printf("i=%d, j=%d", i, j);
}
```

2. 写出以下程序的执行结果。(参考代码：XT_11_04_02.c)

```
#include <stdio.h>
int main (){
    int a[]={5,6,7,8},i, **p, *q;
    q=a;  p=&q;
    printf("%d", *(*p+2));
}
```

3. 写出以下程序的执行结果。(参考代码：XT_11_04_03.c)

```
#include <stdio.h>
int main ( ){
  int *p, i;
  i=5;  p=&i;  i=*p+10;
  printf("i=%d", i);
}
```

4. 写出以下程序的执行结果。(参考代码：XT_11_04_04.c)

```
#include<stdio.h>
int main(){
  char s[]="abcdefg";
  char *p;  p=s+2;
  printf("%c", *++p);
}
```

5. 写出以下程序的执行结果。(参考代码：XT_11_04_05.c)

```
#include<stdio.h>
main(){
  int a[]={2,3,4,5,6,7,8};
  int s,i,*p;
```

```
  s=1;  p=a+1;
  for(i=1;i<4;i++)
    s*=*(p+i);
  printf("%d", s);
}
```

6. 写出以下程序的执行结果。(参考代码：XT_11_04_06.c)

```
#include<stdio.h>
int main(){
  int a[]={1,2,3,4,5,6},*p;
  for (p=&a[5];p>=a;p-=2)
    printf("%d",*p+2);
}
```

7. 写出以下程序的执行结果。(参考代码：XT_11_04_07.c)

```
#include <stdio.h>
int main(void){
  static char a[]="ABCDEFGH",b[]="abCDefGh";
  char *p1,*p2;
  int k;
  p1=a; p2=b;
  for(k=0;k<=7;k++)
    if(*(p1+k)==*(p2+k)) printf("%c",*(p1+k));
}
```

8. 写出以下程序的执行结果。(参考代码：XT_11_04_08.c)

```
#include <stdio.h>
int fun(int x,int y,int *cp,int *dp){
  *cp=x+y; *dp=x-y;
}
int main(){
  int a, b, c, d;
  a=30; b=50;
  fun(a,b,&c,&d);
  printf("%d,%d", c, d);
}
```

9. 写出以下程序的执行结果。(参考代码：XT_11_04_09.c)

```
#include<stdio.h>
int main(){
  char b[]="ABCDEFGH";
  char *p=&b[4];
  while(--p>&b[0])  putchar(*p);
}
```

10. 写出以下程序的执行结果。(参考代码：XT_11_04_10.c)

```
int main(){
  int i,*p;
  static int a[]={11,22,33,44,55,66,77,88,99};
  p=a+1;
  for(i=0;i<3;i++){
    printf("%d ",*p++);
    printf("%d ",*++p);
  }
}
```

11. 写出以下程序的执行结果。(参考代码：XT_11_04_11.c)

```
#include <stdio.h>
main(){
    int i=3,n=0, *p;  p=&n;
    while(i<6){*p+=i++;}
    printf("%d,%d ",*p,n);
}
```

五、编程题

1. 函数 sqrt 的功能为将参数字符串元素从小到大排序,函数 merge 的功能为将字符串 a、b 中的所有元素归并排序至字符串 c 中。请编写这两个函数。(参考代码：XT_11_05_01.c)

```
#include <stdio.h>
#define N 5
int main(){
  char a[]={"HarbinNormal"},b[]={"University"};
  char c[100]={};
  sort(a);  sort(b); //对字符串 a 和 b 的元素分别从小到大排序
  puts(a);  puts(b); //输出数组所有元素
  merge(c,a,b);      //将 a、b 中所有元素归并排序到数组 c 中
  puts(c);
}
```

2. 输入一个字符串,内有数字和非数字字符,如 A123B456X17==960? 302tab5876,将其中连续的数字作为一个整数,依次存放到一数组 a 中,例如 123 放在 a[0]中,456 放在 a[1]中,统计共用多少个整数,并输出这些数。请编写函数 get_int 的代码。(参考代码：XT_11_05_02.c)

```
int main(){
  char s[]="A123B456X17==960?302tab5876";
  int a[100];          //假设串中的整数不超过 100 个
  int i,count=0;       //整数个数
  get_int(s,a,&count);
```

```
  puts(s);
  printf("字符串中共有%d个整数:\n",count);
  for(i=0;i<count;i++)
    printf("%d ",a[i]);
}
```

3. 请编程输出两个正的大整数(不超过60位)之和。两个大整数存于两个字符数组中,计算出来的和存于另一个数组中。主函数代码如下,请编写add函数和print函数。(参考代码:XT_11_05_03.c)

```
#define N 80
void add(char *x,char *y,char *z);
void print(char *x,char *y,char *z);
int main(){
  char a[]={"659"},b[]={"465468798454"};
  char c[N]={};
  add(a,b,c);          //大整数a、b的和存于字符串c中
  print(a,b,c);        //输出算式
}
```

输出样例:

```
                                                           659
+                                                 465468798454
--------------------------------------------------------------
                                                  465468799113
```

第 12 章　结构体、共用体、链表和枚举

前面学习了数组这一构造数据类型。数组的原理是将类型完全相同的多个变量组织到一起，利用同一个数组名，通过下标来互相区分。如果是多个类型并不相同的变量，通过数组就无法实现共用一个名字。C 语言提供的结构体这一构造数据类型可以实现上述功能。另外，前面的程序中，每个变量都存放在单独的存储单元中，互不干扰。是否可以将多个变量存于同一段内存空间中呢？C 语言提供的共用体这一构造数据类型可以实现这一功能。

本章就将向大家介绍 C 语言提供的这两个构造类型的数据——结构体与共用体。

本章重点

- 结构体的定义，结构成员的引用。
- 用结构体数组处理批量数据。
- 结构体指针的使用方法。

本章难点

- 嵌套结构体的使用。
- 用结构体数组处理批量数据。
- 用结构体指针处理结构体数组。

12.1　结构体

1. 认识结构体

C 语言提供了丰富的基本数据类型供用户使用。但在实际应用中程序要处理的问题往往比较复杂，而且常常是用多个不同类型的数据一起来描述一个对象。在实际问题中，一组数据往往具有不同的数据类型。例如，在学生登记表中，姓名应为字符型，学号可为整型或字符型，年龄应为整型，性别应为字符型，成绩可为整型或实型。显然不能用一个数组来存放这一组数据，因为数组中各元素的类型和长度都必须一致，以便于编译系统处理。为了解决这个问题，C 语言中给出了另一种构造数据类型——结构体。它相当于其他高级语言中的记录。

结构体是一种构造类型，它是由若干成员组成的。每一个成员可以是一个基本数据类型，也可以是一个构造类型。结构体既然是一种构造而成的数据类型，那么在说明和使用之前必须先定义它，也就是构造它，如同在说明和调用函数之前要先定义函数一样。

2. 结构体类型的定义

定义一个结构体类型的一般形式为

```
struct 结构体名{
  成员列表
```

```
};
```

成员表由若干个成员组成，每个成员都是该结构体的一个组成部分。对每个成员也必须作类型说明，其形式为

类型说明符 成员名;

成员名的命名应符合标识符的书写规定。例如：

```
struct stu{
  int num;
  char name[20];
  char sex;
  float score;
};
```

在这个结构体定义中，结构体名为 stu，该结构体由 4 个成员组成。第一个成员为 num，整型变量；第二个成员为 name，字符数组；第三个成员为 sex，字符变量；第四个成员为 score，实型变量。应注意在括号后的分号是不可少的。结构体类型定义之后，即可进行该类型变量的说明。凡说明为结构体 stu 的变量都由上述 4 个成员组成。由此可见，结构体是一种复杂的数据类型，是数目固定、类型不同的若干有序变量的集合。

结构体成员在内存中按定义时的顺序依次存储，所占内存大小理论上为所有成员大小之和，实际上与编译环境和内存对齐理论有关，详情请在互联网查阅或下载本书参考资料。

3. 结构体类型变量的定义

定义结构体变量有以下 3 种方法。以上面定义的 stu 为例来加以说明。

(1) 先定义结构体，再定义结构体变量。例如：

```
struct stu{
  int num;
  char name[20];
  char sex;
  float score;
};
struct stu s1,s2;
```

说明了两个变量 s1、s2 为 stu 结构类型。也可以通过宏定义的方法用一个符号常量来表示一个结构体类型，例如：

```
#define STU struct stu
STU{
  int num;
  char name[20];
  char sex;
  float score;
};
STU s1,s2;
```

(2) 在定义结构体类型的同时说明结构变量。例如：

```
struct stu{
  int num;
  char name[20];
  char sex;
  float score;
}s1,s2;
```

(3) 直接说明结构体变量。例如：

```
struct
{ int num;
  char name[20];
  char sex;
  float score;
}s1,s2;
```

第三种方法与第二种方法的区别在于第三种方法中省去了结构体名，而直接给出结构体变量。3 种方法中说明的 s1、s2 变量都具有相同的成员分量。说明了 s1、s2 变量为 stu 类型后，即可向这两个变量中的各个成员赋值。在上述 stu 结构体定义中，所有的成员都是基本数据类型或数组类型。

一个结构体的成员也可以又是一个结构体，即嵌套的结构体。例如：

```
struct date{
  int month;
  int day;
  int year;
}
struct{
  int num;
  char name[20];
  char sex;
  struct date birthday;
  float score;
}s1,s2;
```

首先定义一个结构体 date，由 month、day、year 3 个成员组成。在定义并说明变量 s1 和 s2 时，其中的成员 birthday 被说明为 date 结构体类型。

需要说明的是：结构体中的成员名可以和程序中其他变量同名，它们之间是互不干扰的，因为在 C 语言中访问成员变量和访问普通变量的方法是不同的。

4. 结构体变量成员的引用

在程序中使用结构体变量时，往往不把它作为一个整体来使用。在 ANSI C 中除了允许具有相同类型的结构体变量相互赋值以外，一般对结构体变量的使用，包括赋值、输入、输出、运算等都是通过结构体变量的成员来实现的。

引用结构体变量成员的一般形式是

结构体变量名.成员名

例如：

```
s1.num              /* 即结构体变量 s1 的学号成员 */
s2.sex              /* 即结构体变量 s2 的性别成员 */
```

如果成员本身又是一个结构体则必须逐级找到最低级的成员才能使用。例如：

```
s1.birthday.month   /* 即 s1 的生日成员的月份 */
```

成员变量可以在程序中单独使用，与普通变量完全相同。

5. 结构体变量的赋值

前面已经介绍了，给结构体变量赋值就是给各成员赋值。可用输入语句或赋值语句来完成。具有相同类型的结构体变量之间也可相互赋值。

程序清单 12-01-01.c

```
//给结构体变量赋值并输出其值
int main(){
    struct stu{
        int num;
        char name[20];
        char sex;
        double score;
    }s1,s2;
    s1.num=1001;
    strcpy(s1.name,"Xiaodi Ma");
    printf("Input sex and score:");
    scanf("%c%lf",&s1.sex,&s1.score);
    s2=s1;
    printf("Number=%d\nName=%s\n",s2.num,s2.name);
    printf("Sex=%c\nScore=%f\n",s2.sex,s2.score);
}
```

执行程序，提示及输入如下：

```
Input sex and score:M   99↙
```

输出

```
Number=1001
Name=Xiaodi Ma
Sex=M
Score=99.000000
```

程序分析：

本程序中用赋值语句给 num 和 name 两个成员赋值，name 是一个字符数组。用 scanf

函数动态地输入 sex 和 score 成员值，然后把 s1 的所有成员的值整体赋予 s2。最后分别输出 s2 的各个成员值。本例表示了结构体变量的赋值、输入和输出的方法。

6. 结构体变量的初始化

可以在定义结构体变量时对其进行初始化赋值，像其他类型的变量一样。对结构体变量的初始化赋值其实就是对其各个分量进行初始化赋值操作。

程序清单 12-01-02.c

```
//结构体变量初始化程序举例
struct stu{
    int num;
    char name[20];
    char sex;
    float score;
};
int main(){
    struct stu s1={1001,"Xinhao Li",'M',89.0},
               s2={1002,"Xiaodi Ma"};
    s2.sex=s1.sex;
    printf("s1.Number=%d s1.Name=%s s1.Sex=%c s1.Score=%f\n",
            s1.num,s1.name,s1.sex,s1.score);
    printf("s2.Number=%d s2.Name=%s s2.Sex=%c s2.Score=%f\n",
            s2.num,s2.name,s2.sex,s2.score);
}
```

执行程序，输出

```
s1.Number=1001 s1.Name=Xinhao Li s1.Sex=M s1.Score=89.000000
s2.Number=1002 s2.Name=Xiaodi Ma s2.Sex=M s2.Score=0.000000
```

程序分析：

在本例中，结构体类型的说明放在了主函数之外，是一个全局类型说明。这样，其他函数也可以使用这一类型。如果将结构体类型说明放在主函数之内，那么在其他函数中就不能直接使用这一类型来定义变量了。

程序中 s1、s2 被定义为结构体变量，并分别对它们进行了初始化赋值。其中，对变量 s1 的全部分量进行了初始化，对变量 s2 的部分分量进行了初始化，这是允许的。在 main 函数中，把 s1 的 sex 分量值赋予 s2 的 sex 分量，然后用两个 printf 语句分别输出 s1、s2 各成员的值。

7. 结构体数组

数组的元素类型也可以是结构体类型，因此可以定义结构体数组。结构体数组的每一个元素都是具有相同结构体类型的变量。在实际应用中，经常用结构体数组来表示具有相同数据结构的一个实体群，如一个班的学生档案、一个单位职工的工资表等。

结构体数组的定义方法和结构体变量相似，只需说明它为数组类型即可。例如：

```
struct stu{
  int num;
  char name[20];
  char sex;
  float score;
}s[5];
```

定义了一个结构体数组 s，共有 5 个元素，s[0]～s[4]。每个数组元素都具有 struct stu 的结构形式。对结构体数组也可以作初始化赋值，例如：

```
struct stu{
  int num;
  char name[20];
  char sex;
  double score;
}s[5]={ {1001,"Yaolin Pan"   , 'M',  89},
        {1002,"Yuhang Gao"   , 'M',98.9},
        {1003,"Junyuan Gao"  , 'F',42.5},
        {1004,"Hongpeng Yang", 'F',  72},
        {1005,"Yuxuan Han"   , 'M',  35},
    };
```

可见，对结构体数组的初始化赋值在形式上类似于二维数组，每个内层大括号负责一个结构体数组元素，内层大括号之间用逗号分隔。

同样，当对全部元素作初始化赋值时，也可以不给出数组长度。

程序清单 12-01-03.c

```
//对以上结构体数组数据，计算学生的总成绩、平均成绩和不及格的人数
struct stu{
    int num;
    char name[20];
    char sex;
    double score;
}s[5]={ {1001,"Yaolin Pan"   , 'M',  89},
        {1002,"Yuhang Gao"   , 'M',98.9},
        {1003,"Junyuan Gao"  , 'F',42.5},
        {1004,"Hongpeng Yang", 'F',  72},
        {1005,"Yuxuan Han"   , 'M',  35},
    };
int main(){
    int i,count=0;
    double average,sum=0;
    for(i=0;i<5;i++){
      sum+=s[i].score;
      if(s[i].score<60) count++;
    }
```

```
    printf("总 成 绩:%lf\n",sum);
    average=sum/5;
    printf("平均成绩:%lf\n不 及 格:%d 人.\n",average,count);
}
```

执行程序,输出

```
总 成 绩:337.400000
平均成绩:67.480000
不 及 格:2 人.
```

程序分析:

在本例程序中定义了一个外部结构体数组 s,共 5 个元素,并作了初始化赋值。在 main 中用 for 语句逐个累加各元素的 score 成员值存于 sum 之中,如 score 的值小于 60,则计数器 count 加 1,循环完毕后计算平均成绩,并输出全班总成绩、平均成绩及格人数。

程序清单 12-01-04.c

```
//建立同学通讯录
#include"stdio.h"
#define NUM 3
struct student{
    char name[20];
    char phone[20];
};
int main(){
    struct student p[NUM];
    int i;
    for(i=0;i<NUM;i++){
      printf("input name:");
      gets(p[i].name);
      printf("input phone:");
      gets(p[i].phone);
    }
    printf("name\t\t\tphone\n");
    for(i=0;i<NUM;i++)
    printf("%s\t\t\t%s\n",p[i].name,p[i].phone);
}
```

执行程序,依次输入

```
input name:马晓迪
input phone:13000001234
input name:王冠翔
input phone:13666667777
input name:高宇航
input phone:18601105886
```

输出

```
name          phone
马晓迪        13000001234
王冠翔        13666667777
高宇航        18601105886
```

程序分析：

本程序中定义了一个结构体 struct student，它有两个成员 name 和 phone 用来表示姓名和电话号码。在主函数中定义 p 为 struct student 类型的结构体数组。在 for 语句中，用 gets 函数分别输入各个元素中两个成员的值。然后又在 for 语句中用 printf 语句输出各元素中的两个成员值。

12.2 结构体指针

1. 结构体指针变量

一个指针变量当用来指向一个结构体变量时，称为结构体指针变量。结构体指针变量中的值是所指向的结构体变量的首地址。通过结构体指针即可访问该结构体变量，这与数组指针和函数指针的情况是相同的。

2. 结构体指针变量的定义和使用

结构体指针变量定义的一般形式为

struct 结构体名 *结构体指针变量名；

在前面的例中定义了 stu 这个结构体，如果要说明一个指向 stu 的指针变量 pstu，可写为

```
struct stu *pstu;
```

当然也可在定义 stu 结构体时同时说明 pstu。与前面讨论的各类指针变量相同，结构体指针变量也必须先赋值后使用。赋值是把结构体变量的首地址赋予该指针变量，不能把结构体名赋予该指针变量。如果 s 是被说明为 stu 类型的结构体变量，则 pstu=&s 是正确的，而 pstu=&stu 是错误的。

结构体名和结构体变量是两个不同的概念，不能混淆。结构体名只能表示一个结构体形式，编译系统并不对它分配内存空间。只有当某变量被说明为这种类型的结构体时，才对该变量分配存储空间。因此上面 &stu 这种写法是错误的，不可能取得一个结构名的首地址。有了结构体指针变量，就能更方便地访问结构体变量的各个成员。

通过结构体指针访问结构体变量的一般形式为

(*结构体指针变量).成员名

或为

结构体指针变量->成员名

例如：

```
(*pstu).num
```

或者

```
pstu->num
```

应该注意(*pstu)两侧的括号不可少,因为成员符"."的优先级高于"*"。如果去掉括号写作*pstu.num,则等效于*(pstu.num),这样意义就完全不对了。下面通过例子来说明结构体指针变量的具体说明和使用方法。

程序清单 12-02-01.c

```
//结构体指针变量程序举例
#define FORMAT "Number=%d Name=%s Sex=%c Score=%lf\n"
struct stu{
    int num;
    char name[20];
    char sex;
    float score;
}s1={102,"XinHao_Li",'M',78.5}, *pstu;
int main(){
    pstu=&s1;
    printf(FORMAT,s1.num,s1.name,s1.sex,s1.score);
    printf(FORMAT,(*pstu).num,(*pstu).name,(*pstu).sex,(*pstu).score);
    printf(FORMAT,pstu->num,pstu->name,pstu->sex,pstu->score);
}
```

执行程序,输出

```
Number=102 Name=XinHao_Li Sex=M Score=78.500000
Number=102 Name=XinHao_Li Sex=M Score=78.500000
Number=102 Name=XinHao_Li Sex=M Score=78.500000
```

程序分析:

本例程序定义了一个结构体 stu,定义了 stu 类型结构体变量 s1 并作了初始化赋值,还定义了一个指向 stu 类型结构体的指针变量 pstu。在 main 函数中,pstu 被赋予 s1 的地址,因此 pstu 指向 s1。然后在 printf 语句内用 3 种形式输出 s1 的各个成员值。从运行结果可以看出:

结构体变量.成员名
(*结构体指针变量).成员名
结构体指针变量->成员名

这 3 种用于表示结构体成员的形式是完全等效的。

3. 指向结构体数组的结构体指针

结构体指针变量可以指向一个结构体数组,这时结构体指针变量的值是整个结构体数组的首地址。结构体指针变量也可指向结构体数组的一个元素,这时结构体指针变量的值是该结构体数组元素的首地址。设 ps 为指向结构体数组的指针变量，则 ps 也指向该结构体数组的 0 号元素，ps+1 指向 1 号元素，ps+i 则指向 i 号元素。这与普通数组的情况是一致的。

程序清单 12-02-02.c

```
//用指针变量输出结构体数组
struct stu{
    int num;
    char name[20];
    char sex;
    double score;
}s[5]={  {101,"XiaoDi_Ma"     , 'M',  45},
         {102,"JuHao_Zhu"     , 'M',62.5},
         {103,"XinHao_Li"     , 'F',92.5},
         {104,"HongPeng_Yang", 'F',  87},
         {105,"YuHang_Gao"    , 'M',  58}
      };
int main(){
    struct stu *ps;
    printf("学号\t 姓名\t\t 性别\t 成绩\n");
    for(ps=s;ps<s+5;ps++)
      printf("%d\t%s\t%c\t%lf\t\n",ps->num,ps->name,ps->sex,ps->score);
}
```

执行程序，输出

```
学号    姓名            性别    成绩
101     XiaoDi_Ma       M       45.000000
102     JuHao_Zhu       M       62.500000
103     XinHao_Li       F       92.500000
104     HongPeng_Yang   F       87.000000
105     YuHang_Gao      M       58.000000
```

程序分析：

在程序中，定义了 stu 结构体类型的外部数组 s 并作了初始化赋值。在 main 函数内定义 ps 为指向 stu 类型的指针。在循环语句 for 的表达式 1 中，ps 被赋予 s 的首地址，然后循环 5 次，输出 s 数组中各成员值。

应该注意的是，一个结构体指针变量虽然可以用来访问结构体变量或结构体数组元素的成员，但是，不能使它指向一个成员，也就是说不允许取一个成员的地址赋予它。因此，下面的赋值是错误的。

```
ps=&s[1].sex;  /*尽管不一定产生编译错误，但程序的逻辑一定是混乱的*/
```

而只能是

```
ps=s;          /* 赋予数组首地址 */
```

或者是

```
ps=&s[i];        /* 赋予某个元素首地址 */
```

4. 结构指针作函数参数

在 ANSI C 标准中允许用结构体变量作函数参数进行整体传送。但是这种传送要将全部成员逐个传送,特别是成员为数组时将会使传送的时间和空间开销很大,严重地降低了程序的效率。因此最好的办法就是使用指针,即用指针变量作函数参数进行传送。这时由实参传向形参的只是地址,从而减少了时间和空间的开销。

程序清单 12-02-03.c

```
//计算一组学生的总成绩、平均成绩和不及格人数(用结构体指针变量作函数参数编程)
struct stu{
    int num;
    char name[20];
    char sex;
    double score;
}s[5]={  {101,"Li ping"    , 'M',  45},
         {102,"Zhang ping" , 'M',42.5},
         {103,"He fang"    , 'F',92.5},
         {104,"Cheng ling" , 'F',  87},
         {105,"Wang ming"  , 'M',  58}
      };
int main(){
    ave(s);
}
void ave(struct stu *ps){
    int c=0,i;
    double ave,s=0;
    for(i=0;i<5;i++,ps++){
      s+=ps->score;
      if(ps->score<60) c+=1;
    }
    printf("总成绩:%lf,",s);
    ave=s/5;
    printf("平均成绩:%lf,不及格:%d人.",ave,c);
}
```

执行程序,输出

```
总成绩:325.000000,平均成绩:65.000000,不及格:3人.
```

程序分析:

本程序中定义了函数 ave,其形参为结构体指针变量 ps。s 被定义为外部结构体数组,因此在整个源程序中有效。在 main 函数中把 s(数组首地址)作实参调用函数 ave。在函数

ave 中完成计算平均成绩和统计不及格人数的工作并输出结果。由于本程序全部采用指针变量作运算和处理，故速度更快，程序效率更高。

12.3 共用体

1. 认识共用体

在实际问题中有很多这样的例子，例如在某学校的某个调查表中有"单位"这一项，对于教师来说应该填写某系某教研室(字符串)，而对于学生来说应该填写班级编号(整数)。这样就要求把这两种类型不同的数据都填入"单位"这个变量中。如何处理这一问题呢？C 语言提供了一个新的数据类型——共用体，可以解决这一问题。

共用体也称为联合，与结构体有一些相似之处。但两者有本质上的不同。在结构体中各成员有各自的内存空间，一个结构体变量的总长度是各成员长度之和。而在共用体中，各成员共享一段内存空间，一个共用体变量的长度等于各成员中最长的长度。应该说明的是，这里所谓的共享不是指把多个成员同时装入一个共用体变量内，而是指该共用体变量可被赋予任一成员值，但每次只能赋一种值，赋入新值则冲去旧值。例如前面介绍的"单位"变量，如果定义为一个可装入班级或教研室的联合后，就允许赋予整型值(班级)或字符串(教研室)。要么赋予整型值，要么赋予字符串，不能把两者同时赋予它。

2. 共用体类型的定义

一个共用体类型必须经过定义之后才能把变量说明为该共用体类型。

定义一个共用体类型的一般形式为

```
union 共用体名 {
  成员表
};
```

成员表中含有若干成员，成员的一般形式为

```
类型说明符 成员名;
```

成员名的命名应符合标识符的规定。

例如：

```
union perdata{
  int class;
  char office[10];
};
```

定义了一个名为 perdata 的共用体类型，它含有两个成员：一个为整型，成员名为 class；另一个为字符数组，数组名为 office。共用体定义之后，即可进行共用体变量说明，被说明为 perdata 类型的变量可以存放整型量 class 或存放字符数组 office。

3. 共用体变量的说明

共用体变量的说明和结构变量的说明方式相同，也有 3 种形式：先定义再说明，定义同时说明和直接说明。以 perdata 类型为例，说明如下：

```
union perdata{
  int class;
  char office[10];
};
union perdata a,b; /*说明 a、b 为 perdata 类型*/
```

或者可同时说明为

```
union perdata{
  int class;
  char office[10];
}a,b;
```

或直接说明为

```
union{
  int class;
  char office[10];
}a,b
```

经说明后的 a、b 变量均为 perdata 类型。a、b 变量的长度应等于 perdata 的成员中最长的长度，即等于 office 数组的长度，共 10 字节。a、b 变量如赋予整型值时，只使用了 4 字节，而赋予字符数组时，可用 10 字节。

4. 共用体变量的赋值和使用

对共用体变量的赋值和使用都只能是对变量的成员进行。共用体变量的成员表示为

共用体变量名.成员名

例如，a 被说明为 perdata 类型的变量之后，可使用 a.class 及 a.office。不允许只用共用体变量名作赋值或其他操作，也不允许对共用体变量作初始化赋值，赋值只能在程序中进行。还要再强调说明的是，对一个共用体变量，每次只能赋予一个成员值。换句话说，一个共用体变量的值就是共用体变量的某一个成员值。

程序清单 12-03-01.c

```
/*
设有一个教师与学生通用的表格，教师数据有姓名、年龄、职务、教研室 4 项。学生有姓名、年龄、职务、班级 4 项。编程输入人员数据，再以表格输出
*/
struct{
    char name[10];
    int age;
    char job;
    union{
      int class;
      char office[10];
```

```
    } depa;
}body[2];
int main(){
    int n,i;
    for(i=0;i<2;i++){
      printf("请输入姓名、年龄、职务(s/t)和部门:");
      scanf("%s %d %c",body[i].name,&body[i].age,&body[i].job);
      if(body[i].job=='s')
        scanf("%d",&body[i].depa.class);
      else
        scanf("%s",body[i].depa.office);
    }
    printf("姓名\t年龄\t职务\t班级/教研室\n");
    for(i=0;i<2;i++){
      if(body[i].job=='s')
        printf("%s\t%3d\t%3c\t%d\n",body[i].name,body[i].age,
                 body[i].job,body[i].depa.class);
      else
        printf("%s\t%3d\t%3c\t%s\n",body[i].name,body[i].age,
                 body[i].job,body[i].depa.office);
    }
}
```

执行程序,输入数据:

```
请输入姓名、年龄、职务(s/t)和部门:于延  40  t  媒体设计
请输入姓名、年龄、职务(s/t)和部门:马晓迪 20 s  201411
```

输出

```
姓名    年龄    职务    班级/教研室
于延     40      t      媒体设计
马晓迪   20      s      201411
```

程序分析:

本例程序用一个结构数组 body 来存放人员数据,该结构共有 4 个成员。其中成员项 depa 是一个共用体类型,这个共用体又由两个成员组成,一个为整型量 class,另一个为字符数组 office。在程序的第一个 for 语句中,输入人员的各项数据,先输入结构的前 3 个成员 name、age 和 job,然后判别 job 成员项,如为 s 则对共用体 depa. class 输入(对学生赋予班级编号),否则对 depa. office 输入(对教师赋予教研组名)。

对于结构体与共用体,请大家注意以下几点:

(1) 结构体和共用体是两种构造类型数据,是用户定义新数据类型的重要手段。结构体和共用体有很多的相似之处:它们都是由成员组成的;成员可以具有不同的数据类型;成员的表示方法相同;都可用 3 种方式作变量说明。

(2) 在结构体中,各成员都占有自己的内存空间,它们是同时存在的。一个结构体变量的总长度等于所有成员长度之和。在共用体中,所有成员不能同时占用它的内存空间,它们

不能同时存在。共用体变量的长度等于最长的成员的长度。

(3)"."是成员运算符,可用它表示成员项,成员还可用"->"运算符来表示。

(4)结构体变量可以作为函数参数,函数也可返回指向结构体的指针变量。而共用体变量不能作为函数参数,函数也不能返回指向共用体的指针变量,但可以使用指向共用体变量的指针,也可使用共用体数组。

(5)结构体定义允许嵌套,结构体中也可用共用体作为成员,形成结构体和共用体的嵌套。

12.4 链表

1. 认识链表

链表是一种常见的重要的数据结构,它是动态地进行内存存储分配的一种结构。

用数组存放数据时,必须事先定义固定的长度(即元素个数),但是事先难以确定有多少个元素时,则必须把数组定义得足够大,以保证成功。显然,这会造成内存浪费,然而,链表则没有这种缺点,它可以根据需要动态开辟内存单元。图 12-1 表示最简单的一种带头结点的单向链表的结构。

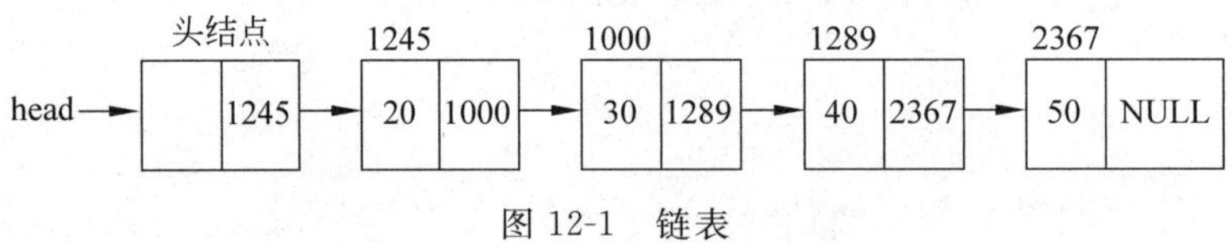

图 12-1 链表

链表中的每一个元素称为**结点**,每个结点都包含两部分信息:用户需要用的实际数据和下一个结点的地址。链表有一个**头指针**变量,图中以 head 表示,它存放一个地址,该地址指向头结点,头结点的指针域指向第一个元素,第一个元素的指针域又指向第二个元素……直到最后一个元素,它称为**尾结点**,它的指针域部分值为 NULL。

由上面的链表可知,链表中的**各个元素在内存中可以不是连续存放的**,但是要找到某一元素,必须知道它的地址,这就需要从头指针(head)开始扫描每一个结点,找到它前一个元素,获得它的地址,才能对它进行访问。

2. 链表的定义

链表结构必须利用指针变量才能实现,即一个结点中应包含一个指针变量,用它存放下一个结点的地址。12.1 节中介绍的结构体变量用来描述链表中的结点最合适。

一个结构体变量包含若干成员,这些成员可以是数值类型、字符类型、数组类型,也可以是指针类型。可以用这个指针类型成员存放下一个结点的地址。例如,可以设计如下结构体类型:

```
struct LNode{
    int data;                      //数据域
    struct LNode * next;           //指针域
};
```

其中，成员 data 用来存放结点中的有用数据（用户需要的数据），相当于图 12-1 结点中的 20、30、40、50。next 是指针类型的成员，它指向 struct LNode 类型数据（这就是 next 所在的结构体类型），它存储的是同类型结点的地址，即指向下一个结点。

注意：struct LNode 只是链表结点的类型，如果想要构成一个链表，需要定义几个变量（结点），让前一个结点的指针保存后一个结点的地址，以此类推，就链成一个链表了。

下面介绍一系列的链表操作，包括链表的创建、输出以及链表元素的删除、插入、查找等。通过 struct LNode 类型来表现这一过程。

3. 链表的创建

建立动态链表是指在程序执行过程中从无到有地建立起一个链表，即一个一个地开辟结点，输入结点数据，并链接起来。

程序清单 12-04-01.c

```
//建立一个有 size 个元素的链表
void creat(struct LNode * head,int size){
    struct LNode * p, * new_node;
    int i,n;
    //依次读入结点数据
    p=head;
    for(i=1;i<=size;i++){
      scanf("%d",&n);
      //初始化新结点
      new_node=(struct LNode * )malloc(sizeof(struct LNode));
      new_node->data=n;
      new_node->next=NULL;
      //新结点接入到链表尾
      p->next=new_node;
      //p 指针后移
      p=p->next;
    }
}
```

4. 链表的输出

依次扫描每个结点，输出数据域的值。

程序清单 12-04-02.c

```
//将链表中各结点的数据依次输出
void print(struct LNode * head){
    struct LNode * p;
    p=head->next;
    while(p!=NULL){
      printf("%d ",p->data);
      p=p->next;
```

```
    }
}
```

5. 链表元素的插入

对链表的插入是指将一个结点插入到一个已有的链表中。

程序清单 12-04-03.c

```
//在链表 head 中的第 i 个位置之前插入元素 e
void ListInsert(struct LNode * head,int i,int e){
    struct LNode * p, * new_node;
    int k;
    //生成新结点
    new_node=(struct LNode * )malloc(sizeof(struct LNode));
    new_node->data=e;
    new_node->next=NULL;
    //使 p 指向插入位置的前一个结点
    p=head;
    for(k=2;k<=i&&p->next;k++) p=p->next;
    //插入结点
    if(p->next==NULL)              //插入到表尾
      p->next=new_node;
    else{                          //插入到 p 所指向结点之后
      new_node->next=p->next;
      p->next=new_node;
    }
}
```

6. 链表元素的删除

对链表的删除是指将一个结点从一个已有的链表中删除。

程序清单 12-04-04.c

```
//从链表 head 中删除第 i 个元素
void ListDelete(struct LNode * head,int i){
    struct LNode * p, * q;
    int k;
    //使 p 指向被删除结点的前一个结点
    p=head;
    for(k=2;k<=i&&p->next;k++) p=p->next;
    if(p->next){
      q=p->next;                   //q 指向被删除的结点
      p->next=p->next->next;       //把被删除结点从链表删除
      free(q);                     //释放 q
    }
}
```

7. 链表元素的查找

对链表的查找是指在一个已有的链表中查找指定的元素。

程序清单 12-04-05.c

```
//返回链表 head 中第 1 个与 e 相等的数据元素的位序,若不存在,则返回-1
int LocateElem(struct LNode * head,char n){
    int i=0;
    struct LNode * p;
    p=head->next;
    while(p){
      i++;
      if(p->data==n) return i;
      p=p->next;
    }
    return -1;
}
```

8. 链表的综合操作

将以上创建、输出、插入、删除和查找操作组织在一个 C 程序中,即在 main 函数中调用程序清单 12-04-01.c 至程序清单 12-04-05.c 给出的 5 个函数,完成链表的整体操作。

程序清单 12-04-06.c

```
//定义链表,创建一个链表,对它进行插入、删除、查找和输出操作
int main(){
    struct LNode * head=NULL;
    char e,dele;
    int sel,i,n;
    //初始化头结点
    head=(struct LNode * )malloc(sizeof(struct LNode));
    head->next=NULL;
    sel=-1;
    while(sel!=0){
        printf("\n请选择操作(1.创建 2.输出 3.插入 4.删除 5.查找 0.退出):");
        scanf("%d",&sel);
        switch(sel){
            case 1:
              printf("请输入要创建链表的元素个数:");
              scanf("%d",&n);
              creat(head,n);
              break;
            case 2:
              printf("所有链表元素如下:\n");
              print(head);
```

```
                break;
            case 3:
                printf("请输入要插入的元素:");
                scanf("%d",&n);
                printf("请输入要插入的位置:");
                scanf("%d",&i);
                ListInsert(head,i,n);
                break;
            case 4:
                printf("请输入要删除元素的位置:");
                scanf("%d",&i);
                ListDelete(head,i);
                break;
            case 5:
                printf("请输入要查找的元素:");
                scanf("%d",&n);
                i=LocateElem(head,n);
                if(i!=-1) printf("%d是链表的第%d个元素\n",n,i);
                else      printf("查找失败\n");
                break;
            case 0:
                break;
        }
    }
    return 0;
}
```

12.5 枚举

1. 用枚举代替符号常量

在程序中,可能需要为某些整数定义一个别名,可以利用预处理命令#define来完成这项工作,例如用如下形式定义星期数据常量:

```
#define MON   1
#define TUE   2
#define WED   3
#define THU   4
#define FRI   5
#define SAT   6
#define SUN   7
```

在C语言中可以定义一种新的构造数据类型,它能完成同样的工作。这种新的数据类型叫枚举型。

2. 枚举型的定义

以下代码定义了这种新的数据类型——枚举型。

```
enum DAY{
    MON=1, TUE, WED, THU, FRI, SAT, SUN
};
```

(1) enum 是定义枚举型数据的关键词,枚举型是一个集合。集合中的元素(枚举成员)是一些标识符,其值为整型常量,定义时元素之间用逗号隔开,类型定义以分号结束。

(2) DAY 是一个用户定义标识符,可以看成这个枚举型的名字。

(3) 第一个枚举成员的默认值为整型的 0,后续枚举成员的值为前一个成员的值加 1。

(4) 可以人为设定枚举成员的值,从而自定义某个范围内的整数。

(5) 枚举型数据可以看作是预处理命令 #define 的替代。

3. 枚举型变量的定义

与结构体类似,枚举型变量用以下几种方式定义:

(1) 枚举类型的定义和变量的声明分开。例如:

```
enum DAY{
    MON=1, TUE, WED, THU, FRI, SAT, SUN
};
enum DAY day1,day2,today;
```

这里 enum DAY 为枚举型的名称。

(2) 类型定义与变量声明同时进行。例如:

```
enum{                                   //省略枚举型的名称
    MON=1, TUE, WED, THU, FRI, SAT, SUN
} day1,day2,today;
```

(3) 用 typedef 关键字为枚举型定义别名,并利用该别名进行变量声明。例如:

```
typedef enum DAY{                       //此处可以省略 DAY
    MON=1, TUE, WED, THU, FRI, SAT, SUN
} WORKDAY;                              //此处的 WORKDAY 为枚举型 enum DAY 的别名
WORKDAY day1,day2,today;
```

4. 枚举型变量的使用

枚举型变量和其他变量一样可以参与各种运算,请分析以下两个程序。

程序清单 12-05-01.c

```
#include<stdio.h>
enum DAY{ MON=1, TUE, WED, THU, FRI, SAT, SUN };
int main(){
    enum DAY yesterday=MON, today, tomorrow;
```

```
    today     =TUE;
    tomorrow  =today+1;
    printf("%d %d %d \n", yesterday, today, tomorrow);
}
```

执行程序，输出

```
1 2 3
```

程序分析：

枚举元素实际上是整型常量，枚举型变量在定义时可以赋初值，实际得到的是整型值，在程序中可以参与运算。

不建议直接将整型常量或表达式的值赋值给枚举型变量，应该先进行类型转换。因此本例程序中的语句 tomorrow＝today＋1；最好改成 tomorrow＝(enum DAY)(today＋1)；。

程序清单 12-05-02.c

```
#include<stdio.h>
typedef enum{
    MON=1, TUE, WED, THU, FRI, SAT, SUN
}WEEK_DAY;
int main(){
    int i;
    WEEK_DAY day,date[32];
    day=SAT;                    //2016年10月1日是星期六
    for(i=1;i<=31;i++){
        date[i]=day;
        day++;
        if(day>7)day=1;
    }
    for(i=1;i<=31;i++){
        printf("\n2016年10月%02d日:",i);
        switch(date[i]){
            case MON: printf("星期一"); break;
            case TUE: printf("星期二"); break;
            case WED: printf("星期三"); break;
            case THU: printf("星期四"); break;
            case FRI: printf("星期五"); break;
            case SAT: printf("星期六"); break;
            case SUN: printf("星期日"); break;
        }
    }
}
```

执行程序，输出

```
2016年10月01日:星期六
2016年10月02日:星期日
```

```
2016年10月03日:星期一
...
2016年10月29日:星期六
2016年10月30日:星期日
2016年10月31日:星期一
```

程序分析：

请注意,本程序中枚举型常量MON的值为1,以后依次加1。

本例程序输出2016年10月的每一天是星期几。

习题12

一、选择题

1. 根据如下定义,能输出字母M的语句是(　　)。(参考代码：XT_12_01_01.c)

```
struct person{char name[9]; int age;};
struct person stu[]={"John",17,"Paul",19,"Mary",18,"Adam",16};
```

A. printf("%c",stu[3].name);　　B. printf("%c",stu[3].name[1]);

C. printf("%c",stu[2].name[1]);　　D. printf("%c",stu[2].name[0]);

2. 设有以下说明语句，则下面的叙述中不正确的是(　　)。

```
struct ex{ int x;float y;char z;}example;
```

A. struct是结构体类型的关键字　　B. example是结构体类型

C. x、y、z都是结构体成员名　　D. struct ex是结构体类型名

3. 以下程序的输出是(　　)。(参考代码：XT_12_01_03.c)

```
#include<stdio.h>
struct st{int x;int *y;} *p;
int dt[4]={10,20,30,40};
struct st aa[4]={ 50,&dt[0],60,&dt[1],70,&dt[2],80,&dt[3]};
int main(){
    p=aa+2;printf("%d",p->x+*(p->y));
}
```

A. 60　　B. 80　　C. 100　　D. 120

4. 在C语言中,当定义一个结构体类型并用其定义某变量后,系统分配给该变量的内存大小是(　　)。

A. 各成员所需要内存空间的总和　　B. 第一个成员所占内存空间

C. 所有成员中占空间最大者　　D. 所有成员中占空间最小者

5. 以下程序的运行结果是(　　)。(参考代码：XT_12_01_05.c)

```
#include<stdio.h>
int main(){
    struct  abcd{
```

```
        int m;
        int n;
    }cm[2]={1,2,3,7};
    printf("%d",cm[0].n/cm[0].m*cm[1].m);
}
```

A. 0　　B. 1　　C. 3　　D. 6

6. 若有下面的定义和语句，接下来正确的语句是(　　)。(参考代码：XT_12_01_06.c)

```
union  data{
   int i;  char c;   float  f;
}a;
int n;
```

A. a=5　　B. a={2,'a',1.2　}

C. printf("%d",a.i);　　D. n=a;

7. 在C语言中，若有如下的定义，则共用体变量m所占内存的字节数是(　　)。(参考代码：XT_12_01_07.c)

```
union  student{int  a; char  b; double  c;}m;
```

A. 1　　B. 2　　C. 8　　D. 11

8. C语言共用体变量在程序运行期间，(　　)。

A. 所有成员都不驻留内存　　B. 只有一个成员驻留内存

C. 部分成员驻留内存　　D. 所有成员一直驻留内存

9. 已知int型数据占4字节，若有下面的说明和定义，则sizeof(struct word)的值是(　　)。(参考代码：XT_12_01_09.c)

```
struct word{
   int a; char  b;  double c;
   union  uu{double  u; int v;} ua;
} myaa;
```

A. 13　　B. 17　　C. 21　　D. 24

10. 若有定义struct link{int data; struct link　*next;} a,b,c,*p,*q;，设a、b是链表中两个相邻结点，指针p指向变量a，指针q指向新结点c。下面能够将结点c插入到链表中a、b结点之间的语句序列是(　　)。

A. a.next=c; c.next=b;

B. p.next=q;q.next=p.next;

C. p->next=&c; q->next=q->next;

D. (*p).next=q;(*q).next=&b;

11. 设有如下定义，下面各输入语句中错误的是(　　)。

```
struct  ss{char name[10]; int  age; char  sex;} std[3],*p=std;
```

A. scanf("%d",&(*p).age);　　B. scanf("%s",&std.name);

C. scanf("%c",&std[0].sex);　　　　D. scanf("%c",&(p->sex));

12. 以下对结构体变量成员引用非法的是(　　)。

```
struct student{int age; int num;}stu1, * p=&stu1;
```

A. stu1.num　　B. student.age　　C. p->num　　D. (* p).age

13. 在C语言中,下列类型属于构造类型的是(　　)。

A. 空类型　　B. 字符型　　C. 实型　　D. 共用体类型

14. 以下结构类型中可用来构造链表的是(　　)。

A. struct aa{int a; int * b;};

B. struct bb{int a; bb * b;};

C. struct cc{int * a; cc b;};

D. struct dd{int * a; aa b;};

二、填空题

1. 定义结构体的关键字是________,定义共用体的关键字是________。

2. 以下定义的结构体类型拟包含两个成员,其中成员变量info用来存入整型数据,成员变量link是指向自身结构体的指针,请将定义补充完整。

```
struct  node{ int info; _______  link; }
```

3. 有如下定义:

```
struct{int x; char * y;}tab[2]={{1,"ab"},{3,"cd"}}, * p=tab;
```

表达式p->x的结果是________,表达式(++p)->x的结果是________。

4. 假设int型数据占4字节,若有以下定义和语句,则sizeof(a)的值是________,而sizeof(b)的值是________。(参考代码:XT_12_02_04.c)

```
struct tu{int m; char n; int y;} a;
struct {float p; char q; struct tu r} b;
```

5. 假设int型数据占4字节,则变量a在内存所占字节数是________。如果将该结构改成共用体,结果为________。(参考代码:XT_12_02_05.c)

```
struct  stud {char num[6]; int s[4]; double ave;} a;
```

6. 以下程序用来输出结构体变量ex所占存储单元的字节数,请填空。

```
struct st{char name[20]; double score;};
int main(){struct st ex; printf("ex size: %d\n",_______ );}
```

三、程序阅读题

1. 写出以下程序的运行结果。(参考代码:XT_12_03_01.c)

```
struct stru{int x; char c;};
int main( ){
```

```
    struct  stru  a={10, 'x'};
    func(a);
    printf("%d, %c\n", a.x, a.c);
}
func(struct stru b){b.x=20;  b.c='y';}
```

2. 写出以下程序的运行结果。(参考代码：XT_12_03_02.c)

```
struct stru{int x; char c;};
int main( ){
    struct  stru  a={10, 'x'},  * p=&a;
    func(p);
    printf("%d, %c\n", a.x, a.c);
}
func(struct  stru  * b){b->x=20;  b->c='y';}
```

3. 写出以下程序的运行结果。(参考代码：XT_12_03_03.c)

```
#include <stdio.h>
typedef struct strin{char c[5];  char * s;}st;
int main(){
    static st  s1[2]={{"ABCD", "EFGH"}, {"IJK", "LMN"}};
    static struct  str2{st  sr;  int d;}s2={"OPQ", "RST", 32765};
    st * p[]={&s1[0], &s1[1]};
    printf("%c\n", p[0]->c[1]);    printf("%s\n", ++p[0]->s);
    printf("%c\n", s2.sr.c[2]);    printf("%d\n", s2.d+1);
}
```

4. 写出以下程序的运行结果。(参考代码：XT_12_03_04.c)

```
int main( ){
    struct EXAMPLE {
        struct {int  x;  int  y;}in;
        int  a; int  b;
    }e;
    e.a=11; e.b=2; e.in.x=e.a * e.b; e.in.y=e.a+e.b;
    printf("%d,%d", e.in.x, e.in.y);
}
```

5. 写出以下程序的运行结果。(参考代码：XT_12_03_05.c)

```
struct s{int a; float b; char  * c;};
int main( ){
    struct s x={19,83.5,"zhang"};
    struct  s  * px=&x;
    printf("%d %1f %s\n", x.a,x.b,x.c);
    printf("%d %1f %s\n", px->a, (* px).b,px->c);
    printf("%c %s\n", * (px->c+1), &px->c[1]);
}
```

6. 写出以下程序的运行结果。(参考代码:XT_12_03_06.c)

```
#include<stdio.h>
struct stu{
    int num;
    char name[10];
    int age;
};
void fun(struct stu *p){
    printf("%s",(*p).name);
}
void main(void){
    struct stu s[3]={{9801,"Zhang",20},
            {9802,"Wang",19},{9803,"Zhao",18}};
    fun(s+2);
}
```

四、编程题

1. 有13个人围成一圈,从第1个人开始顺序数数,数到3的人退出圈子,下一个人再从1开始数数,直到剩下最后一个人。用链表编程实现最后剩下的人原来的序号。(参考代码:XT_12_04_01.c)

2. 编写函数实现将一个链表按逆序重新排列到另一个链表中。(参考代码:XT_12_04_02.c)

3. 定义5个元素的struct STUDENT数组a[5],编写函数(结构体数组名作为函数参数)实现如下功能。(参考代码:XT_12_04_03.c)

(1) 从键盘输入5个学生的姓名、年龄、语文成绩、数学成绩保存到数组中。

(2) 计算这5个学生的平均分并保存到相应的结构体成员average中。

(3) 按照平均分降序排序。

(4) 输出这5个学生排序后的列表。

第13章　文　　件

在此之前,程序运行时所有的输入和输出操作都是通过键盘和显示器来进行的。无论是输入的数据还是输出的数据,都无法长期保存。如何解决这一问题呢?读者一定能想到文件这一概念,文件是程序设计中的重要内容,是计算机永久存储信息的方式。实际上在前面的各章中已经多次使用了文件,例如源程序文件、目标文件、可执行文件、库文件(头文件)等。

在C语言中,文件的各种操作都是通过系统函数来完成的,本章主要介绍文件的打开、关闭、读写等函数的使用,同时也要介绍与文件处理有关的其他函数的使用方法。

本章重点

- 文件的正确打开与关闭。
- 文件的顺序读写操作。
- 文件的随机读写操作。

本章难点

- 文件格式化读写和数据块读写操作。
- 文件随机读写操作。
- 文件操作的错误处理。
- 对文件数据流的理解。

13.1　认识文件

1. 文件

文件是指一组存储在外部介质上的相关数据的有序集合。这个数据集合有一个名称,叫作文件名。文件通常是驻留在外部介质(如磁盘)上的,在使用时才调入内存。对文件的处理主要是指对文件的读写操作,或者说是对文件的输入输出操作。

从不同的角度,文件有不同的分类方法。

2. 普通文件与设备文件

从用户的角度看,文件可分为普通文件和设备文件两种。

普通文件是指驻留在磁盘或其他外部介质上的一个有序数据集,可以是源文件、目标文件及可执行程序,也可以是一组等待输入处理的原始数据,或者是一组输出的结果。源文件、目标文件、可执行程序可以称作程序文件,用于输入输出数据的文件可称作数据文件。

设备文件是指与主机相连的各种外部设备,如显示器、打印机、键盘等。在操作系统中,通常把外部设备也看作是一个文件来进行管理。系统把对外部设备的输入、输出等同于对磁盘文件的读和写。操作系统通常把显示器定义为标准输出文件,一般情况下在屏幕上显示有关信息就是向标准输出文件写数据。例如前面经常使用的 printf、putchar 函数就是这类输出。键盘通常被指定为标准输入文件，从键盘上输入就意味着从标准输入文件读取数据。scanf、getchar 函数就属于这类输入。也可以说 printf、putchar 函数的功能是向标准输出设备（显示器）输出数据，scanf 和 getchar 函数是从标准输入设备（键盘）中读取数据。

3. ASCII 码文件与二进制文件

从文件编码的方式来看，文件可分为 ASCII 码文件和二进制文件两种。

ASCII 码文件就是只含有 ASCII 字符编码的字符文件。文本文件通常都是 ASCII 码文件，这种文件在磁盘中存放时每个字符对应 1 字节，用于存放对应的 ASCII 码。例如，字符串 CHINA 的存储形式为

ASCII 码	01000011	01001000	01001001	01001110	01000001	00000000
	↓	↓	↓	↓	↓	↓
代表字符	C	H	I	N	A	\0

共占用 6 字节。ASCII 码文件可在屏幕上按字符显示。例如 C 语言源程序文件就是 ASCII 码文件，在命令行可以使用 TYPE 命令显示文件的内容。

二进制文件是按二进制的编码方式来存放文件的。例如，整数 5678 在二进制文件中的存储形式为 00000000 00000000 00010110 00101110，占 4 字节。二进制文件虽然也可在屏幕上显示，但其内容无法读懂。

C 语言的编译系统在处理这些文件时并不区分具体的文件类型，把文件内容都看成是字符流，按字节进行处理。输入字符流与输出字符流的开始和结束只由程序控制而不受物理符号（如回车符）的控制。因此也把这种文件称作流式文件。

4. 缓冲文件系统和非缓冲文件系统

从系统处理文件方式的角度看，文件可分为缓冲文件系统和非缓冲文件系统两种。

当程序中的指令要读写文件数据时，系统并不是只对处理的那个数据进行读写，而是一次性读写一批数据存放在内存的某个区域中。这样做的目的是加快读写磁盘文件的速度。因为磁盘是机械设备，从开始启动到读写数据要花费较长的时间。当用户要读取某个数据时，先在这个内存区域中寻找，如果找到则直接从内存区域中读取数据。如果找不到则再读一次磁盘。当用户要将某个数据写到磁盘上时，先是写到这个内存区域，当内存区域中数据已写满时，将会自动地全部写入磁盘文件。这个内存区域是磁盘文件和程序中的变量之间交换数据的缓冲区域，称为文件缓冲区。

C 语言早期规定可以使用两种形式来建立这个文件缓冲区，一种称为缓冲文件系统，另一种称为非缓冲文件系统。缓冲文件系统的缓冲区是系统自动设定的，随着一个文件的打开，自动设置一段内存区域作为这个文件的缓冲区。非缓冲文件系统不会自动设置缓冲区，要求用户在程序中自己为打开的文件设置缓冲区。由于缓冲文件系统操作简单，所以 ANSI C 决定仅采用缓冲文件系统来处理文件。本章主要以缓冲文件系统为基础介绍文件的处理方法。

由于文件是存放在外部介质（磁盘等）上的，而程序只能处理内存中的数据，不能直接操作磁盘文件中的数据，因此，只有把磁盘文件中的数据读取到内存（变量、数组等）中，才能操

作文件中的数据。同样,修改文件中的数据后,由于被修改的是读到内存的数据,所以还需要将内存中的数据存回到磁盘上,才能保证文件中的数据被修改。

13.2 文件指针

1. 文件指针

文件指针是文件系统中的重要概念。在 C 语言中用一个指针变量指向一个文件,这个指针称为文件指针。通过文件指针就可对它所指向的文件进行各种操作。

由于文件指针及文件操作函数的定义被放在头文件 stdio.h 中,所以在使用文件指针及文件操作函数的程序开头应该包含下面的预处理命令:

```
#include <stdio.h>
```

2. 文件指针的定义

定义文件指针的一般形式是

FILE * 文件指针;

例如:

```
FILE * fp;
FILE * fp1, * fp2;
```

功能说明:

(1) FILE 应为大写,它实际上是由系统定义的一个结构体,该结构体中含有文件名、文件状态和文件当前位置等信息,由系统定义。通常,头文件 stdio.h 中有以下的 FILE 类型的定义:

```
typedef struct{
    short level;                //文件缓冲区占用程度
    unsigned flags;             //文件状态标志
    char fd;                    //文件描述符
    unsigned char hold;         //缓冲区为空则不予读取
    short bsize;                //缓冲区大小
    unsigned char * buffer;     //缓冲区位置
    unsigned char * curp;       //文件内部指针当前位置
    unsigned istemp;            //临时文件指示器
    short token;                //有效性检查标志
}FILE;
```

对于每一个要操作的文件,都必须定义一个指向该文件的指针。只有通过文件指针才能对其所代表的文件进行操作。FILE 结构体是由系统定义的,读者在编写源程序时不必关心它的细节。

(2) 文件指针是指向 FILE 结构体的指针变量,通过文件指针即可找到存放某个文件信息的结构体变量,然后按结构体变量提供的信息找到该文件,实施对文件的操作。也可以把文件指针称为指向一个文件的指针。

(3) 文件在进行读写操作之前要先打开,使用完毕要关闭。打开文件,实际上是建立文件的各种有关信息,并使文件指针指向该文件,以便进行其他操作。关闭文件则是断开指针与文件之间的联系,也就禁止再对该文件进行操作。在C语言中,文件操作都是由库函数来完成的。

3. 文件的打开

fopen函数用来打开一个文件,其定义形式如下:

```
FILE fopen(char * filename,char * mode)
```

调用fopen函数的一般形式为

```
fp=fopen("文件名","文件打开方式")
```

fp是已经被说明为FILE类型的指针变量。文件名是指被打开文件的名称,文件名应该是字符串常量、字符串数组或字符指针。文件打开方式是指文件的打开类型(操作要求)。例如:

```
FILE * fp;
fp=("c:\\file.dat","r");
```

其意义是打开C盘根目录下的文件file.dat,r的含义是以只读方式打开文件,并使文件指针fp指向该文件。两个反斜线\\中的第一个是转义字符。又如:

```
FILE * fp;
fp=("c:\\dat\\demo","rb")
```

其意义是打开C盘根目录下的文件夹dat下的文件demo,rb的含义是按二进制方式进行只读操作。

打开文件的方式共有12种,表13-1给出了它们的符号和意义。

表13-1 文件打开方式及意义

打开方式	意 义
rt	只读打开一个文本文件,只允许读数据
wt	只写打开或建立一个文本文件,只允许写数据
at	追加打开一个文本文件,并在文件尾写数据
rb	只读打开一个二进制文件,只允许读数据
wb	只写打开或建立一个二进制文件,只允许写数据
ab	追加打开一个二进制文件,并在文件尾写数据
rt+	读写打开一个文本文件,允许读和写
wt+	读写打开或建立一个文本文件,允许读和写

续表

打开方式	意　义
at+	读写打开一个文本文件,允许读,或在文件尾追加数据
rb+	读写打开一个二进制文件,允许读和写
wb+	读写打开或建立一个二进制文件,允许读和写
ab+	读写打开一个二进制文件,允许读,或在文件尾追加数据

对于文件打开方式有以下几点说明:

(1) 文件打开方式由r、w、a、t、b、+共6个字符拼成,各字符的含义如下:

r(read):只读方式。

w(write):只写方式。

a(append):追加方式。

t(text):文本文件,可省略不写。

b(binary):二进制文件。

+:读写方式。

(2) 凡用r打开一个文件时,该文件必须已经存在,且只能从该文件读出数据。

(3) 凡用w打开的文件只能向该文件写入。若打开的文件不存在,则以指定的文件名建立一个新文件;若打开的文件已经存在,则将该文件删去,重新创建一个新文件。

(4) 若要向一个已存在的文件追加新的信息,只能用a方式打开文件。但此时该文件必须是已经存在的,否则将会出错。

(5) 在打开一个文件时,如果操作成功,fopen将返回该文件的首地址。如果操作失败(出错),fopen将返回一个空指针值NULL。在程序中可以用这一信息来判别是否完成了打开文件的操作,并作相应的处理。因此常用以下程序段来打开文件:

```
if((fp=fopen("c:\\file.dat","rb"))==NULL){
    printf("\nError on open c:\\file.dat file!");
    getch();
    exit(1);
}
```

或者可以写成

```
fp=fopen("c:\\file.dat","rb");
if(fp==NULL){
    printf("\nError on open c:\\file.dat file!");
    getch();
    exit(1);
}
```

这段程序的意义是:如果返回的指针为空,则表示不能打开指定的文件,这时输出提示信息"Error on open c:\file.dat file!",然后系统等待用户从键盘按任一键时,程序才继续执行,因此用户可利用这个等待时间阅读出错提示(在这里起到暂停的作用)。按键后执行

exit(1)退出程序。

函数 exit 的功能是关闭所有文件并终止程序的运行，通常用 exit(1)来表示程序因有错而终止，也可以使用 exit(0)来表示程序正常终止。

标准输入文件(键盘)、标准输出文件(显示器)以及标准出错输出(出错信息)都是系统默认的设备文件，在利用这几个设备文件输入输出数据时，不需要使用 fopen 函数打开。因为这些文件是由系统自动打开的，可直接使用。

文件操作完成后，应该及时使用 fclose 函数关闭文件，以避免发生文件数据丢失等错误。

4. 文件的关闭

fclose 函数用来关闭一个文件，其定义的一般形式是

int fclose(FILE * fp)

调用 fclose 函数的一般形式是

fclose(fp)

功能说明：

(1) fp 是通过 fopen 函数赋值的指针变量。

(2) 正常完成关闭文件操作时，fclose 函数返回值为 0。如返回非零值则表示有错误发生。

一般对文件的打开与关闭操作的顺序如下所示：

```
#include "stdio.h"
…
FILE * fp;
if((fp=fopen("c:\\file.dat","rb"))==NULL){
  printf("\nerror on open c:\\file.dat file!");
  getch();
  exit(1);
}
…
fclose(fp);
…
```

程序清单 13-02-01.c

```
#include<stdio.h>
int main(){
    FILE * fp;
    fp=fopen("c:\\file.txt","r");
    if(fp==NULL){
      printf("error on open c:\\file.txt file!");
      exit(1);
    }
```

```
    else{
      printf("open c:\\file.txt success!");
    }
    fclose(fp);
}
```

执行程序，输出

```
error on open c:\file.txt file!
```

请在计算机 C 盘根目录创建一个文本文件 file.txt，然后再次执行此程序，输出

```
open c:\file.txt success!
```

5. 标准设备文件的打开与关闭

C 语言定义了 3 个标准设备文件，在使用时不必事先打开对应的设备文件，因为在系统启动后已自动打开这 3 个设备文件，并且为它们各自设置了一个文件型指针，如表 13-2 所示。

表 13-2 标准设备文件

标准设备名称	对应文件型指针名称标识符
标准输入设备(键盘)	stdin
标准输出设备(显示器)	stdout
标准错误输出设备(显示器)	stderr

程序中可以直接使用这 3 个文件型指针来处理上述 3 个标准设备文件。

标准设备文件使用后也不必关闭。因为在结束程序时，系统将自动关闭这 3 个设备文件。

程序清单 13-02-02.c

```
#include<stdio.h>
int main(){
    if(stdin==NULL){
      printf("stdin:close.");
    }
    else{
      printf("stdin:open.");
    }
}
```

6. 文件读写位置标记

我们在对文件进行读写数据操作时，会关心读和写的操作位置在哪里，读哪个位置的数据，数据写到哪个位置。在 C 语言中规定，当某个文件被打开的时候，系统自动生成一个**文件内部指针(文件读写位置标记)**指向磁盘文件中的第 1 个数据的位置。当读取了这个内部

指针指向的数据后,内部指针会自动指向下一个数据;同样,当向某个文件写入数据时,这个内部指针总是自动指向下一个要写入数据的位置。这个内部指针随着文件的打开而自动出现,随着文件的关闭而自动消失。

7. 文件尾

文件尾就是文件最后一个字节的下一个位置。在连续读取文件中的数据时,需要判断文件内部指针是否到达文件尾。若到达文件尾,则不能再读取数据,否则读取不成功。系统提供的文件尾测试函数可以帮助用户判断文件内部指针是否到达文件尾。

8. 文件尾测试函数

文件尾测试函数 feof 的定义形式如下:

```
int feof(FILE * fp)
```

调用 feof()函数的一般形式是

```
feof(fp)
```

功能说明:

(1) fp 为文件型指针,是之前通过 fopen 函数获得的,已指向某个打开的文件。

(2) 该函数的功能是测试 fp 所指向文件的内部指针是否指向文件尾。如果是文件尾则返回一个非 0 值,否则返回 0 值。

通常在读文件中的数据时,都要事先利用该函数做判断,如果不是文件尾则读取数据,如果是文件尾则不能读取数据。该函数常见的应用形式可以参看下列程序段:

```
…                       /* 设已使文件型指针 fp 指向一个可读文件 */
while(!feof(fp)){       /* 若不是文件尾则进入循环 */
…                       /* 读取一个数据并处理 */
}
```

只有这样,程序才不会因读数据而出错,尤其是在我们不知道文件中有多少个数据的时候。

程序清单 13-02-03.c

```
#include<stdio.h>
int main(){
    FILE * fp;
    fp=fopen("C:\\abc.txt","r");
    if(!fp==NULL){
      printf("文件打开失败!");
      exit(0);
    }
    printf("feof(fp)的返回值:%d\n",feof(fp));
    if(feof(fp)){
      printf("[文件内部读写标记]未达到文件尾!");
```

```
    }
    else{
       printf("[文件内部读写标记]已达到文件尾!");
    }
}
```

执行文件,输出

```
文件打开失败!
```

在 C 盘根目录创建一个空文件 abc. txt 后,再次执行此程序,输出

```
读取字符的 ASCII 码:-1
feof(fp)的返回值:16
[文件内部读写标记]已达到文件尾!
```

打开文件 abc. txt,输入 ABC 等一些字符保存后,再次执行此程序,输出

```
读取字符的 ASCII 码:65
feof(fp)的返回值:0
[文件内部读写标记]未达到文件尾!
```

13.3 读写字符函数

1. 文件的顺序读写

以某种方式打开文件以后,就可以对文件进行读数据或写数据的操作,这些操作都是通过系统函数来完成的。所有关于文件指针定义和文件读写的系统函数均包含在头文件 stdio. h 中,所以在有关文件操作的程序开头应该加上下面的文件包含预处理命令:

```
#include<stdio.h>
```

在顺序读写文件数据时,读数据操作和写数据操作只能按照从前到后的顺序依次进行,也就是读写完当前数据后,只能读写下一个数据,直到操作完成或读数据时遇到文件尾。

2. 读写字符函数

读写字符函数处理的文件类型通常是文本文件。读写的数据以字节为单位,读写字符函数包括 fputc 和 fgetc 两个函数。

3. 写字符函数 fputc

fputc 函数用来向文件中写入一个字符,函数定义形式为

```
int fputc(char ch,FILE * fp)
```

功能说明:

(1) ch 是准备写到文件中的字符,可以是字符常量或变量;fp 是已指向某个文件的文件指针。

(2) 将 ch 中的字符写到 fp 所指向的文件中内部指针指向的当前位置。

(3) 如果写入成功,该函数的返回值为刚刚写入的字符;如果写入失败,该函数的返回值为 EOF(一个由系统定义的符号常量,值为−1)。

(4) 被写入的文件可以用写、读写、追加方式打开。用写或读写方式打开一个已存在的文件时将清除原有的文件内容,写入字符从文件首开始。如需保留原有文件内容,希望写入的字符在文件末尾开始存放,必须以追加方式打开文件。

(5) 每写入一个字符,文件内部位置指针向后移动 1 字节,指向下一个将写入的位置。

问题 13-03-01 将 26 个大写英文字母写到文本文件 C:\13-03-01.TXT 中。

程序清单 13-03-01.c

```
#include "stdio.h"
int main(){
    FILE * fp;
    char c;
    if((fp=fopen("C:\\13-03-01.TXT","w"))==NULL){
      printf("file can not open!\n");
      exit(0);
    }
    for(c='A';c<='Z';c++){
      fputc(c,fp);           //字符 c 写入文件
      fputc(c,stdout);       //字符 c 写入标准输出文件,相当于 putchar(c);
    }
    fclose(fp);
}
```

执行程序,输出

```
ABCDEFGHIJKLMNOPQRSTUVWXYZ
```

然后在 C 盘的根目录找到文件 13-03-01.TXT,打开它,可以发现这个文件的内容也是 ABCDEFGHIJKLMNOPQRSTUVWXYZ。

这正是我们所希望看到的,利用这个程序我们自己创建了一个文本文件(ASCII 码文件)。程序中 fputc(c,fp)的功能正是把字符 c 写入 fp 所指向的文件中。这个程序所生成的文件内容是固定的,我们能不能自主地从键盘输入文件内容呢?请看下例。

问题 13-03-02 从键盘输入一串字符(以文件结束标志 EOF 结束,字符 EOF 在键盘输入时对应功能键 F6 或组合键 Ctrl+Z),将输入的所有内容(包括回车)写入文本文件 C:\13-03-02.TXT 中。

程序清单 13-03-02.c

```
#include<stdio.h>
int main(){
    FILE * fp; char c;
    if((fp=fopen("C:\\13-03-02.TXT","w"))==NULL){
      printf("文件打开失败!");
```

```
        exit(0);
    }
    while((c=getchar())!=EOF){
        fputc(c,fp);
    }
    fclose(fp);
}
```

运行程序,输入(∧Z代表按Ctrl+Z键)

```
HELLO!
THIS IS A C PROGRAM.
THE END.∧Z
```

打开文件C:\13-03-02.TXT,我们会发现其文件内容为

```
HELLO!
THIS IS A C PROGRAM.
THE END.
```

这也正是我们所希望的结果。利用fputc函数,可以很方便地向一个文件中写入字符。在从键盘输入字符作为文件内容时,要注意文件结束标志。有时候可能要求以输入某个字符作为输入结束的标志,这时就不能用F6键来结束输入了,应该使用要求的字符,下面的例子就说明了这一点。

问题13-03-03 从键盘输入一串字符,以字符#作为输入结束标志。将输入的所有内容(包括回车)写入文本文件C:\13-03-03.TXT中。

程序清单13-03-03.c

```
#include<stdio.h>
int main(){
    FILE *fp; char c;
    if((fp=fopen("C:\\13-03-03.TXT","w"))==NULL){
        printf("文件打开失败!");
        exit(0);
    }
    while((c=getchar())!='#'){
        fputc(c,fp);
    }
    fclose(fp);
}
```

运行程序,输入

```
HELLO!
THIS IS NOT A C# PROGRAM.
```

打开文件C:\FILE1203.TXT,可以发现其文件内容为

```
HELLO!
```

```
THIS IS NOT A C
```

本例中，虽然我们输入了很多字符，但程序只接收＃以前的字符并写入目标文件。当循环条件中的 getchar 函数从输入的字符流中接收到字符＃后，马上就结束了循环，符号＃后的字符被除数忽略了，这正是题目所要求的。

练习 13-03-01 从键盘输入一串字符，以回车键作为输入结束标志。将输入的所有内容中的英文字母写入文本文件 C：\E01. TXT 中，如果输入的是小写字母，则先变为大写后再写入。

练习 13-03-02 从键盘输入一串字符，以回车键作为输入结束标志。将输入的所有字符的 ASCII 码以逗号分隔写入文本文件 C：\E02. TXT 中，输入输出格式如下。

输入样例：

```
Ab5C
```

输出样例：

```
65,98,53,67
```

4. 读字符函数 fgetc

fgetc 函数用来返回指定文件(输入流)中的下一个字符，函数定义形式为

```
int fgetc(FILE * fp)
```

功能说明：

(1) fp 是已经指向某个文件的文件指针，字符就是从这个文件中读出的。

(2) 该函数的功能是返回 fp 所指向文件(输入流)的下一个字符。

(3) 如果读字符操作成功，该函数的返回值为刚刚读出的字符，并且文件内部位置指针自动向后移动一个位置；如果下一个字符是文件结束标志或出错，该函数的返回值为 EOF(-1)。

(4) 在 fgetc 函数调用中，读取的文件必须是以读或读写方式打开的。

(5) fgetc 函数一般的应用都是将读取的字符赋值给一个变量或参加运算，例如 c＝fgetc(fp)，但也可以既不向字符变量赋值也不参加运算，例如 fgetc(fp)，这样读出的字符不能被利用和保存。

(6) 在文件内部有一个位置指针(文件读写位置标记)，在文件打开时，该指针总是指向文件的开始。使用 fgetc 函数后，该位置指针将自动向后移动 1 字节。因此可以连续多次使用 fgetc 函数读取多个字符。

应该注意文件指针和文件内部位置指针不是一回事。文件指针是指向整个文件的，需在程序中定义说明，只要不重新赋值，文件指针的值是不变的。文件内部位置指针用以指示文件内部的当前读写位置，每读写一次，该指针均向后移动，它不需要在程序中定义说明，而是由系统自动设置的。

5. EOF

EOF(End Of File)表示文件结束符，是 stdio. h 中定义的一个宏，值为－1。在文本文

件中,数据都是以字符的ASCII码的形式存放的。ASCII码的范围是0～255,不可能出现-1,因此可以用EOF作为文件结束符。在程序中,通过判断读出来的字符是否为EOF(文件结束符)来识别是否读取完毕。

问题 13-03-04 编程从文件C:\13-03-01.TXT(只包含英文字符和标点)中读取所有字符,显示在屏幕上,并输出该文件中包含的字符个数。

程序清单 13-03-04.c

```
#include<stdio.h>
int main(){
    FILE * fp;
    char fname[50],c;
    int s=0;
    printf("请输入文件名:");
    scanf("%s",fname);
    if((fp=fopen(fname,"r"))==NULL){
      printf("文件打开失败!");
      exit(0);
    }
    while((c=fgetc(fp))!=EOF){
      putchar(c);
      s++;
    }
    printf("\n文件中共有%d个字符.",s);
    fclose(fp);
}
```

执行程序,输入

```
C:\13-03-01.txt
```

输出

```
请输入文件名:C:\13-03-01.TXT
ABCDEFGHIJKLMNOPQRSTUVWXYZ
文件中共有26个字符.
```

还可以将程序改写成如下形式,以输出每个字符的序号。

程序清单 13-03-04-A.c

```
#include<stdio.h>
int main(){
    FILE * fp;
    char fname[50],c;
    int s=0;
    printf("请输入文件名:");
    scanf("%s",fname);
    if((fp=fopen(fname,"r"))==NULL){
        printf("文件打开失败!");
```

```
        exit(0);
    }
    while((c=fgetc(fp))!=EOF){
        s++;
        printf("第%2d个字符:%c\n",s,c);
    }
    fclose(fp);
}
```

执行程序，输入

```
C:\13-03-01.txt
```

输出

```
请输入文件名:C:\13-03-01.TXT
第 1个字符:A
第 2个字符:B
第 3个字符:C
第 4个字符:D
第 5个字符:E
第 6个字符:F
第 7个字符:G
第 8个字符:H
第 9个字符:I
第10个字符:J
第11个字符:K
第12个字符:L
第13个字符:M
第14个字符:N
第15个字符:O
第16个字符:P
第17个字符:Q
第18个字符:R
第19个字符:S
第20个字符:T
第21个字符:U
第22个字符:V
第23个字符:W
第24个字符:X
第25个字符:Y
第26个字符:Z
```

在这两个程序中，应该保证文件 C:\13-03-01.TXT 存在。如果该文件不存在，程序将输出文件不能打开的信息并终止。

问题 13-03-05 首先创建文本文件 C:\13-03-05.TXT，然后用记事本等文本编辑器打开并输入一些字符，包括英文字母标点、中文字符、其他各国文字符号等。最后编程读取所有字符，显示在屏幕上。

文件 C:\13-03-05.TXT 内容样例：

```
1.HELLO
2.你好
3.あいгдαβγ
4.★●㈠㈡㈢±÷∞≌
```

首先利用程序清单 13-03-04. c,执行该程序,输入文件名 C:\13-03-05. TXT,输出结果为

```
请输入文件名:C:\13-03-05.TXT
1.HELLO
2.你好
3.ぁぃгдαβγ
4.★●㈠㈡㈢±÷∞≌
文件中共有52个字符.
```

程序之所以输出"文件中共有 52 个字符.",是因为 13-03-04. c 程序中每次读取的是一个字符(ASCII 码),即 1 字节。

然后,利用程序 13-03-04-A. c,执行该程序,输入文件名 C:\13-03-05. TXT,输出结果为(只列出一部分)

```
请输入文件名:C:\13-03-05.TXT
第 1个字符:1
第 2个字符:.
第 3个字符:H
第 4个字符:E
第 5个字符:L
第 6个字符:L
第 7个字符:O
第 8个字符:

第 9个字符:2
第10个字符:.
第11个字符:?
第12个字符:?
第13个字符:?
第14个字符:?
第15个字符:

第16个字符:3
第17个字符:.
第18个字符:?
第19个字符:?
第20个字符:?
第21个字符:?
第22个字符:?
第23个字符:?
第24个字符:?
第25个字符:?
第26个字符:?
第27个字符:?
第28个字符:?
第29个字符:?
第30个字符:?
第31个字符:?
第32个字符:

第33个字符:4
第34个字符:.
第35个字符:?
第36个字符:?
…
第43个字符:?
第44个字符:?
第45个字符:?
第46个字符:?
第47个字符:?
第48个字符:?
第49个字符:?
第50个字符:?
第51个字符:?
第52个字符:?
```

从以上结果可以看出,除标准英文字符外,其他字符显示异常。

6. 标准 ASCII 码、扩展 ASCII 码和双字节字符

标准 ASCII 码是所有最高位为 0 的 8 位二进制数,即 0000 0000~0111 1111,正好占 1 字节,转换成十进制是 0~127,共 128 个。除此之外还有 128 个最高位为 1 的扩展 ASCII 码,为 1000 0000~1111 1111。

计算机中除标准 ASCII 码以外的字符,例如各国文字字母、特殊图形符号等,都用宽字符表示。宽字符就是以扩展 ASCII 码开始的 2 字节作为其编码的字符。

由此可知,文本文件中的字符可以分为两类,一类是用标准 ASCII 码表示的英文字符,占 1 字节,ASCII 码值为 0~127;另一类字符是宽字符,其编码为 2 字节,其中第 1 字节为扩展 ASCII 码(值为 128~255)。

所以,在用 fgetc 函数读取非纯英文字符的文本文件时,如果要对单个宽字符进行处理,就要对读取的字符进行判断。如果 ASCII 码为 0~127,就代表一个英文字符;如果 ASCII 码为 128~255,则该字符与下一个字符一起构成一个宽字符的编码。

由此,针对问题 13-03-05,要想使输出结果一个字符占一行(英文字符和宽字符),程序如下。

程序清单 13-03-05. c

```
#include<stdio.h>
int main(){
    FILE *fp;
    char fname[50],c;
```

```
    int s=0;
    printf("请输入文件名:");
    scanf("%s",fname);
    if((fp=fopen(fname,"r"))==NULL){
        printf("文件打开失败!");
        exit(0);
    }
    while( (c=fgetc(fp))!=EOF ){
        s++;
        printf("第%2d个字符",s,c);
        if(c>=0&&c<=127){
            printf("(英文字符):%c\n",c);
        }
        else{
            printf("(宽 字 符):%c%c\n",c,fgetc(fp));
        }
    }
    fclose(fp);
}
```

执行该程序,输入文件名 C:\13-03-05. TXT,输出结果为

```
第 1个字符(英文字符):1
第 2个字符(英文字符):.
第 3个字符(英文字符):H
第 4个字符(英文字符):E
第 5个字符(英文字符):L
第 6个字符(英文字符):L
第 7个字符(英文字符):0
第 8个字符(英文字符):

第 9个字符(英文字符):2
第10个字符(英文字符):.
第11个字符(宽 字 符):你
第12个字符(宽 字 符):好
第13个字符(英文字符):

第14个字符(英文字符):3
第15个字符(英文字符):.
第16个字符(宽 字 符):あ
第17个字符(宽 字 符):い
第18个字符(宽 字 符):г
第19个字符(宽 字 符):д
第20个字符(宽 字 符):α
第21个字符(宽 字 符):β
第22个字符(宽 字 符):γ
第23个字符(英文字符):

第24个字符(英文字符):4
第25个字符(英文字符):.
第26个字符(宽 字 符):★
第27个字符(宽 字 符):●
第28个字符(宽 字 符):㈠
第29个字符(宽 字 符):㈡
第30个字符(宽 字 符):㈢
第31个字符(宽 字 符):±
第32个字符(宽 字 符):÷
第33个字符(宽 字 符):∞
第34个字符(宽 字 符):≌
```

7. 利用 feof 函数判断文本文件结尾

要从文件中读出所有字符时,除了通过判断读取的字符是否为 EOF 来识别文件结束之外,也可以通过 feof 函数来测试文件是否已读完(是否到文件尾)。

下面的程序同样实现问题 13-03-04 所要求的功能:编程从文件 C:\13-03-01. TXT(只包含英文字符和标点)中读取所有字符,显示在屏幕上,并输出该文件中包含的字符个数。

程序清单 13-03-06. c

```
#include<stdio.h>
```

```
int main(){
    FILE * fp;
    char fname[50],c;
    int s=0;
    printf("请输入文件名:");
    scanf("%s",fname);
    if((fp=fopen(fname,"r"))==NULL){
      printf("文件打开失败!");
      exit(0);
    }
    c=fgetc(fp);
    while(!feof(fp)){
      putchar(c);
      s++;
      c=fgetc(fp);
    }
    printf("\n文件中共有%d个字符.",s);
    fclose(fp);
}
```

执行程序,输入

```
C:\13-03-01.TXT
```

输出结果与程序清单 13-03-04.c 相同。

本程序中粗体部分也可以用以下代码替换(完整程序见配套资源中的程序清单 13-03-06-A.c),程序功能不变。

```
while(1){
  c=fgetc(fp);
  if(feof(fp)) break;
  putchar(c);
  s++;
}
```

本程序中粗体部分用以下代码替换(完整程序见配套资源中的程序清单 13-03-06-B.c),是否能得到相同的执行结果呢？请读者上机测试。

```
while(!feof(fp)){
  c=fgetc(fp);
  putchar(c);
  s++;
}
```

运行过程序 13-03-06-B.c 后,我们会发现,同样输入 C:\13-03-01.TXT,输出结果却为 27 个字符。为什么会产生如此结果呢？请读者思考。

8. 多文件操作

也可以同时定义多个文件指针，同时打开多个文件，同时对多个文件进行读写操作，下面就是两个实际的例子。

问题 13-03-06 编程把文件 C：\13-03-02. TXT 中的所有内容复制到目标文件 C：\13-03-07. TXT 中，复制时要求将所有的大写字母换成小写字母，其他字符不变。

程序清单 13-03-07. c

```
#include<stdio.h>
int main(){
    FILE *fp1, *fp2;
    char c;
    fp1=fopen("C:\\13-03-02.TXT","r");
    fp2=fopen("C:\\13-03-07.TXT","w");
    if(fp1==NULL||fp2==NULL){
      printf("文件打开失败!");
      exit(0);
    }
    while(!feof(fp1)){
      c=fgetc(fp1);
      if(c>='A'&&c<='Z')c+=32;
      fputc(c,fp2);
    }
    fclose(fp1);
    fclose(fp2);
}
```

执行程序，如果文本文件 C：\13-03-02. TXT 的内容为

```
HELLO!
THIS IS A C PROGRAM.
THE END.
```

那么打开文本文件 C：\13-03-07. TXT，可以看到文件内容如下：

```
hello!
this is a c program.
the end.
```

问题 13-03-07 编程将文件 C：\13-03-01. TXT 的内容和文件 C：\13-03-02. TXT 的内容首尾连接复制到文件 C：\13-03-08. TXT 中。

程序清单 13-03-08. c

```
#include<stdio.h>
int main(){
    FILE *fp1, *fp2, *fp3;
    char c;
```

```
    fp1=fopen("C:\\13-03-01.TXT","r");
    fp2=fopen("C:\\13-03-02.TXT","r");
    fp3=fopen("C:\\13-03-08.TXT","w");
    if(fp1==NULL||fp2==NULL||fp3==NULL){
      printf("文件打开失败!");
      exit(0);
    }
    while(c=fgetc(fp1)){
      if(feof(fp1)) break;
      fputc(c,fp3);
    }
    fputc('\n',fp3);
    while(c=fgetc(fp2)){
      if(feof(fp2)) break;
      fputc(c,fp3);
    }
    fclose(fp1);
    fclose(fp2);
    fclose(fp3);
}
```

执行程序,然后打开文本文件 C:\13-03-08.TXT,可以看到文件内容如下:

```
ABCDEFGHIJKLMNOPQRSTUVWXYZ
HELLO!
THIS IS A C PROGRAM.
THE END.
```

练习 13-03-03 从练习 13-03-2 所生成的文本文件 C:\E02.TXT 中读取所有的 ASCII 码值(ASCII 码之间以逗号分隔),把每个 ASCII 码转换成字符后写入新的文本文件 C:\E04.TXT 中。

练习 13-03-04 先在磁盘上建立两个文本文件 C:\E0501.TXT 和 C:\E0502.TXT,并分别输入若干字符后保存。编程将这两个文件中的字符一一交替保存在新的文本文件 C:\E05.TXT 中,若某一文件中的字符已经取尽,则将另一文件中剩余的所有字符依次写入新文件。

13.4 读写字符串

1. 读写字符串

对于文本文件,除了可以以一个字符为单位进行读写以外,也可以以字符串为单位进行读写,此时数据读写的单位是一串字符。C 语言的字符串读写函数就是为这一功能设置的。

2. 写字符串函数 fputs

写字符串函数 fputs 的定义形式是

int fputs(char * str,FILE * fp)

功能说明：

(1) str 是准备写到文件中的字符串数据，可以是字符串常量或字符数组的首地址；fp 是已指向某个文件的指针，字符串 str 就是写到这个文件中去。

(2) 该函数的功能是将 str 所指向的字符串舍去结束标记'\0'后写到 fp 所指向的文件的当前位置。

(3) 如果写入成功，该函数的返回值为 0；如果写入失败，该函数的返回非 0 值。

问题 13-04-01 编程以行为单位输入 3 行文本，把这行文本作为 3 个字符串写入文本文件 C：\FILE1207. TXT 中。

程序清单 13-04-01. c

```
#include<stdio.h>
int main(){
    FILE * fp;
    char s[80];
    int i;
    if((fp=fopen("C:\\13-04-01.TXT","w"))==NULL){
      printf("文件打开失败");
      exit(0);
    }
    for(i=0;i<3;i++){
      gets(s);
      fputs(s,fp);
      //fputc('\n',fp);
    }
    fclose(fp);
}
```

运行程序，输入

```
Hello!↙
This is a C program.↙
The end.↙
```

程序运行结束后，打开文本文件 C：\FILE1208. TXT，我们会发现文件内容为

```
Hello!This is a C program.The end.
```

fputs 函数的功能是向文件中写入一个字符串，并不包括空字符'\0'，也不将'\0'转化成'\n'写入。如果想在生成的文件中也实现分行存储，则必须在程序中向目标文件手动写入换行符'\n'。将程序中的注释符号//去掉就可以实现此功能。

3. 读字符串函数 fgets

读字符串函数 fgets 的定义形式为

char * fgets(char * str,int n,FILE * fp)

功能说明：

(1) str 是字符串，可以是字符数组的首地址，也可以是某个字符指针；n 为整型，可以是整型变量、常量或表达式；fp 是已指向某个文件的文件指针，就是从这个文件中读出字符串。

(2) 该函数的功能为从 fp 所指向的文件的当前位置读出 n－1 个字符，在其后补充一个字符串结束标记'\0'，组成字符串并存入由字符指针 str 所指示的内存区。如果在读取前 n－1 个字符时遇到了回车符，则这一次读取只读到回车符为止，并加上'\0'，回车符之后的字符将被留待下一次读取。如果在读取前 n－1 个字符时遇到了 EOF（文件尾），则这一次读取只读到 EOF 的前一个字符为止，并加上'\0'。

(3) 如果读操作成功，该函数的返回值为 str 对应的地址；如果读操作失败，该函数的返回值为 NULL。

问题 13-04-02 已知文本文件 C：\13-04-01. TXT 中存有若干行字符，内容为

```
Hello!
This is a C program.
The end.
```

每行不超过 80 个字符。编程请按行读出所有数据，按行原样输出到屏幕中。

程序清单 13-04-02. c

```
#include<stdio.h>
int main(){
    FILE * fp;
    char s[80];
    if((fp=fopen("C:\\13-04-01.TXT","r"))==NULL){
      printf("文件打开失败!");
      exit(0);
    }
    int k=0;
    while( fgets(s,80,fp)!=NULL){
      printf("%d:%s",++k,s);
    }
    fclose(fp);
}
```

运行程序，输出结果为

```
1:Hello!
2:This is a C program.
3:The end.
```

问题 13-04-03 请编程将存在于磁盘 C：\下的两个文本文件 T1. TXT 和 T2. TXT 合并到文件 T3. TXT 中，合并的规则是以行为单位交替从 T1. TXT 和 T2. TXT 中取一行添加到 T3. TXT 中，如某一文件有剩余行，则全部添加到 T3. TXT 中。

假设文件 T1. TXT 的内容为

```
111
22222
3333333
```

而文件 T2.TXT 的内容为

```
AAA
BBBBBB
CCCCCCCC
DDDDDDDDDD
```

程序清单 13-04-03.c

```
#include<stdio.h>
int main(){
    FILE * fp1, * fp2, * fp3;
    char s1[80],s2[80];
    fp1=fopen("C:\\T1.TXT","r");
    fp2=fopen("C:\\T2.TXT","r");
    fp3=fopen("C:\\T3.TXT","w");
    if(fp1==NULL){printf("文件 T1.TXT 打开失败!");exit(0);}
    if(fp2==NULL){printf("文件 T2.TXT 打开失败!");exit(0);}
    if(fp3==NULL){printf("文件 T3.TXT 打开失败!");exit(0);}
    while(fgets(s1,80,fp1)!=NULL&&fgets(s2,80,fp2)!=NULL){
      fputs(s1,fp3);
      fputs(s2,fp3);
    }
    while(fgets(s1,80,fp1)!=NULL){
      fputs(s1,fp3);
    }
    while(fgets(s2,80,fp2)!=NULL){
      fputs(s2,fp3);
    }
    fclose(fp1);
    fclose(fp2);
    fclose(fp3);
}
```

执行程序后，文件 T3.TXT 的内容应为

```
111
AAA
22222
BBBBBB
3333333CCCCCCCC
DDDDDDDDDD
```

请自行分析程序的执行结果。

13.5 格式化读写

1. 格式化读写函数 fscanf 和 fprintf

格式化读写函数 fscanf 和 fprintf 的调用格式为

```
fscanf (文件指针,格式字符串,输入列表);
fprintf(文件指针,格式字符串,输出列表);
```

例如：

```
fscanf(fp,"%d%s",&i,s);
fprintf(fp,"%d%c",j,ch);
```

功能说明：

(1) 这两个函数中的格式字符串和输入输出列表与 scanf 函数和 printf 函数的含义完全相同，功能上都是格式化读写函数。两者的区别在于 fscanf 函数和 fprintf 函数的读写对象不是键盘和显示器，而是磁盘文件。

(2) fp 是已经指向某个文件的文件指针，就是从这个文件中读出数据或写入数据的。

(3) fscanf 函数返回成功读取的数据个数，若函数企图读文件尾，则返回 EOF。

(4) fprintf 函数返回输出的字节数，若出错返回 EOF。

用 fscanf 和 fprintf 函数也可以完成问题 13-04-03。

2. 格式化读写函数应用

问题 13-05-01 请编程将存在于磁盘 C:\下的两个文本文件 T4.TXT 和 T5.TXT 合并到文件 T6.TXT 中，合并的规则是：以字符串（以空白字符分隔）为单位，交替从 T4.TXT 和 T5.TXT 中取一个串添加到 T6.TXT 中，如某一文件有剩余字符串，则全部添加到 T6.TXT 中。

假设文件 T4.TXT 的内容为

```
This is   a
    c   program.
```

而文件 T5.TXT 的内容为

```
PLEASE
THANK YOU
SORRY
```

程序清单 13-05-01.c

```
#include<stdio.h>
int main(){
    FILE * fp1, * fp2, * fp3;
    char s1[80],s2[80];
    fp1=fopen("C:\\T4.TXT","r");
```

```
    fp2=fopen("C:\\T5.TXT","r");
    fp3=fopen("C:\\T6.TXT","w");
    if(fp1==NULL){printf("文件 T1.TXT 打开失败!");exit(0);}
    if(fp2==NULL){printf("文件 T2.TXT 打开失败!");exit(0);}
    if(fp3==NULL){printf("文件 T3.TXT 打开失败!");exit(0);}
    while(!feof(fp1)||!feof(fp2)){
      if(fscanf(fp1,"%s",s1)==1)fprintf(fp3,"%s ",s1);
      if(fscanf(fp2,"%s",s2)==1)fprintf(fp3,"%s ",s2);
    }
    fclose(fp1);
    fclose(fp2);
    fclose(fp3);
}
```

执行程序后,文件 T6. TXT 的内容应为

```
This PLEASE is THANK a YOU c SORRY program.
```

问题 13-05-02 请计算角度 0°～359°每一度的正弦值和余弦值,结果以每度一行存入文件 C:\13-05-02. TXT 中,每行包括 3 个数据:角度值、正弦值和余弦值。

程序清单 13-05-02. c

```
#include<math.h>
#include<stdio.h>
#define PI 3.14159265
int main(){
    FILE * fp;
    int i;
    double r;
    if((fp=fopen("C:\\13-05-02.TXT","w"))==NULL){
      printf("file can not open!\n");
      exit(0);
    }
    for(i=0;i<360;i++){
      r=i * PI/180;
      fprintf(fp,"%5d  %10.6lf  %10.6lf\n",i,sin(r),cos(r));
    }
    fclose(fp);
}
```

执行程序后,文件 C:\13-05-02. TXT 的内容应为

```
    0    0.000000    1.000000
    1    0.017452    0.999848
    2    0.034899    0.999391
  …
  357   -0.052336    0.998630
  358   -0.034900    0.999391
```

```
359   -0.017452    0.999848
```

问题 13-05-03 编程打开上例程序生成的文件 C：\13-05-02. TXT，输入一个角度值，通过查询文件内容输出对应的正弦值和余弦值。

程序清单 13-05-03. c

```
#include<math.h>
#include<stdio.h>
#define PI 3.14159265
int main(){
    FILE * fp;
    int i,n,r;
    double sin_r,cos_r;
    if((fp=fopen("C:\\13-05-02.TXT","r"))==NULL){
      printf("file can not open!\n");
      exit(0);
    }
    printf("请输入要查询的角度:");
    scanf("%d",&n);
    while(fscanf(fp,"%d%lf%lf",&r,&sin_r,&cos_r)==3){
      if(r==n)break;
    }
    printf("sin(%d)=%lf,cos(%d)=%lf",n,sin_r,n,cos_r);
    fclose(fp);
}
```

执行程序，输入

```
2
```

输出

```
sin(2)=0.034899,cos(2)=0.999391
```

再次执行程序，输入

```
358
```

输出

```
sin(358)=-0.034900,cos(358)=0.999391
```

13.6 数据块读写

1. 数据块读写函数

C 语言还提供了用于整块数据的读写函数 fread 和 fwrite，可用来读写一组连续数据，如一个数组的部分或所有元素、一个结构变量等。这两个函数一般用来读写二进制文件。

读数据块函数调用的一般形式为

fread(buffer,size,count,fp);

写数据块函数调用的一般形式为

fwrite(buffer,size,count,fp);

功能说明：

(1) buffer是一个指针，在fread函数中，它表示存放输入数据的首地址。在fwrite函数中，它表示存放输出数据的首地址。

(2) size表示数据块的大小(字节数)。count表示要读写的数据块块数。

(3) fp表示文件指针。

例如，假设有定义double d[5];，那么语句fread(d,sizeof(double),5,fp);的意义就是从fp所指的文件中读取连续的sizeof(double)×5字节的数据(即8×5)，写到从d开始的内在地址中，从而填满整个数组；而语句fwrite(d,sizeof(double),5,fp);的意义就是将内存中从地址d开始的连续sizeof(double)×5字节的数据(即8×5)写到fp指向的文件中。

2. 数据块读写函数应用

问题13-06-01 编程计算角度0°～359°每一度的正弦值和余弦值，结果以二进制数据形式存入文件C:\13-06-01.data中，每组包括3个数据：角度值、正弦值和余弦值。

程序清单13-06-01.c

```
#include<math.h>
#include<stdio.h>
#define PI 3.14159265
struct data{
    int r;
    double sin_r;
    double cos_r;
};
int main(){
    FILE * fp;
    int i,n,r;
    struct data d[360];
    for(i=0;i<360;i++){
      d[i].r=i;
      d[i].sin_r=sin(i * PI/180.0);
      d[i].cos_r=cos(i * PI/180.0);
    }
    if((fp=fopen("C:\\13-06-01.data","wb"))==NULL){
      printf("文件打开失败!\n");
      exit(0);
    }
```

```
    n=fwrite(d,sizeof(struct data),360,fp);
    printf("%d",n);
    fclose(fp);
}
```

执行程序，会生成文件 C:\13-06-01. DAT，用记事本等文本编辑软件打开会看到乱码，因为里边存放的是二进制形式的数据。

问题 13-06-02 编程打开文件 C:\13-06-01. data，将其中的前 10 个数据读出到一个结构体数组中并输出。

程序清单 13-06-02. c

```
#include<math.h>
#include<stdio.h>
#define PI 3.14159265
struct data{
    int r;
    double sin_r;
    double cos_r;
};
int main(){
    FILE * fp;
    int i,n,r;
    struct data d[10];
    if((fp=fopen("C:\\13-06-01.data","rb"))==NULL){
      printf("文件打开失败!\n");
      exit(0);
    }
    n=fread(d,sizeof(struct data),10,fp);
    for(n=0;n<10;n++)
      printf("sin(%d)=%lf,cos(%d)=%lf\n",n,d[n].sin_r,n,d[n].cos_r);
    fclose(fp);
}
```

执行程序，输出

```
sin(0)=0.000000, cos(0)=1.000000
sin(1)=0.017452, cos(1)=0.999848
sin(2)=0.034899, cos(2)=0.999391
sin(3)=0.052336, cos(3)=0.998630
sin(4)=0.069756, cos(4)=0.997564
sin(5)=0.087156, cos(5)=0.996195
sin(6)=0.104528, cos(6)=0.994522
sin(7)=0.121869, cos(7)=0.992546
sin(8)=0.139173, cos(8)=0.990268
sin(9)=0.156434, cos(9)=0.987688
```

问题 13-06-03 从键盘输入两个学生的数据，写入一个文件中，再读出这两个学生的数据显示在屏幕上。

程序清单 13-06-03.c

```
#include<stdio.h>
struct stu{
    char name[10];
    int  num;
    int  age;
    char addr[20];
}s1[2],s2[2],*p,*q;
int main(){
    FILE *fp;
    char ch;
    int i;
    p=s1;
    q=s2;
    if((fp=fopen("stu_list","wb+"))==NULL){
      printf("文件打开失败!");
      exit(1);
    }
    printf("请输入数据:\n");
    printf("姓名          学号   年龄   住址\n");
    for(i=0;i<2;i++)                                  //读入数据
      scanf("%s%d%d%s",s1[i].name,&s1[i].num,&s1[i].age,s1[i].addr);
    for(i=0;i<2;i++)                                  //写入文件
      fwrite(&s1[i],sizeof(struct stu),1,fp);

    rewind(fp);                                       //使文件内部数据指针回到文件头
    for(i=0;i<2;i++)                                  //写入文件
      fread(&s2[i],sizeof(struct stu),1,fp);
    printf("\n\n姓名     \t学号\t年龄\t住址\n");
    for(q=s2,i=0;i<2;i++,q++)
      printf("%-10s\t%-4d\t%-4d\t%-20s\n",q->name,q->num,q->age,q->addr);
    fclose(fp);
}
```

执行程序,输入

```
请输入数据:
姓名      学号   年龄   住址
马晓迪    101    18     四公寓201-1
高俊远    306    21     十二公寓603-4
```

输出

```
姓名            学号     年龄     住址
马晓迪          101      18       四公寓201-1
高俊远          306      21       十二公寓603-4
```

程序分析：

本例程序定义了一个结构体 stu，说明了两个结构体数组 s1 和 s2 以及两个结构体指针变量 p 和 q，p 指向 s1，q 指向 s2。

程序以读写方式打开二进制文件 stu_list，从键盘输入两个学生数据之后，写入该文件中，然后把文件内部位置指针移到文件首(通过 rewind 函数实现)，读出两个学生数据后，在屏幕上显示。

本例程序中用到了一个使文件内部位置指针重新指向文件头的函数 rewind。这个函数的原型是

```
int rewind(FILE fp)
```

使用这个函数可使文件内部位置指针重新定位到文件头，以便从头开始处理文件中的数据。

数据块读写函数主要用于二进制文件，当要处理的数据为字符数组时，也可用于文本文件。

13.7 文件的随机读写

1. 文件的随机读写

前面介绍的对文件的读写方式都是顺序读写，即读写文件只能从头开始按顺序读写各个数据，但在实际问题中常要求只读写文件中某一指定的部分。为了解决这个问题，可事先随时移动文件内部位置指针到需要读写的位置，再进行读写。这种读写方式称为随机读写。实现随机读写的关键是要按要求移动文件内部位置指针，这称为文件位置标记的定位。实现文件内部位置指针定位的函数主要有两个，即 rewind 函数和 fseek 函数。

2. rewind 函数

rewind 函数前面已使用过，其调用形式为

```
rewind(文件指针)
```

它的功能是把文件内部的位置标记移到文件首。

3. fseek 函数

fseek 函数用来移动文件内部位置指针，其调用形式为

```
fseek(FILE * fp,long offset,int from)
```

功能说明：

(1) fp 为指向被移动文件的文件指针。

(2) offset 为位移量，表示移动的字节数，要求位移量是 long 型数据，以便在文件长度大于 64KB 时不会出错。当用常量表示位移量时，要求加后缀 L。

(3) from 指起始点，表示从何处开始计算位移量，规定的起始点有 3 种：文件头、当前

位置和文件尾。其表示方法如表 13-3 所示。

表 13-3 文件内部指针定位的起始点常量

起 始 点	表 示 符 号	数 字 表 示
文件头	SEEK-SET	0
当前位置	SEEK-CUR	1
文件尾	SEEK-END	2

例如：

```
fseek(fp,100L,0);
```

其意义是把位置指针移到离文件头 100 字节处。还要说明的是 fseek 函数一般用于二进制文件。在文本文件中由于要进行转换，故往往计算的位置会出现错误。

在移动文件内部位置指针之后，即可用前面介绍的任一种读写函数进行读写。由于一般是读写一个数据块，因此常用 fread 和 fwrite 函数。下面用例子来说明文件的随机读写。

问题 13-07-01 执行程序清单 13-06-01. c 后，生成的文件 C：\13-06-01. data 中存放角度 0°～360°每一度的正余弦值。请编程打开 C：\13-06-01. data 文件，输入一个角度(整数)，然后输出其正弦和余弦值。

程序清单 13-07-01. c

```
#include<math.h>
#include<stdio.h>
#define PI 3.14159265
struct data{
    int r;
    double sin_r;
    double cos_r;
};
int main(){
    FILE * fp;
    int n;
    struct data d;
    if((fp=fopen("C:\\13-06-01.data","rb"))==NULL){
      printf("文件打开失败!\n");
      exit(0);
    }
    while(1){
      printf("请输入要查询的角度(0~359,输入负值结束):");
      scanf("%d",&n);
      if(n<0||n>360)break;
      fseek(fp,sizeof(struct data) * n,0);
      fread(&d,sizeof(struct data),1,fp);
      printf("sin(%d)=%lf,cos(%d)=%lf\n",d.r,d.sin_r,d.r,d.cos_r);
```

```
    }
    fclose(fp);
}
```

执行程序，输入输出数据如下：

```
请输入要查询的角度(0~359,输入负值结束):30
sin(30)=0.500000,cos(30)=0.866025
请输入要查询的角度(0~359,输入负值结束):60
sin(60)=0.866025,cos(60)=0.500000
请输入要查询的角度(0~359,输入负值结束):90
sin(90)=1.000000,cos(90)=0.000000
请输入要查询的角度(0~359,输入负值结束):-1
```

4. ftell 函数

ftell 函数的功能为返回文件当前位置标记相对于文件首的偏移字节数。其调用的一般形式为

long ftell(FILE * fp)

程序清单 13-07-02.c

```
#include<stdio.h>
int main(){
    FILE * fp; int i,k,len; char c;
    fp=fopen("C:\\abc.txt","w");
    for(i=0;i<3;i++){
      k=ftell(fp);  c='A'+i;
      printf("读写位置%d处写入\'%c\'\n",k,c);
      fputc(c,fp);
    }
    fclose(fp);
}
```

执行程序，输出

```
读写位置 0 处写入'A'
读写位置 1 处写入'B'
读写位置 2 处写入'C'
```

程序清单 13-07-03.c

```
#include<stdio.h>
int main(){
    FILE * fp; int len;
    fp=fopen("C:\\abc.txt","w");
    fprintf(fp,"%s","Harbin Normal University");
    fseek(fp,0L,SEEK_END);
    len=ftell(fp);
    printf("此文件长度为%d字节.",len);
```

```
    fclose(fp);
}
```

执行程序,输出

```
此文件长度为 24 字节.
```

13.8 文件读写出错检测

在使用各种文件读写函数对文件进行操作时,如果出现错误,被调函数会返回一个值来表示。例如,fopen 函数的返回值如果为 NULL(值为 0)则说明出错。除此之外,还可以用出错检测函数 ferror 来检查。

1. ferror 函数

ferror 函数的一般调用形式为

ferror(文件指针)

该函数检查文件在用各种输入输出函数进行读写时是否出错。如果 ferror 返回值为 0 表示未出错,否则表示有错。

2. clearerr 函数

还可以使用清除错误标志函数 clearerr 来清除文件的错误状态。clearerr 函数的一般调用形式为

clearerr(文件指针);

该函数用于清除出错标志和文件结束标志,使它们的值为 0。

程序清单 13-08-01.c

```
#include<stdio.h>
int main(){
    FILE * fp;
    char ch;
    fp=fopen("QWER.TYU","w");
    ch=fgetc(fp);
    printf("ferror:%d\n",ferror(fp));
      clearerr(fp);
    printf("ferror(after clearerr):%d",ferror(fp));
    fclose(fp);
    return 0;
}
```

执行程序,输出

```
ferror:32
ferror(after clearerr):0
```

13.9 主函数的参数

1. 接收参数的主函数

本书前面介绍的main函数都是不带参数的，因此main后的括号都是空括号。实际上，main函数可以接收参数，其形式参数一般是固定的几个。

在C语言程序执行启动过程中，系统传递给main函数的参数一共有3个：argc、argv和env。接收参数的主函数的一般形式是

```
int main(int argc, char * argv[], char * env[]){
  …
  return 0;
}
```

main函数各参数的含义如下：

(1) argc：整数，为传给main的命令行参数个数。

(2) *argv：字符串数组，各元素具体如下。

argv[0]：对DOS 3.0以后的版本，为运行程序的全路径名；对DOS 3.0以前的版本，为空串""。

argv[1]：命令行中程序名后的第一个字符串。

argv[2]：命令行中程序名后的第二个字符串。

……

argv[argc]：为NULL。

(3) *env：字符串数组。env[i]的每一个元素都是ENVVAR＝value形式的字符串，最后一个元素的值为NULL。

请注意，一旦想说明这些参数，则必须按argc、argv、env的顺序，如以下的例子：

```
int main(int argc)
int main(int argc, char * argv[])
int main(int argc, char * argv[], char * env[])
```

其中第一种情况是合法的，但不常见，因为在程序中很少有只用argc而不用argv[]的情况。

以下提供一个例子演示如何在main函数中使用这3个参数。

程序清单 13-09-01.c

```
#include <stdio.h>
int main(int argc, char * argv[], char * env[]){
    int i;
    printf("主函数命令行参数共有 %d 个:\n", argc);
    for(i=0; i<=argc; i++)
      printf("  argv[%d]:%s\n", i, argv[i]);
    printf("系统环境参数:\n");
```

```
    for(i=0; env[i]!=NULL; i++)
      printf("  env[%d]:%s\n", i, env[i]);
    return 0;
}
```

在 Dev- C++ 中执行此程序，输出

```
主函数命令行参数共有 1 个:
  argv[0]:F:\code\13\13-09\13-09-01.exe
  argv[1]:(null)
系统环境参数:
  env[0]:ALLUSERSPROFILE=C:\ProgramData
  env[1]:ANDROID=F:\Android\sdk
  env[2]:APPDATA=C:\Users\Administrator\AppData\Roaming
  …
  env[41]:_DFX_INSTALL_UNSIGNED_DRIVER=1
```

程序分析：

系统默认程序名称本身是主函数的第一个参数，所以 argv[0]的值为运行程序的全路径名称，本例为 F：\code\13\13-09\13-09-01. exe。

env[]参数为系统环境参数值，从 env[0]开始，直到值为 NULL 的 env[i]结束，不同系统、不同机器、不同配置的输出结果不同。

2. Dev- C++ 中为主函数传递参数

在 Dev- C++ 中执行 C 语言程序时，可以通过菜单命令为主函数传递参数，方法是在 Dev- C++ 软件中执行“运行”菜单下的“参数”命令，在弹出的对话框中输入传递给主程序的参数，如图 13-1 所示。单击“确定”按钮后，再执行程序。

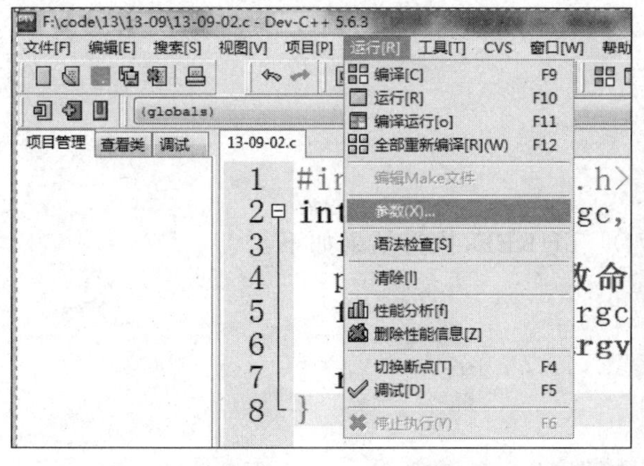

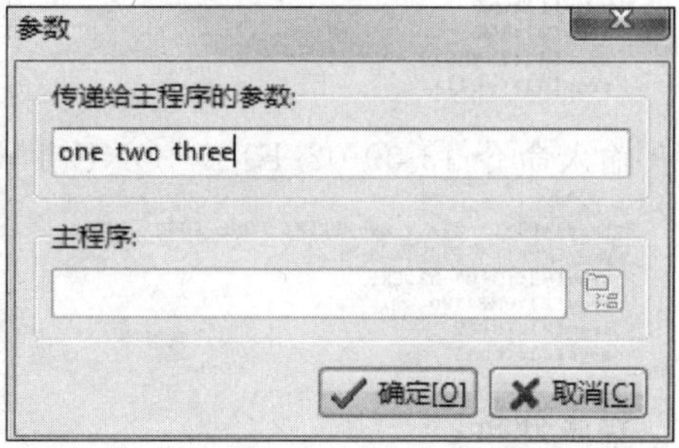

图 13-1 为主函数设置参数

程序清单 13-09-02. c

```
#include <stdio.h>
int main(int argc, char * argv[]){
```

```
    int i;
    printf("主函数命令行参数共有 %d 个:\n", argc);
    for(i=0; i<=argc; i++)
      printf("  argv[%d]:%s\n", i, argv[i]);
    return 0;
}
```

按图 13-1 所示为此程序设置参数后，执行程序，输出如下：

```
主函数命令行参数共有 4 个:
  argv[0]:F:\code\13\13-09\13-09-02.exe
  argv[1]:one
  argv[2]:two
  argv[3]:three
  argv[4]:(null)
```

3. 在命令行为程序传递参数

C 语言程序在编译连接成功后，会生成 EXE 可执行文件，此文件可在命令行中以程序命令的形式执行，例如程序清单 13-09-02.c 程序编译后生成的 13-09-02.exe 文件。

命令行提示符下执行程序的一般形式为

```
C:\>可执行文件名 参数 1  参数 2 …
```

在 Windows 操作系统中打开命令行窗口，进入程序所在的目录 F:\code\13\13-09\，输入命令后按回车键执行，可以看到执行结果，例如，输入命令 13-09-02，执行结果如下：

```
F:\code\13\13-09>13-09-02
主函数命令行参数共有 1 个:
  argv[0]:13-09-02
  argv[1]:(null)
```

输入命令 13-09-02.EXE ONE TWO THREE，执行结果如下：

```
F:\code\13\13-09>13-09-02.EXE ONE TWO  THREE
主函数命令行参数共有 4 个:
  argv[0]:13-09-02.EXE
  argv[1]:ONE
  argv[2]:TWO
  argv[3]:THREE
  argv[4]:(null)
```

输入命令 13-09-02.EXE "ONE TWO" THREE，执行结果如下：

```
F:\code\13\13-09>13-09-02.EXE "ONE TWO"  THREE
主函数命令行参数共有 3 个:
  argv[0]:13-09-02.EXE
  argv[1]:ONE TWO
  argv[2]:THREE
  argv[3]:(null)
```

程序分析：

在命令行为程序传递参数时，空格被认为是参数分隔符，如果想传递带空格的参数，则应该将参数用双引号引起来。

4. 命令行参数程序举例

以下程序的功能是通过命令行参数形式向主函数传递两个整数，输出它们的最大公约数。

程序清单 13-09-03.c

```
#include<stdlib.h>
#include<stdio.h>
int gcd(int a,int b){
    if(a%b==0) return b;
    else return gcd(b,a%b);
}
int main(int argc,char * argv[]){
    int m,n;
    m=atoi(argv[1]);
    n=atoi(argv[2]);
    printf("%d 和%d 的最大公约数为%d",m,n,gcd(m,n));
}
```

在命令行执行此程序,命令及输出结果如下:

```
F:\code\13\13-09>13-09-03.EXE  24   36
24和36的最大公约数为12
```

练习 13-09-01 通过命令行参数形式向主函数传递若干整数,排序后输出。

以下程序的功能是,通过命令行参数形式向主函数传递形如“A + B”的简单算式,输出算式结果,操作数与运算符之间以空格分隔。

程序清单 13-09-04.c

```
#include<stdlib.h>
#include<stdio.h>
int fun(int op1,int op2,char op){
    switch(op){
        case '+': return op1+op2;
        case '-': return op1-op2;
        case '*': return op1 * op2;
        case '/': if(op2!=0) return op1/op2;
                  else{
                          printf("错误:除数为 0!");
                          exit(1);
                  }
        default : printf("错误:不识别的运算符!");
                  exit(1);
    }
}
int main(int argc,char * argv[]){
    int op1,op2,result;
    char op;
    op1=atoi(argv[1]);
    op = * argv[2];
    op2=atoi(argv[3]);
```

```
    result=fun(op1,op2,op);
    printf("%d%c%d=%d",op1,op,op2,result);
}
```

在命令行执行程序，几种输入输出数据如下：

```
F:\code\13\13-09>13-09-04  5  +  6
5+6=11
F:\code\13\13-09>13-09-04  5  *  6
5*6=30
F:\code\13\13-09>13-09-04  5  /  0
错误：除数为0!
F:\code\13\13-09>13-09-04  5  ?  0
错误：不识别的运算符!
```

练习 13-09-02 编程通过命令行参数形式向主函数传递形如“A+B”的简单算式，输出算式结果，操作数与运算符之间没有空格。

13.10 输入输出重定向

1. 输入输出重定向

操作系统默认的标准输入设备是键盘，标准输出设备是屏幕。然而，许多操作系统，包括 MS-DOS、Windows 和 UNIX，可以通过命令行参数对输入输出进行重定向操作。

2. 输出重定向

为了理解这个机制，首先考虑下面的命令：

```
DIR
```

这个命令在屏幕上显示文件的目录列表（UNIX 中的对应命令是 ls）。现在执行下面的命令：

```
DIR >temp.txt
```

我们发现，执行此命令后屏幕没有输出，但当前目录下多了一个 temp.txt 文件，打开文件发现其内容为命令的输出。

命令行中的符号＞导致操作系统把这个命令的输出重定向到 temp.txt 文件，原来在屏幕上输出的内容现在被写入该文件中。

程序清单 13-10-01.c

```
#include <stdio.h>
#include <stdlib.h>
int main(){
    int i;
    srand((unsigned long)time(NULL));
    for(i=1;i<=200;i++){
      printf("%d ",(rand()%9+1)*1000+rand()%1000);
      if(i%10==0)printf("\n");
    }
    printf("END.");
```

```
    return 0;
}
```

执行程序,会在屏幕上以每 10 个数据一行的格式输出 200 个随机 4 位整数,最后一行输出字符串“END.”。现在,我们在命令行执行此程序,在命令行输入如下命令(下画线部分):

```
F:\CODE\13\13-10> 13-10-01.EXE  >  data1.txt
```

我们发现在当前目录下多了一个文本文件 data1. txt,其内容是以每行 10 个数据的形式排列的 200 个 4 位整数,最后一行是字符串“END.”。这就是输出重定向的应用。

3. 输入重定向

操作系统默认的输入设备是键盘,与输出重定向同理,在命令行中可通过符号<重定向输入设备到某一特定文件。

以下程序的功能是:输入若干 4 位整数(以非数字结束),依次输出符合条件的数,最后输出符合条件的数的个数。数据需要符合的条件是:奇数位上的数字为奇数,偶数位上的数字为偶数。

程序清单 13-10-02. c

```
#include <stdio.h>
int main(){
    int n,k=0,a,b,c,d;
    //printf("以下数据符合条件(奇数位为奇数,偶数位为偶数):\n");
    while(1){
      if(scanf("%d",&n)==0)
        break;
      a=n/1000;
      b=n%1000/100;
      c=n%100/10;
      d=n%10;
      if(a%2 && c%2 && b%2==0 && d%2==0){
        k++;
        printf("%d ",n);
      }
    }
    printf("\n符合条件的数有%d个。",k);
    return 0;
}
```

执行程序,输入

```
1234  4321 5678 8765 1357 2468  END↙
```

程序输出

```
1234 5678
符合条件的数有 2 个。
```

接下来，打开命令行窗口，进入程序所在目录，输入命令

```
13-10-12  <DATA1.TXT
```

程序直接的输出结果为

```
F:\code\13\13-10>13-10-02 <DATA1.TXT
以下数据符合条件(奇数位为奇数,偶数位为偶数):
9630 1276 1492 7650 1496 5436 3832 9478 7294 5830
符合条件的数有10个。
```

有了输入重定向命令选项，程序在执行时把文件DATA1.TXT作为输入设备使用，读取数据操作时，把该文件的内容作为输入流，这就是输入重定向的应用。

4. 输入输出重定向程序举例

在本书配套资源文件夹13-10中有一个文本文件DATA2.TXT，其内容如下：

```
36   48
100  375
61   97
202  1313
END
```

编程从该文件中依次读取每对整数，把它们的最大公约数输出到文本文件DATA3.TXT中，数据的输入输出用重定向实现。

程序清单 13-10-03.c

```c
#include <stdio.h>
int gcd(int a,int b){
    if(a%b==0) return b;
    else return gcd(b,a%b);
}
int main(){
    int m,n,k=0,a,b,c,d;
    while(1){
      if(scanf("%d%d",&m,&n)<2)
        break;
      printf("%d 和%d 的最大公约数是%d.\n",m,n,gcd(m,n));
    }
    return 0;
}
```

编译此程序生成可执行文件后，在命令行窗口进入该程序所在目录，输入命令

```
13-10-03.EXE  <DATA2.TXT  >DATA3.TXT
```

执行后，打开在当前目录生成的文本文件DATA3.TXT，我们发现其内容为

```
36 和 48 的最大公约数是 12.
100 和 375 的最大公约数是 25.
61 和 97 的最大公约数是 1.
```

202 和 1313 的最大公约数是 101.

习题 13

一、选择题

1. 在 C 程序中,可把整型数以二进制形式存放到文件中的函数是(　　)。

A. fprintf 函数　　B. fread 函数

C. fwrite 函数　　D. fputc 函数

2. 若 fp 是指向某文件的指针,且已读到此文件尾,则库函数 feof(fp)的返回值是(　　)。

A. EOF　　B. 0　　C. 非零值　　D. NULL

3. 若要打开 C 盘上的 user 子目录下名为 abc.txt 的文本文件进行读写操作,下面符合此要求的函数调用是(　　)。

A. fopen("C:\\user\\abc.txt","r");

B. fopen("C:\\user\\abc.txt","r+");

C. fopen("C:\\user\\abc.txt","rb");

D. fopen("C:\\user\\abc.txt","w");

4. 系统设备中的标准输入文件是指(　　)。

A. 键盘　　B. 显示器　　C. 软盘　　D. 硬盘

5. 若执行 fopen 函数时发生错误,则函数的返回值是(　　)。

A. 非 0 值　　B. 0　　C. 1　　D. EOF

6. fscanf 函数的正确调用形式是(　　)。

A. fscanf(文件指针,格式字符串,输出列表);

B. fscanf(格式字符串,文件指针,输出列表);

C. fscanf(格式字符串,输出列表,文件指针);

D. fscanf(文件指针,格式字符串,输入列表);

7. 以下函数中(　　)的功能为从指定文件读入一个字符。

A. fscanf　　B. fread　　C. fgetc　　D. fgets

8. 函数调用语句 fseek(fp,-20L,2);的含义是(　　)。

A. 将文件内部位置指针移到距离文件头 20 字节处

B. 将文件内部位置指针从当前位置向后移动 20 字节

C. 将文件内部位置指针从文件末尾处向前移动 20 字节

D. 将文件内部位置指针移到距离当前位置 20 字节处

9. fseek 函数的正确调用形式是(　　)。

A. fseek(文件指针,起始点,位移量);

B. fseek(文件指针,位移量,起始点);

C. fseek(位移量,起始点,文件指针);

D. fseek(起始点,位移量,文件指针);

10. 在执行文件读写操作出错时,ferror 函数的值是(　　)。

A. TRUE　　B. 非0值　　C. 1　　D. 0

11. 若要用fopen函数新建一个二进制文件,该文件要既能读也能写,则文件打开方式不能是(　　)。

A. "ab+"　　B. "wb+"　　C. "rb+"　　D. "ab"

12. 以下叙述中不正确的是(　　)。

A. main函数可以没有参数

B. main函数可以有参数

C. main函数若有参数,必须为3个参数

D. main函数的第一个参数必须是整型,其名字一般为argc,第二个参数可以定义成char *argv[],名字一般为argv

13. 当已存在abc.txt文件时,执行函数fopen("abc.txt","r+")实现的功能是(　　)。

A. 打开abc.txt文件,清除原有的内容

B. 打开abc.txt文件,只能写入新的内容

C. 打开abc.txt文件,只能读取原有内容

D. 打开abc.txt文件,可以读取和写入新的内容

14. 以下叙述中正确的是(　　)。

A. C语言中的文件是流式文件,因此只能顺序存取数据

B. 打开一个已存在的文件并进行了写操作后,原有文件中的全部数据必定被覆盖

C. 在一个程序中当对文件进行了写操作后,必须先关闭该文件,然后再打开,才能读到第一个数据

D. 对文件完成写数据操作后必须关闭文件,否则可能导致数据丢失

15. 整型数据12345写入二进制文件和文本文件所占用的字节数分别是(　　)。

A. 5和5　　B. 4和5　　C. 4和4　　D. 5和4

16. C语言中文件存取的最小单位是(　　)。

A. 函数　　B. 语句　　C. 字节　　D. 记录

17. fread(buf,64,2,fp)的功能是从fp文件流中(　　)。

A. 读出整数64,并存放在buf中

B. 读出整数64和2,并存放在buf中

C. 读出64B的字符,并存放在buf中

D. 读出2个64B的字符,并存放在buf中

18. 以下程序的功能是(　　)。

```
int main( ){
  FILE  *fp;
  char str[ ]="HELLO";
  fp=fopen("PRN","w");
  fpus(str,fp);
  fclose(fp);
}
```

A. 在屏幕上显示HELLO　　B. 把HELLO存入PRN文件中

C. 在打印机上打印出 HELLO　　　　D. 以上都不对

二、填空题

1. 在C语言文件中，按照不同的分类标准有不同的分类形式。其中，按照文件编码方式可将文件分成________和________。

2. 有下列语句：fgets(buf,n,fp);，表示从 fp 指向的文件中读取________个字符放到 buf 字符数组中，函数值为 ________。

3. 有函数 fread(buffer, count, size, fp);，则 buffer 是指________，完成的功能是________。

4. 使用 fopen("abc","r")打开文件时，若 abc 文件不存在，则________。

5. 使用 fopen("abc","w")打开文件时，若 abc 文件已存在，则________。

6. C 语言中文件的格式化输入和输出函数是________和________；文件的数据块输入和输出函数是________和________；文件的字符串输入和输出函数是________和________。

7. C 语言中文件指针设置函数是________；文件指针位置检测函数是________。

8. 在 C 程序中，文件存取方式可以分为________方式、________方式两种。

9. feof(fp)函数用来判断文件是否结束，如果遇到文件结束，函数值为________，否则为________。

三、程序填空题

1. 以下程序用变量 count 统计文件中字符的个数，请填空。(参考代码：XT_13_03_01.c)

```
#include <stdio.h>
int main(){
    FILE  *fp;    long count=0;
    if((fp=fopen("letter.dat", __(1)__))==NULL){
      printf("cannot open file\n");    exit(0);
    }
    while(fgetc(fp)!=EOF) {
      __(2)__;
    }
    printf("count=%ld\n", count);
    fclose(fp);
}
```

2. 以下程序的功能是将文件 file1.c 的内容输出到屏幕上并复制到文件 file2.c 中，请填空。(参考代码：XT_13_03_02.c)

```
#include<stdio.h>
int main(){
    FILE *fp1, *fp2;
    char c;
    fp1=fopen("file1.c", "r");
```

```
    fp2=fopen("file2.c", "w");
    while( ( c=fgetc(fp1) )!=EOF) putchar(c);
    ___(1)___;
    while( ( c=fgetc(fp1) )!=EOF ) ___(2)___;
    fclose(fp1);  fclose(fp2);
}
```

3. 以下程序运行时，用户从键盘输入一个文件名，然后输入一串字符(用#结束输入)存放到此文件中形成文本文件，并将字符的个数写到文件尾部。(参考代码：XT_13_03_03.c)

```
#include<stdio.h>
#include<stdlib.h>
int main(void){
        FILE *fp;
        char ch,fname[32];
        int count=0;
        printf("输入文件名:");
        scanf("%s",fname);
        if((fp=fopen(___(1)___,"w"))==NULL){
            printf("文件%s创建失败!",fname);
            exit(0);
        }
        fflush(stdin);              //清空键盘缓冲区
        printf("请输入字符数据(以#结束):\n");
        while((ch=getchar())!='#'){
            ___(2)___;
            count++;
        }
        fprintf(fp,"\n文件名:%s,共输入%d个字符",fname,count);
        fclose(fp);
}
```

四、编程题

1. 编写程序，从键盘输入一个文件名，然后把从键盘输入的正整数依次存放到该文件中，用-1作为结束输入的标志。(参考代码：XT_13_04_01.c)

2. 文本文件 in.txt 中存放若干行字符，每行字符数不超过 100 个，每行中存放不超过 10 个整数，整数间以空格分隔。编写一个程序，按行读出这些整数，求出每行中的整数的和并输出。(参考代码：XT_13_04_02.c)

3. 在文本文件 data.txt 中存有若干个整数对，请编程输出每对整数的和并保存到另一个文本文件中。(参考代码：XT_13_04_03.c)

第 14 章　数制和编码

现实世界的一切信息要想进入计算机中进行处理，都需要进行编码。所有数据的编码最终都是由 0 和 1 组成的二进制数据，因为构成计算机的基础物理电路系统只能识别两种信号。二进制数据难于识别和理解，所以计算机中常常用十六进制或八进制形式处理数据。

字符型数据、整型数据和浮点型数据在计算机中都有其特有的编码规则，像声音文件、视频文件、图像文件都是对相应的多媒体信息编码后进行存储和处理的。

本章讨论计算机常用的数制及它们之间的转换，讨论英文字符、汉字字符、整型数据及浮点型数据的编码规则。

本章重点

- 常用数制的原理及其相互转换。
- 英文字符及汉字字符编码原理。
- 整型数据和浮点型数据的编码原理。

本章难点

- 汉字机内码的构造。
- 整型数据补码运算原理。

14.1　计算机中的数制

1. 认识数制

在日常生活中，人们习惯于用十进制计数。但是，在实际应用中，还使用其他的数制，如二进制(两只鞋为一双)、十二进制(12 个为一打)、二十四进制(24h 为 1d)、六十进制(60s 为 1min,60min 为 1h)等。这种逢几进一的计数法称为进位计数法。这种进位计数法的特点是由一组规定的数字来表示数。例如，一个二进制数只能用 0 和 1 表示，一个十进制数只能用 0,1,2,…,9 表示，一个十六进制数用 0,1,2,…,9,A,B,…,F 共 16 个数字符号表示。

数制也称计数制，是用一组固定的符号和统一的规则来表示数值的方法。在计算机中通常采用的数制有十进制、二进制、八进制和十六进制。

按照进位的方法进行计算的计数规则称为进位计数制。与进位计数制相关的概念有数码、基数和位权。

数码：数制中表示基本数值大小的不同数字符号。

基数：数制中所使用数码的个数(用 R 表示)。

位权：数制中某一位置上的数代表的数量大小。

进位计数制的数可以用位权来表示。位权就是在一个数中数位所上代表的基数的幂。任何一个 R 进制数的值都可以用它的按位权展开式表示(设该数的整数部分有 n 位，小数部分有 m 位)：

$$(D)_R=D_{n-1}\times R^{n-1}+D_{n-2}\times R^{n-2}+\cdots+D_0\times R^0+D_{-1}\times R^{-1}+D_{-2}\times R^{-2}+\cdots+D_{-m}\times R^{-m}$$

$(D)_R$ 是一个 R 进制的数，R 为基数，R^i 为对应的权，D_i 可以是 0，1，…，R－1 共 R 个数字中的任意一个，每个数位计满 R 后就向高位进位，即“逢 R 进一”。

基数 R＝2 时，为二进制数，权为 2^i，D_i 为 0、1 两个数字中的一个，逢二进一。

基数 R＝8 时，为八进制数，权为 8^i，D_i 为 0，1，2，3，4，5，6，7 这 8 个数字中的一个，逢八进一。

基数 R＝16 时，为十六进制数，权为 16^i，D_i 为 0，1，2，3，4，5，6，7，8，9，A，B，C，D，E，F 这 16 个数字中的一个（A～F 对应十进制数 10～15），逢十六进一。

例如，十进制数 $(3141.593)_{10}$ 按位权展开可以表示为

$$(3141.593)_{10}=3\times10^3+1\times10^2+4\times10^1+1\times10^0+5\times10^{-1}+9\times10^{-2}+3\times10^{-3}$$

再如，十进制数 $(222.26)_{10}$ 按位权展开可以表示为

$$(222.26)_{10}=2\times10^2+2\times10^1+2\times10^0+2\times10^{-1}+6\times10^{-2}$$

在这个例子中，十进制数 222.26 中的 2 在不同位置上所代表的值是不相同的，在百位上的值是 200，在十位上的值是 20，在个位上的值是 2，而在小数点后第一位上的值是 0.2。这就是位权的概念。

2. 计算机中常用的数制

计算机是由电子器件组成的，考虑到经济、可靠、容易实现、运算简便、节省器件等因素，在计算机中的数都用二进制表示而不用十进制表示。这是因为，二进制计数只需要两个数字符号 0 和 1，在电路中可以用两种不同的状态——低电平(0)和高电平(1)来表示，其运算电路的实现比较简单，而要制造有 10 种稳定状态的电子器件分别代表十进制中的 10 个数字符号是十分困难的。

在计算机内部，一切信息的存储、处理与传送均采用二进制的形式。但由于用二进制书写的程序和数据冗长、难记，阅读与书写很不方便，所以在显示与书写时又通常用十六进制或八进制来作为二进制的缩写，因为十六进制和八进制与二进制之间有着非常简单的对应关系。表 14-1 列出了十进制、二进制、八进制和十六进制的数码符号和运算规则。表 14-2 展示了一些数值的不同数制表示。

表 14-1 常用数制

数制	表示形式	进位和借位规则	数码符号	基数 R	位权
十进制	D Decimal	逢十进一， 借一当十	0，1，2，3，4，5，6，7，8，9	10	10^n
二进制	B Binary	逢二进一， 借一当二	0，1	2	2^n
八进制	O Octal	逢八进一， 借一当八	0，1，2，3，4，5，6，7	8	8^n
十六进制	H Hexadecimal	逢十六进一， 借一当十六	0，1，2，3，4，5，6，7，8，9， A，B，C，D，E，F	16	16^n

表 14-2 一些数值的不同数制表示

十进制	二进制	八进制	十六进制	十进制	二进制	八进制	十六进制
0	0000	0	0	10	1010	12	A
1	0001	1	1	11	1011	13	B
2	0010	2	2	12	1100	14	C
3	0011	3	3	13	1101	15	D
4	0100	4	4	14	1110	16	E
5	0101	5	5	15	1111	17	F
6	0110	6	6	16	1 0000	20	10
7	0111	7	7	17	1 0001	21	11
8	1000	10	8	240	1111 0000	260	F0
9	1001	11	9	255	1111 1111	377	FF

14.2 数制转换

1. 二、八、十六进制转换成十进制

将二、八、十六进制数转换成十进制数可以采用按位权展开的方法，计算简单易行。

例 14-02-01 将二进制数$(10101.11)_2$、$(1101.0101)_2$转换成十进制数。

解：

$$(10101.11)_2=1\times2^4+0\times2^3+1\times2^2+0\times2^1+1\times2^0+1\times2^{-1}+1\times2^{-2}$$
$$=16+0+4+0+1+0.5+0.25$$
$$=(21.75)_{10}$$

$$(1101.0101)_2=1\times2^3+1\times2^2+0\times2^1+1\times2^0+0\times2^{-1}+1\times2^{-2}+0\times2^{-3}+1\times2^{-4}$$
$$=8+4+0+1+0+0.25+0+1.0625$$
$$=(13.3125)_{10}$$

例 14-02-02 将$(1010.01)_2$、$(57)_8$、$(1A.2)_{16}$转换为十进制数。

解：

$$(1010.01)_2=1\times2^3+0\times2^2+1\times2^1+0\times2^0+0\times2^{-1}+1\times2^{-2}$$
$$=8+0+2+0+0+0.25$$
$$=(10.25)_{10}$$

$$(157.4)_8=1\times8^2+5\times8^1+7\times8^0+4\times8^{-1}$$
$$=64+40+7+0.5$$
$$=(111.5)_{10}$$

$$(1A.2)_{16}=1\times16^1+10\times16^0+2\times16^{-1}$$
$$=16+10+0.125$$
$$=(26.125)_{10}$$

练习 14-02-01 将$(10101.101)_2$、$(234.6)_8$、$(2EF)_{16}$转换为十进制数。

2. 十进制整数转换成二进制整数

将十进制整数转换成二进制整数采用“除 2 取余法”。即将十进制整数除以 2，得到一个商和一个余数；再将商除以 2，又得到一个商和一个余数；以此类推，直到商等于零为止。将每次得到的余数倒排，就是对应二进制数的各位数。

例 14-02-03 将十进制数 37 转换为二进制数。

解：
```
2|37    余数为1
 2|18   余数为0
  2|9   余数为1
   2|4  余数为0
   2|2  余数为0
   2|1  余数为1
     0
```

转换结果是余数的倒排，即$(37)_{10}=(100101)_2$。

练习 14-02-02 将$(251)_{10}$、$(65)_{10}$、$(101)_{10}$转换为二进制数。

3. 十进制纯小数转换成二进制小数

十进制纯小数转换成二进制小数可以采用“乘 2 取整法”，即用 2 逐次去乘十进制小数，直到小数部分等于 0 时为止。将每次得到积的整数部分按出现的先后顺序依次排列，就得到对应的二进制小数。

例 14-02-04 将十进制小数 0.375 转换成二进制小数。

解：
```
    0.375
   ×    2
0   .75      整数为0
   ×    2
1   .5       整数为1
   ×    2
1   .0       整数为1
```

最后结果：$(0.375)_{10}=(0.011)_2$。

练习 14-02-03 将$(25.625)_{10}$、$(9.8125)_{10}$、$(3.5)_{10}$转换为二进制数。

4. 八进制转换成二进制

由于 $2^3=8$，所以将八进制数转换成二进制数的方法是严格地将每 1 位八进制数字用与其相等的 3 位二进制数字来替换，不足 3 位的二进制数前补 0。例如，将八进制 0 替换成二进制的 000，将八进制 5 替换成二进制的 101，等等，反过来也是如此。

例 14-02-05 将八进制数$(217.34)_8$转换成二进制数。

解：根据表 14-2 可知，八进制数$(217.34)_8$中每位数字与二进制数字之间的严格对应关系如下：

八进制　2　1　7 . 3　4

二进制　010　001　111 . 011　100

于是得到$(217.34)_8=(010\ 001\ 111.011\ 100)_2$，由于整数部分的前导0与小数部分末位的0并不影响数据本身的值，所以转换结果也可以表示成$(21734)_8=(10001111.0111)_2$。

5. 二进制转换成八进制

二进制数转换成八进制数时，可以将二进制数的整数部分从右向左每3位1组，不足3位左补0，小数部分从左至右每3位1组，不足3位右补0，然后严格地将每3位二进制数字用与其相等的1位八进制数字替换。

例14-02-06　将二进制数$(11001111.0111)_2$转换成八进制数。

解：

$$\begin{aligned}(11001111.0111)_2 &= (011\ 001\ 111.011\ 100)_2\\ &= (3\quad 1\quad 7.3\quad 4)_8\end{aligned}$$

练习14-02-04　将$(25.625)_8$、$(111.11)_8$数转换为二进制数，将$(11.1)_2$、$(1101.1101)_2$数转换为八进制数。

6. 十六进制转为二进制

由于$2^4=16$，所以将十六进制数转换成二进制数的方法是严格地将每1位十六进制数字用与其相等的4位二进制数字替换，不足4位的二进制数前补0。例如，将十六进制0替换成二进制的0000，将十六进制5替换成二进制的0101，等等，反过来也是如此。

例14-02-07　将十六进制数$(3B6.DC)_{16}$转换成二进制数。

十六进制数$(3B6.DC)_{16}$中每位数字与二进制数字之间的严格对应关系如下：

十六进制　3　B　6 . D　C

二进制　0011　1011　0110 . 1101　1100

于是得到$(3B6DC)_{16}=(0011\ 1011\ 0110.1101\ 1100)_2$，由于整数部分的前导0与小数部分末位的0并不影响数据本身的值，所以转换结果也可以表示成$(3B6DC)_{16}=(1110110110.110111)_2$。

7. 二进制转换成十六进制

二进制数转换成十六进制数时，可以将二进制数的整数部分从右向左每4位1组，不足4位左补0，小数部分从左至右每4位1组，不足4位右补0，然后严格地将每4位二进制数字用与其相等的1位十六进制数字替换。

例14-02-08　将二进制数$(10\ 1010\ 1011.0110\ 1)_2$转换成十六进制数。

解：

二进制　0010　1010　1011. 0110　1000

十六进制　2　A　B . 6　8

即：$(10\ 1010\ 101101101)_2=(2AB.68)_{16}$。

练习14-02-05　将$(A2C.D)_{16}$、$(6F.07)_{16}$转换为二进制数，将$(1001001.11)_2$、$(11110101.111)_2$转换为十六进制数。

14.3 数据单位

1. 位和字节

计算机中的数据都是以二进制形式存储的，存储器是计算机的记忆部件，用于存放计算机进行信息处理所需的数据和程序代码。计算机的存储器中存储了大量的 0 和 1，一个 0 或 1 就是一个二进制位（bit，b）。位是计算机中数据存储的最小单位。

同时，计算机的存储器被分成若干个存储单元，每个存储单元可以存放 8 个二进制位，这样的存储单元称为 1 字节（byte，B），字节是计算机中数据存储的基本单位。

存储器中的每字节都依次用从 0 开始的整数进行编号，这个编号称为地址。处理器按地址来存取存储器中的数据。

2. 存储容量

存储器的容量是指存储器中所包含的字节数。通常又用千字节（KB）、兆字节（MB）、吉字节（GB）和太字节（TB）作为存储器容量的单位，其中：

1B＝8b，1KB＝1024B，1MB＝1024KB，1GB＝1024MB，1TB＝1024GB。

14.4 文本的编码

1. ASCII 码（英文字符的编码）

目前，国际上通用的且使用最广泛的字符有十进制数字符号 0～9、大小写的英文字母、各种运算符、标点符号等，这些字符的个数不超过 128 个。为了便于计算机识别与处理，这些字符在计算机中是用二进制形式来表示的，通常称之为字符的二进制编码。

由于需要编码的字符不超过 128 个，因此，用 7 位二进制数就可以对这些字符进行编码。目前国际上通用的是美国标准信息交换码（American Standard Code for Information Interchange），简称为 ASCII 码。用 ASCII 码表示的字符称为 ASCII 码字符。表 14-3 给出了基本 ASCII 码编码表。

表 14-3　基本 ASCII 码编码表

$b_4 b_3 b_2 b_1$	$b_7 b_6 b_5$							
	000	001	010	011	100	101	110	111
0000	NUL	DLE	SP	0	@	P	`	p
0001	SOH	DC1	!	1	A	Q	a	q
0010	STX	DC2	"	2	B	R	b	r
0011	ETX	DC3	#	3	C	S	c	s
0100	BOT	DC4	$	4	D	T	d	t
0101	ENQ	NAK	%	5	E	U	e	u

续表

$b_4 b_3 b_2 b_1$	$b_7 b_6 b_5$							
	000	001	010	011	100	101	110	111
0110	ACK	SYN	&	6	F	V	f	v
0111	BEL	ETB	'	7	G	W	g	w
1000	BS	CAN	(	8	H	X	h	x
1001	HT	EM	)	9	I	Y	i	y
1010	LF	SUB	*	:	J	Z	j	z
1011	VT	ESC	+	;	K	[	k	{
1100	FF	FS	,	<	L	\	l	|
1101	CR	GS	-	=	M	]	m	}
1110	SO	RS	.	>	N	^	n	~
1111	SL	US	/	?	O	_	o	DEL

表 14-3 中的前 32 个 ASCII 码是不可打印的控制符号。每个字符的 ASCII 码由其对应在的高 3 位加低 4 位二进制码构成，为了将其存储到 1 个字节的 8 个位中，基本 ASCII 码需在其 7 位编码前补上最高位 0。例如字符'A'的 8 位编码为 0100 0001、字符'*'的 8 位编码为 0101 0010。

最高位为 0 的 ASCII 码为基本 ASCII 码，共 128 个，其中前 32 个是控制字符，显示输出时是特殊字符。以下程序输出所有的基本 ASCII 码。

程序清单 14-04-01.c

```
#include<stdio.h>
int main(){
    int k;
    for(k=1;k<=127;k++){
      printf("%c ",k);
      if(k%20==0)printf("\n");
    }
    return 0;
}
```

执行程序，输出

```
☺☻♥♦♣♠
 ♫☼►◄↕‼¶
§▬↨↑↓→←∟↔▲▼  ! " # $ % & ' (
) * + , - . / 0 1 2 3 4 5 6 7 8 9 : ; <
= > ? @ A B C D E F G H I J K L M N O P
Q R S T U V W X Y Z [ \ ] ^ _ ` a b c d
e f g h i j k l m n o p q r s t u v w x
y z { | } ~
```

2. 扩展 ASCII 码

1 字节有 8 个二进制位，从 0000 0000 至 1111 1111 共可表示 256 个编码，其中前 128 个为基本 ASCII 码，最高位都为 0。后 128 个最高位为 1 的编码称为扩展 ASCII 码，被安排存储一系列特殊字符，程序清单 14-04-02.c 的功能为输出所有的扩展 ASCII 码，但此程序只有在英文系统中才会正确显示，在中文操作系统中会显示？或乱码。扩展 ASCII 码不是国际标准。

程序清单 14-04-02.c

```
#include<stdio.h>
int main(){
    int i,k;
    for(i=1,k=128;k<=255;k++,i++){
      printf("%c ",k);
      if(i%10==0)printf("\n\n");
    }
    return 0;
}
```

在英文操作系统中执行程序，输出

```
128:Ç 129:ü 130:é 131:â 132:ä 133:à 134:å 135:ç 136:ê 137:ë

138:è 139:ï 140:î 141:ì 142:Ä 143:Å 144:É 145:æ 146:Æ 147:ô

148:ö 149:ò 150:û 151:ù 152:ÿ 153:Ö 154:Ü 155:¢ 156:£ 157:¥

158:₧ 159:ƒ 160:á 161:í 162:ó 163:ú 164:ñ 165:Ñ 166:ª 167:º

168:¿ 169:⌐ 170:¬ 171:½ 172:¼ 173:¡ 174:« 175:» 176:░ 177:▒

178:▓ 179:│ 180:┤ 181:╡ 182:╢ 183:╖ 184:╕ 185:╣ 186:║ 187:╗

188:╝ 189:╜ 190:╛ 191:┐ 192:└ 193:┴ 194:┬ 195:├ 196:─ 197:┼

198:╞ 199:╟ 200:╚ 201:╔ 202:╩ 203:╦ 204:╠ 205:═ 206:╬ 207:╧

208:╨ 209:╤ 210:╥ 211:╙ 212:╘ 213:╒ 214:╓ 215:╫ 216:╪ 217:┘

218:┌ 219:█ 220:▄ 221:▌ 222:▐ 223:▀ 224:α 225:ß 226:Γ 227:π

228:Σ 229:σ 230:µ 231:τ 232:Φ 233:Θ 234:Ω 235:δ 236:∞ 237:φ

238:ε 239:∩ 240:≡ 241:± 242:≥ 243:≤ 244:⌠ 245:⌡ 246:÷ 247:≈

248:° 249:∙ 250:· 251:√ 252:ⁿ 253:² 254:■ 255:
```

3. 双字节字符

为了扩充 ASCII 编码，以用于显示各国的语言，例如中国、日本和韩国的象形文字等，一般采用双字节字符，即用 1 个扩展 ASCII 码+1 个 ASCII 码或 2 个扩展 ASCII 码共 16 位二进制代码来表示一个宽字符。以下程序在中文操作系统下将输出 20 个宽字符（双字节字符，第 1 个字节为扩展 ASCII 码）。

程序清单 14-04-03.c

```
#include<stdio.h>
int main(){
    int k;
    for(k=1;k<=20;k++)
```

```
    printf("%c%c",176,160+k);
  return 0;
}
```

执行程序,输出

啊阿埃挨哎唉哀皑癌蔼矮艾碍爱隘鞍氨安俺按

以下程序的功能为,将字符串中的所有中英文字符依次输出,且每个中文字符按一个字符输出。

程序清单 14-04-04.c

```
#include<stdio.h>
int main(){
    char s[]={"快乐 C 语言 ABC"};
    int i=0,k=0;
    while(s[i]!='\0'){
      printf("第%d 个字符:",++k);
      if(s[i]>0&&s[i]<128){
        printf("英文字符:%c.\n",s[i]);
        i++;
      }
      else{
        printf("中文字符:%c%c.\n",s[i],s[i+1]);
        i+=2;
      }
    }
    return 0;
}
```

执行程序,输出

```
第 1 个字符:中文字符:快.
第 2 个字符:中文字符:乐.
第 3 个字符:英文字符:C.
第 4 个字符:中文字符:语.
第 5 个字符:中文字符:言.
第 6 个字符:英文字符:A.
第 7 个字符:英文字符:B.
第 8 个字符:英文字符:C.
```

4. 汉字的编码

为显示本国的语言,不同的国家和地区制定了不同的宽字符编码标准,由此产生了GB2312、BIG5、JIS 等各自的编码体系。这些使用 2 字节来代表一个字符的各种宽字符延伸编码方式称为 ANSI 编码(ANSI 是美国国家标准学会)。

1981 年我国国家标准总局公布了 GB 2312—1980,即《信息交换用汉字编码字符集基本集》,简称国标码。该标准共收集常用汉字 6763 个,其中一级汉字 3755 个,按拼音排序,二级汉字 3008 个,按部首排序;另外还有各种图形符号 682 个,共计 7445 个。GB 2312—1980 规定每个汉字、图形符号都用 2 字节表示,每字节只使用低 7 位编码,因此最多能表示出 128×128=16 384 个汉字。国标码的 2 字节最高位都是 0,与基本 ASCII 码无法区分,所以国标码不能用来存储汉字,所有汉字字符是使用机内码进行存储和处理的。

GB 2312—1980 规定,全部国标汉字及符号组成 94×94 的矩阵,在这些矩阵中,每一行称为一个“区”,每一列称为一个“位”。这样,就组成了 94 个区(01～94 区),每个区内有 94 个位(01～94)的汉字字符集。区码和位码简单地组合在一起(即两位区码居高位,两位位码居低位)就形成了区位码。区位码可唯一确定一个汉字或汉字符号,反之,一个汉字或汉字符号对应唯一的区位码,如汉字“玻”的区位码为 1803(即在 18 区的第 3 位)。

所有汉字及符号的 94 个区划分成如下 4 个组:

1～15 区为图形符号区,其中,1～9 区为标准区,10～15 区为自定义符号区。

16～55 区为一级常用汉字区,共有 3755 个汉字,该区的汉字按拼音排序。

56～87 区为二级非常用汉字区,共有 3008 个汉字,该区的汉字按部首排序。

88～94 区为用户自定义汉字区。

区码和位码的范围都是 01～94,如果直接用它作为机内码,就会与基本 ASCII 码发生冲突,因此汉字的机内码采用如下的运算规定:

高 8 位机内码=区码+A0H

低 8 位机内码=位码+A0H

在上述运算规则中加 A0H 意在把最高二进制位置 1,与基本 ASCII 码相区别,或者说最高位是识别是否汉字的标志位。

例 14-04-01 汉字“玻”的区位码为 1803,求其机内码。

解:

$$
\begin{aligned}
\text{高位内码} &= (18)_{10} + (\text{A0})_{16} \\
&= (00010010)_2 + (10100000)_2 \\
&= (10110010)_2 \\
&= (\text{B2})_{16} = \text{B2H} \\
\text{低位内码} &= (03)_{10} + (\text{A0})_{16} \\
&= (00000011)_2 + (10100000)_2 \\
&= (10100011)_2 \\
&= (\text{A3})_{16} = \text{A3H} \\
\text{机内码} &= \text{B2A3H}
\end{aligned}
$$

以下程序中,函数 print 的功能就是输出指定区号和位号的汉字。

程序清单 14-04-05.c

```
#include<stdio.h>
print(int x,int y){
    printf("%c%c",x+0xA0,y+0xA0);
}
```

```
int main(){
    print(18,3);
    return 0;
}
```

执行程序,输出

玻

程序清单 14-04-06.c

```
#include<stdio.h>
print(int x,int y){
    printf("%c%c",x+0xA0,y+0xA0);
}
int main(){
    int i,j;
    for(i=1;i<=94;i++){
        printf("第%d区:\n",i);
      for(j=1;j<=94;j++)
        print(i,j);
      printf("\n");
      getch();
    }
    return 0;
}
```

以上程序输出所有94区的汉字字符,每个区94位。部分输出结果如下:

```
第1区:
　、。·ˉˇ¨〃々—～‖…‘’“”〔〕〈〉《》「」『』〖〗【】±×÷∶∧∨∑∏∪
∩∈∷√⊥∥∠⌒⊙∫∮≡≌≈∽∝≠≮≯≤≥∞∵∴♂♀°′″℃＄¤￠￡‰§№☆★○
●◎◇◆□■△▲※→←↑↓〓
第2区:
ⅰⅱⅲⅳⅴⅵⅶⅷⅸⅹ      ⒈⒉⒊⒋⒌⒍⒎⒏⒐⒑⒒⒓⒔⒕⒖⒗⒘⒙⒚⒛⑴⑵⑶⑷
⑸⑹⑺⑻⑼⑽⑾⑿⒀⒁⒂⒃⒄⒅⒆⒇①②③④⑤⑥⑦⑧⑨⑩€  ㈠㈡㈢㈣㈤㈥㈦㈧㈨㈩
ⅠⅡⅢⅣⅤⅥⅦⅧⅨⅩⅪⅫ
    …
第17区:
薄雹保堡饱宝抱报暴豹鲍爆杯碑悲卑北辈背贝钡倍狈备惫焙被奔苯本笨崩绷甭泵蹦迸逼鼻比
鄙笔彼碧蓖蔽毕毙毖币庇痹闭敝弊必辟壁臂避陛鞭边编贬扁便变卞辨辩辫遍标彪膘表鳖憋别
瘪彬斌濒滨宾摈兵冰柄丙秉饼炳
第18区:
病并玻菠播拨钵波博勃搏铂箔伯帛舶脖膊渤泊驳捕卜哺补埠不布步簿部怖擦猜裁材才财睬踩
采彩菜蔡餐参蚕残惭惨灿苍舱仓沧藏操糙槽曹草厕策侧册测层蹭插叉茬茶查碴搽察岔差诧拆
柴豺搀掺蝉馋谗缠铲产阐颤昌猖
```

从以上输出可以看出,汉字“玻”位于第18区第3位。

14.5 整数编码

1. 整型数据编码

程序中的所有数据在计算机内存中都是以二进制的形式存储的，整型数据也不例外，计算机要对其进行编码，得到二进制编码后才能进行存储和运算。

以整数为例，为了表示一个数值，可以采用不同的方法编码。一般有原码、反码和补码3种表示方式。在计算机内部，整型数据是以补码的形式表示的，原因在于使用补码可以将符号位和数值位统一处理，同时加法和减法也可以统一处理。

原码、反码和补码3种表示方法均由符号位和数值位两部分组成。符号位在最高位，都是用0表示“正”，用1表示“负”，而数值位的3种表示方法各不相同。

2. 原码

一个整数的原码就是符号位加上其绝对值的二进制表示，即用第一位表示符号，其余位表示数值。以short int型为例(假设在内存中占2字节，16位，下同)，十进制整数+3的原码就是00000000 00000011，而-3的原码就是10000000 00000011。

再如：

$$[+1]_{原}=00000000\ 00000001$$
$$[-1]_{原}=10000000\ 00000001$$

因为第一位是符号位，所以16位二进制数的取值范围就是

$$[11111111\ 11111111, 01111111\ 11111111]$$

即[-32 767,32 767]，其中包括+0和-0，浪费了一个整数资源。

原码是人最容易理解和计算的表示方式。

3. 反码

反码的表示方法是：正数的反码是其本身；负数的反码是在其原码的基础上，符号位不变，其余各个位取反。例如：

$$[+1]=[00000000\ 00000001]_{原}=[00000000\ 00000001]_{反}$$
$$[-1]=[10000000\ 00000001]_{原}=[1111111111111110]_{反}$$

可见，如果一个反码表示的是负数，人无法直观地看出它的数值，通常要将其转换成原码再计算。

反码中同样包含+0和-0，同样浪费一个整数资源。

4. 补码

补码的表示方法是：正数的补码就是其本身，负数的补码是在其反码的基础上加1。例如：

$$[+1]=[00000000\ 00000001]_{原}=[00000000\ 00000001]_{反}=[00000000\ 00000001]_{补}$$
$$[-1]=[10000000\ 00000001]_{原}=[11111111\ 11111110]_{反}=[11111111\ 11111111]_{补}$$

对于负数，补码表示方式也是人无法直观看出其数值的，通常也需要转换成原码再计算其数值。

5. 为什么要使用补码

在开始深入学习前，笔者的学习建议是先记住原码、反码和补码的表示方式以及计算方法。

现在我们知道了计算机可以用 3 种编码方式表示一个数。对于正数，因为 3 种编码方式的结果都相同，所以不需要过多解释，例如：

$[+1]=[00000000\ 00000001]_{原}=[00000000\ 00000001]_{反}=[00000000\ 00000001]_{补}$

但是对于负数则不然，例如：

$[-1]=[10000000\ 00000001]_{原}=[11111111\ 11111110]_{反}=[11111111\ 11111111]_{补}$

可见原码、反码和补码是完全不同的。既然原码才是被人直接识别并用于计算的表示方式，为何还要有反码和补码呢？

首先，因为人可以知道第一位是符号位，在计算的时候我们会根据符号位选择对真值区域的加减。但是对于计算机运算器电路设计来说，加减已经是最基础的运算，要设计得尽量简单，而让计算机辨别符号位显然会让计算机的基础电路设计变得十分复杂。于是人们想出了将符号位也参与运算的方法。

根据运算法则，减去一个正数等于加上一个负数，例如 1－1＝1＋(－1)＝0，所以计算机可以只有加法而没有减法，这样计算机运算的设计就更简单了。

于是人们开始探索将符号位参与运算，并且只保留加法的方法。

首先来看原码。

计算十进制的表达式：

$$\begin{aligned}1-1&=1+(-1)\\&=[00000000\ 00000001]_{原}+[10000000\ 00000001]_{原}\\&=[10000000\ 00000010]_{原}\\&=-2\end{aligned}$$

显而易见，如果用原码表示，让符号位也参与计算，对于加数为负数的情况，结果是不正确的。这也就是计算机内部不使用原码表示整数的原因。

为了解决原码做减法的问题，出现了反码：

$$\begin{aligned}1-1&=1+(-1)\\&=[00000000\ 00000001]_{原}+[10000000\ 00000001]_{原}\\&=[00000000\ 00000001]_{反}+[11111111\ 11111110]_{反}\\&=[11111111\ 11111111]_{反}\\&=[10000000\ 00000000]_{原}\\&=-0\end{aligned}$$

用反码计算减法，结果的真值部分是正确的。而唯一的问题其实就出现在 0 这个特殊的数值上。虽然在人们的理解上＋0 和－0 是一样的，但是有了＋0 后，－0 是没有意义的，而且 0 会有$[00000000\ 00000000]_{原}$和$[10000000\ 00000000]_{原}$两个原码，0 的反码也有两个。

补码的出现解决了 0 的符号以及 0 有两个编码的问题。

$$
\begin{aligned}
1-1 &= 1+(-1) \\
&= [00000000\ 00000001]_{原} + [10000000\ 00000001]_{原} \\
&= [00000000\ 00000001]_{反} + [11111111\ 11111110]_{反} \\
&= [00000000\ 00000001]_{补} + [11111111\ 11111111]_{补} \\
&= [00000000\ 00000000]_{补} \\
&= [00000000\ 00000000]_{原} \\
&= 0
\end{aligned}
$$

这样 0 用补码 00000000 00000000 表示，而以前出现问题的－0 则不存在了。而且可以用补码 10000000 00000000 表示－32 768，原因是

$$
\begin{aligned}
(-1)+(-32\ 767) &= [10000000\ 00000001]_{原} + [11111111\ 11111111]_{原} \\
&= [11111111\ 11111111]_{补} + [10000000\ 00000001]_{补} \\
&= [10000000\ 00000000]_{补}
\end{aligned}
$$

(－1)＋(－32 767)的结果应该是－32 768，在用补码运算的结果中，补码 10000000 00000000 的值就是－32 768。但是注意，因为实际上是使用以前的－0 的补码来表示－32 768，所以－32 768 并没有原码和反码的表示。

使用补码，不仅修复了 0 的符号以及 0 存在两个编码的问题，而且还能够多表示一个最低数。这就是 16 位二进制使用原码或反码表示的范围为[－32 767，＋32 767]，而使用补码表示的范围为[－32 768，＋32 767]的原因。

因为计算机中使用补码，所以对于编程中常用到的 32 位(4 字节)整型，可以表示的整数范围是[-2^{31}，$2^{31}-1$]，即[－4 147 483 648，＋4 147 483 647]。

14.6 浮点数编码

1. 实数的指数表示

浮点型数据用来表示具有小数点的实数，采用指数形式可以有多种不同的表示方法。例如 3.14159 可以表示为 3.14159×10^{0}、0.0314159×10^{2}、314.159×10^{-2}、31415.9×10^{-4} 等多种方式。它们代表同一个值，不同的是指数值和底数的小数点位置，正因为如此，实数的指数形式被称为浮点数。

程序清单 14-06-01.c

```
#include<stdio.h>
int main(){
    float f1,f2,f3;
    f1=314.159;
    f2=-12.5;
    f3=17.625;
    printf("%e,%e,%e",f1,f2,f3);
    return 0;
}
```

执行程序，输出

```
3.141590e+002,-1.250000e+001,1.762500e+001
```

以上程序以指数形式输出浮点数，标准显示格式为

```
尾数 E 指数
```

其中，尾数的小数点前只有1位数字。

2. 浮点数在内存中的表示

以float型浮点数为例，在内存中占4字节，共32个二进制位。其存储形式如下：

SEEEEEEE EMMMMMMM MMMMMMMM MMMMMMMM

其中，最高位为符号位S，占1位，0表示正数，1表示负数；E为阶码，占8位，用来存储有符号的指数，是一个整数；M为尾数，占23位，用来存储尾数的二进制形式。

需要说明的是：

(1) 8位阶码表示无符号整数的范围是0～255，为了表示指数为负数的情况，阶码值为实际指数值加127。

(2) 23位的尾数用来表示二进制的小数部分，实际之前省略存储了一位1，所以在实际计算时应该在实际尾数之前，也就是小数点之前加上一位1。

例如，内存中有4字节中存储数据的二进制形式为0xC1480000(用十六进制表示)，如果这是一个float型浮点数的地址，那么这个浮点数是多少呢？我们来分析一下：

十六进制	C1	48	00	00
二进制	11000001	01001000	00000000	00000000
格式	SEEEEEEE	EMMMMMMM	MMMMMMMM	MMMMMMMM

可见：

- 符号位S为1，是个负数。
- 阶码位E为10000010，转为十进制是130，130－127＝3，即实际指数部分为3。
- 尾数位M为.1001000 00000000 00000000。这里，尾数左边省略存储了一个1，实际尾数是1.1001000 00000000 00000000。

到此，我们把3个部分的值都取出来了。现在，通过指数部分E的值来调整尾数部分M的值。调整方法为：如果指数E为负数，尾数的小数点向左移；如果指数E为正数，尾数的小数点向右移。小数点移动的位数由指数E的绝对值决定。

这里，E为正3，所以小数点向右移3，即1100.10000000000000000000。

将这个数换算成十进制，结果是12.5。符号位为1，说明是负数。所以，内存中的十六进制存储0XC1480000是浮点数－12.5，反过来说，浮点数－12.5在内存中的存储占4字节，其二进制编码用十六进制表示为0XC1480000。

3. 验证浮点数的内存

刚刚我们学习了如何将计算机内存中的二进制数转换成实际浮点数，下面我们来学习如何将浮点数转换成计算机存储格式中的二进制数。

例如，将17.625转换成float型浮点数的内存表示。

首先，将17.625换算成二进制位10001.101，再将10001.101向右移，直到小数点前只

剩一位1,需要将小数点左移4位,此时该数变成 1.0001101×2^4,底数M和指数E就可以算出来了。

指数部分E:实际为4,但应该加上127,结果为131,即二进制数1000 0011。

底数部分M:因为小数点前必为1,所以IEEE规定只记录小数点后的位,此处底数为0001101,不足23位,在右侧补0。

符号部分S:由于是正数,所以S为0。

综上所述,float型浮点数17.625的存储格式就是

SEEEEEEE	EMMMMMMM	MMMMMMMM	MMMMMMMM
01000001	10001101	00000000	00000000

转换成十六进制为0x41 8D 00 00。下面通过一个程序来验证浮点数17.625在内存中的存储是不是上面分析的那样。

程序清单14-06-02.c

```
#include<stdio.h>
#define uchar unsigned char
void binary_print(uchar c){
    int i,k=128;
    for(i=1;i<=8;i++){
      printf(c>k-1?"1":"0");
      c=c%k;
      k=k/2;
    }
}
int main(){
     float a=17.625;
     uchar c_save[4];
     uchar i;
     void * f;
     f=(void*)&a;
     for(i=0;i<4;i++){
       c_save[i]=*((uchar*)f+i);
     }
     printf("\n此浮点数在计算机内存中存储格式如下:\n");
     for(i=4;i!=0;i--){
       binary_print(c_save[i-1]);
       printf(" ");
     }
     printf("\n十六进制表示如下:\n");
     for(i=4;i!=0;i--){
           printf("%x ",c_save[i-1]);

     }
}
```

执行程序，输出

```
此浮点数在计算机内存中存储格式如下：
01000001 10001101 00000000 00000000
十六进制表示如下：
41 8d 0 0
```

程序分析：

本程序中函数 binary_print(uchar c)的功能为将一个无符号字符型参数(1 字节)，转换成 8 位二进制形式输出。

程序清单 14-06-03. c

```
#include<stdio.h>
#define uchar unsigned char
int main(){
    uchar c_save[4];
    c_save[3]=(uchar)0x41;
    c_save[2]=(uchar)0x8d;
    c_save[1]=(uchar)0x00;
    c_save[0]=(uchar)0x00;
    printf("%lf",*(float*)c_save);
}
```

执行程序，输出

```
17.625000
```

习题 14

选择题

1. 十进制数 1000 对应的二进制数为(　　)。

   A. 1111101010　　B. 1111101000　　C. 1111101100　　D. 1111101110

2. 十进制数 1000 对应的十六进制数为(　　)。

   A. 3C8　　B. 3D8　　C. 3E8　　D. 3F8

3. 十进制小数 0.96875 对应的二进制数为(　　)。

   A. 0.11111　　B. 0.111101　　C. 0.111111　　D. 0.1111111

4. 十进制小数 0.96875 对应的十六进制数为(　　)。

   A. 0.FC　　B. 0.F8　　C. 0.F2　　D. 0.F1

5. 二进制的 1000001 相当于十进制的(　　)。

   A. 62　　B. 63　　C. 64　　D. 65

6. 十进制的 100 相当于二进制的(　　)。

   A. 1000000　　B. 1100000　　C. 1100100　　D. 1101000

7. 八进制的 100 转换成十进制为(　　)。

A. 80　　B. 72　　C. 64　　D. 56

8. 十六进制的 100 转换成十进制为(　　)。

A. 160　　B. 180　　C. 230　　D. 256

9. 在以下表达式中正确的为(　　)。

A. $(0.111)_2<(0.75)_{10}$　　B. $(0.7)_8>(0.C)_{16}$

C. $(0.6)_{10}>(0.AB)_{16}$　　D. $(0.101)_2<(0.A)_{16}$

10. 在以下表达式中不正确的为(　　)。

A. $(0.875)_{10}=(0.E)_{16}$　　B. $(0.74)_8=(0.9375)_{10}$

C. $(0.101)_2=(0.A)_{16}$　　D. $(0.31)_{16}=(0.1418)_{10}$

11. 十六进制数 FFF.C 相当于十进制数(　　)。

A. 4096.3　　B. 4096.25　　C. 4096.75　　D. 4095.75

12. 以下关于不同数制之间关系的描述中正确的为(　　)。

A. 任意的二进制有限小数必定也是十进制有限小数

B. 任意的八进制有限小数不一定是二进制有限小数

C. 任意的十六进制有限小数,不一定是十进制有限小数

D. 任意的十进制有限小数必定也是八进制有限小数

13. 若计算机内存中连续 2 字节的内容的十六进制形式为 34 和 64,则它们不可能(　　)。

A. 2 个西文字符的 ASCII 码　　B. 1 个汉字的机内码

C. 1 个 16 位整数　　D. 1 个浮点型数据的一部分

14. 有一段文本由基本 ASCII 码字符和 GB2312 字符集中的汉字组成,其代码为 B0A157696ED6D0CEC4B0E6,则在这段文本中含有(　　)。

A. 1 个汉字和 9 个西文字符　　B. 2 个汉字和 7 个西文字符

C. 3 个汉字和 5 个西文字符　　D. 4 个汉字和 3 个西文字符

15. 十进制数 1385 转换成十六进制数为(　　)。

A. 568　　B. 569　　C. D85　　D. D55

16. 十进制数 87 转换成二进制数为(　　)。

A. 1010111　　B. 1101010　　C. 1110011　　D. 1010110

17. 将－33 以补码形式存入 8 位寄存器中,寄存器中的内容为(　　)。

A. DFH　　B. A1H　　C. 5FH　　D. DEH

18. 下列数中最大的数是(　　)。

A. $(227)_8$　　B. $(1FF)_{16}$　　C. $(10100001)_2$　　D. $(1789)_{10}$

19. 假设有一个 16 位机的某存储单元存放着数 10000000 01001000,若该数作为原码表示十进制有符号整数(其中最高位为符号位)时,其值为(　　)。

A. －62　　B. －83　　C. －70　　D. －72

20. 十六进制数 AB 转换成八进制数是(　　)。

A. 253　　B. 351　　C. 243　　D. 101

第 15 章　位　运　算

早期，位运算是 C 语言特有的运算，是其他高级语言中所没有的运算。计算机程序中的所有数据在计算机内存中都是以二进制的形式存储的。位运算其实就是直接对整数在内存中的二进制位进行操作。

位运算在编写系统软件时有很大的作用，在计算机控制领域和嵌入式编程中也有很多的应用。对于想在编程领域深入发展的读者来说，学习位运算、掌握位运算原理和应用是十分必要的。

本章重点

- 位逻辑运算的原理。
- 移位运算的原理。

本章难点

- 位逻辑运算的应用。
- 移位运算的应用。

15.1　位运算介绍

1. 认识位运算

C 语言的位运算是指在 C 语言中能对内存中的二进制位进行的运算。位运算包括位逻辑运算和移位运算。位逻辑运算能够方便地设置或屏蔽内存中某个字节的一位或几位，也可以对两个数按位与、或等；移位运算可以对内存中某个二进制数左移或右移几位。

2. 认识位运算符

C 语言提供了 6 种位运算符，如表 15-1 所示。

表 15-1　位运算符及含义

<table>
<tr><th>位运算符</th><th>含　义</th><th>举　例</th></tr>
<tr><td>&</td><td>按位与</td><td>a&b</td></tr>
<tr><td>|</td><td>按位或</td><td>a|b</td></tr>
<tr><td>^</td><td>按位异或</td><td>a^b</td></tr>
<tr><td>~</td><td>按位取反</td><td>~a</td></tr>
<tr><td><<</td><td>左移</td><td>a<<1</td></tr>
<tr><td>>></td><td>右移</td><td>b>>2</td></tr>
</table>

说明：

(1) 位运算量 a、b 只能是整型或字符型的数据，不能为实型数据。

(2) 位运算符中除按位取反运算符为单目运算符外，其他均为双目运算符，即要求运算符的两侧各有一个运算量。

15.2 位逻辑运算

1. 计算数据准备

首先，假设 a、b 为整型的数据，并且设 a=123，b=152。则 a、b 及 −b 的原码、反码和补码分别如表 15-2 所示。

表 15-2 整型数据 a、b、−b 的原码、反码和补码

真值	a (123)	b (152)	−b (−152)
原码	00000000 01111011	00000000 10011000	10000000 10011000
反码	00000000 01111011	00000000 10011000	11111111 01100111
补码	00000000 01111011	00000000 10011000	11111111 01101000

2. 按位与运算符 &

运算规则：参加运算的两个操作数如果对应位的值都是 1，则该位与的结果值为 1，否则为 0。即：0&0=0，0&1=0，1&0=0，1&1=1。

例 15-02-01 求 a&b 的结果。

解：

a 的补码　　0000 0000 0111 1011

b 的补码：　0000 0000 1001 1000

&　　　　　———————————

结果的补码　0000 0000 0001 1000

结果的原码　0000 0000 0001 1000

即 a&b=+0x0018=+24。

例 15-02-02 求 a&−b 的结果。

解：

a 的补码　　0000 0000 0111 1011

−b 的补码　1111 1111 0110 1000

&　　　　　———————————

结果的补码　0000 0000 0110 1000

结果的原码　0000 0000 0110 1000

即 a&−b=+0x0068=+104。

3. 按位或运算符 |

运算规则：参加运算的两个操作数如果对应位的值都是0，则该位或的结果值为0，否则为1。即：0|0=0，0|1=1，1|0=1，1|1=1。

例 15-02-03 求 a|－b 的值。

解：

a 的补码　　　　0000 0000 0111 1011

－b 的补码　　　1111 1111 0110 1000

|　　　　　　　　——————————

结果的补码　　　1111 1111 0111 1011

结果的原码　　　1000 0000 1000 0101

即：a|b=－0x0085=－133。

练习 15-02-01 按上文对变量 a、b 的定义，求 a|－b。

程序清单 15-02-01.c

```
#include<stdio.h>
int main(){
    int a=123,b=152;
    printf("%d %d %d %d",a&b,a&-b,a|b,a|-b);
    return 0;
}
```

执行程序，输出

```
24 104 251 -133
```

4. 按位异或运算符^

运算规则：参加运算的两个操作数如果对应位的值不同，则该位异或的结果值为1，否则为0。即：0^0=0，0^1=1，1^0=1，1^1=0。

例 15-02-04 求 a^b 的值。

解：

a 的补码　　　　0000 0000 0111 1011

b 的补码　　　　0000 0000 1001 1000

^　　　　　　　　——————————

结果的补码　　　0000 0000 1110 0011

结果的原码　　　0000 0000 1110 0011

即 a^b=0x00e3=227。

练习 15-02-02 求 a^－b 的值。

程序清单 15-02-02.c

```
#include<stdio.h>
int main(){
```

```
    int a=123,b=152,c=-152;
    printf("%d %d",a^b,a^-b);
    return 0;
}
```

执行程序，输出

```
227 -237
```

5. 按位取反运算符 ～

运算规则：对一个操作数的每一位都取反，即将 1 变为 0，0 变为 1。

例 15-02-05 求～a 的值。

解：

a 的补码	0000 0000 0111 1011
～	
结果的补码	1111 1111 1000 0100
结果的原码	1000 0000 0111 1100

即～a＝－0x007c＝－124。

练习 15-02-03 求～b、～(－b)的值。

程序清单 15-02-03.c

```
#include<stdio.h>
int main(){
    int a=123,b=152,c=-152;
    printf("%d %d",~a,~b,~(-b));
    return 0;
}
```

执行程序，输出

```
-124 -153 151
```

综上所述，位逻辑运算的规则如表 15-3 所示，表中数据以操作数中的某一位为例。

表 15-3 位逻辑运算规则

a	b	a&b	a|b	a^b	～a	～b
0	0	0	0	0	1	1
0	1	0	1	1	1	0
1	0	0	1	1	0	1
1	1	1	1	0	0	0

6. 位逻辑运算符的应用

(1) 判断一个数据的某一位是否为 1。

例如判断一个整数 a(假设用 4 字节表示)的最高位是否为 1,可以设一个测试变量 test,让 test 的最高位为 1,其余位均为 0,可以是 unsigned int test＝0x80000000。注意,无符号整数没有符号位,只能存储非负整数,所有位都表示数据,所有数的补码就是原码。所以无符号整数 0x80000000 的最高位为 1,其余 31 位都是 0。

根据按位与运算规则,只要判断位逻辑表达式 a&test 的值就可以了。如果表达式的值为 test 本身的值(即 0x80000000),则 a 的最高位为 1;如果表达式的值为 0,则 a 的最高位为 0。

程序清单 15-02-04.c

```
#include<stdio.h>
int main(){
    unsigned int test=0x80000000;
    int a;
    scanf("%d",&a);
    if((a&test)==test)
      printf("%d最高位为 1.",a);
    else
      printf("%d最高位为 0.",a);
    return 0;
}
```

执行程序,输入

```
5
```

输出

```
5最高位为 0.
```

再次执行程序,输入

```
-5
```

输出

```
-5最高位为 1.
```

(2) 保留一个数据中的某些位。

如果要保留整数 a 的低字节,屏蔽其高字节,只需要将 a 和 b 进行按位与运算即可。其中 b 的高字节每位置为 0,低字节每位置为 1,b 可以是 unsigned int b＝0x0000ffff。

程序清单 15-02-05.c

```
#include<stdio.h>
int main(){
    unsigned int b=0x0000FFFF;
    unsigned int a=0x12345678;
    printf("%x,%x",a,a&b);
    return 0;
}
```

执行程序,输出

```
12345678,5678
```

(3) 把一个数据的某些位置为1。

如果把a的右侧第10位置为1,而且不要破坏其他位,可以对a和b进行按位或运算,其中b的第10位置为1,其他位置为0,b可以是unsigned int b=0x00000200。

程序清单 15-02-06.c

```
#include<stdio.h>
int main(){
    unsigned int b=0x00000200;
    unsigned int a=0x12349876;
    printf("%x,%x",a,a|b);
    return 0;
}
```

执行程序,输出

```
12345678,5678
```

(4) 把一个数据的某些位翻转,即1变为0,0变为1。

如要把a的奇数位翻转,可以对a和b进行按位异或运算,其中b的奇数位置为1,偶数位置为0,b可以是unsigned int b=0xaaaaaaaa。

程序清单 15-02-07.c

```
#include<stdio.h>
int main(){
    unsigned int b=0xaaaaaaaa;
    unsigned int a=0x12345678;
    printf("%x,%x",a,a^b);
    return 0;
}
```

执行程序,输出

```
12345678,b89efcd2
```

请读者自行分析本程序的执行结果。

(5) 交换两个值,不用临时变量。

假设a=3,b=4。想将a和b的值互换,可以用以下3条赋值语句实现:

```
a=a^b;          //a=3^4=7
b=b^a;          //b=4^7=3
a=a^b;          //a=7^3=4
```

程序清单 15-02-08.c

```
#include<stdio.h>
int main(){
```

```
    unsigned int b=0x00001234;
    unsigned int a=0x00005678;
    printf("a=%x,b=%x\n",a,b);
    a=a^b;
    b=b^a;
    a=a^b;
    printf("a=%x,b=%x\n",a,b);
    return 0;
}
```

执行程序，输出

```
a=5678,b=1234
a=1234,b=5678
```

15.3 移位运算

1. 左移运算符 <<

左移运算表达式为 a<<n。

运算规则：对运算符<<左边的操作数 a 的每一位全部左移 n 位，右边空出的位补 0。

a<<2 表示将 a 的各位依次向左移 2 位，a 的最高 2 位移出去舍弃，空出的低 2 位以 0 填补。例如 char a=0x21，则左移 2 位的过程用二进制表示为 00100001<<2=10000100，即 a<<2 的值为 0x84。

在没有 1 被舍弃的情况下左移 1 位相当于该数乘以 2，左移 n 位相当于该数乘以 2^n。

再看 char a=0x21，则 a<<4 的过程用二进制表示为 00100001<<4=00010000，即 a<<4 的值为 0x10(相当于十进制数的 16)，这是因为在进行左移时发生了溢出，即移出的高位中含 1。因此，左移 n 位相当该数乘以 2^n 只适用于未发生溢出的情况，即移出的高位中不含有 1 的情况。

程序清单 15-03-01.c

```
#include<stdio.h>
int main(){
    unsigned int test=0x80000000;
    int a=0x21;
    printf("0x%x,%d",a<<2,a<<2);
    return 0;
}
```

执行程序，输出

```
0x84,132
```

2. 右移运算符 >>

右移运算表达式为 a>>n。

运算规则：对运算符>>左边的操作数 a 的每一位全部右移 n 位，右边低位被移出去舍弃，空出的高位补 0 还是补 1，分两种情况：

(1) 对无符号数进行右移时，空出的高位补 0。这种右移称为逻辑右移。例如，假设有 unsigned char a=0x8a，则

a：　　10001010　　　　等于十进制数 138
a>>1：　01000101　0　　等于十进制数 69
　　　　补 0　　　舍弃

(2) 对带符号数进行右移时，空出的高位全部以符号位填补。即正数补 0，负数补 1。这种右移称为算术右移。例如，假设有 char a=0x8a，则

a：　　10001010　　　　等于十进制数−118
a>>1：　11000101　0　　等于十进制数−59
　　　　补 1　　　舍弃

假设有 char a=0x76；则

a：　　01110110　　　　等于十进制数 118
a>>1：　00111011　0　　等于十进制数 59
　　　　补 0　　　舍弃

从上面的例子中可以看出，右移 1 位相当于除以 2，同样，右移 n 位相当于除以 2^n。

程序清单 15-03-02.c

```
#include<stdio.h>
int main(){
    int a=0x2105;
    printf("0x%x,%d",a>>4,a>>4);
    return 0;
}
```

执行程序，输出

```
0x210,528
```

3. 位赋值运算符

位运算符与赋值运算符结合可以组成位赋值运算符。C 语言提供的位赋值运算符如表 15-4 所示，它们都是双目运算符。

表 15-4　位赋值运算符

位赋值运算符	含　义	例　子	等 同 于
&=	位与赋值	a&=b	a=a&b
|=	位或赋值	a|=b	a=a|b
^=	位异或赋值	a^=b	a=a^b
<<=	左移赋值	a<<=b	a=a<<b
>>=	右移赋值	a>>=b	a=a>>b

4. 不同长度的数据进行位运算

如果两个数据长度不同(例如,a 为 long 型,b 为 int 型)进行位运算时(如 a&b),系统会将二者按右端对齐。如果 b 为正数,则向左侧用 0 补满 16 位;若 b 为负数,则向左侧用 1 补满 16 位。如果 b 为无符号整数,则左侧补满 0。

程序清单 15-03-03. c

```
#include<stdio.h>
int main(){
    unsigned char b=0xba;
    int a=0x1234;
    printf("%x,%x",a&b,a|b);
    return 0;
}
```

执行程序,输出

```
30,12be
```

15.4 位段

1. 位段的定义

前面介绍了构造数据类型,包括结构体、数组、指针、共用体等,这些数据都是以字节为单位存储的。实际上,存储一个数据有时只需占用字节中的一位或几位就可以了,例如,"真"或"假"用 0 或 1 表示,只需 1 位即可表示。这样,可以用 1 字节存放几个数据。尽管通过位运算符可以实现对这种数据的存储和访问,但这种方法比较麻烦。C 语言提供了位段结构来解决这个问题。

位段结构是指结构体的成员可以以位为单位来定义存储长度,这样的结构体称为位段结构体。

位段结构体的定义形式如下:

```
struct 结构体类型名{
   类型   成员 1: 长度;
   类型   成员 2: 长度;
     …
}
```

其中,冒号左面的成员称为位段,它是一种特殊的结构体成员;冒号右面的长度表示存储位段需要占用的二进制位数。例如:

```
struct device {
    unsigned a:1;
    unsigned b:2;
    unsigned c:4;
```

```
    short int x;
    float y;
} data;
```

2. 位段使用说明

上面的位段结构体定义了结构体变量 data，它包含 5 个成员，分别是 a、b、c、x、y。其中，a、b、c 为位段，分别占用 1 位、2 位、4 位，即 a、b、c 共占用 7 位。这样，用 1 字节就可以存储这 3 个位段，x、y 为基本类型的成员，分别需要 2、4 字节存储。因此，结构体变量 data 需要占用 7 字节的内存单元，其每个成员在内存中的分配情况如下：

* CCCCBBA XXXXXXXX XXXXXXXX YYYYYYYY YYYYYYYY YYYYYYYY YYYYYYYY

说明：

(1) 位段在一个存储单元中是从高位到低位分配内存还是从低位到高位分配内存因机器而异，在 Turbo C 中是从低位向高位分配内存，上例中首字节最高位未用，用 * 表示。

(2) 位段的数据类型必须为 unsigned 型或 int 型，不能用 char 型和其他类型。有的 C 编译系统只允许用 unsigned 型。

(3) 对位段的访问与其他结构体的访问方法一样，可以采用圆点运算符和指向运算符。但必须注意不能对位段进行取地址运算，也不能使用超过位段最大值的数据。

例如，&data.a 是错误的。因为内存地址是以字节为单位的，无法指向位。下面的用法也是不合理的：

```
data.b=6;
```

因为 data.b 只占内存的 2 位，而数据 6 需要 3 位存放，因此，data.b 实际上只存储了 6 的二进制 110 的低 2 位 10，即整数 2。

(4) 位段的长度不能超越整型边界。

(5) 如果某个位段要从下一字节开始存放，可以采用以下形式定义：

```
struct{
    unsigned a:1;
    unsigned : 0;
    unsigned b:2;
}data;
```

这里，data 的第二个成员为无名位段，长度为 0，表示本位段后面定义的位段应从下一字节开始存放。这样，data 需占用内存的 2 字节。

如果无名位段后面的长度不为 0，则表示跳过不用的位数。例如：

```
struct{
    unsigned a:1;
    unsigned : 2;
    unsigned b:2;
} data;
```

(6) 位段不能定义位段数组。

(7) 位段可以用整型格式符输出。例如:

```
printf("%d,%d,%d",data.a,data.b,data.c);
```

当然,也可以用%u、%o、%x 等格式符输出。

(8) 位段可以在数值表达式中引用,它会被系统自动地转换成整型数据。例如,data.a+5/data.b 是合法的。

程序清单 15-04-01.c

```
#include<stdio.h>
int main(){
    struct device {
        unsigned a:1;
        unsigned b:2;
        unsigned c:4;
        short int x;
        float y;
    }data;
    data.a=1;       data.b=3;       data.c=0xa;
    data.x=1234;    data.y=3.14159;
    printf("%d,%d,%d,%d,%lf",data.a,data.b,data.c,data.x,data.y);
    return 0;
}
```

执行程序,输出

```
1,3,10,1234,3.141590
```

习题 15

选择题

1. 以下运算符中优先级最低的是(　　)。

A. &&　　B. &　　C. ||　　D. |

2. 若有运算符<<、sizeof、<<、^、&=,则它们按优先级由高到低的正确排列次序是(　　)。

A. sizeof,&=,<<,^　　B. sizeof,<<,^,&=

C. ^,<<,sizeof,&=　　D. <<,^,&=,sizeof

3. 在C语言中,要求运算数必须是整型或字符型的运算符是(　　)。

A. &&　　B. &　　C. !　　D. ||

4. sizeof(float)是(　　)。

A. 一种函数调用　　B. 一个不合法的表示形式

C. 一个整型表达式　　D. 一个浮点型表达式

5. 表达式 0x13&0x17 的值是(　　)。(参考代码: XT_15_01_05.c)

A. 0x17　　B. 0x13　　C. 0xf8　　D. 0xec

6. 以下程序的运行结果是(　　)。(参考代码：XT_15_01_06.c)

char x=56; x=x&056; printf("%d,%o\n",x,x);

A. 56,70　　B. 0,0　　C. 40,50　　D. 62,76

7. 若 x=2,y=3,则 x&y 的结果是(　　)。(参考代码：XT_15_01_07.c)

A. 0　　B. 2　　C. 3　　D. 5

8. 在执行完以下 C 语句后,B 的值是(　　)。(参考代码：XT_15_01_08.c)

```
char Z='A';
int b;
b=((241&15) && (Z|'a'));
```

A. 0　　B. 1　　C. TRUE　　D. FALSE

9. 表达式 0X13|0x17 的值是(　　)。(参考代码：XT_15_01_09.c)

A. 0x03　　B. 0x17　　C. 0xE8　　D. 0xc8

10. 若 a=1,b=2,则 a|b 的值是(　　)。(参考代码：XT_15_01_10.c)

A. 0　　B. 1　　C. 2　　D. 3

11. 执行以下语句后 x、y 的值是分别是(　　)。(参考代码：XT_15_01_11.c)

```
int x=1,y=2; x=x^y; y=y^x; x=x^y;
```

A. x=1,b=2　　B. x=2,y=2　　C. x=2,y=1　　D. x=1,y=1

12. 表达式 0x13^0x17 的值是(　　)。(参考代码：XT_15_01_12.c)

A. 0x4　　B. 0x13　　C. 0xE8　　D. 0x17

13. 以下程序段的输出结果是(　　)。(参考代码：XT_15_01_13.c)

```
int x=20; printf("%d\n",~x);
```

A. 02　　B. −20　　C. −21　　D. −11

14. 表达式～0x13 的值是(　　)。(参考代码：XT_15_01_14.c)

A. 0xFFFFFFEC　B. 0xFFFFFF71　C. 0xFFFFFF68　D. 0xFFFFFF17

15. 在位运算中,操作数每右移一位,其结果相当于(　　)。

A. 操作数乘以 2　B. 操作数除以 2　C. 操作数除以 4　D. 操作数乘以 4

16. 在位运算中,操作数每左移一位,其结果相当于(　　)。

A. 操作数乘以 2　B. 操作数除以 2　C. 操作数除以 4　D. 操作数乘以 4

17. 设有以下语句。则 z 的二进制值是(　　)。(参考代码：XT_15_01_17.c)

```
char x=3,y=6,z;
z=x^y<<2;
```

A. 00010100　B. 00011011　C. 00011100　D. 00011000

18. 以下程序的输出结果是(　　)。(参考代码：XT_15_01_18.c)

```
main(){
  char x=040;
```

```
  printf("%o\n",x<<1);
}
```

A. 100　　B. 80　　C. 64　　D. 32

19. 已知 int a=1,b=3,则 a^b 的值为(　　)。(参考代码：XT_15_01_19.c)

A. 3　　B. 1　　C. 2　　D. 4

20. 以下程序段的输出结果是(　　)。(参考代码：XT_15_01_20.c)

```
#include "stdio.h"
main(){ printf("%d",12<<2);}
```

A. 0　　B. 47　　C. 48　　D. 24

21. 以下程序段的输出结果是(　　)。(参考代码：XT_15_01_21.c)

```
main(){
  int a=8,b;
  b=a|1;
  b>>=1;
  printf("%d,%d",a,b);
}
```

A. 4,4　　B. 4,0　　C. 8,4　　D. 8,0

第 16 章　C 语言程序综合案例

在前面各章中，为了让读者能较容易地理解和掌握各个知识点，作者设计的案例程序一般规模不大，以达到入门简单、由浅入深、循序渐进的效果。

现在，读者在学完各章知识内容，按本书要求完成所有学习任务并达到相应能力要求以后，就可以编写一些规模较大的综合性程序了。

在本章中将介绍两个综合案例供参考。希望读者能认真阅读这些程序，并且创新性地扩展案例功能，对以后的编程是很有帮助的。

16.1　案例 1：扑克游戏

1. 题目要求

以文字方式显示扑克游戏菜单项目，根据用户的选择完成下列扑克游戏：

(1) 21 点。要求两个玩家分别叫牌后比较总点数，总点数不超过 21 点且最接近 21 点者获胜。游戏完成洗牌、叫牌、比牌过程，输出胜出者。

(2) 拖拉机。要求 4 个玩家，给每家发 3 张牌，比较牌型大小。游戏完成洗牌、叫牌、比牌过程，输出胜出者。

2. 定义扑克牌数据结构

(1) 定义单张扑克牌结构。

```
struct CARD{
    char name[10];    //牌名字
    int  color;       //花色:4 红桃,3 黑桃,2 梅花,1 方块,5 鬼牌
    int  point;       //点数: 2~10,J11,Q12,K13,A14,小鬼 20,大鬼 30
};
typedef struct CARD POKER;
```

以上代码定义了结构体 struct CARD，并为其自定义类型别名 POKER，用以表示单张扑克牌。其中各成员定义如下：

char name[10]；用来存储一张扑克牌的名字，例如“红桃 A”“方块 2”等。

int　color；用来存储一张扑克牌的花色，这里为了比较牌值大小，规定红桃用 4 表示，黑桃用 3 表示，梅花用 2 表示，方块用 1 表示，鬼牌用 5 表示。读者也可根据需要在初始化一张牌时规定不同的赋值规则。

int　point；用来存储一张扑克牌的点数，这里规定 2～10 用牌面点数，J、Q、K、A 的点数分别设置为 11、12、13、14，小鬼点数为 20，大鬼点数为 30。读者也可以自行设计每张牌的点数。

(2) 定义一副扑克牌。

```
POKER p[54];
```

通过定义全局数组 POKER p[54];来表示一整副扑克牌,共 54 张。

3. 项目文件

为了更好地管理案例程序,通过创建一个项目来管理整个案例的源代码,在 Dev-C++ 5.11 中创建一个名称为 poker_game 的项目,存放在目录 XT_CODE\16\16-01 中,整个案例包括的文件如图 16-1 所示。

图 16-1　案例文件

其中,各文件功能和含义如下:

poker_game.dev	项目主文件
poker_game.layout	项目属性文件
Makefile.win	项目编译连接信息设置文件
main.c	代码文件:内含主函数
poker.h	代码文件:定义数据结构
tools.c	代码文件:包含菜单等函数
point21.c	代码文件:21 点游戏的函数
tractor.c	代码文件:拖拉机游戏的函数
*.o	各代码文件编译后生成的目标文件
poker_game.exe	编译连接后生成的可执行文件

创建及管理项目文件的基本操作如下:

(1) 在"文件"菜单下选择"新建"→"项目"命令,如图 16-2 所示。

(2) 在弹出的"新项目"对话框中,选择 Basic 页框中的 Console Application(控制台应用程序),选择"C 项目"单选按钮,在"名称"文本框中输入项目名称,单击"确定"按钮,如

图 16-3 所示。

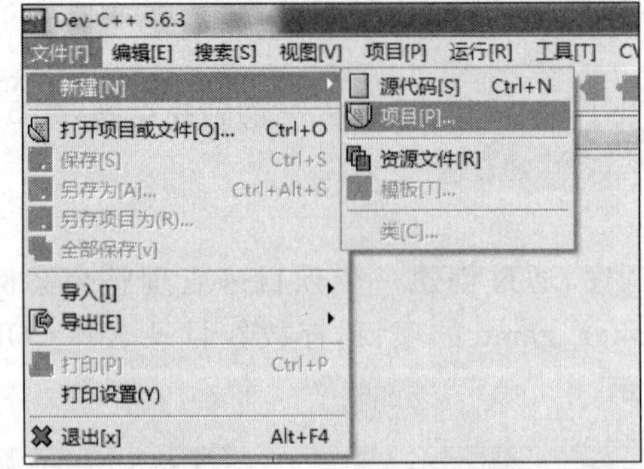

图 16-2 选择"文件"→"新建"→"项目"菜单命令

图 16-3 "新项目"对话框

(3) 接下来弹出"另存为"对话框，在这里选择项目所在的文件夹，单击"保存"按钮，如图 16-4 所示。

图 16-4 "另存为"对话框

(4) 项目创建成功，如图 16-5 所示。窗口左侧的“项目管理”导航栏会显示项目名称以及项目所包含的文件，选择主菜单中的“项目”→“新建单元”命令在项目中新建一个代码文件或文本文件，利用“项目”菜单也可以添加或移除文件，还可以查看和管理项目属性。

在一个新建的项目中，系统自动创建文件 main. c，在该文件中包含一个已经创建好的空主函数。

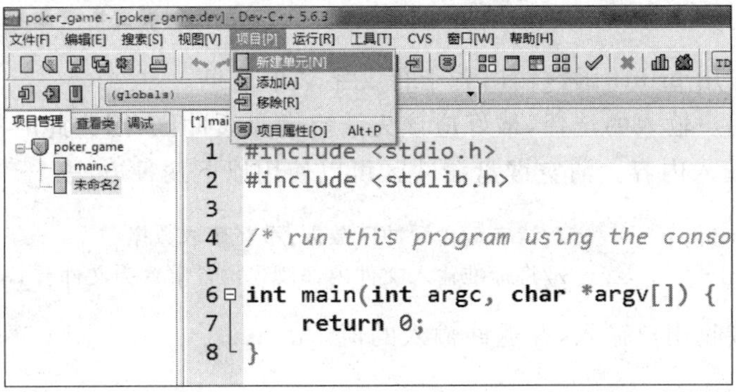

图 16-5　项目管理界面

在“项目管理”导航栏的项目名称处右击，可以利用弹出的快捷菜单方便地添加或移除项目文件。在项目文件名处右击，可以给项目文件重命名。项目管理操作的快捷菜单如图 16-6 所示。

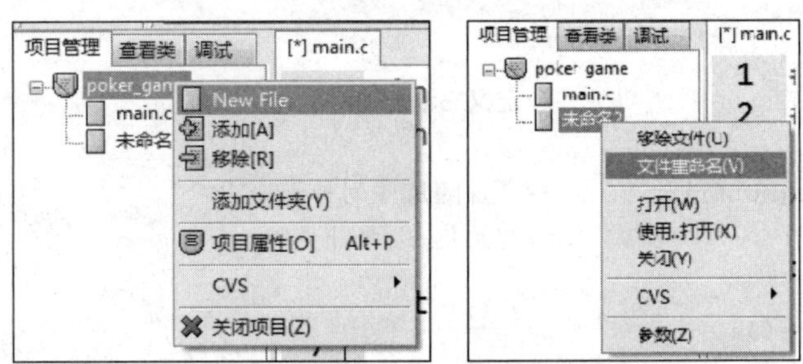

图 16-6　项目管理操作的快捷菜单

4. 游戏菜单函数

为显示游戏菜单及接受玩家的选择，编写了函数 menu，放在 tools. c 文件中，代码如下：

```
int menu(){
    printf("********    扑 克 游 戏    **********\n");
    printf("****     1.输出整副牌            *****\n");
    printf("****     2.整副牌洗牌            *****\n");
    printf("****     3.21点(21 Point)        *****\n");
    printf("****     4.拖拉机(Tractor)       *****\n");
    printf("****     0.退出                  *****\n");
    printf("*************************************\n");
    printf("请输入您的选择:");
```

```
    int n=-1;
    fflush(stdin);          //清空键盘缓冲区数据,重新读取数据
    //rewind(stdin);        //此行语句起到和上一行相同的作用
    scanf("%d",&n);
    return n;
}
```

代码分析：

(1) 函数首先用 printf 函数输出若干行文字菜单信息。

(2) 要接收用户输入的选择,最好应该先清空键盘缓冲区,因为此时有可能键盘缓冲区中有之前多余的输入内容。清空键盘缓冲区可以使用以下两种方法：

```
fflush(stdin);              //清空键盘缓冲区数据,重新读取数据
rewind(stdin);              //将标准输入文件内部读写位置重置为文件首(跳过缓冲区已有字符)
```

(3) 从键盘接收用户输入,并返回输入的值。

5. 代码文件 main.c

代码文件 main.c 包含主函数的定义,是程序的主控文件,项目从此文件的主函数开始执行,对其他用户自定义函数进行调用,从而实现模块化编程。代码如下：

```
#include <stdio.h>
#include <time.h>
#include "poker.h"
POKER p[54];                //定义 54 张牌
int main() {
    srand(time(NULL));      //设置随机序列种子
    init();                 //初始化 54 张扑克牌
    int sel=-1;
    while(sel!=0){
      clrscr();             //清屏
      sel=menu();           //显示菜单并接收用户输入的选择
      clrscr();
      switch(sel){
          case 1: print(p,54); break;
          case 2: shuffle(54); break;
          case 3: point21();   break;
          case 4: tractor();   break;
          case 0: game_end();  continue;
          default:printf("选择错误!\n");
      }
      printf("按任意键继续 ... ");
      getch();
    }
    return 0;
}
```

代码分析：

(1) 首先通过#include "poker.h"命令包含文件poker.h的内容，该文件为扑克结构的定义，完整代码如下：

```
#pragma once
struct CARD{
    char name[10];              //牌名字
    int  color;                 //花色:4红桃,3黑桃,2梅花,1方块,5鬼牌
    int  point;                 //点数:J11,Q12,K13,A14,小鬼20,大鬼30
};
typedef struct CARD POKER;
```

其中，#pragma once指令的含义为防止该文件被重复包含。

(2) 通过语句POKER p[54];定义一个全局数组，用来存储一整副54张扑克牌。

(3) 主函数通过while循环加switch结构实现菜单的显示和功能选择。其中在显示菜单前后分别调用clrscr函数实现清屏功能，clrscr函数定义放在tools.c中，代码如下：

```
void clrscr(){
    system("CLS");              //执行操作系统命令CLS清屏
}
```

语句system("CLS");用来调用操作系统命令CLS实现清屏。

(4) 如果选择退出程序(输入0)，执行函数game_end，显示退出程序之前的提示信息，game_end函数定义放在文件tools.c中，代码如下：

```
void game_end(){
    printf("扑克游戏欢迎您下次使用,再见!\n");
    printf("按任意键结束程序 ... ");
    getch();
}
```

(5) 在主函数开始进入菜单之前，语句srand(time(NULL));的功能为初始化随机序列，设置种子值，因为后续洗牌程序中要调用随机函数。之后的一条语句init();的功能为初始化整副扑克牌，其功能和代码如下。

6. 初始化整副牌函数init

函数init的功能为初始化一整副扑克牌，即为54张扑克牌分别赋相应的值。其定义放在tools.c文件中，代码如下：

```
void init(){                                //初始化54张扑克牌
  char color[][10]={"红桃","黑桃","梅花","方块"};
  char point[][10]={"2","3","4","5","6","7","8","9","10","J","Q","K","A"};
  int i,j,k;
  for(i=0;i<4;i++)                          //初始化52张牌
    for(j=0;j<13;j++){
      k=i*13+j;
```

```
        strcpy(p[k].name,color[i]);
        strcat(p[k].name,point[j]);
        p[k].color=4-i;              //花色值:红桃 4,黑桃 3,梅花 2,方块 1
        p[k].point=j+2;
    }
    strcpy(p[52].name,"小鬼");       //初始化大小鬼
    p[52].color=5; p[52].point=20;   //鬼牌花色为 5
    strcpy(p[53].name,"大鬼");
    p[53].color=5; p[53].point=30;
}
```

代码分析:

(1) 因为在 tools.c 文件中要使用结构体 POKER,所以在 tools.c 文件的开头应该加上

```
#include "poker.h"
```

(2) 因为在 tools.c 文件中要使用 main.c 文件中定义的代表整副牌的全局数组 p,所以在 tools.c 文件的开头应该加上语句

```
extern POKER p[55];                  //外部变量说明
```

(3) 函数中首先通过双层 for 循环为 4 种花色各 13 张牌分别赋初值;然后分别给“小鬼”和“大鬼”两张牌赋初值。为了便于比较牌的大小,规定具体赋值规则如下:

普通牌名字为“花色+点数名称”,花色为"红桃"、"黑桃"、"梅花"、"方块"之一,点数名称为"2"、"3"、"4"、"5"、"6"、"7"、"8"、"9"、"10"、"J"、"Q"、"K"、"A"之一;鬼牌的名字为"大鬼"和"小鬼"。

普通牌的花色值为 4、3、2、1 之一,分别代表"红桃"、"黑桃"、"梅花"和"方块";鬼牌的花色为值 5。

普通数字牌的点数与其牌面数字相同,J、Q、K、A 的点数分别是 11、12、13、14;小鬼的点数为 20,大鬼的点数为 30。

按 F11 键执行程序,输出主菜单如下:

```
********    扑 克 游 戏    **********
****      1.输出整副牌          *****
****      2.整副牌洗牌          *****
****      3.21点(21 Point)      *****
****      4.拖拉机(Tractor)     *****
****      0.退出                *****
***********************************
请输入您的选择:
```

7. 输出函数 print

在主函数中,如果用户输入数值 1,表示选择第 1 项菜单功能,程序将执行 switch 语句的第 1 个分支,执行函数 print。函数 print 的功能为输出扑克牌数组 p 的前 n 张,其定义放在文件 tools.c 中,代码如下:

```
void print(POKER p[],int n){         //输出整副扑克牌的前 n 张牌
```

```
  int i,j;
  for(i=0;i<n;i++){
    printf("%-6s",p[i].name);
    if((i+1)%13==0||(i+1)==54)printf("\n");
  }
}
```

执行程序,输入 1,回车,程序将执行语句 print(p,54);输出整副牌,结果如下:

```
红桃2 红桃3 红桃4 红桃5 红桃6 红桃7 红桃8 红桃9 红桃10红桃J 红桃Q 红桃K 红桃A
黑桃2 黑桃3 黑桃4 黑桃5 黑桃6 黑桃7 黑桃8 黑桃9 黑桃10黑桃J 黑桃Q 黑桃K 黑桃A
梅花2 梅花3 梅花4 梅花5 梅花6 梅花7 梅花8 梅花9 梅花10梅花J 梅花Q 梅花K 梅花A
方块2 方块3 方块4 方块5 方块6 方块7 方块8 方块9 方块10方块J 方块Q 方块K 方块A
小鬼  大鬼
按任意键继续 ...
```

8. 洗牌函数 shuffle

在主函数中,如果用户输入数值 2,表示选择第 2 项菜单功能,程序将执行 shuffle(54);语句进行洗牌操作。函数 shuffle(int n)的功能为把扑克牌数组 p 的前 n 张牌随机打乱顺序,其定义放在文件 tools.c 中,代码如下:

```
void shuffle(int n){                    //洗牌
  int i,k1,k2;
  POKER t;
  for(i=1;i<=10000;i++){                //10 000 次随机生成两个位置对调
    k1=rand()%n;
    k2=rand()%n;
    pokcpy(&t,&p[k1]);
    pokcpy(&p[k1],&p[k2]);
    pokcpy(&p[k2],&t);
  }
  printf("洗牌完成(%d 张牌) ... \n",n);
}
```

代码分析:

(1) 程序通过一个 10 000 次的循环实现洗牌功能,每次循环随机产生两张牌的序号,然后把这两张牌位置交换。

(2) 交换两张牌通过 3 次调用函数 pokcpy 实现,函数 pokcpy(POKER *t,POKER *s)的功能是将 s 牌的所有信息复制到 t 牌中,其定义放在文件 tools.c 中,代码如下:

```
void pokcpy(POKER *t,POKER *s){
  strcpy(t->name,s->name);
  t->color=s->color;
  t->point=s->point;
}
```

执行程序,输入 2,回车,程序将执行语句 shuffle(54);进行整副牌洗牌,结果如下:

```
洗牌完成(54张牌) ...
按任意键继续 ... ...
```

按任意键回到主菜单，输入 1，回车，程序输出洗牌后的整副牌，结果如下：

```
黑桃10红桃A 黑桃8 红桃K 黑桃6 黑桃K 方块10红桃2 黑桃A 梅花10方块Q 红桃6 方块3
方块J 方块2 梅花Q 红桃8 黑桃2 梅花J 红桃9 红桃3 黑桃Q 方块6 梅花4 大鬼  小鬼
红桃4 黑桃J 梅花3 方块9 梅花7 梅花A 红桃5 方块8 梅花5 梅花8 方块K 方块5 黑桃4
红桃10黑桃7 方块7 红桃J 梅花9 红桃7 黑桃9 方块A 红桃Q 方块4 梅花K 梅花6 梅花2
黑桃5 黑桃3
按任意键继续 ...
```

9. 21 点游戏函数 point21

执行程序，在主菜单处输入 3 回车，程序将执行 point21 函数，进入 21 点游戏。point21 函数被定义在文件 point21.c 中，代码如下：

```
#include<stdio.h>
#include<string.h>
#include "poker.h"
extern POKER p[55];                      //外部变量说明
void point21(){
  struct PLAYER{                         //玩家结构体
    char name[20];
    int point;
  };
  struct PLAYER  player[2]={{"孙悟空",0},{"白骨精",0}};
  printf("******  21点游戏开始  ****** \n");
  init();
  printf("整副牌初始化完成(54张牌) ... \n");
  int i,k;
  for(k=1;k<=52;k++)                     //J、Q、K、A 四种牌的点数置 1
    if(p[k].point>10)p[k].point=1;
  shuffle(52);                           //洗牌,游戏只用前 52 张牌
  k=0;                                   //下一张牌下标
  for(i=0;i<2;i++){                      //两个玩家
    printf("\n玩家%d:",i+1);
    while(1){
      printf("\n%-8s拿到牌: %-6s,",player[i].name,p[k].name);
      player[i].point+=p[k].point;
      k++;
      printf("当前点数:%2d . ",player[i].point);
      if(player[i].point>21) break;
      printf("是否继续叫牌(0-结束,其他继续):");
      fflush(stdin);
      if(getche()=='0'){printf("\n"); break;}
    }
    if(player[i].point>21){
      printf("%s点数已超21点.\n",player[i].name);
      break;
    }
```

```
    }
    printf("*************游戏结果****************\n");
    printf("玩家 1 %s %d点\n玩家 2 %s %d点\n",
               player[0].name,player[0].point,
               player[1].name,player[1].point);
    if(player[0].point>21)                         i=1;
    else if(player[1].point>21)                    i=0;
    else if(player[0].point>player[1].point) i=0;
    else                                           i=1;
    printf("玩家%d %s 赢.\n",i+1,player[i].name);
    printf("*************游戏结束****************\n");
}
```

(1) 文件首先包含头文件,并说明全局数组 p,代码如下:

```
#include "poker.h"
extern POKER p[55];                            //外部变量说明
```

(2) 函数中首先定义了玩家结构体和玩家数组,并对两个玩家数据进行初始化。其中,point 成员的值表示玩家叫牌的总点数。

```
struct PLAYER{                                 //玩家结构体
  char name[20];
  int point;
};
struct PLAYER  player[2]={{"孙悟空",0},{"白骨精",0}};
```

(3) 接下来通过以下代码重新初始化整副牌,然后对 J、Q、K、A 4 种花色的牌,将其点数设置为 1(21 点游戏中这 4 种牌算 1 点),最后洗牌。由于 21 点游戏中没有大小鬼牌,所以只洗前 52 张牌即可。

```
printf("******  21 点游戏开始  ****** \n");
init();
printf("整副牌初始化完成(54 张牌) ... \n");
int i,k;
for(k=1;k<=52;k++)                             //J、Q、K、A 四种牌的点数置 1
  if(p[k].point>10)p[k].point=1;
shuffle(52);                                   //洗牌,游戏只用前 52 张牌
```

(4) 通过 for 循环来实现两个玩家的叫牌功能,其中变量 k 用来指示扑克牌数组中下一张要叫到的牌的下标索引。

在 for 循环中,通过一个不定次循环的 while 语句实现叫牌,当前玩家叫到牌的总点数超过 21 点或玩家选择叫牌结束时,退出 while 循环,结束叫牌。若任何一个玩家超过 21 点,游戏结束,跳出 for 循环。代码如下:

```
k=0;                                           //下一张牌下标
for(i=0;i<2;i++){                              //两个玩家
  printf("\n 玩家%d:",i+1);
```

```
  while(1){
    printf("\n%-8s拿到牌:%-6s,",player[i].name,p[k].name);
    player[i].point+=p[k].point;
    k++;
    printf("当前点数:%2d . ",player[i].point);
    if(player[i].point>21) break;
    printf("是否继续叫牌(0-结束,其他继续):");
    fflush(stdin);
    if(getche()=='0'){printf("\n"); break;}
  }
  if(player[i].point>21){
    printf("%s点数已超21点.\n",player[i].name);
    break;
  }
}
```

(5) 双方叫牌结束后，通过以下代码评判胜出者。

```
printf("*************游戏结果****************\n");
printf("玩家1 %s %d点\n玩家2 %s %d点\n",
            player[0].name,player[0].point,
            player[1].name,player[1].point  );
if(player[0].point>21)                      i=1;
else if(player[1].point>21)                 i=0;
else if(player[0].point>player[1].point)    i=0;
else                                        i=1;
printf("玩家%d %s赢.\n",i+1,player[i].name);
printf("*************游戏结束****************\n");
```

21点游戏的一次执行过程如下：

```
******  21点游戏开始  ******
整副牌初始化完成(54张牌) ...
洗牌完成(52张牌) ...

玩家1:
孙悟空   拿到牌: 红桃7 ,当前点数: 7 . 是否继续叫牌(0-结束,其他继续):1
孙悟空   拿到牌: 红桃5 ,当前点数:12 . 是否继续叫牌(0-结束,其他继续):1
孙悟空   拿到牌: 黑桃K ,当前点数:13 . 是否继续叫牌(0-结束,其他继续):1
孙悟空   拿到牌: 方块7 ,当前点数:20 . 是否继续叫牌(0-结束,其他继续):0

玩家2:
白骨精   拿到牌: 红桃Q ,当前点数: 1 . 是否继续叫牌(0-结束,其他继续):1
白骨精   拿到牌: 梅花8 ,当前点数: 9 . 是否继续叫牌(0-结束,其他继续):1
白骨精   拿到牌: 黑桃7 ,当前点数:16 . 是否继续叫牌(0-结束,其他继续):1
白骨精   拿到牌: 方块4 ,当前点数:20 . 是否继续叫牌(0-结束,其他继续):1
白骨精   拿到牌: 方块9 ,当前点数:29 . 白骨精点数已超21点.
*************游戏结果****************
玩家1 孙悟空 20点
玩家2 白骨精 29点
玩家1 孙悟空赢.
*************游戏结束****************
按任意键继续 ...
```

10. 拖拉机游戏文件 tractor.c

在主菜单中选择功能 4 即可进入拖拉机游戏,函数 tractor 定义在文件 tractor.c 中,实现拖拉机游戏的过程,文件 tractor.c 代码的开头如下:

```
#include<stdio.h>
#include<string.h>
#include "poker.h"
extern POKER p[];                                   //外部变量说明
struct PLAYER{
  char name[20];                                    //玩家姓名
  POKER p[3];                                       //玩家获得的 3 张牌
  char type[20];                                    //牌型名称
  int  point;                                       //玩家牌型值
};
```

首先是包含头文件指令 #include "poker.h"和外部变量说明语句 extern POKER p[];,然后定义了玩家结构体 struct PLAYER,其中:

成员 char name[20]用于存储玩家姓名。

成员 POKER p[3]用于存储玩家得到的 3 张牌。

成员 char type[20]用于存储牌型名称,按牌型值大小依次是豹子、同花顺、顺子、同花、对子、花牌之一。

成员 int point 用于存储玩家手中牌型值,以便比较胜出者。

规定牌型值从大到小依次为“豹子>同花顺>顺子>同花>对子>花牌”,相同牌型中按主牌点数大小排序,主牌点数相同,按主牌花色大小排序,为“红桃>黑桃>梅花>方块”。主牌指的是 3 张牌中构成牌型的牌中点数最大者。

例如,“红桃 6、黑桃 9、方块 8”牌型为花牌,主牌为黑桃 9;“红桃 J、方块 5、红桃 5”牌型为对子,主牌为红桃 5;“黑桃 4、黑桃 5、方块 6”牌型为顺子,主牌为方块 6;“梅花 K、方块 K、黑桃 K”牌型为豹子,主牌任意,此牌型与花色无关,因为不可能出现两个点数为 K 的豹子。

11. 拖拉机游戏函数 tractor

在文件 tractor.c 中定义了函数 tractor,它是拖拉机游戏的执行函数,代码如下:

```
void tractor(){
  struct PLAYER player[4]={{"西施"},{"貂蝉"},{"飞燕"},{"玉环"}};
//以上代码完成玩家数组 4 个元素的初始化
  printf("******  拖拉机游戏开始   ****** \n");
  init();
  printf("整副牌初始化完成(54 张牌) ... \n");
  shuffle(52);                                      //洗牌
//以上代码完成整副牌的初始化和 52 张牌的洗牌
  int i,j,k;
  printf("发牌结果:\n");
```

```
    k=1;                                       //下一张牌下标
    for(i=0;i<4;i++){                          //第 i 个玩家
      printf("%s:",player[i].name);
      for(j=0;j<3;j++){                        //发 3 张牌
        pokcpy(&(player[i].p[j]),&p[k]);       //将当前牌复制到玩家手中
        k++;
      }
      print(player[i].p,3);printf("\n");       //输出发牌结果
    }
    printf("按任意键继续...\n");getch();
    //以上代码完成对 4 个玩家的发牌,每个玩家发 3 张牌,并输出发牌结果
    //对每个玩家操作
    for(i=0;i<4;i++){
      sort(player[i].p,3);                     //手中 3 张牌排序
      judge(&player[i]);                       //评判牌型,得到牌型值
    }
  //以上代码对每个玩家手中的 3 张牌先按大小排序,再判断牌型和计算点数
  //玩家手中的 3 张牌排序通过调用函数 sort(player[i].p,3)实现
  //玩家手中牌型及点数计算通过调用函数 judge(&player[i])实现
    int win=0;
    for(i=0;i<4;i++){
      printf("%-6s:",player[i].name);
      print(player[i].p,3);
      printf("牌型:%-6s,点数:%d.\n",player[i].type,player[i].point);
      if(player[win].point<player[i].point)win=i;
    }
  //以上代码输出 4 个玩家的牌型和点数,并求出点数最高玩家的下标 win
    printf("按任意键显示游戏结果...\n");getch();
    printf("胜出:%-6s.\n",player[win].name);
    printf("*************游戏结束****************\n");
  //以上代码输出胜出者,游戏结束
  }
```

12. 玩家 3 张牌排序函数 sort

通过函数调用 sort(player[i]. p,3)实现对玩家 player[i]手中的 3 张牌进行排序,函数 sort 代码如下:

```
void sort(POKER p[],int n){
  int i,j;
  POKER t;
  for(i=0;i<n-1;i++)
    for(j=i+1;j<n;j++)
      if(p[i].point<p[j].point||(p[i].point==p[j].point&&p[i].color<p[j].
          color)){
        pokcpy(&t,&p[i]);pokcpy(&p[i],&p[j]);pokcpy(&p[j],&t);
```

```
        }
    }
```

此函数在比较两张牌大小时，首先比较点数，点数相同者按花色大小排序。交换两张牌的操作通过 3 次调用函数 pokcpy 实现。

13. 评判函数 judge

调用函数 judge(&player[i])实现对玩家手中牌型进行评判并计算牌型点数，以便比较牌型大小。函数 judge 代码如下：

```
void judge(struct PLAYER * pr){
//函数参数为某个玩家的地址
  int i;
  POKER * pp=pr->p;
//定义指针 pp 指向玩家的成员 p(有 3 张扑克的数组)
  if(pp[0].point==pp[1].point&&pp[1].point==pp[2].point){//豹子,与花色无关
    strcpy(pr->type,"豹子");
    pr->point=5000+pp[0].point;
  }                                                          //例如豹子 K:5013
//如果 3 张牌点数都相同,牌型设为豹子,牌型值为 5000+单张点数
  else if( (pp[0].point==pp[1].point+1&&pp[1].point==pp[2].point+1)
            &&
            (pp[0].color==pp[1].color&&pp[1].color==pp[2].color)
        ){//同花顺,与花色有关
    strcpy(pr->type,"同花顺");
    pr->point=4000+pp[0].color * 100+pp[0].point;//例如红桃 K,红桃 Q,红桃 J:4413
  }
//否则如果 3 张牌点数递减 1,且花色相同,牌型设为同花顺
//牌型值为 4000+最大点数牌的花色值 * 100+最大点数
  else if(pp[0].point==pp[1].point+1&&pp[1].point==pp[2].point+1){
                                                    //顺子,与花色有关
    strcpy(pr->type,"顺子");
    pr->point=3000+pp[0].color * 100+pp[0].point;//例如红桃 K,黑桃 Q, 方块 J:3413
  }
//否则如果 3 张牌点数递减 1,牌型设为顺子
//牌型值为 3000+最大点数牌的花色值 * 100+最大点数
  else if(pp[0].color==pp[1].color&&pp[1].color==pp[2].color){//同花,与花色有关
    strcpy(pr->type,"同花");
    pr->point=2000+pp[0].color * 100+pp[0].point;//例如红桃 k,红桃 5,红桃 3:2413
  }
//否则如果 3 张牌花色相同,牌型设为同花
//牌型值为 2000+最大点数牌的花色值 * 100+最大点数
  else if(pp[0].point==pp[1].point){                  //对子,与花色有关
    strcpy(pr->type,"对子");
    pr->point=1000+pp[0].color * 100+pp[0].point;//例如红桃 K,方块 K:1413
```

```
    }
  //否则如果前 2 张牌点数相同,牌型设为对子
  //牌型值为 1000+对子中大牌的花色值 * 100+对子牌点数
    else if(pp[1].point==pp[2].point){                          //对子,与花色有关
      strcpy(pr->type,"对子");
      pr->point=1000+pp[1].color * 100+pp[1].point;//例如红桃 K,方块 K:1413
    }
  //否则如果后 2 张牌点数相同,牌型设为"对子"
  //牌型值为 1000+对子中大牌的花色值 * 100+对子牌点数
    else{                                                       //杂牌,与花色有关
      strcpy(pr->type,"花牌");
      pr->point=pp[0].point * 10+pp[0].color;                   //例如红桃 k,黑桃 5,梅花 3:134
    }
  //否则牌型设为花牌,牌型值为最大点数 * 10+最大点数牌的花色值
  }
```

拖拉机游戏的一次执行过程如下：

```
******  拖拉机游戏开始  ******
整副牌初始化完成(54张牌) ...
洗牌完成(52张牌) ...
发牌结果:
西施:红桃6 黑桃9 方块8
貂蝉:红桃J 方块5 红桃10
飞燕:黑桃4 黑桃3 方块J
玉环:梅花K 方块K 梅花4
按任意键继续...
西施  :黑桃9 方块8 红桃6 牌型:花牌  ,点数:93.
貂蝉  :红桃J 红桃10方块5 牌型:花牌  ,点数:114.
飞燕  :方块J 黑桃4 黑桃3 牌型:花牌  ,点数:111.
玉环  :梅花K 方块K 梅花4 牌型:对子  ,点数:1213.
按任意键显示游戏结果...
```

拖拉机游戏的另一次执行过程如下：

```
******  拖拉机游戏开始  ******
整副牌初始化完成(54张牌) ...
洗牌完成(52张牌) ...
发牌结果:
西施:方块7 黑桃8 梅花6
貂蝉:红桃K 梅花J 红桃6
飞燕:方块10红桃2 红桃10
玉环:方块A 方块Q 方块5
按任意键继续...
西施  :黑桃8 方块7 梅花6 牌型:顺子  ,点数:3308.
貂蝉  :红桃K 梅花J 红桃6 牌型:花牌  ,点数:134.
飞燕  :红桃10方块10红桃2 牌型:对子  ,点数:1410.
玉环  :方块A 方块Q 方块5 牌型:同花  ,点数:2114.
按任意键显示游戏结果...
```

14. 思考与创新

读者可以对本案例程序进行以下修改和扩展：

(1) 可以在此游戏中增加切牌的功能,即在每个游戏开始前进行一次由玩家选择的切牌操作。

(2) 可修改拖拉机游戏的发牌操作流程,例如在发牌前可选择从哪位玩家发起,每人每次只发几张牌等。

(3) 可以为游戏增加记分功能,通过多局游戏结果确定最终胜出者。

(4) 可以增加其他简单的扑克游戏项目。

(5) 可以参照此程序编写其他类型游戏项目,例如双色球彩票,模拟购票、开奖等。

16.2 案例2:学生成绩管理与统计

1. 题目要求

有一个班级的学生成绩数据,要求编写一个程序实现数据的录入、修改、删除、查询和简单的统计功能,并且实现将数据永久保存到文件中的功能。学生数据包括姓名、性别、年龄、高级语言课程成绩和数据结构课程成绩。

2. 定义数据结构

为了方便对一个学生数据记录的处理,编写 student.h 文件,定义记录结构,代码如下:

```
#pragma once
struct student{
    char name[12];                          //姓名,最多存放 10 个有效字符
    int sex;                                //性别,只能存储 1、2 两个值:1 男,2 女
    int age;                                //年龄,只能存储 15~60
    double score1;                          //高级语言课程成绩(0~100)
    double score2;                          //数据结构课程成绩(0~100)
    double total;                           //总分
    int    rank;                            //名次
};
typedef struct student STU;
#define SIZE 300
```

(1) 首先定义结构体,为了方便统计,除了题目要求以外,增加了总分(total)和名次(rank)成员。

(2) 定义符号常量 SIZE 表示数据最大规模。

3. 菜单文件

与16.1节案例相同,本案例也采用文本菜单界面。为此编写了 menu.c 文件,代码如下:

```
#include<stdio.h>
#include<string.h>
int menu(){
    printf("********    学生成绩管理        ********\n");
    printf("**   1.添加新记录                     **\n");
    printf("**   2.显示所有数据                   **\n");
    printf("**   3.显示所有数据(带总分和名次)     **\n");
    printf("**   4.查询                           **\n");
```

```
    printf("**  5.删除                          **\n");
    printf("**  6.统计                          **\n");
    printf("**  0.退出                          **\n");
    printf("**********************************\n");
    printf("请输入您的选择:");
    int n=-1;
    rewind(stdin);
    scanf("%d",&n);
    return n;
}
```

结合 16.1 节案例,请读者自行分析此函数功能。

4. 项目文件和主函数

为方便管理文件,为该案例创建了名为 stu_management 的项目,项目包含的文件如图 16-7 所示。

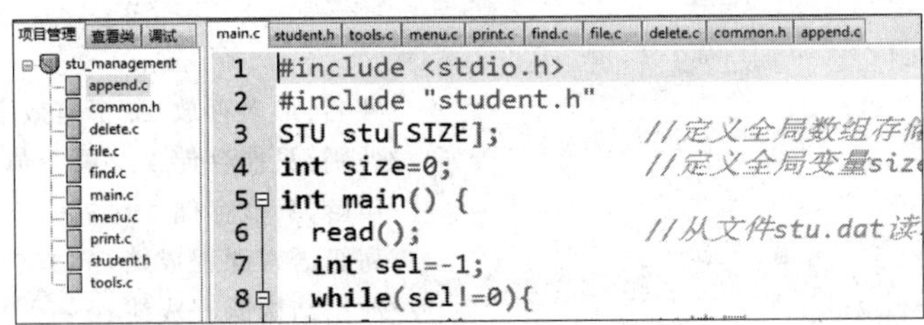

图 16-7 项目包含的文件

其中,main.c 文件包含主函数的定义,在主函数之前首先包含 student.h 头文件,然后定义了全局结构数组 stu 和全局变量 size,代码如下:

```
#include <stdio.h>
#include "student.h"
STU stu[SIZE];                              //定义全局数组存储学生记录
int size=0;                                 //定义全局变量 size 表示学生记录个数
int main() {
    read();                                 //从文件 stu.dat 读取数据
    int sel=-1;
    while(sel!=0){
      clrscr();                             //清屏
      sel=menu();                           //显示菜单并接收用户输入的选择
      clrscr();
      switch(sel){
        case 1: append();           break;  //添加记录
        case 2: print(stu,size,1); break;  //输出所有记录
        case 3: rank();                     //计算总分并排名
                print(stu,size,2); break;  //输出所有记录(带总分和名次)
        case 4: find();             break;  //查找记录
```

```
        case 5: dele();              break; //删除记录
        case 6: break;                      //统计分析,待添加
        case 0: end();               continue;  //结束程序
        default:printf("选择错误!\n");
      }
      printf("按任意键继续 ... ");
      getch();
    }
    return 0;
}
```

结合16.1节案例,请读者自行分析此函数功能。
执行程序,输出界面如下:

```
********    学生成绩管理    ********
**  1.添加新记录                  **
**  2.显示所有数据                **
**  3.显示所有数据(带总分和名次)  **
**  4.查询                        **
**  5.删除                        **
**  6.统计                        **
**  0.退出                        **
************************************
请输入您的选择:
```

5. 数据读写函数

项目文件file.c中定义了两个函数,read和write,分别负责将文件中的数据读入数组和将数组中的数据写入文件。函数中没有包含对文件打开错误的检测,请读者自行补充代码。

```
#include"common.h"
void read(){
    FILE * fp;
    STU t;
    fp=fopen("stu.dat","r");
    size=0;
    while( fread(&t,sizeof(STU),1,fp) >0){
      stu[size++]=t;
    }
    fclose(fp);
}
void save(){
    FILE * fp;
    fp=fopen("stu.dat","w");
    fwrite(stu,sizeof(STU),size,fp);
    fclose(fp);
}
```

其中代码第一行的预处理命令＃include"common.h"包含了头文件common.h，内容如下：

```
#pragma once
#include<stdio.h>
#include "student.h"
extern int size;                      //全局变量和全局数组说明
extern STU stu[];
```

该文件为公共头文件，许多代码文件都要包含它。

6. 显示所有数据

为了输出所有数据，编写print.c代码文件，其中定义了若干和显示数据有关的函数，代码如下：

```
#include"common.h"
void print_top(int f){                //打印表格上下边线
    printf("┌──────┬──┬──┬─────┬─────");
        if(f==2)printf("┬──────┬──┐");
        else    printf("┐");
        printf("\n");
}
//以上函数输出表格的顶边边线，若参数 f==2，输出增加 2 列，下同
void print_mid(int f){                //打印表格行间线
    printf("├──────┼──┼──┼─────┼─────");
        if(f==2)printf("┼──────┼──┤");
        else    printf("┤");
        printf("\n");
}
//以上函数输出表格各行之间的线，若参数 f==2，输出增加 2 列
void print_bot(int f){                //打印表格行间线
    printf("└──────┴──┴──┴─────┴─────");
        if(f==2)printf("┴──────┴──┘");
        else    printf("┘");
        printf("\n");
}
//以上函数输出表格的底边边线，若参数 f==2，输出增加 2 列
void print_head(int f){               //打印整个表头
    print_top(f);
    printf("│  姓  名  │性别│年龄│高级语言│数据结构│");
        if(f==2)printf("总 成 绩│名次│");
        printf("\n");
}
//以上函数输出表格的表头，若参数 f==2，输出增加 2 列
void print_one(STU *t,int f){    //打印一行数据
    printf("│%-10s│%4s│%4d│%8.2lf│%8.2lf│",t->name,
            t->sex==1?"男":"女",t->age,t->score1,t->score2);
```

```
        if(f==2)printf("%8.2lf|%4d|",t->total,t->rank);
    printf("\n");
}
//以上函数输出表格的一行数据(STU *t),若参数 f==2,输出增加 2 列
void print(STU *t,int n,int f){
    int i;
    print_head(f);                  //打印表头
    for(i=0;i<n;i++){
      print_mid(f);                 //打印一行表格行间线
      print_one(&t[i],f);           //打印一行数据
    }
    print_bot(f);                   //打印表尾
}
//以上函数输出表格的底边边线,若参数 f==2,输出增加 2 列
```

执行程序,选择"显示所有数据"菜单,程序显示如下:

姓　名	性别	年龄	高级语言	数据结构
于延	男	25	80.00	90.00
马晓迪	男	25	90.00	80.00
高俊远	男	21	98.00	99.00
王洋洋	男	22	100.00	80.00
马丽	男	30	0.00	0.00

按任意键继续 ...

回到主菜单,选择"显示所有数据(带总分和名次)"菜单项,程序显示如下:

姓　名	性别	年龄	高级语言	数据结构	总 成 绩	名次
高俊远	男	21	98.00	99.00	197.00	1
王洋洋	男	22	100.00	80.00	180.00	2
于延	男	25	80.00	90.00	170.00	3
马晓迪	男	25	90.00	80.00	170.00	3
马丽	男	30	0.00	0.00	0.00	5

按任意键继续 ...

7. rank 函数

以上输出结果是在主函数中调用函数 rank 计算总分并排名,调用函数 print(stu,size,2)输出表格。其中函数 rank 被定义文件 tools.c 中,代码如下:

```
void rank(){
    int i,j; STU t;
    if(size==0) return;
//如果没有数据,函数返回
    for(i=0;i<size;i++){
      stu[i].total=stu[i].score1+stu[i].score2;
    }
```

```
//以上代码计算所有学生的总分
    for(i=0;i<size-1;i++)
      for(j=i+1;j<size;j++)
        if(stu[i].total<stu[j].total){
          swap(&stu[i],&stu[j]);
        }
//以上代码使整个数组 stu 按总分降序排列
    int mc=1; double zf=stu[0].total;
    for(i=0;i<size;i++){
      if(stu[i].total==zf)
        stu[i].rank=mc;
      else{
        stu[i].rank=i+1;
        mc=i+1;
        zf=stu[i].total;
      }
    }
}
//以上代码用于计算所有学生的名次,包括并列名次
```

8. 添加数据函数 append

文件 append.c 中定义了用于添加数据的 append 函数,其功能为向数组中添加一个数据,并保存到数据文件 stu.dat 中。文件 append.c 的代码如下:

```
#include"common.h"
void append(){
    STU t;
    if(size>=SIZE-1){
      printf("数据已满,不能添加!\n");
      return;
    }
//若数据已满,拒绝添加
    while(1){
      strcpy(t.name,get_name());
      if(getIndexByName(t.name)==-1)
        break;
      else
        printf("错误::姓名[%s]已经存在,请重新输入 ... \n",t.name);
    }
//以上代码功能为要求用户输入姓名,若数据中已存在同姓名数据,则要求用户重新输入
//函数 get_name 的功能为从键盘获取一个有效的姓名
//函数 getIndexByName(t.name)的功能为查找学生 t 在数组中的索引,若找不到,返回-1
    t.sex=get_sex();
    t.age=get_age();
    t.score1=get_score("高级语言");
```

```
    t.score2=get_score("数据结构");
//以上代码分别通过调用不同的函数从键盘获取合法的数据
    print(&t,1,1);
    printf("以上是你的输入,请确认[1.确认,其他放弃]:");
    rewind(stdin);
    int sel;scanf("%d",&sel);
    if(sel==1){                       //确定,添加数据到数组

      strcpy(&stu[size++],&t);
      printf("添加数据成功.\n");
    }
    else{                             //取消,放弃添加
      printf("放弃添加.\n");
      return;
    }
    save();                           //存盘,将数组所有数据保存到文件 stu.dat 中
}
```

9. 一组获取输入函数

在添加数据时,需要从键盘输入姓名、性别、年龄等数据,为了规范数据输入,过滤非法数据,使数据输入操作统一化、标准化,设计了一组函数用于数据输入,它们被定义在文件tools.c 中,代码如下:

```
char * get_name(){                    //输入姓名
    static char str[30];
    while(1){
      printf("请输入姓名(最多10个字符):");
      rewind(stdin); gets(str);
      if(strlen(str)>0&&strlen(str)<=10) return str;
    else printf("数据不合法...\n");
    }
}
int get_sex(){                        //输入性别数据
    int t;
    while(1){
      printf("请输入性别(1.男,2.女):");
      rewind(stdin); scanf("%d",&t);
      if(t==1||t==2) return t;
      else printf("数据不合法...\n");
    }
}
int get_age(){                        //输入年龄数据
    int t;
    while(1){
```

```
      printf("请输入年龄[15~60]:");
      rewind(stdin); scanf("%d",&t);
      if(t>=15&&t<=60) return t;
      else printf("数据不合法...\n");
    }
}
double get_score(char * s){          //输入成绩数据
    double t;
    while(1){
      printf("请输入%s课程成绩[0~100]:",s);
      rewind(stdin);
      scanf("%lf",&t);
      if(t>=0&&t<=100) return t;
      else printf("数据不合法...\n");
    }
}
```

这几个函数都能做到过滤非法数据，直到用户输入一个合法数据为止的功能。

10. 数据查询

为了实现数据查询，编写了 find.c 文件，代码及分析如下：

```
#include"common.h"
int getIndexByName(char * str){
    int i,index=-1;
    for(i=0;i<size;i++)
       if(strcmp(stu[i].name,str)==0){index=i;break;}
    return index;
}
//以上函数查找指定姓名(str)在数组中首次出现的索引,若未找到,返回-1
int getIndexByAge(int age){
    int i,index=-1;
    for(i=0;i<size;i++)
      if(stu[i].age==age){index=i;break;}
    return index;
}
//以上函数查找指定年龄(age)在数组中首次出现的索引,若未找到,返回-1
int get_index(){                                        //用户选择查找方式,返回索引
    int sel;
    printf("数据查找,请输入查找方式(1.按姓名,2.按年龄):");
    rewind(stdin);scanf("%d",&sel);
    switch(sel){
      case 1:  return getIndexByName(get_name());     //按姓名查找
      case 2:  return getIndexByAge(get_age());       //按年龄查找
      default: printf("输入错误!");return -1;
    }
```

```
}
void find(){                                    //数据查询
    int index;
    index=get_index();
    if(index==-1)
      printf("没找到!\n");
    else{
      printf("为您找到的数据如下:\n");
      print(stu+index,1,1);                     //找到则显示
    }
}
```

一次数据查询的执行结果如下所示：

```
数据查找，请输入查找方式(1.按姓名，2.按年龄)：1
请输入姓名（最多10个字符）：于延
为您找到的数据如下:
```

姓　名	性别	年龄	高级语言	数据结构
于延	男	25	80.00	90.00

```
按任意键继续 ...
```

11. 数据删除函数 dele

为了实现按姓名删除数据，编写了 delete.c 文件，内含函数 dele 的定义，代码如下：

```
#include"common.h"
void dele(){
    STU t; int index;
    index=getIndexByName(get_name());
//输入查找姓名,并返回查找结果
    if(index==-1){
      printf("姓名为[%s]的记录未找到 ... \n");
      return ;
    }
//若未找到,函数结束返回
    print(&stu[index],1,1);
    printf("以上是你要删除的记录,请确认[1.确认,其他放弃]:");
    rewind(stdin);
    int sel;scanf("%d",&sel);
//若找到,则显示数据,并询问是否确定删除
    if(sel==1){
    int i;
    for(i=index;i<size;i++)
      strcpy(&stu[i],&stu[i+1]);
      size--;
      printf("删除数据成功.\n");
    }
```

```
//确定删除,被删除元素后面的元素依次前移一个位置
    save();
//删除后的所有数据保存到文件 stu.dat 中
}
```

一次删除数据的执行结果如下所示：

```
请输入姓名（最多10个字符）：马丽
| 姓  名 | 性别 | 年龄 | 高级语言 | 数据结构 |
| 马丽   |  男  |  30  |   0.00   |   0.00   |
以上是你要删除的记录，请确认[1.确认,其他放弃]:1
删除数据成功.
按任意键继续 ... ...
```

12. 思考与创新

读者可以对本案例进行以下修改和扩展：

(1) 编写函数实现统计功能,输出总分最高分、最低分、平均分等信息。

(2) 请尝试为学生结构添加一个科目,修改程序使之完成三科成绩的管理。

(3) 请尝试为程序添加复杂查询功能,例如查询某科成绩在指定范围的所有记录。

(4) 可以参照此案例程序编写其他类型的数据管理程序,例如工资管理、图书管理等。

附录A　ASCII码

二进制	十进制	字符	二进制	十进制	字符	二进制	十进制	字符
0000 0000	0	NUL	0001 1100	28	FS	0011 1000	56	8
0000 0001	1	SOH	0001 1101	29	GS	0011 1001	57	9
0000 0010	2	STX	0001 1110	30	RS	0011 1010	58	:
0000 0011	3	ETX	0001 1111	31	US	0011 1011	59	;
0000 0100	4	EOT	0010 0000	32	空格	0011 1100	60	<
0000 0101	5	ENQ	0010 0001	33	!	0011 1101	61	=
0000 0110	6	ACK	0010 0010	34	"	0011 1110	62	>
0000 0111	7	BEL	0010 0011	35	#	0011 1111	63	?
0000 1000	8	BS	0010 0100	36	$	0100 0000	64	@
0000 1001	9	HT	0010 0101	37	%	0100 0001	65	A
0000 1010	10	LF	0010 0110	38	&	0100 0010	66	B
0000 1011	11	VT	0010 0111	39	'	0100 0011	67	C
0000 1100	12	FF	0010 1000	40	(	0100 0100	68	D
0000 1101	13	CR	0010 1001	41	)	0100 0101	69	E
0000 1110	14	SO	0010 1010	42	*	0100 0110	70	F
0000 1111	15	SI	0010 1011	43	+	0100 0111	71	G
0001 0000	16	DLE	0010 1100	44	,	0100 1000	72	H
0001 0001	17	DC1	0010 1101	45	-	0100 1001	73	I
0001 0010	18	DC2	0010 1110	46	.	0100 1010	74	J
0001 0011	19	DC3	0010 1111	47	/	0100 1011	75	K
0001 0100	20	DC4	0011 0000	48	0	0100 1100	76	L
0001 0101	21	NAK	0011 0001	49	1	0100 1101	77	M
0001 0110	22	SYN	0011 0010	50	2	0100 1110	78	N
0001 0111	23	ETB	0011 0011	51	3	0100 1111	79	O
0001 1000	24	CAN	0011 0100	52	4	0101 0000	80	P
0001 1001	25	EM	0011 0101	53	5	0101 0001	81	Q
0001 1010	26	SUB	0011 0110	54	6	0101 0010	82	R
0001 1011	27	ESC	0011 0111	55	7	0101 0011	83	S

续表

二进制	十进制	字符	二进制	十进制	字符	二进制	十进制	字符
0101 0100	84	T	0110 0011	99	c	0111 0010	114	r
0101 0101	85	U	0110 0100	100	d	0111 0011	115	s
0101 0110	86	V	0110 0101	101	e	0111 0100	116	t
0101 0111	87	W	0110 0110	102	f	0111 0101	117	u
0101 1000	88	X	0110 0111	103	g	0111 0110	118	v
0101 1001	89	Y	0110 1000	104	h	0111 0111	119	w
0101 1010	90	Z	0110 1001	105	i	0111 1000	120	x
0101 1011	91	[	0110 1010	106	j	0111 1001	121	y
0101 1100	92	\	0110 1011	107	k	0111 1010	122	z
0101 1101	93	]	0110 1100	108	l	0111 1011	123	{
0101 1110	94	^	0110 1101	109	m	0111 1100	124	|
0101 1111	95	_	0110 1110	110	n	0111 1101	125	}
0110 0000	96	`	0110 1111	111	o	0111 1110	126	~
0110 0001	97	a	0111 0000	112	p	0111 1111	127	DEL
0110 0010	98	b	0111 0001	113	q			

附录B　各章部分习题参考答案

习题1

一、选择题

1. C　2. B　3. A　4. C　5. A　6. B　7. A　8. A　9. B　10. A
11. A　12. D　13. D　14. D　15. A　16. D　17. D　18. B　19. C　20. C
21. C　22. B

二、填空题

1. 主
2. 标识符
3. 字母、数字、下画线、字母、下画线

三、编程题

编程题答案请从清华大学出版社官网(http://www.tup.com.cn)本书页面下载,也可以联系作者(邮箱:yuyan9999@vip.qq.com 或 915596151@qq.com)索取。

习题2

一、选择题

1. A　2. D　3. C　4. B　5. D　6. A　7. B　8. D　9. C　10. A
11. A　12. B

二、填空题

1. 257、af
2. 206、86
3. 53、104
4. 单引号、双引号
5. 1010、12、A
   100000、40、20
   11111111、377、FF
   1001100010、1142、262
6. 252

习题 3

一、选择题

1. C　2. B　3. A　4. C　5. D　6. B　7. A　8. C　9. C　10. D
11. D　12. D　13. D　14. A　15. D　16. D　17. B　18. A　19. A　20. D
21. A　22. B

二、填空题

1. 字母或下画线
2. 2
3. 32
4. 2.5
5. 3.5
6. 294
7. 1
8. 1、1、0、1、1、0、1、1、0
9. 0
10. 1、1
11. －40

三、判断题

1. 对　2. 错　3. 错　4. 错　5. 对　6. 对　7. 对　8. 错　9. 对　10. 错

四、程序阅读题

1. 3.500000
2. x=4.900000,y=4
3. 6
4. 1
5. 3 3 4 2
6. 6 7
7. 9,11,9,10
   9,12,19,12

习题 4

一、选择题

1. C　2. D　3. C

二、简答题

1. 简单地说,算法就是解决问题的方法和步骤。具体算法略。

2. 有穷性,确定性,有效性,零个或多个输入,一个或多个输出。

3. 结构化程序设计是指用几种相对简单的结构来设计程序,从而摆脱由 goto 语句带来的软件危机。结构化程序设计的 3 种基本程序结构为顺序结构、选择结构和循环结构。

三、算法设计题

1. 算法:
(1) 输入整型变量 N 的值。
(2) 置变量 sum 的值为 0,置计数器变量 i 的值为 1。
(3) 将变量 i 的值累加到变量 sum 中。
(4) 计数器 i 的值自加 1。
(5) 如果 i 的值小于或等于 N,则转到(3)。
(6) 输出 sum。
流程图见图 B-1。
2. 算法:
(1) 输入整数变量 M 和 N 的值。
(2) 置变量 k 的值为 M。
(3) 如果 k 是 N 的倍数,则转到(6)。
(4) 将 M 累加到变量 k 中。
(5) 转到(3)。
(6) 输出 k。
流程图见图 B-2。
3. 算法:
(1) 输入自然数 N 的值。
(2) 置变量 sum 的值为 0,置计数器变量 i 的值为 1。
(3) 如果 i>=N(i<N 不成立),转到(7)。
(4) 如果 N 是 i 的倍数,将 i 的值累加到变量 sum 中。
(5) 计数器变量 i 的值自加 1。
(6) 转到(3)。
(7) 输出 sum。
流程图见图 B-3。
4. 算法:
(1) 输入自然数 N 的值。
(2) 置计数器变量 i 的值为 1。
(3) 如果 i>=N(i<N 不成立),转到(7)。
(4) 如果 N 是 i 的倍数,输出 i。
(5) 计数器变量 i 的值自加 1。
(6) 转到(3)。

流程图见图 B-4。

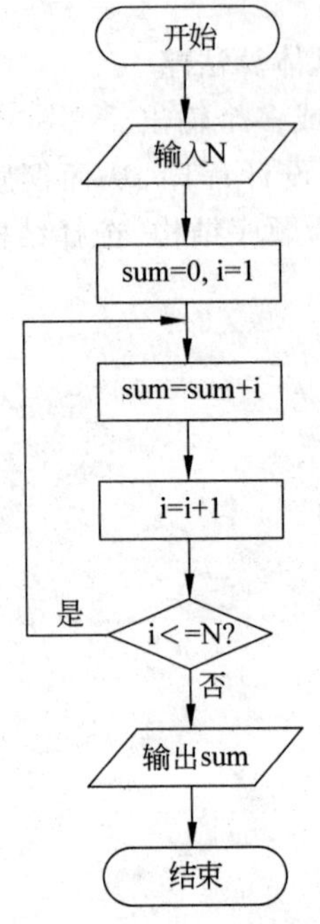

图 B-1　题 1 流程图

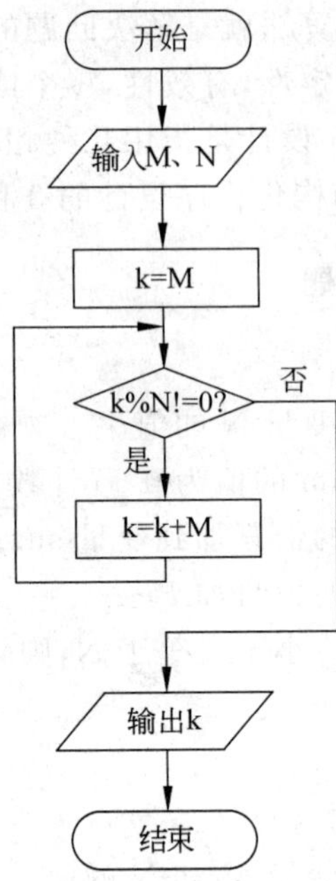

图 B-2　题 2 流程图

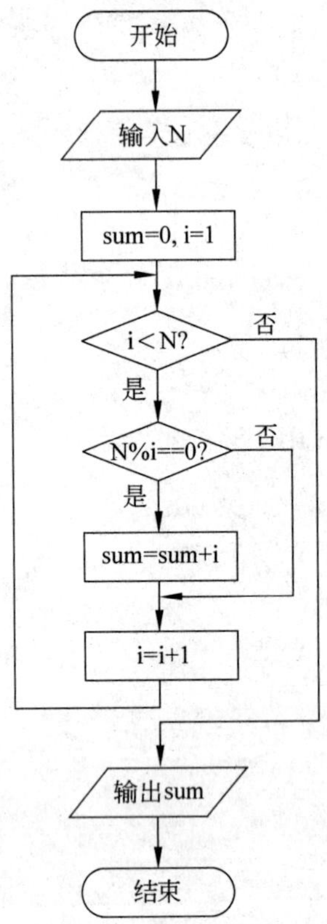

图 B-3　题 3 流程图

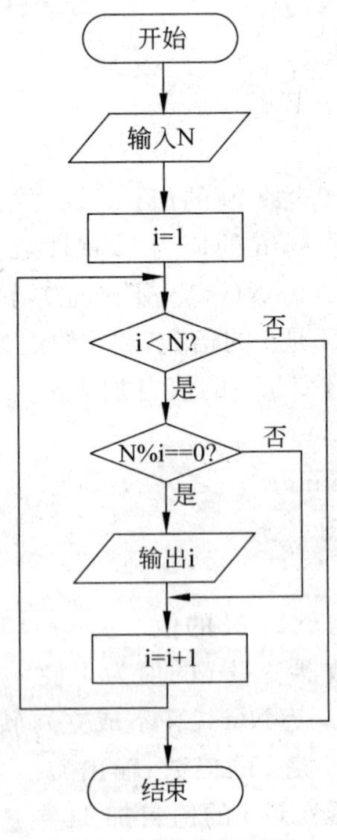

图 B-4　题 4 流程图

5. 算法：

(1) 输入正整数 N 的值。

(2) 置变量 f1 的值为 1，置变量 f2 的值为 1。

(3) 输出变量 f1 的值和变量 f2 的值。

(4) 置计数器变量 i 的值为 3。

(5) 置变量 f3 的值为 f1 和 f2 的和，输出变量 f3 的值。

(6) 计数器变量 i 的值自加 1。

(7) 将变量 f2 的值赋予 f1，将变量 f3 的值赋予 f2。

(8) 如果 i 的值小于或等于 N，则转到(5)。

流程图见图 B-5。

6. 算法：

(1) 输入正整数 N 的值。

(2) 输出 N 的个位数字(N%10)。

(3) 将 N 的值重置为 N 除以 10 的商的整数部分(N=N/10)。

(4) 如果 N 的值大于 0，则转到(2)。

流程图见图 B-6。

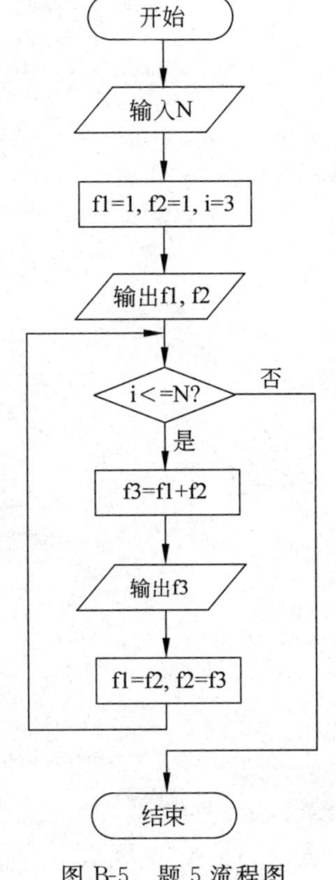

图 B-5 题 5 流程图

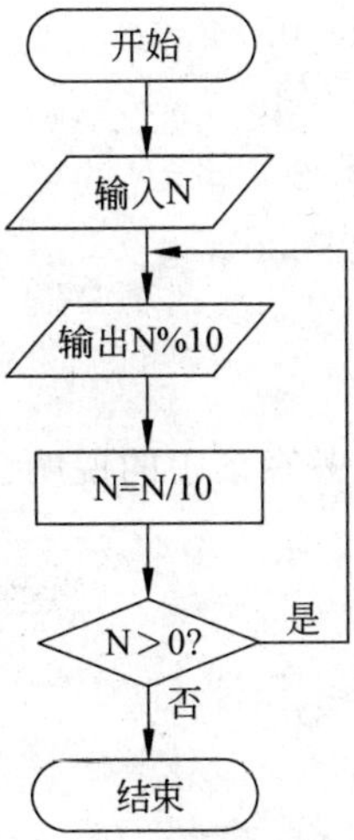

图 B-6 题 6 流程图

四、画流程图

1. 见算法设计题答案。
2. 略。

习题 5

一、选择题

1. C　2. D　3. B　4. B　5. C　6. D　7. C　8. B　9. A　10. C
11. A　12. C　13. D　14. D　15. D　16. C　17. B　18. C　19. B　20. D

二、填空题

1. ％
2. 空白字符、非法字符、已读完要求的位数
3. scanf("格式控制字符串",地址列表)
4. 输入输出函数
5. ＃include＜stdio. h＞
6. 6.6

三、程序阅读题

1. 4 8
2. a＝12345,b＝－1.98e＋002,c＝6.50
3. －00123,－12.30
4. a＝374 a＝0374
   a＝fc a＝0xfc
5. 　12＃＃12　＃＃
   3.1415926000＃＃

四、编程题

见习题 1 参考答案中的说明。

习题 6

一、选择题

1. C　2. C　3. D　4. B　5. B　6. A　7. A　8. C　9. B　10. B
11. A　12. B　13. C　14. A　15. B　16. C　17. A　18. C　19. A　20. C
21. D　22. D　23. C　24. C　25. D　26. D

二、程序阅读题

1. 60-69
   <60
   error
2. **1**
   3
3. 20
4. passworn

三、编程题

见习题 1 参考答案中的说明。

习题 7

一、选择题

1. D　2. D　3. A　4. A　5. B　6. C　7. D　8. C　9. B　10. B
11. A　12. C　13. C　14. B　15. B　16. B　17. D　18. A　19. C　20. B
21. A　22. B　23. A　24. B　25. B　26. D　27. B　28. C　29. A　30. A

二、程序填空题

1. n/10
2. i%7==0

三、程序阅读题

1. 3
2. x=-1,s=8
3. -1
4. sum=14
5. 10,0
6. 16,0
7. x=6,y=5
8. 5,7
9. 9,3
10. 3 6 9 12 15 18
11. 7BAB4BAB1BC
12. ABCDEFGHIJ

13. 1
    12
    123
    1234
14. 20,10

四、编程题

见习题1参考答案中的说明。

习题 8

一、选择题

1. C　2. D　3. A　4. A　5. C　6. A　7. C　8. A　9. D　10. A
11. B　12. B　13. B　14. D　15. C　16. C　17. B　18. C　19. C　20. D
21. A　22. A　23. B　24. C　25. D　26. D　27. D

二、填空题

1. 标识符
2. 数组名、下标
3. m－1、n－1
4. 首地址
5. cde
6. 1 3 7 15

三、程序填空题

1. (1)m＝100　(2)m%100/10　(3)a[i＋＋]＝m
2. (1)a[i][0]＝1　(2)a[i][i]＝1　(3)a[i－1][j－1]＋a[i－1][j]
3. (1)i＜11　(2)a[j]＜a[i]　(3)t＝a[i]　(4)a[j]＝t
4. (1)i＜10　(2)a[i]－a[i－1]　(3)i%3＝＝0
5. (1)a[i][j]＋b[i][j]　(2)i＜12　(3)c[i/4][i%4]

四、程序阅读题

1. 10 50
2. 012
3. 97531
4. 20
5. 5,67
6. mpu

7. puterter

8. 60

9. 357

10. 2345

11. BDDF

12. 20406

13.
```
* * * * *
        *
      *
    *
  *
```

14.
```
* * * * *
  *
    *
      *
        *
```

15.
```
1
1  1
2  2  1
3  4  3  1
4  7  7  4  1
```

16.
```
\# # # #
*\# # # #
* *\# # #
* * *\# #
* * * *\#
* * * * *\
```

五、编程题

见习题1参考答案中的说明。

习题9

一、选择题

1. A　2. A　3. D　4. B　5. D　6. C　7. D　8. D　9. C　10. A
11. B　12. C　13. B　14. C　15. A　16. A　17. B　18. D　19. C　20. A
21. C　22. C　23. A　24. B　25. D

二、程序填空题

1. (1)k<10　(2)array[k]　(3)average(score)
2. (1)p[i]! ='\0'　(2)p[i]>='0'&&p[i]<='9'　(3)return s
3. (1)d=a * b/c　(2)x%y! =0
4. (1)break　(2)getchar()
5. (1)(int)(value+0.5)　(2)val==ponse
6. (1)j-1　(2)str[j-1]

三、程序阅读题

1. 15
2. i=7,j=6,x=2
   i=2,j=7,x=5
3. 12,22,32,
4. A+B=12
5. 4 25 676
6. 1: a=1,b=1
   2: a=1,b=2
   3: a=1,b=3
7. 54
8. 22
9. sum=6

四、编程题

见习题1参考答案中的说明。

习题10

一、选择题

1. D　2. B　3. D　4. C　5. B　6. C　7. B　8. B　9. B　10. A
11. A　12. B　13. B　14. A　15. B　16. A

二、程序阅读题

1. a=12
   b=15
   c=20
   v=60
2. -2

2

−2

1

3. Number=102

Score=62.500000

4. s=54
5. max=13
6. a=14,b=15

三、编程题

见习题1参考答案中的说明。

习题11

一、选择题

1. B　2. D　3. C　4. D　5. A　6. C　7. D　8. B　9. C　10. C
11. A　12. A　13. B　14. B　15. A　16. D　17. A　18. B　19. B　20. D
21. B　22. C　23. B　24. D　25. D　26. D　27. D　28. A

二、填空题

1. 12、8
2. 常量、数组名
3. 返回整型指针的函数、指向整型函数的指针
4. 0
5. int *z
6. *(p+5)
7. &a[i]、a+i、*(a+i)
8. &a[i][j]、*(a+i)+j、第i行一维数组(第i行首地址)
9. 4(即a[3])
10. 有4个元素的指针数组、一个指向有4个元素的一维数组的指针
11. malloc(100)
12. (double *)
13. void (*p)(int *,int *)或void (*p)()
14. 10
15. str[i]或*(str+i)、i
16. int *
17. r+b[k]、*x

三、程序填空题

1. (1)p1<p2 (2)p2--
2. (1)'\0' (2)n++
3. (1)i (2)return 1
4. (1)!(s[i]>='0'&&a[i]<='9') (2)'\0'
5. (1)*max<*p (2)*min>*p
6. (1)s2++ (2)*s1==0&&*s2==0

四、程序阅读题

1. i=10,j=2
2. 7
3. i=15
4. d
5. 120
6. 864
7. CDG
8. 80,-20
9. DCB
10. 22 44 44 66 66 88
11. 12,12

五、编程题

见习题1参考答案中的说明。

习题 12

一、选择题

1. D 2. B 3. C 4. A 5. D 6. C 7. C 8. B 9. D 10. D
11. B 12. B 13. D 14. B

二、填空题

1. struct、union
2. struct node *
3. 1、3
4. 12、20
5. 32、16
6. sizeof(struct st)或 sizeof(ex)

三、程序阅读题

1. 10，X
2. 20，Y
3. B
   FGH
   Q
   32766
4. 22,13
5. 19 83.500000 zhang
   19 83.500000 zhang
   h hang
6. Zhao

四、编程题

见习题 1 参考答案中的说明。

习题 13

一、选择题

1. C　2. C　3. B　4. A　5. B　6. D　7. C　8. C　9. B　10. B
11. D　12. C　13. D　14. D　15. B　16. C　17. D　18. C

二、填空题

1. 二进制文件、文本文件
2. n、buf 的值或 NULL 值
3. 字符指针、从 fp 所指文件中读取 count * size 个字节到指针 buffer 开始的内存空间
4. 函数返回空指针
5. 将原文件覆盖
6. fscanf()和 fprintf()、fread()和 fwrite()、fgets()和 fputs()
7. fseek()、ftell()
8. 顺序、随机
9. 非 0 值、0

三、程序填空题

1. (1)"r"　(2)count++
2. (1)rewind(fp1)　(2)fputc(fgetc(fp1),fp2)
3. (1)fname　(2)fputc(ch,fp)

四、编程题

见习题1参考答案中的说明。

习题 14

选择题

1. B　2. C　3. A　4. B　5. D　6. C　7. C　8. D　9. B　10. D
11. D　12. A　13. B　14. D　15. B　16. A　17. A　18. D　19. D　20. A

习题 15

选择题

1. C　2. B　3. B　4. C　5. B　6. C　7. B　8. B　9. B　10. D
11. C　12. A　13. C　14. A　15. B　16. A　17. B　18. A　19. C　20. C
21. C